空间使用与场地响应

建筑设计教程

二年级 上

沈伊瓦　周钰　郝少波　张婷　编著

形态构成

图解

行为感知

華中科技大學出版社
http://www.hustp.com
中国·武汉

图书在版编目（CIP）数据

空间使用与场地响应：建筑设计教程．二年级．上 / 沈伊瓦等编著．— 武汉：华中科技大学出版社，2021.4

（建筑 规划 景观设计理论与方法丛书）

ISBN 978-7-5680-7105-5

Ⅰ．①空… Ⅱ．①沈… Ⅲ．①建筑设计－高等学校－教材 Ⅳ．①TU2

中国版本图书馆 CIP 数据核字 (2021) 第 081342 号

空间使用与场地响应——建筑设计教程（二年级 上）

Kongjian Shiyong yu Changdi Xiangying—— Jianzhu Sheji Jiaocheng（Ernianji Shang）

沈伊瓦，周钰
郝少波，张婷 编著

责任编辑：易彩萍

版式设计：金 金

责任监印：朱 玢

出版发行：华中科技大学出版社（中国·武汉）　　电　话：（027）81321913

武汉市东湖新技术开发区华工科技园　　邮　编：430223

录　排：天津清格印象文化传播有限公司

印　刷：武汉市金港彩印有限公司

开　本：889mm×1194mm　1/16

印　张：14.75

字　数：282 千字

版　次：2021 年 4 月第 1 版第 1 次印刷

定　价：88.00 元

目录

第 1 篇

教学目标与课程结构

第 1 章　教学目标与课程结构

1.1　教学目标

建筑设计具有较强的复杂性、综合性，涉及多层面不同因素的共同影响。学生在学习建筑设计的过程中，需要学习的知识点、需要掌握的技能和方法较为丰富多样。通常而言，二年级学生作为建筑设计的初学者，无法在短期内习得完整的相关知识与方法，只能循序渐进地进行学习。

所以，分专题教学是各建筑设计相关院校二年级建筑设计课程普遍的培养策略。如何区分各个专题的训练内容，各院校大同小异，常见的专题有空间、环境、功能、建造等。本教程采用回归建筑设计最直接、最基本的设计问题的策略，据此确立各个专题的教学目标和训练内容。建筑设计涉及人、建筑、环境三者的关系，展开设计时，需要关注的基本问题包括以下几个方面。

①如何处理建筑与人的关系？在最基本的层面体现为人对建筑空间的使用，通常称为“功能”问题。具体而言，又需要考虑不同群体对建筑空间使用的差异性。

②如何处理建筑与环境的关系？这里的“环境”包括空间维度上建筑周围物质条件的制约，还包括时间维度上历史文脉对建筑设计的影响。同时，环境可分为自然环境、社区环境、城市环境等不同类型。

③如何处理建筑本体的建造问题？这主要涉及物质材料、结构、构造与建筑空间及形式的关系。

所以，二年级的四个设计专题中，前三个专题对应以上三个基本问题，分别为空间使用专题、场地响应专题、材料与建造专题，最后一个专题对前三个专题的训练进行叠加综合运用。期望学生经过二年级四个专题的训练之后，对于建筑设计中的基本问题有一个初步的理解，掌握基本的知识与技能以及设计方法。

1.2　教学内容

二年级的两个学期一共设置了四个设计专题（表 1-1）。

①空间使用专题——理想家宅设计。

②场地响应专题——东湖书吧设计。

③材料与建造专题——宿营地设计。

④群体空间使用专题——儿童之家设计。

各个专题依据各自的训练目标设置设计任务及教学环节，并将相关的知识、技能与方法训练融入教学环节中。本书作为二年级建筑设计教程的上册，涵盖第一个学期的两个设计专题：空间使用与场地响应。

下面对四个设计专题进行简要分述。

表 1-1 二年级设计专题设置

专题名称	空间使用	场地响应	材料与建造	群体空间使用
设计题目	理想家宅	东湖书吧	宿营地	儿童之家
设计方法	基于身体与行为的空间设计	基于自然环境场地的空间设计	基于材料与建造的空间设计	基于特定群体与场地的空间设计
设计周期	9 周	7 周	7 周	9 周
设计问题	建筑与人的关系	建筑与环境的关系	建筑本体的关系	综合
	如何处理建筑空间与人对它的使用这对关系？	如何处理建筑与自然环境场地的关系？	如何处理材料、结构、构造与建筑空间 / 形式的关系？	综合

1. 空间使用专题——理想家宅设计

该专题重点训练如何从人对空间的使用这一视角出发进行建筑空间的设计，以及相应的基于身体与行为的空间设计方法。设计任务为在给定的用地内为自己的家庭设计一栋“理想家宅”，使其成为家庭幸福生活的助力者。

针对训练目标设置了四个训练环节。

（1）家宅测绘与体验

在二年级开学前的暑假，通过暑假作业的方式，让学生通过亲身体验，以图解的方式从宏观、中观、微观三个尺度还原家庭生活，体验身体、行为与建筑空间之间的关系。

（2）行为场景还原

通过观摩、分析电影，以文字、图解还原的方式去探索具有明显差异性（如国家、文化、种族的不同）的另一种家庭生活的可能性。

（3）空间策略

基于身体感知和空间场景还原的训练，进一步发展将生活语言经过图解语言转化为空间语言的能力，初步掌握基于身体与行为的空间设计方法。

（4）建筑转化

基于理想家宅设计的空间策略，在给定的体量中组织各种空间单元，依照身体和行为对空间的需求，将空间策略落实为具体而微的空间设计。

2. 场地响应专题——东湖书吧设计

该专题重点训练如何在真实的自然环境场地中进行建筑空间的设计，以及相应的基于自然环境场地条件的空间设计方法。设计任务为在东湖风景区中的给定用地内设计一处书吧，为过往行人及游客提供一个阅读及休憩的场所。

针对训练目标设置了三个训练环节。

（1）场地调研

引导学生对设计基地展开实地调研，在对用地环境拥有切身感受与体验的基础上，分宏观、中观、微观三个层面描述场地环境状况，并进行场地评价。

（2）设计研究

学习案例分析的基本方法，掌握不同形式要素的空间特点及意义，以及掌握基于自然环境场地的“形式的场地介入”设计方法。

（3）形式生成

依据调研结论自拟设计任务书；基于自然环境场地的空间设计方法，结合案例研究，提出建筑形式生成策略。

（4）建筑转化

基于形式生成策略，结合空间使用需求完成建筑空间转化；进一步完善设计，制作成果。

3. 材料与建造专题——宿营地设计

该专题重点训练如何基于真实的材料，以真实有效的连接方式，设计出具有整体结构体系和整体空间体系概念的单体建筑。设计任务为在一片自然环境优美的草地中设计一处可供宿营使用的临时居住单元。

针对训练目标设置了四个训练环节。

（1）材料体验

通过对材料的体验，了解其物质特性及对空间营造的影响。

（2）案例研究

通过案例研究理解结构与空间的关系，并探索材料的连接方式。

（3）建筑设计

从材料或结构特性出发，生成满足使用的空间单元雏形，并尝试研究解决材料连接等建造细节的问题。

（4）实体建造

利用模型和图纸推敲，合作完成比例为 1 ： 2~1 ： 5 的大尺度建造。亲身体验材料加工和连接、施工过程组织以及建成结构及其界面形态的空间效果。

4. 群体空间使用专题——儿童之家设计

该专题重点训练如何基于儿童这一特殊使用群体以及真实的场地条件进行群体建筑空间的设计。设计任务为在真实校园环境的设计用地中，为儿童的学前教育设计一处儿童之家，以促进他们身心的健康发展。

针对训练目标设置了四个训练环节。

（1）场地及儿童活动调研

前期调研分为两个方面：一方面针对设计场地，分别就儿童使用群体所涉及的自然要素与社会要素展开调研，并初步建立群体空间使用的调研框架；另一方面，通过现场观察和互动，发现儿童群体的活动及空间使用特点。

（2）儿童心理与行为研究

结合电影、网络视频资料及专家讲座等，探索儿童群体的心理与行为特点，分析其与建筑空间尺度、空间氛围、空间组织的联系。

（3）空间形式生成

结合案例研究，从儿童群体及具体行为事件的特点出发，探索室内外空间单元可能的尺度及其形态特征，从不同群体的流线和事件互动出发，研究各空间单元组织的形式操作规则。

（4）建筑转化

基于空间使用单元的推导生成，整合垂直／水平构件的建筑转化，运用结构逻辑加以调整适配，形成最终的建筑设计成果，并予以清晰准确的表达。

1.3 课题特点

在本书中，二年级建筑设计课程的课题特点有如下三个方面。

1. 基于问题导向设置设计课题，引导发现问题、思考问题

在二年级的整体教学框架设置中，回归建筑设计的基本问题：如何处理建筑与人的关系？如何处理建筑与环境的关系？如何处理建筑本体的建造问题？并以此为依据，将复杂的建筑设计分解为数个更容易理解与把握的设计课题，再在最后一个课题进行综合训练。由此，二年级的四个设计课题形成一个小的闭环系统，学生经过一年的学习后，能够对建筑设计的概貌形成基本认识。

在具体的设计环节中，有意引导学生发现问题，以问题的思考带动设计思维的训练。例如，在“空间使用专题—— 理想家宅设计”中的家宅测绘与体验环节，引导学生对家人进行访谈，探讨现有家宅存在的问题，并一起畅想“理想家宅”应有的模样；在场景还原即电影分析环节，有意引导学生思考不同民族及地域的家宅有何异同。在开始设计时，先安排撰写理想家宅的生活剧本，让学生思考并畅想理想中的生活场景，并以此作为设计的起点和依据。在“环境响应专题——东湖书吧设计”中的场地调研环节，提出一系列的提示问题，让学生去切身体验自然环境的特点；在设计开始时安排自拟任务书环节，让学生去思考自身的设计目标，而不是去完成某种程式化的设计。

2. 基于认知规律设置教学环节，注重体验先行，回归生活

本书在设置设计课题时，关注学生的认知规律，有意突出专题特色，拉开各专题之间的特色差异，弱化干扰因素的影响，并提供相应的设计方法与环节路径。这样以上设计课题并非真实情境下的完整设计任务，而更像是一个个设计训练，每个设计又分为数个训练环节，每个环节设置阶段训练目标、训练内容以及成果要求。这样老师在“教”的时候以及学生在“学”的时候，都可更为准确与稳妥地把握教学内容，真正做到“循序渐进”。

具体到每个设计课题时，先安排设计研究环节，有了相应的积累，再开始做设计。例如在“材料与建造专题——宿营地设计”中，先参观调研富有特色的木构及钢构小型建筑，体验材料、结构与构造在塑造空间时所起的作用。在“群体空间使用专题——儿童之家设计”中，先对设计基地即华科附属幼儿园进行实地调研，体验儿童群体的特点；并以观摩影视作品的方式，研究儿童的心理与行为；接着邀请幼儿园园长及老师展开座谈，针对学生的疑问进行答疑解惑。总体而言，四个设计课题都安排了形式不同的实地调研与体验环节，并针对设计议题展开研究，同时尽量融入生活体验，使学生在学习过程中更具有代入感与趣味性。

3. 基于人文关怀拓展设计外延，引导学生思考家庭、环境、社会、人生

随着时代的发展，建筑学的边界在不断地拓展与重构，其内涵与外延在不断被重新定义，新兴交叉学科不断涌现，高校的建筑学教育也早已不再以培养建筑师为唯一目标。在学科范式转变、就业多元发展的大背景下，如何把握建筑设计的基础教学是需要迫切思考的问题。对此，柯林·罗（Colin Rowe）在1954年所讲的这段话依然具有启发性：

建筑学教育的目的——正如所有教育那样——并不仅仅是一种职业训练，而首要的是促进学生精神和智力上的成长，开发他的智慧天赋，并使之掌握建筑学的本质与意义。

因而，本书在夯实基础、把握内核的情况下，努力以人文关怀为线索，拓展学科外延，引导学生思考家庭、环境、社会、人生，努力体现大学教育对于人的培养意义。四个设计课题，以“家宅”为起点，引导学生回归生活、关爱家人，以设计的力量探索理想的新生活；接着在风光秀美的东湖之滨设计一处“书吧”，探讨人与自然、建筑与自然的关系；在“宿营地”设计中，探讨建筑物质本体的人文意义；最后回到“儿童之家”，暗示了“家”的回归，在引导学生思考如何为人生的美好童年而设计的同时，进一步思考建筑设计对于“人类大家庭”的意义。

第2篇

专题一 基于身体与行为的空间设计
——理想家宅设计

专题一

基于身体与行为的空间设计——理想家宅设计

本专题是建筑学二年级的第一个设计课题，教学计划时长为 9 周。

该课题旨在引导学生回归生活，通过沉浸式与陌生化的双重观察和理解，去关注和思考空间使用问题的本原，训练基于身体与行为的空间设计方法。

课题以“理想家宅”为训练目标的承载，聚焦于对具体的人——他们的身体和行为——具有特定意义的空间多维含义的实现：“家宅”不仅仅局限于物质空间（house），更是对家庭成员及其关系（family）以及作为“家”的精神归属（home）的满足。由此将其作为一种建筑思考的开端，可以推及社会环境中不断变迁更替的使用需求。

考虑到初学者学习本课题的难度，教学组将本课题控制为一个专项训练，而非完整的建筑设计练习，仅仅关注身体、行为与空间之间的可能关系。为此，在课题设置上刻意忽略建筑外部条件，也暂时放弃对材料和结构合理性的探讨。

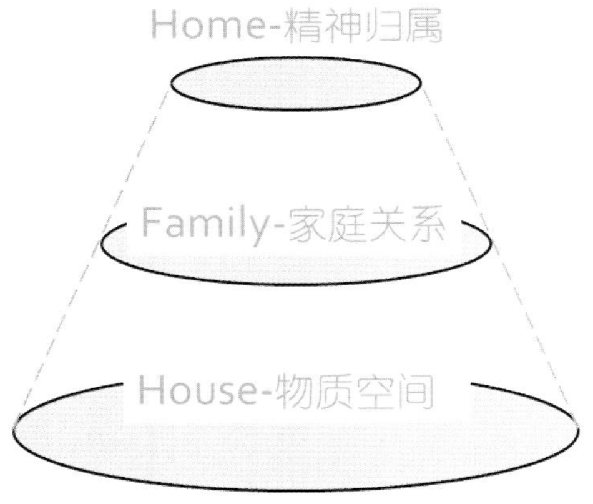

“家宅”的多层含义（作者自绘）

第 2 章 训练目标、任务设定与过程概述

2.1 训练目标

基于身体与行为的空间设计可展开为三个层面的目标。

①通过家宅的生活行为体验和案例分析，强化对身体与空间尺度关系的理解，初步掌握生活行为与不同尺度空间形态的联系。

②深化对建筑“功能”的理解，回归“空间使用”的本原，探索生活事件与建筑空间的“耦合”关系。

③初步掌握基于身体与行为的空间设计方法。

2.2 任务设定

2.2.1 设计内容

在如图 2-1 及图 2-2 所示的用地内，为你的家庭提供一个舒适的生活场所，让其成为家庭幸福的助力者。

【说明】

①原则上须以自身家庭成员为使用者进行理想家宅设计。特殊情况如自己长期住校，缺乏与家人共同生活的经历，可选择具有共同居住体验的同学、朋友或亲戚展开设计。但必须是真实人物，不得基于虚拟人物展开设计。其他特殊情况与指导教师沟通商定。

②选做坡屋顶的，檐口高度不得超出限定体量，屋脊高度不得超出限定体量 2m。选做平屋顶的，屋顶高度不得超出限定体量，上屋顶的楼梯间可伸出限定体量之外。相邻地块的建筑高度为 8m，用地限制与本地块完全相同。

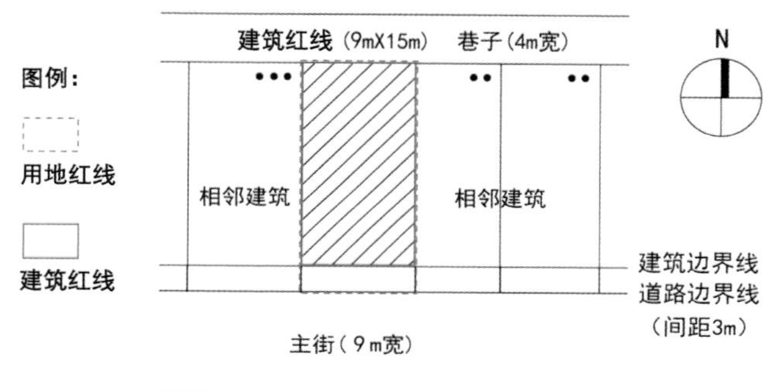

图 2-1 用地位置示意图（作者自绘）

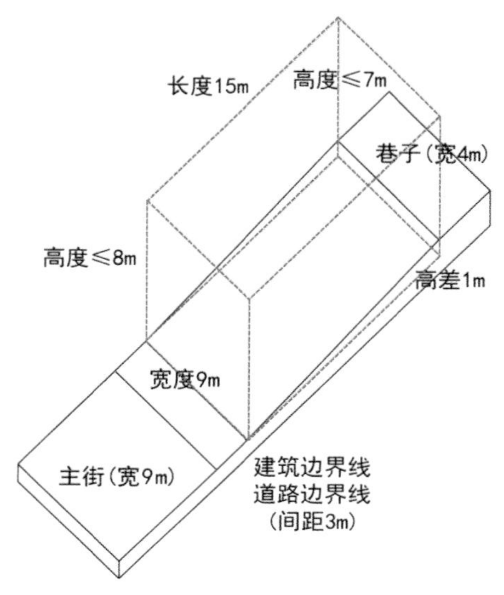

图 2-2 建筑体量限定示意图（作者自绘）

2.2.2 成果要求

【图纸】图纸尺寸为 A3 文本，胶水或订书针简装成册。

①现有家宅体验分析图纸，比例不限。

②电影分析图纸，比例不限。

③案例分析图纸，比例不限。

④设计过程草图、草模。

⑤成果图纸：总平面图（1：200），各层平面图（1：50），立面图 2 个（1：50），剖面图 2 个（1：50），轴测剖视图（1：50），生活场景透视图 2 个及其他必要的图解。

【模型】材质为白色板材，比例为 1：50。

①模型体量限定在“建筑体量限定示意图”范围内，场地底板尺寸为 18cm×62cm。

②模型的东西山墙为透明材质或可拆卸，应能看见内部空间形态。

【PPT】公开评图使用，建议不超过 20 页，自我陈述时长 5~8 分钟。

2.3 训练环节

教学计划时长 9 周，十一假期占用 1 周，实际教学时间为 8 周，其中包含中期评图及终期评图答辩课时。主要训练环节包括家宅测绘与体验（1 周）、场景还原（1 周）、空间策略（3.5 周）、建筑转化及成果制作（2.5 周）。

2.3.1 家宅测绘与体验

训练环节为期 1 周，含开题讲座：我的家·生活行为与空间分析。本环节的主要工作内容已在一年级暑期提前布置，方便学生现场测绘与体验；开学后在教师引导下进行总结和提升。

【训练目标】通过亲身体验，以图解的方式从三个尺度还原家庭生活，体验身体、行为与建筑空间之间的关系。

【教学内容】从不同尺度分析自身的家庭生活。

微观：家宅内部可以独立使用的空间单元中，家庭成员的身体与空间的尺度及比例的关系（墙、天花板、地板、门窗及家具等其他物件）；采光和通风的特征；各种构件限定空间的强弱与行为需求的关系。

中观：家庭成员一天的空间轨迹；独立行为对应的空间单元；连贯行为串联的空间整体；家宅空间对身体与行为的影响；家宅空间的组织模式对家庭成员关系的影响。

宏观：家宅空间单元、家宅所在建筑与相邻建筑、街道的空间关系；家庭和邻居、社区居民的关系。

【成果要求】以平面图、剖面图、场景透视图及图表等方式进行图解表达与讨论（A3 图纸）。提出基于自身家庭的理想家宅设计任务书（A4 文档）。

2.3.2 场景还原

训练环节为期 1 周，含中期讲座：他（她）的家·生活行为与空间操作分析。

【训练目标】以文字、图解还原的方式去探索各种家庭生活的可能性；探索家庭成员行为对空间的利用，以及多种行为需求在空间和时间中的组织模式；探索生活事件与建筑空间之间的关系。

【教学内容】观摩、分析电影，探索具有明显差异性（如国家、文化、种族的不同）的另一种家庭生活的可能性。从微观、中观、宏观三个尺度描述其中的空间要素及其与人的身体、行为的关系。

【成果要求】以文字及图解还原的方式进行表达，以 PPT 演示的形式进行教学组讨论，以 A3 规格的图纸提交阶段成果。

2.3.3 空间策略

训练环节为期 3.5 周，含中期讲座：基于身体与行为的空间设计方法。

【训练目标】基于身体感知和行为场景还原的训练，进一步发展将生活语言经过图解语言转化为空间语言的能力，初步掌握基于身体与行为的空间设计方法。

【教学内容】针对自身家庭描绘出理想的家庭生活状态，完善第一阶段提出的理想家宅设计任务书。思考家宅空间的使用需求及其组织模式，并分析设计用地，从中观和微观层面提出对应的空间组织模式、空间尺度及其与家庭成员、自身个体之间的关系，提出理想家宅设计的空间策略。

【成果要求】运用图解分析、实体模型等表达及讨论，以 PPT 演示的形式进行教学组讨论。

2.3.4 建筑转化及成果制作

训练环节为期 2.5 周，以针对设计成果的个别辅导为主。

【训练目标】基于理想家宅设计的空间策略，在给定的体量中组织各种空间单元，依照身体和行为对空间的需求，将空间策略落实为具体而微的空间设计。

【教学内容】依据使用需求，将抽象的空间单元转化为具体的建筑空间，将单元的边界转化为限定性强弱不同的各种建筑界面，如门、窗、格栅等。调整空间组织，使其在满足各单元使用需求的同时具备整体性，并反馈、微调空间策略。

【成果要求】运用图解分析、实体模型等表达及讨论成果，制作成果图纸及模型。

第 3 章 家宅测绘与体验

3.1 分项目标

家宅测绘与体验具有双重训练目标。

①熟悉相关设计基础知识与技术。建筑初步课程已经初步介绍了观察、测绘和建筑制图的技能。家宅测绘与体验主要是对不同尺度的环境进行观察、测量和体验，进一步熟练观察、测绘方法，投影规则和制图软件，为后期的设计操作及制图表达服务。

②初步获取设计条件。在测绘之外，基于体验展开对现有家宅空间的认知和评价，包括家庭成员的使用状况和感受。家庭成员对家宅的空间认知和评价是理想家宅的重要设计条件。

测与绘的训练目标相对比较简单，学生按照给定任务独立工作，经简单反馈即可完成。基于体验的设计条件提取则需要更多的课堂教学讨论。

3.2 基本概念

本环节要求掌握的设计基础知识主要包括人体尺度和常用的建筑室内外空间尺度。这些知识在《建筑设计资料集》中有系统描述。通过对自己熟悉的人及环境进行亲身测量和绘制，有助于将资料中的统计性知识转化为具有个体差异的感性认知，并且用图解的方式加以强化。本专题对建筑体量边界进行明确限制，是为了让训练目标聚焦于内部空间的生成，而不是对建筑控制线、建筑限高等概念的实践（相关知识将在本书第 3 篇中进行简要介绍和应用）。

人体和建筑两套尺度体系通过行为而发生关联。这种关联是空间认知和评价的重要来源，也是基于身体和行为的空间营造核心。在此引入三组概念，帮助初学者将相关知识组织成为可操作的知识框架。

3.2.1 身体、行为和行为场景

1. 身体（body）

我们讨论身体时既涉及身体的尺度，也关注身体在日常生活中的其他需求。身体的尺度是对具体行为中对应的建筑空间、设施尺度的判断和评价依据；身体在日常生活中的其他需求包括自然的光照、气流带来的感官刺激以及更为复杂微妙的各种行为中的人际距离、姿态等。以身体尺度为基准的空间尺度判断比较直观，而身体其他需求涉及的各种因素的综合是尺度判断的内在依据。身体的尺度和其他需求很难被纳入统一的认知框架，但可以通过行为中的主观体验结合包含尺度的图解加以描述。

建筑师习惯于以比例完美为准则去建构标准化的人体尺度系统，如达•芬奇的“维特鲁威人”或柯布西埃的“人体模度图”（图 3-1 及图 3-2），用它们来解释建筑，或用它们来控制建筑的尺度生成。如果基于标准化的人体尺度系统，自上而下地制定规则，个体之间的差异往往被忽略。本环节的训练则反其道而行之，通过亲身的测量和体验，揭示专属于特定家庭、特定个体的非标准尺度。或者说是发现差异，从而自下而上地建构尺度背后的人本原则。

2. 行为（behavior）

“埏埴以为器，当其无，有器之用。凿户牖以为室，当其无，有室之用。”建筑为人的行为提供容器。在社会发展缓慢的阶段，建筑空间依靠世代积累缓慢地沉淀对行为需求的反映。现代社会里，技术手段和生活方式快速更新，行为对空间不断提出新的需求。建筑师应该具备发现新需求和进行空间转化的能力，为此需要对行为有所研究。

在环境心理学的框架中，广义的人类行为也就是人对各种环境因素的反应，环境因素与人的行为之间存在持续的互动。这个定义可以较好地解释“行为”作为设计条件之一的必要性，也提供了行为研究的一种途径。基于生理基础，广义的人类行为可以分解为动作（action）、行动（activity）和行为（behavior）。

动作，指人通过肌肉带动肢体某部分发生位置移动，如睁开眼睛，或抬起大腿。它们都会造成身体在空间中的移动，也会占据一定的空间。尤其是肢体的尺度及其活动范围、角度，影响到空间设施的形态与尺度。

行动，指一系列器官或肢体的连续动作，达成人身体状态的转换。如站起身来，打开门，走出去，就是连续的三个行动，分别需要调动一系列的肢体动作。

行为，则强调基于某种意志目标的系列行动。如上文的三个行动可能连贯成“黯然离开”或“热情欢迎”，它们都是在主观意愿支持下的行为。身体对空间的占据类似，但相关环境因素激发的感受却会存在差异。日常生活中的大多数行为不仅和物理环境发生联系，还包含着与他人的复杂互动。身体不仅对物质环境因素进行判断和适应，也对个人预期、情绪及与他人的距离等复杂的社会环境因素进行判断、调整和适应。

当我们将注意力从“个体—环境”拓展到“个体—个体”或“个体—群体”之间，他们的行为组织成为或繁或简的事件。

事件，可以理解为具有一定主题的行为的集合。在事件中，上述从动作到行为的关联因素可能成为更隐秘的基础支撑。作为建筑师应该了解：对行为关联因素的认知在设计操作中发挥着重要作用。

在现有的设计知识系统中，从身体动作到行为、事件的各个层级，被分别纳入不同的知识体系中，各自独立。基于设计应用，从动作到行动引起的对家具设施的需求归属于人体工程学范畴，行为及事件对建筑空间的需求纳入建筑学的知识范畴。由此造成理解的偏颇，使相当多初学者在认知和操作中将家具设施与建筑割裂，无视它们同样是行为的依托及边界。例如忽视前辈建筑师对动作姿态与相关设施尺度研究的意义（图 3-3），仅把《建筑设计资料集》中与行为对应的空间尺度梳理当作规范去执行。空间理解和设计操作的教条化，会限制形式生成的理性基础。

因此，我们通过对家宅沉浸式的观察和体验，关联行为与空间的各种限定条件，还原“身体、行为”与“空间”的实在联系。这一操作需要贯

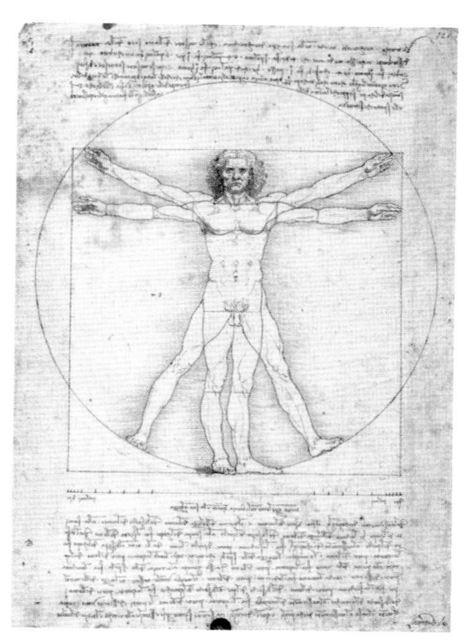

图 3-1 达·芬奇“维特鲁威人”

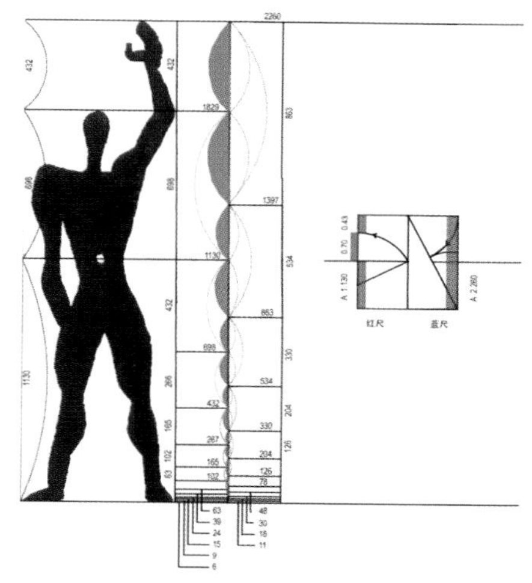

图 3-2 柯布西埃“人体模度图”
［图片来源：博奥席耶．勒·柯布西耶全集（第 4 卷·1938~1946 年）[M]. 牛燕芳，程超，译．北京：中国建筑工业出版社，2005：164.］

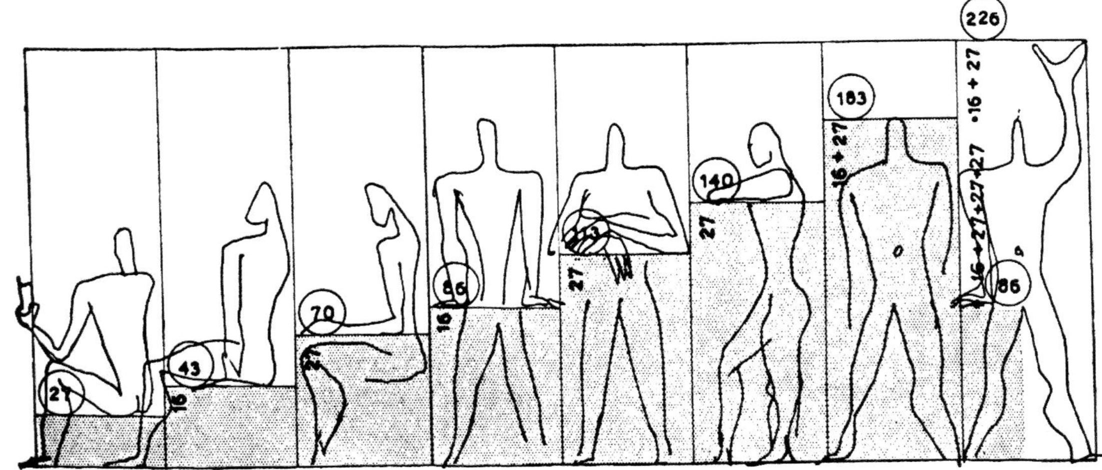

图 3-3 柯布西埃“人的身体对空间的典型占据”［图片来源：博奥席耶.勒·柯布西耶全集（第 5 卷 ·1946~1952 年）[M]. 牛燕芳，程超，译 . 北京：中国建筑工业出版社，2005：171.］

穿从微观的动作到牵动多重因素的复杂社会行为。从微观的家具设施一直到建筑体量之外的城市，最终形成层次复杂的空间感知。在这个过程中，身体与行为需求的个体差异都将被关注。

3. 行为场景（setting）

身体、行为和空间的联系需要适当的媒介来表达。20 世纪的心理学家巴克建立了一个以描述环境（场所）与行为关系的概念“行为场景（setting）”。行为场景是因环境因素而自发形成的，具有较为固定的行为模式。环境（场所）与行为模式之间有固定联系；场景有时间和空间边界，与其边界之外的行为模式区分开来。行为场景还具有一定的自我调节机制 [1]。我们可以将其理解为事件及其承载空间的一体化结构。作为环境—行为研究的专门化工具，行为场景理论在精度和解析性上具有一定的缺陷，已经被后续的理论所超越。但作为建筑设计操作的媒介，关联身体、行为与空间环境，行为场景已经提供了合适的框架。

[1] 胡正凡，林玉莲 . 环境心理学——环境—行为研究及其设计应用［M］.4 版 . 北京：中国建筑工业出版社，2018：113-119.

从行为场景的角度，我们可以很容易地理解“功能”的内部意义：出于经济性或方便性的目标，在建筑空间中通常预设了主导的标准化行为场景，这就是功能。如，教学楼预定的行为场景是老师和学生之间发生的教学行为，因此按照标准教育制度设置人均建筑面积、开窗面积，确定学生座椅和教师讲台的形态和位置关系。客厅的功能是接待外来的客人，为此需要布局在靠近入户门的位置，有较大的可容纳多人交谈的空间及家具设施，并且和更隐秘的家庭生活空间有一定隔离。而在实际的使用中，空间会因个体和事件的差异而有程度不同的调节甚至异用。教室里可能发生只有学生的讨论会或联欢活动；家庭的客厅里除了接待客人还可以吃饭、看电视或做游戏。当教学活动的方式发生改变时，教室的形态及家具布置可能失效。当某个家庭极少接待外来客人时，基于标准化的家庭空间而设置的连接入户门的客厅可能成为家庭生活的空间困扰。

在按照标准化原则生产的空间中，每一个个体被迫去适应标准化的空间组织。基于身体与行为的空间设计，意味着这些个体在身体、行为和行为场景上的差异进入视野的中心。对现实行为场景中的空间因素、行为模式及其调节状况的全面观察和体验，是反思标准化行为场景的起点。这种观察和体验对表达媒介的要求也超出了标准化的投影，需要新的融合感知的图解补充。

从身体到行为及行为场景，建立起关于空间使用者——具体的人——较全面的图景。为具体的人而设计成为可能。

3.2.2 House, Family and Home

这是一组针对具体设计任务展开的概念。基于身体和行为的空间设计，对理想家宅而言就意味着需要区分 House、Family 和 Home（图 3-4）[1]，同时理解它们之间的关系。英文的三个词语更能清晰地区分三个概念对设计操作的指向和意义，在此小节中我们将使用英文概念名称。

[1] House，Family and Home 概念组来源于华中科技大学建筑学二年级责任教授汪原教授的教学指导建议，本小节针对设计操作有所阐发。

1.House

House 即房子，是承载身体和行为的物质实体，是可以凭借人的身体和行为去度量的物质对象，也是建筑师可以通过设计直接操作的对象。本专题希望达成的认知：房子是为人及其需求服务，它在空间及形式上的自主性有其限度。继而，在操作上掌握具体的人及其行为需求如何去生成和限定空间形式。

2.Family

Family，指家或家庭、家庭成员，是一个中介概念，限定房子在空间和形式生成上的自主性。Family 由家庭成员及其相互关系构成，尤其指当家对其成员具有归属感的时候。在房子当中，家庭成员个体的特性表达为各自的行为及空间占用，家人的相互关系通过在特定空间中共同的行为、互动或容忍来传达。即用其各自的空间位置呈现家庭成员的关系。

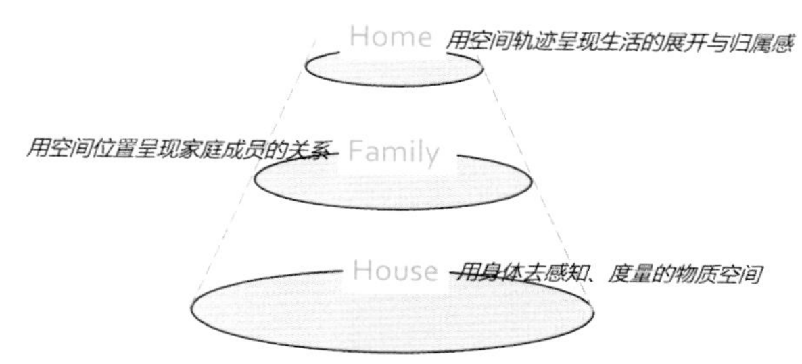

图 3-4 家宅涉及的不同概念层级及其关系（作者自绘）

3.Home

Home 是家庭成员在物质空间中生活，并且因为其归属感和互动最终形成的整体，可以称之为特定群体行为场景的集合。

个体及其家庭对空间都有相当的适应性。在统一建造的标准化住宅中，家庭主要是通过个性化的使用方式调节各种行为场景。在为特定家庭设计的理想家宅中，则可以基于对家庭及其成员行为需求的调查，让空间单元或空间单元的组织关系能更好地支撑他们的个体行为及家庭特有的公共行为习惯。让家人在家宅中的空间轨迹能都展现理想的生活，营造属于某个家庭特有的归属感。

3.2.3 投影、感知及其图解

建筑设计条件的获取和设计操作展开，都有赖于适合的表达媒介。正投影体系是文艺复兴以来建筑学传统的表达方式，在建筑设计初步课程中已经学习和应用。从身体和行为出发的空间研究，还需要正投影之外的图解去传达对空间的个体化感知（图 3-5）。我们在这里提出对图解的要求，不仅局限于本专题、本环节，

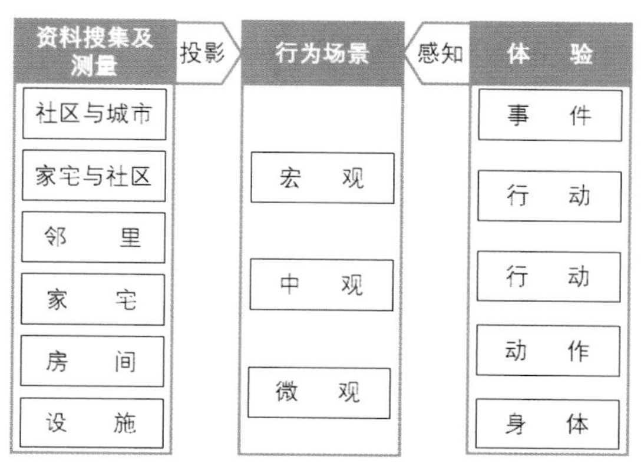

图 3-5 基于投影和感知的图解整合（作者自绘）

也希望能推广到更长远的建筑设计研究中去，对设计思维起到促进作用。

1. 投影（axonometric）

投影法则是建筑学的基础表达技术，建立在对客观对象的虚拟平行视角及透视视角基础上，通过画法几何原则实现。建筑师的设计工作全程需要通过投影技术予以表达。为了能设计出预期的理想空间，不出差错，建筑师必须很好地掌握投影图解和真实空间之间的自由转换。

建筑设计的成果表达阶段，需要使用建筑技术图纸来比较精确地传达设计构想。建筑技术图纸在投影原则之上进行约定的适当简化，强调图底关系，增添通用符号，是设计交流的重要工具。

2. 感知（perception）

感知是对心理学相关概念的杂糅，是感觉、知觉与认知等心理学概念的整合表达。我们提到空间感知的时候，不仅仅指此时此刻身体行为留下的记录，还包括过往经验、具体的场景和事件，以及我们独特的性格和情绪。为了提高各种空间设计的品质，现代建筑师深入研究人的行为需求，因为人们对空间的感知和评价会影响行为选择，故人的行为需求成为重要的研究对象之一。

在本训练中，感知应对体验的成果形式。体验是相对通俗化的日常语言，更容易使人理解。

3. 图解（diagram）

图解是建筑设计中常用的辅助思考及表达的图像工具。《牛津英语词典》中对“diagram”的定义翻译为：由线组成的图形，用来说明一个定义或陈述，或帮助证明一个命题。也可理解为：图解是被赋予了意义的由线组成的图形。图解是图形（figure）的一种，是它的子集[1]。

因而，图解的含义非常广泛。从广义的角度来看，各类建筑图纸都是图解，建筑师即不断生产各类图解的人。从狭义的角度来看，建筑设计中所说的图解通常是指能够揭示、表达事物抽象关系的一类图解。不同的图解方式指向不同的空间理解和应用目标。对建成空间信息的记录，以及对未建成空间的构想探讨，都需要由图解来表达。设计者既需要掌握基于投影的标准化技术图表达方法，也要能对空间生成之前纳入感知、思考和探讨的抽象关系进行充分表达。因此需要通过训练，充分了解不同图解方法的差异。

通过前文“家宅测绘与体验”“场景还原”两个环节的训练，我们希望利用图解建立这样的倾向性：从对空间的教条化理解中解脱，发现基于身体和行为的空间差异性。

[1] Diagram defined in the Oxford English Dictionary as “Figures composed of lines, serving to illustrate a definition or statement, or to aid in the proof of a proposition.” 转引自：BALMER J,SWISHER M T. Diagraming the big idea: methods for architectural composition[M]. London：Routledge. 2012:9.

3.3 操作控制

考虑到学生已有建筑设计初步课程的基础，家宅测绘与体验的操作分为两个阶段，并且对行为场景进行分级，以保障其完成度。

3.3.1 操作阶段划分

1. 用投影完成测量的数据表达

操作内容首先是从宏观到微观层面的观察和测量，由此得到不同规模空间的地图、建筑图和空间详图。在这个过程中初步了解几种获得空间信息的方法，进一步熟悉建筑制图及表达软件。第一个阶段可以安排在一年级结束之后的暑期进行，方便学生在家宅、社区和城市的现场调查测量和体验，充分把握资料，针对图解发现的数据欠缺不断进行改进。同时也布置感知及其表达的任务，让日常体验中由身体联系起来的行为和空间两个维度不至于割裂。工作的考核则以测绘为主。

测绘工作明确要求三种尺度：社区（宏观）、家宅（中观）、个体空间（微观）。分别用 1：500、1：200、1：50 的平面图或剖面图表达。同时，学生针对家宅使用现状和理想家宅愿景等两个议题对家庭成员展开访谈。

2. 基于感知的行为场景图解

第二个阶段主要依靠课堂讨论推进完成。以前期投影图解为基础，通过讨论引导去逼近较为抽象和个体化的“身体和行为”研究，将“客观”数据转化为具有个性特征的认知图解。将家庭成员的年龄、性别、过往经验、社会家庭角色、个性和情绪融入个性化的图解中，形成对不同规模空间及其行为场景的理解。同时，进一步深化对家人的访谈。

两个阶段的操作都维持宏观、中观和微观三种不同尺度级别的并列关系。通过图解操作，将直接从测绘中获得的“客观”空间尺度，在认知上转换为具体的人的行为尺度和行为场景的整合尺度概念。

3.3.2 行为场景分级

与测绘工作近似，行为场景的图解按照宏观、中观和微观的尺度分类展开。工作重心在微观和中观层面，但不可省略宏观层面，以使操作者始终保持全局意识。在后续的案例分析环节和未来的其他专题训练中，仍会持续宏观、中观及微观不同尺度的分析框架，帮助建立学生未来作为建筑师的合理工作视野。

1. 微观尺度

在微观的空间尺度单元中，首先需要明确的是：对于具体的人的行为而言，空间、设施需求可能存在差异。例如同样对于写作而言，有人需要超大的台面和开阔的视野，有人在喧闹的城市公共空间中写作，有人喜欢在隐秘而局促的角落，不一而足。“书房”这一房间功能的名称只是基于共性而得到的行为场景分类，并不意味着必须遵循的空间设计法则。相反，我们可以尝试去发现和表达这种差异性。只有明确了是谁，为何，何时，如何展开某种行为，才能提出具体的空间需求。不只是身体和尺度，还包含其他考虑。比如，在看书或者写作这个行为中，首先主体是谁？除了身体的特殊性之外，他（她）还具有什么心理需求？比如他（她）喜欢子宫般的空间包裹，还是一望无际的开阔视野？他（她）喜欢的紧张或是松弛的写作氛围到底由哪些空间因素构成？在相近的身体尺度之外，现实的个体需求是多元化的。微观尺度的行为场景要求用图解和文字的方式全面表达这些个性化内涵。

2. 中观尺度

在中观的家宅尺度中，行为场景的图解指向家庭成员因相互关系而展开的日常生活及其归属感，是生理需求和心理需求整合的家庭行为场景。不同家庭对待客、就餐、娱乐等各方面需求可能存在显著差异，通过小组讨论，学生们能认识到家庭群体行为的多样性。而家庭成员的个体特性以及每个家庭特殊的相处方式，又引发对家和家宅本原的思考。一般性的房屋只能提供针对自然环境和陌生人的安全庇护，选择共同居住在一般情形下意味着相互尊重，正视他人的差异。但只有感受到彼此之间紧密的联系，并对这种联系有强烈向往，愿意用行为去实现它，这才构成一个理想的家庭。理想的家宅有可能在形成理想家庭（home）的过程中扮演更重要的角色。

3. 宏观尺度

在宏观的邻里、社区和城市尺度，基于感知的行为场景多以认知地图的方式呈现。在投影地图的基础上，家庭成员与社会的关系、空间及行为的偏好以另一种角度表达出来。

3.3.3 家人访谈

家人访谈帮助学生进一步了解家庭成员对家宅现状的评价，以及各自对理想家宅的畅想。这是设计条件获取的另一个重要来源。

家人访谈分三个阶段操作。暑期阶段的访谈在测绘过程中独立完成，因为此时对访谈目标了解不够深入，同时缺乏访谈技巧，沟通内容往往较为单薄。随着测绘和体验的环节在课堂教学的引导下转向行为场景描述，需要不断跟进访谈。到设计操作环节的家庭生活剧本阶段，还需要持续深入访谈，以提供充分的设计条件。

3.4 操作步骤

在本训练环节中，测绘是操作的第一步，而感知是核心的训练目标，因此我们将基于感知目标展开训练。另外，尽管微观和中观尺度是测绘与体验的重点，但从一般认识习惯出发，我们仍从宏观尺度开始。

接下来的三个小节将借助优秀作业逐一说明各个尺度上有价值的关注点及图解表达的可能途径。基于家庭生活真实的多样性，我们将尽量呈现这些成果的多元化特征。

3.4.1 宏观尺度

宏观尺度上的感知目标是家宅和邻里、社区乃至城市的关系，它能够传达家宅空间单元整体与外界的关系，包括空间关系和社会关系、行为关系，由此可以思考家庭试图建立的外部联系及其空间实现的途径。在最终的成果中，除了明确要求的按比例投影图纸之外，也欢迎个性化的感知表达方式，用认知图解揭示家庭的各种外部关系（图 3-6）。

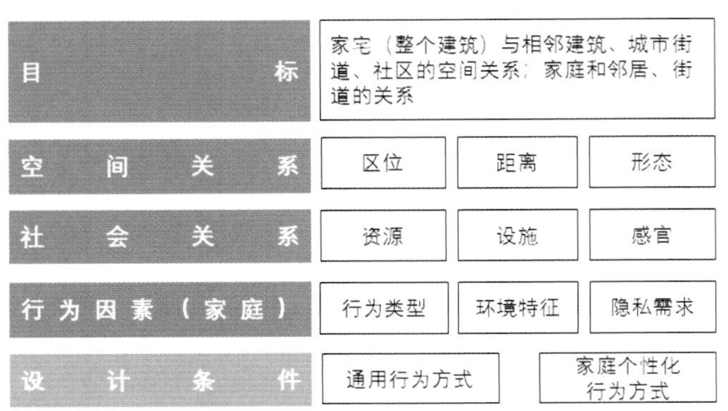

图 3-6 宏观尺度的训练目标及进程（作者自绘）

测绘任务明确要求依据百度地图、谷歌地图、小区平面图、宅基地平面图等可获取的资料绘制比例为 1 ：500 的家宅所在社区总平面图，标示出家宅所在位置，社区主要出入口及流线等信息（图 3-7）。因为信息来源和表达目标的差异，具体的图解方式会极其多样化，这正是训练的目标之一。对社区平面关系表达而言，基于网络地图转绘示意性图解可以达到训练目标，严格遵循技术图规范抄绘社区总平面图也同样有效（图 3-8）。

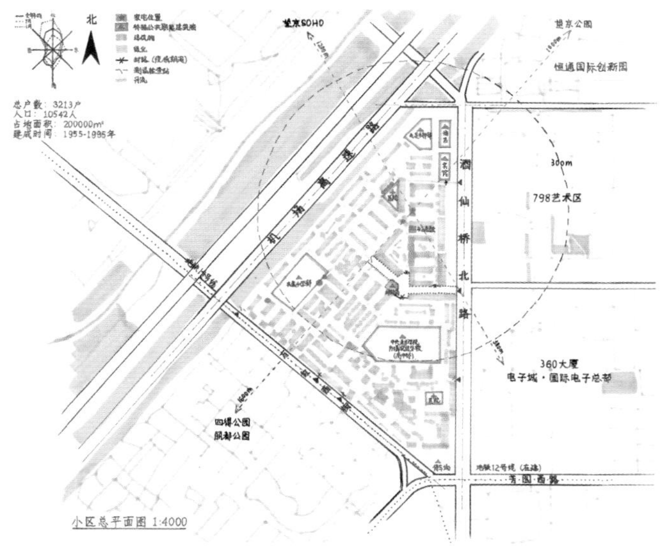

图 3-7 社区总平面图
（基于投影图进行简化加工，叠加风玫瑰图、社区生活圈、图底关系。作者：孟宪怡，2019 级）

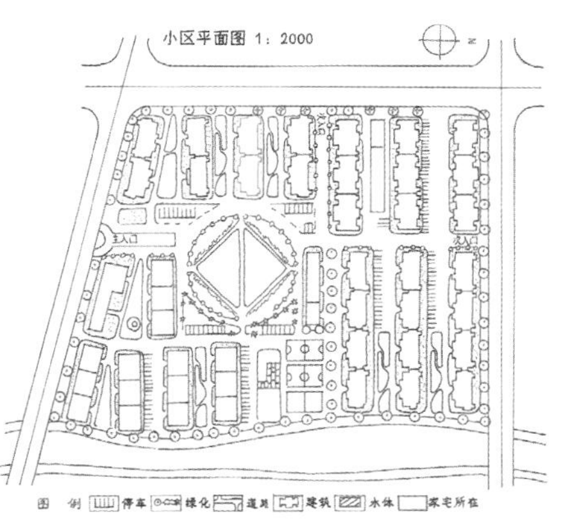

图 3-8 社区总平面图
（城市商品住宅区，根据投影图纸抄绘。作者：郭放，2018 级）

宏观尺度的测绘也鼓励观察家宅所在城市的国内区位及气候、地理条件，以及社区周边文化、经济、交通等生活条件，将以上因素融合进家庭成员的体验。由此而衍生出各种示意性质的认知图解（图 3-9 及图 3-10）。

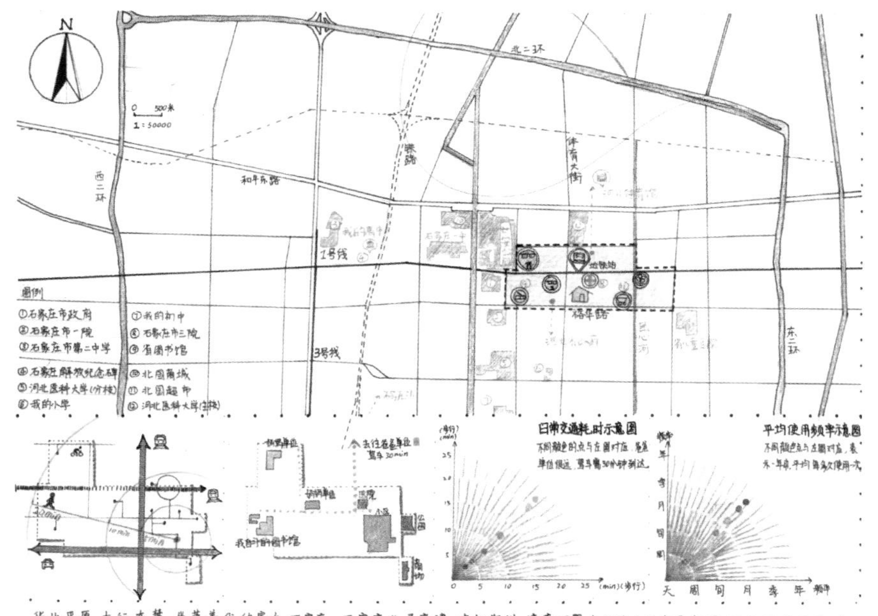

图 3-9 家宅外部关系的宏观认知图解（投影图的简化，叠加认知地图，对不同尺度空间意象进行并置。作者：刘舒瑶，2018 级）

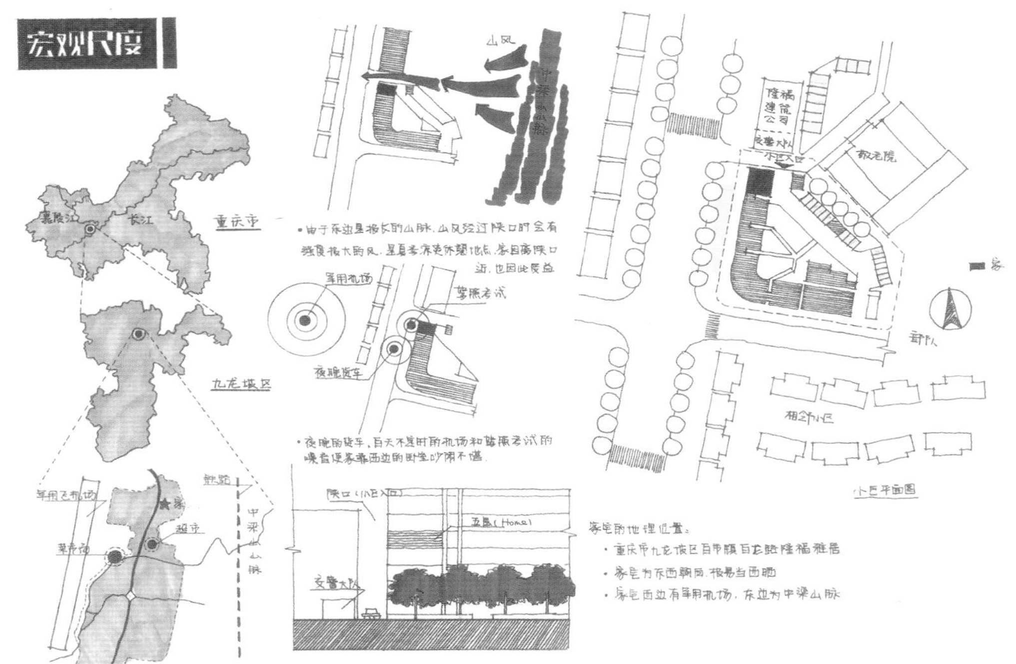

图 3-10 家宅外部关系的宏观认知图解（不同尺度的平面 + 立面图解。作者：刘洪君，2014 级）

家宅处于城市较为中心的位置，距离其他地方距离都较近

①家宅到小学和中学的距离都不远，弟弟上的小学距家 704m，走路约 12 min 就可到达，妈妈每天接送弟弟较为方便。

School
704m
城市地图
Shopping Mall
1872m
805m
Store
Home

②家宅到较大的购物商场较远，接近两公里，步行约 27 min，花费时间较多，而到小型商店的距离较近，故购买日常所需用品时，较为方便

239m
Center Square
1400m
Park

③家宅所在位置位于城市的广场附近，几乎出门即可到达，夜晚广场有较多活动，声音较大，各个年龄段的人群均较多，而距离另一个黑塔公园距离较远，步行约需 22 min，公园早晨有很多人打羽毛球、登山，晚上可进行散步

图 3-11 社区与城市的关系（基于家庭行为感知的城市地标透视。作者：曾令通，2018 级）

在城市内部，社区与城市的关系、社区与重要城市节点的关系，例如交通、教育、医疗、商业、文化设施等社区生活圈内的空间节点，以及家庭在社会空间中的自我定位，实际上都描绘出家庭生活的部分外部特征（图 3-11）。

家宅与社区的关系也有多重观察表达的维度，从基本的空间图底关系、光照与通风到社区公共空间中的活动聚集等现象。图解还可以描绘出家庭成员各类生活行为的轨迹，社区内部的停车、健身等服务设施分布，社区景观分布及其体验（图 3-12 及图 3-13）。

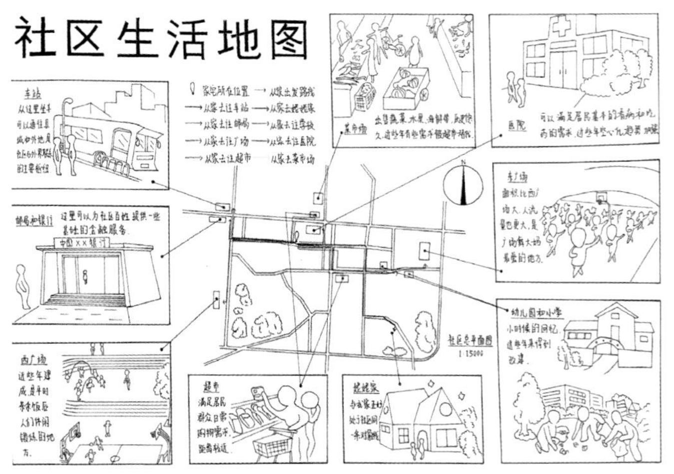

图 3-12 社区生活地图（地图简化 + 手绘行为场景。作者：张凯龙，2019 级）

家宅和邻里的空间、社会关系是宏观尺度的主要观察体验对象。测绘中已经包含基于日常生活感知的目标选择，如周边小气候、声音、光线、气流等物理环境因素。

继而，工作转向基于体验去关注和分析家宅与邻里的空间边界，即建筑的形态、尺度等空间因素如何引发人在具体行为中对视线、光线、声音等环境因素的体验、评价，家庭成员与邻里之间基于社会联系、隐私需求和环境特征引发了哪些行为类型(图 3-14、图 3-15 及图 3-16)。这些行为可能是较普遍的家庭对外行为方式，也可能是具有某个家庭特征的个性化行为方式。

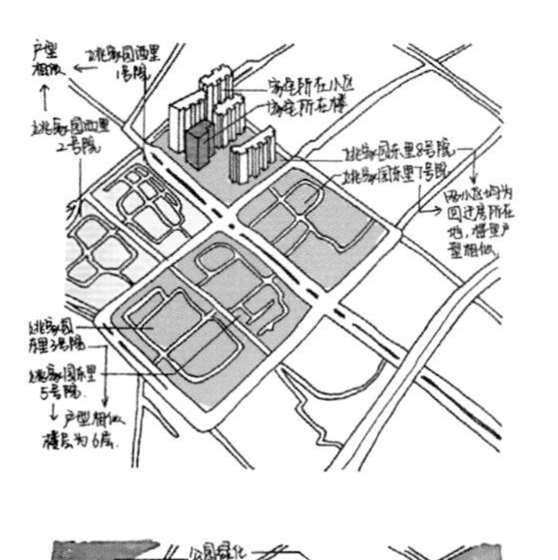
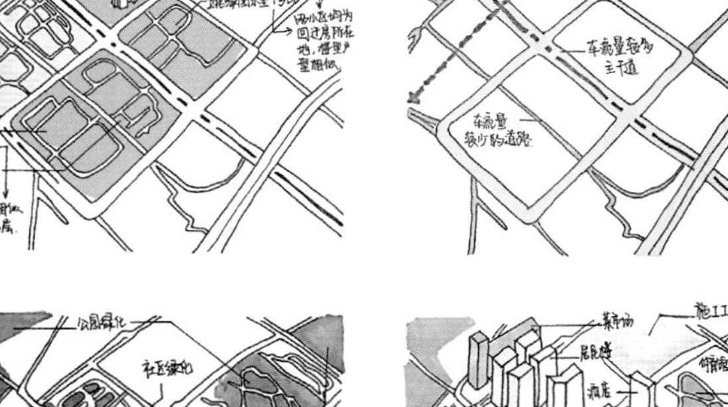
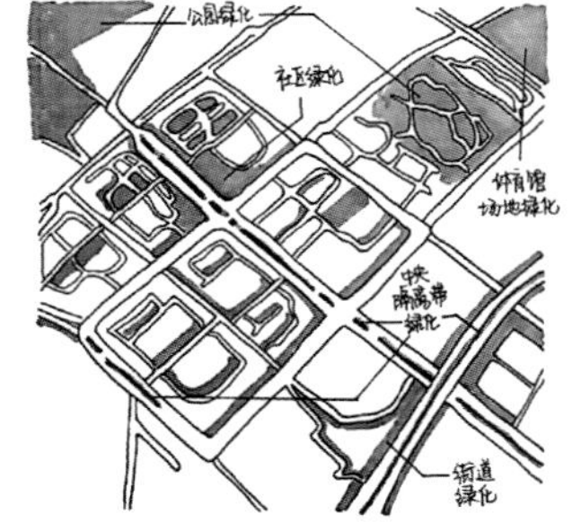
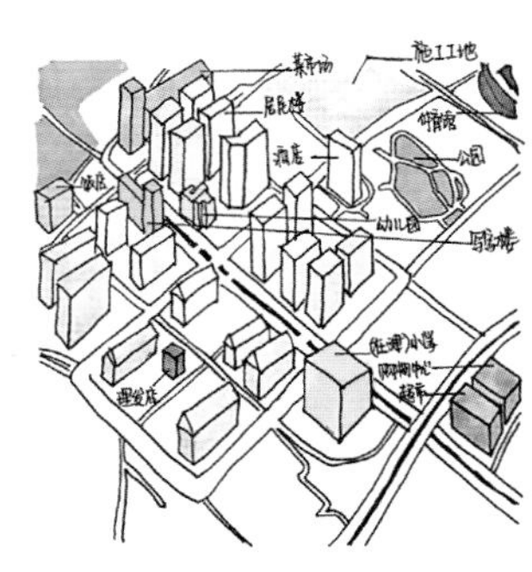

图 3-13 社区生活圈及资源、设施感知(轴测图解。作者：李美双，2016 级)

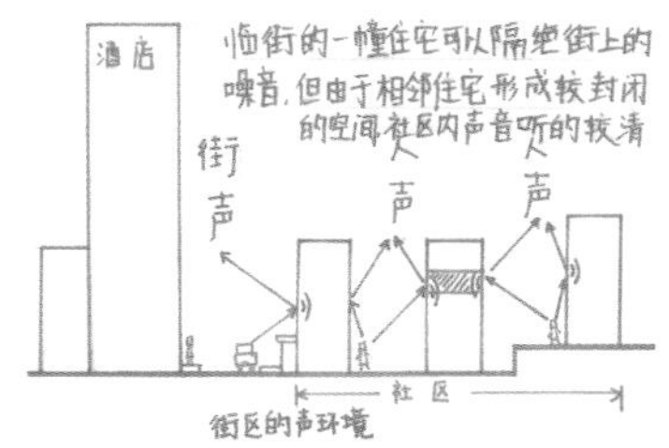

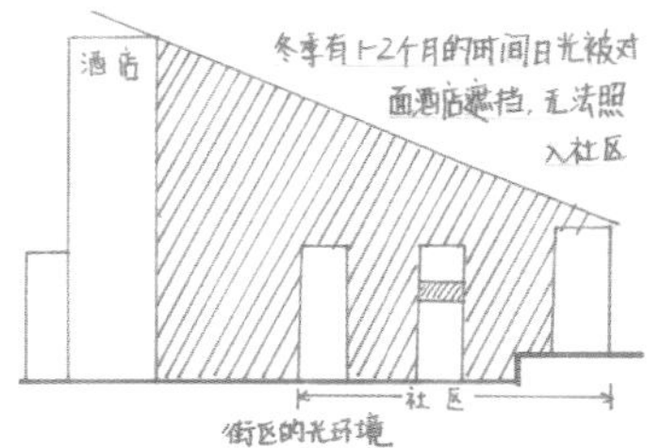

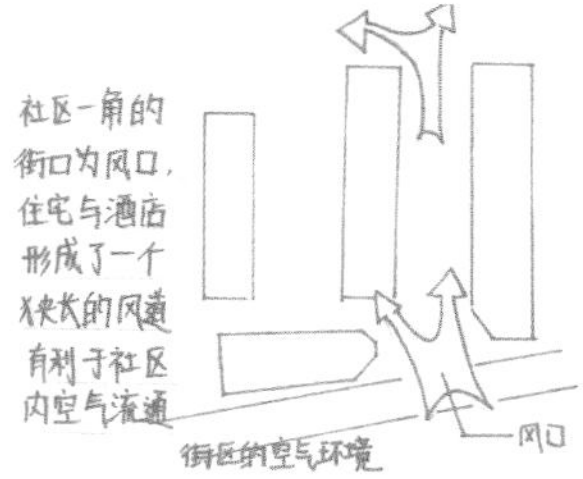

图 3-14 邻里空间——噪音、日照与气流感知(剖面图解。作者：水思源，2017 级)

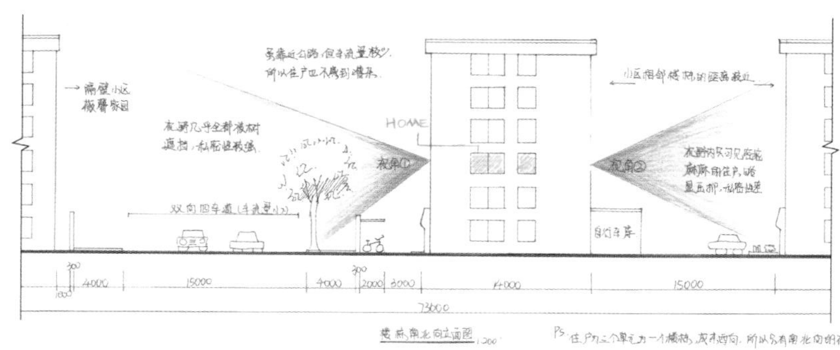

图 3-15 邻里空间——视野、噪音及私密性感知(剖面图解 + 局部透视。作者：严千辰，2018 级)

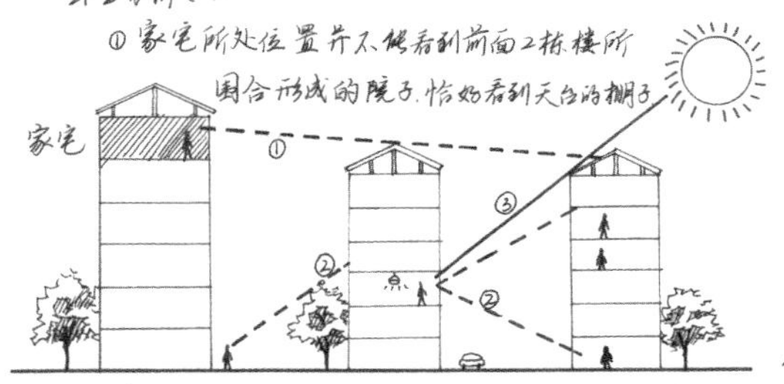

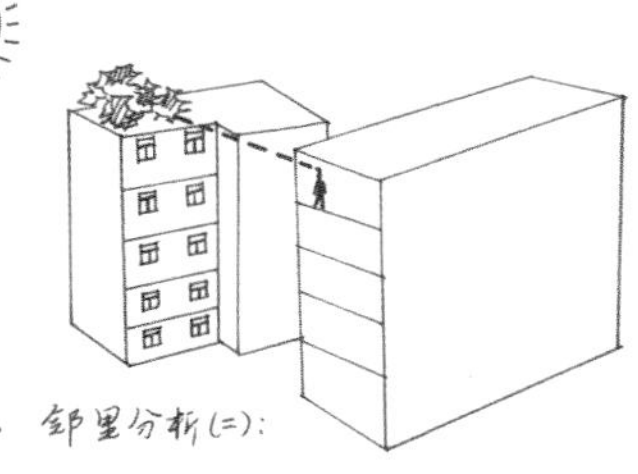

图 3-16 邻里空间——光照、视野、景观与行为(剖面 + 轴测图解。作者：曾令通，2018 级)

家人出行路线分析

家庭辐射范围分析

亲戚范围　朋友范围　土地范围　总体辐射范围

父亲　母亲　姐姐　我　弟弟

图 3-17 地形、社会关系及各种资源对行为空间的塑造
（卫星地图叠加认知图解。作者：吴标平，2017 级）

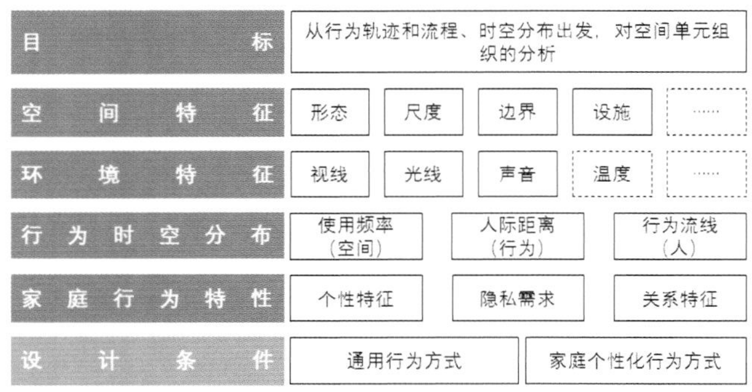

目标	从行为轨迹和流程、时空分布出发，对空间单元组织的分析				
空间特征	形态	尺度	边界	设施	……
环境特征	视线	光线	声音	温度	……
行为时空分布	使用频率（空间）	人际距离（行为）	行为流线（人）		
家庭行为特性	个性特征	隐私需求	关系特征		
设计条件	通用行为方式	家庭个性化行为方式			

图 3-18 中观尺度的训练目标及进程
（作者自绘）

在具有自然地形的村镇社区环境中，多样化的社会关系在空间中的分布也成为感知宏观尺度的重要维度。更加开阔的自然景观构成对家庭生活方式自省感知的源头（图 3-17）。

宏观尺度的测绘与体验已经呈现出较为丰富的图解方式，如在剖面图解基础上表达对视线、景观的感受，或者用黑白简图、透视图及轴测图等传达独特视角的体验。个性化的图解传达出更丰厚的信息。

3.4.2 中观尺度

中观尺度的感知目标是理解家宅及其不同空间单元之间的关系以及家庭成员的空间使用（图 3-18）。对应的测绘工作包含两个独立的组成部分：家宅建筑空间测绘、家庭成员空间使用状况记录。

1. 家宅建筑空间测绘

家宅建筑空间测绘的具体要求为：使用皮尺、测距仪等测绘工具对家宅进行测绘，绘制比例为 1 ： 200 的家宅平面图及剖面图，并标注三道尺寸（总长、开间、门窗洞口）。在平面图及剖面图上绘制等比例的家具设施以及人物，可以帮助学生在图解中体验空间尺度。在平面图及剖面图中绘制家具设施是建筑技术图纸能够达到的、帮助理解空间使用的手段之一，而不是多余的表达（图 3-19、图 3-20 及图 3-21）。

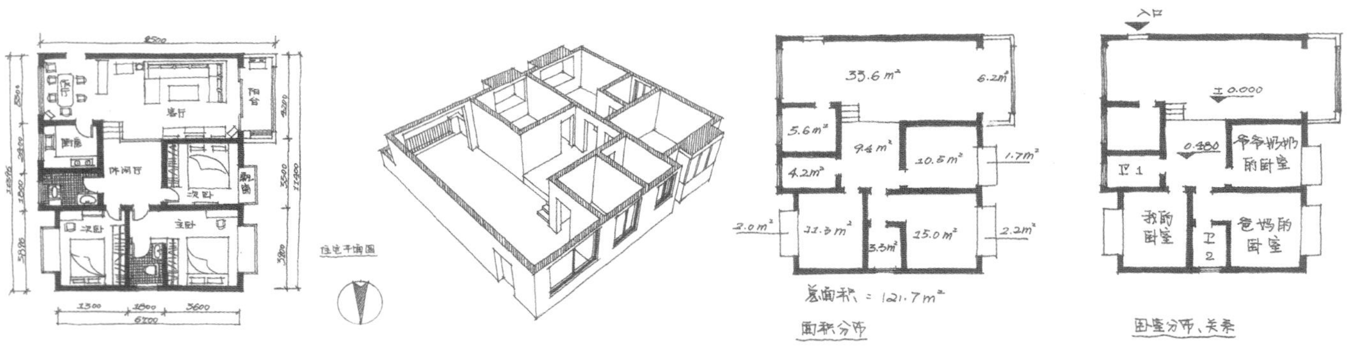

图 3-19 家宅测绘
（手绘平面图及轴测图并进行面积功能分析。作者：刘洪君，2014 级）

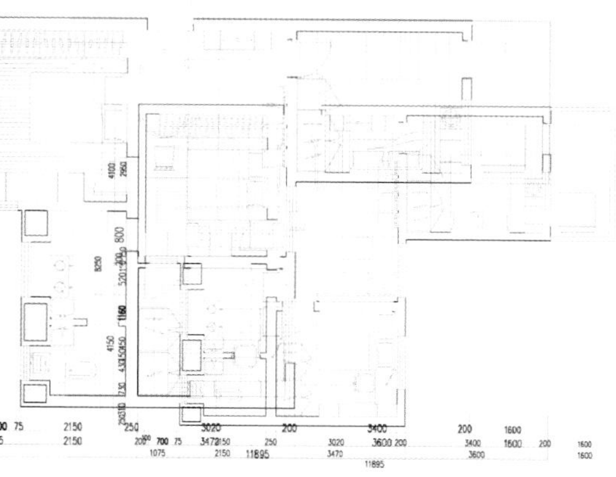

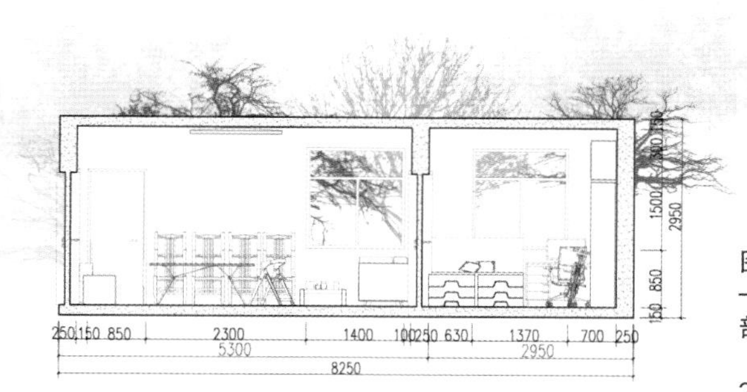

图 3-20 家宅测绘——机绘平面图及剖面图（作者：陈勇，2016 级）

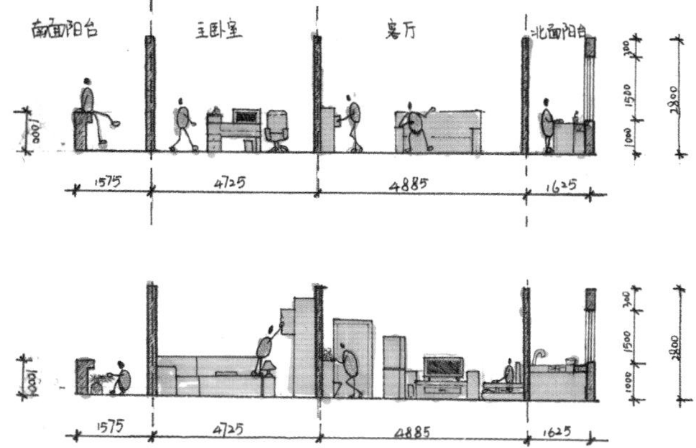

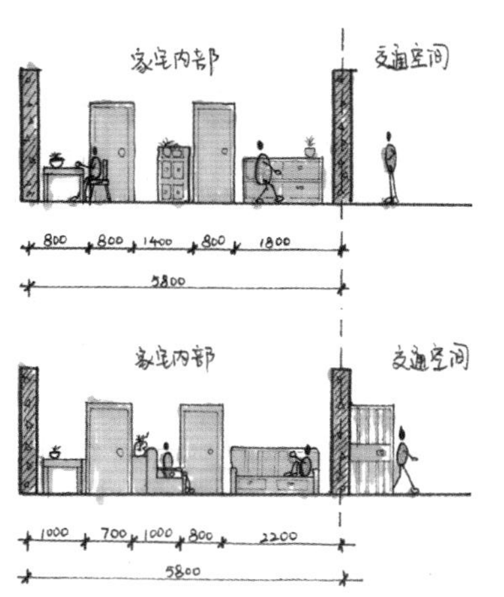

图 3-21 家宅测绘——手绘剖面图并叠加人体尺度及动作（作者：陈庆馀，2018 级）

外部自然、人工环境与建筑的物质边界共同作用，造就了住宅内部光线、噪音、通风状况的分布特征。这些因素是形成空间单元评价及家宅整体感知的物质基础。实体的墙板组合、开放的门窗洞口及其高度等建筑边界因素对调节光线、噪音和通风条件起到的作用，在平面图、剖面图及剖透视图解中得以呈现（图 3-22）。

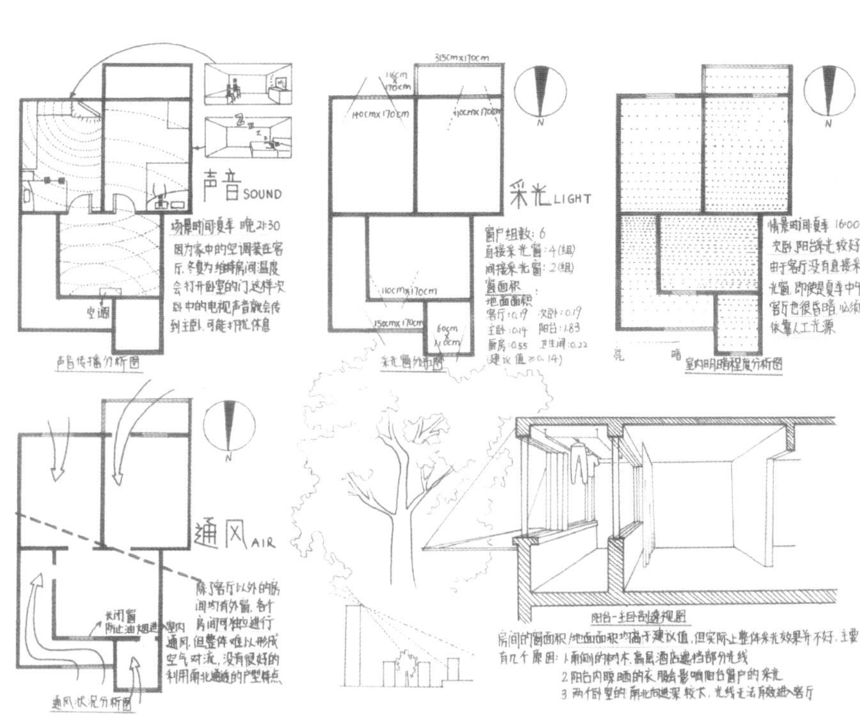

图 3-22 家宅空间边界作用下的声音、光线、通风情况（平面图及剖透视图解。作者：水思源，2017 级）

基于内外建筑边界的形态及组织，还造就了各空间单元的开放或封闭特性。空间单元开放的方式、程度和方向性在具体的日常行为过程中提供了多样化的私密性。空间单元之间的组织还对需要连贯进行的行为流程产生影响，形成对家宅整体空间关系的感知（图 3-23 及图 3-24）。

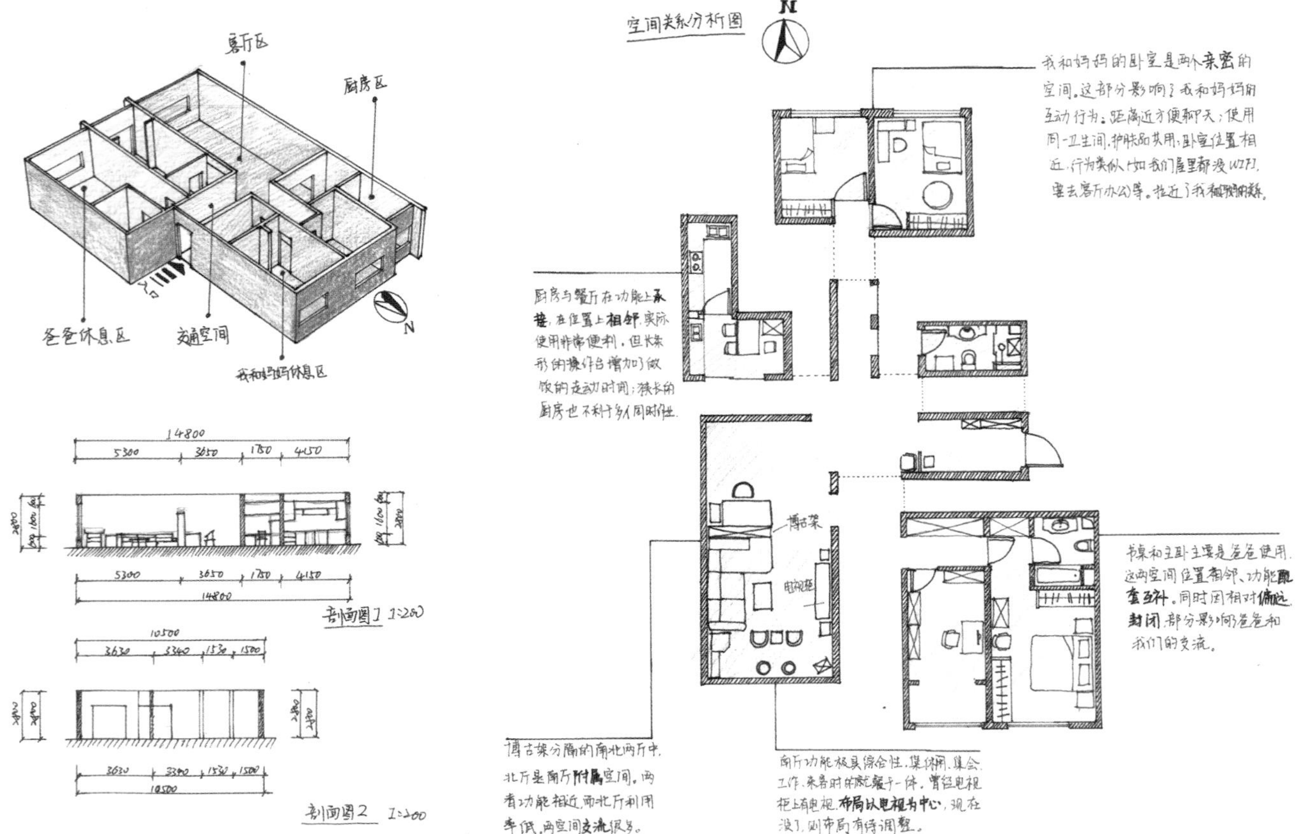

图 3-23 基于行为体验的空间关系感知（平面图、轴测图及行为描述。作者：刘舒瑶，2018 级）

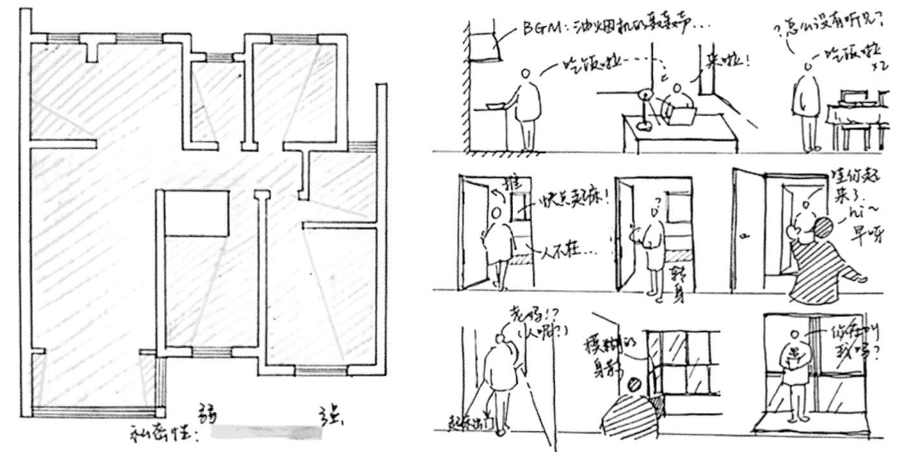

图 3-24 基于行为体验的视线与私密性（平面图及透视图。作者：金秋，2019 级）

在空间单元的连接处或开放单元内部，家具设施与建筑边界共同作用，利用家庭成员对私密性的感知，调节他们的身体姿态和行为选择（图 3-25 及图 3-26）。

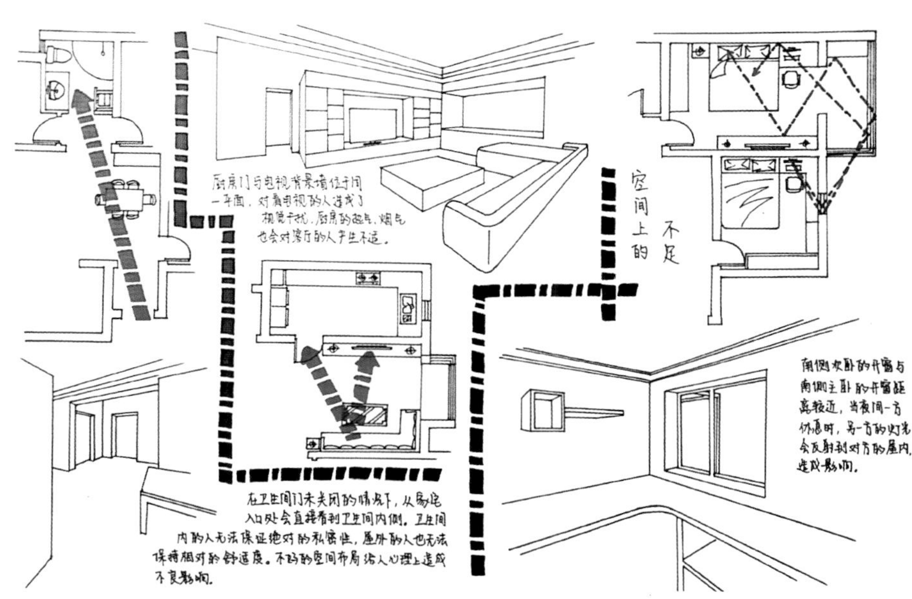

图 3-25 边界形态、家具设施对私密性的影响（平面图及透视图解。作者：李美双，2016 级）

2. 家庭成员空间使用状况记录

家庭成员空间使用状况记录的基本要求是：用文字及图解的方式描述家庭成员典型一天的空间轨迹、家宅空间使用频率与时空分布。由此，可以对家宅空间的使用状况及个人的需求进行分析和反思。

在具体操作中，学生可以选择以家庭成员为主体，描绘他们各自分时的行为或分时的空间占用。也可以选择以空间单元为主体，描绘各单元分时的使用频率。通过图解家庭成员、空间、行为在时间中的分布，描绘出他们的需求以及家庭生活的特征（图 3-27 至图 3-30），继而分析空间单元组织上了解有哪些优点和缺点。例如，基于上述基础图解，可以探索家庭成员在时空中聚集和分离的空间单元及其行为，了解这些空间单元中的诸多因素是如何影响家庭成员的聚集和分离的。

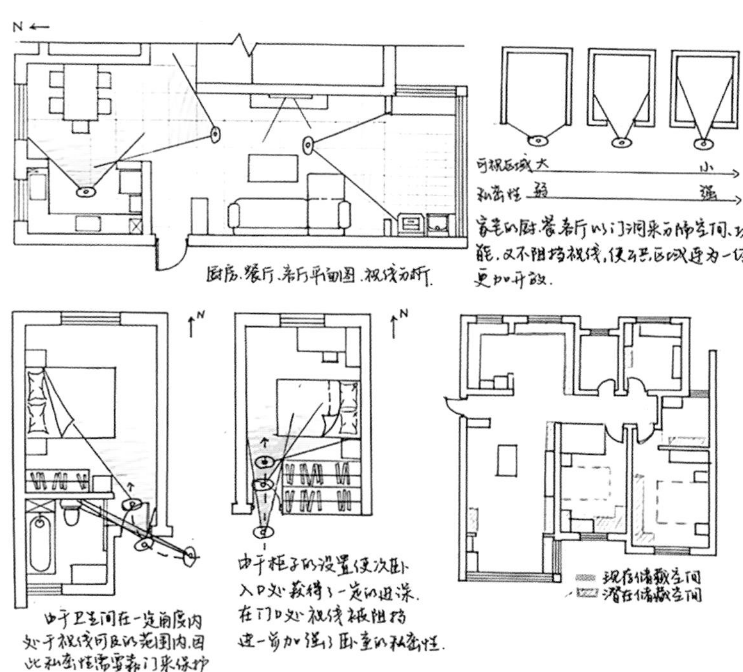

图 3-26 空间单元交界处边界特征对视线、私密性的影响（平面图解。作者：金秋，2019 级）

宠物狗

时间　时段	6:30—8:30	8:30—12:30	12:30—13:00	13:00—18:30	18:30—19:00	19:00—19:30	19:30—20:30	20:30—23:00	23:00—6:30
工作日	客厅 送大家出门	客厅/餐厅/阳台 睡觉/玩耍	小阳台 午饭	客厅/餐厅/阳台 睡觉/玩耍	外出遛弯	小阳台 晚饭	客厅 欢迎大家回来	客厅/餐厅/阳台 睡觉/玩耍	客厅 睡觉
节假日		客厅/餐厅/阳台 睡觉/玩耍	小阳台 午饭	客厅/餐厅/阳台 睡觉/玩耍	外出遛弯	小阳台 晚饭	客厅/餐厅/阳台 睡觉/玩耍	客厅/餐厅/阳台 睡觉/玩耍	客厅 睡觉

妈妈

时间　时段	6:00—6:30	6:30—8:30	8:30—12:30	12:30—13:30	13:30—18:30	18:30—19:30	19:30—20:00	20:00—22:00	22:00—6:00
工作日	餐厅 吃早饭	工作						客厅 看书	主卧 睡觉
节假日		厨房/餐厅 吃早饭、喝咖啡	逛街	厨房/餐厅 午饭	逛街	厨房/餐厅 晚饭	做家务	客厅 看书	主卧 睡觉

爸爸

时间　时段	8:00—8:30	8:30—12:30	12:30—13:30	13:30—16:00	16:00—18:30	18:30—19:00	19:00—19:30	19:30—20:00	20:00—23:30	23：30—8：00
工作日	餐厅 早饭	上班	厨房/餐厅 做午饭/喂狗	上班		遛狗	厨房/餐厅 做晚饭/喂狗	客厅 看书/看电影		主卧 睡觉
节假日	餐厅 早饭	客厅 看书/玩手机	厨房/餐厅 午饭	出门看电影	客厅 看书/玩手机		厨房/餐厅 晚饭	做家务	客厅/餐厅 看书/看电影	主卧 睡觉

我

时间　时段	6:30—7:00	7:00—7:30	7:30—12:30	12:30—13:30	13:30—18:30	18:30—19:00	19:00—19:30	19:30—20:00	20:00—22:00	22:00—24:00	24:00—6:30
工作日	餐厅 早饭		上学							次卧 学习	次卧 睡觉
节假日		餐厅/厨房 早饭	次卧 学习/玩耍	厨房/餐厅 午饭	次卧 学习/玩耍	遛狗	厨房/餐厅 晚饭	做家务	次卧 学习/玩耍	次卧 睡觉	

图 3-27 融合空间单元的家庭成员行为时刻表
（作者：王昶厶，2018 级）

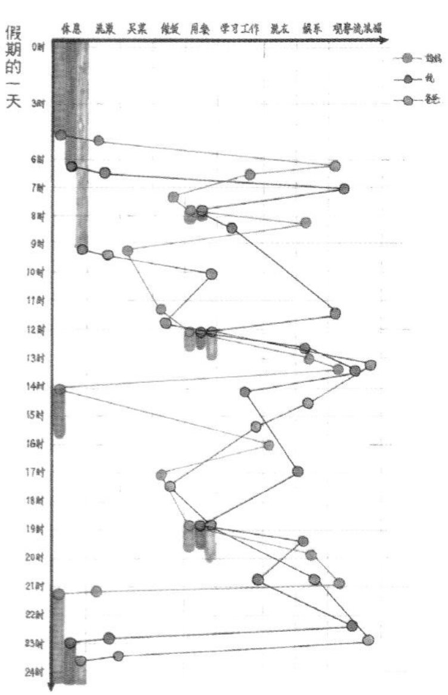

图 3-28 家庭成员行为时序表 —— 行为的聚集与分离
（作者：孟宪怡，2019 级）

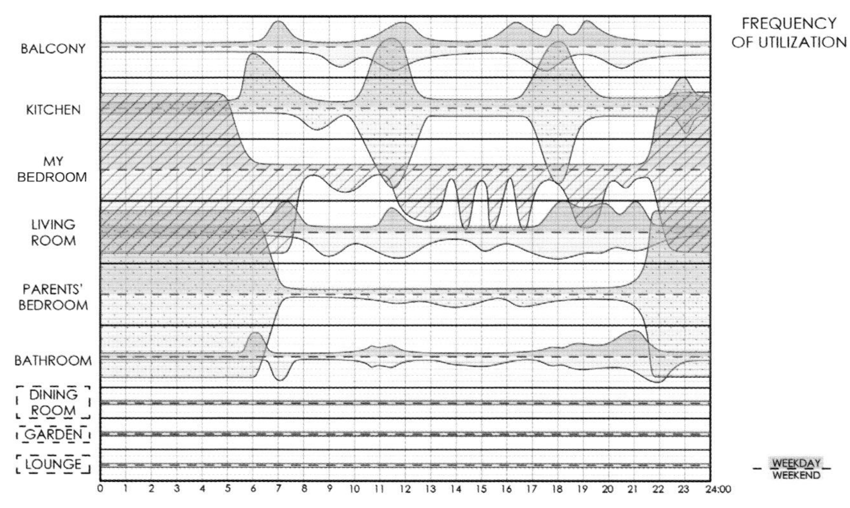

图 3-29 空间单元的分时利用率
（作者：陈勇，2016 级）

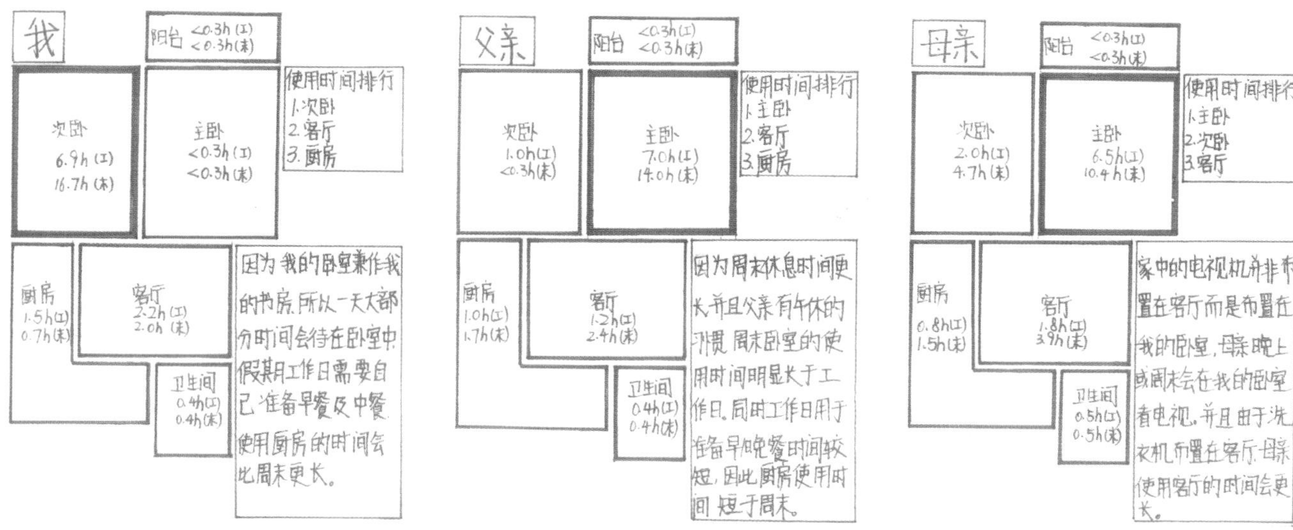

图 3-30 空间单元的家庭成员利用率
（作者：水思源，2017 级）

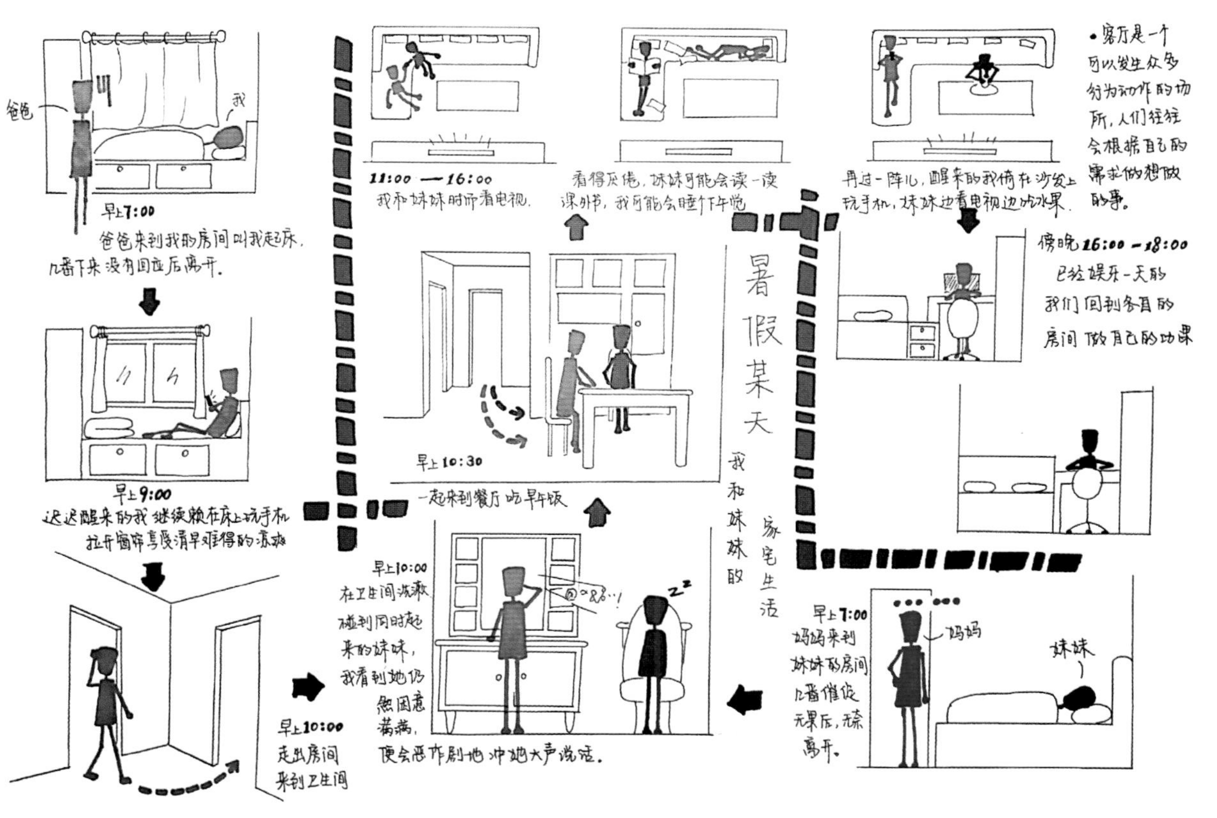

图 3-31 我和妹妹的行为轨迹
（融合行为场景的透视系列。
作者：李美双，2016 级）

对家庭成员空间使用状况的描述和体验分析比简单的透视效果或照片更具有感知价值。人物参与的局部空间透视配合使用感受的文字描述，组成富有参与感的日常生活轨迹图解，实际上已经转化为融合体验的空间认知成果。空间边界特征及设施对行为的支持在图解过程中得以发掘，成为操作者后续设计的基础知识和条件（图 3-31、图 3-32 及图 3-33）。

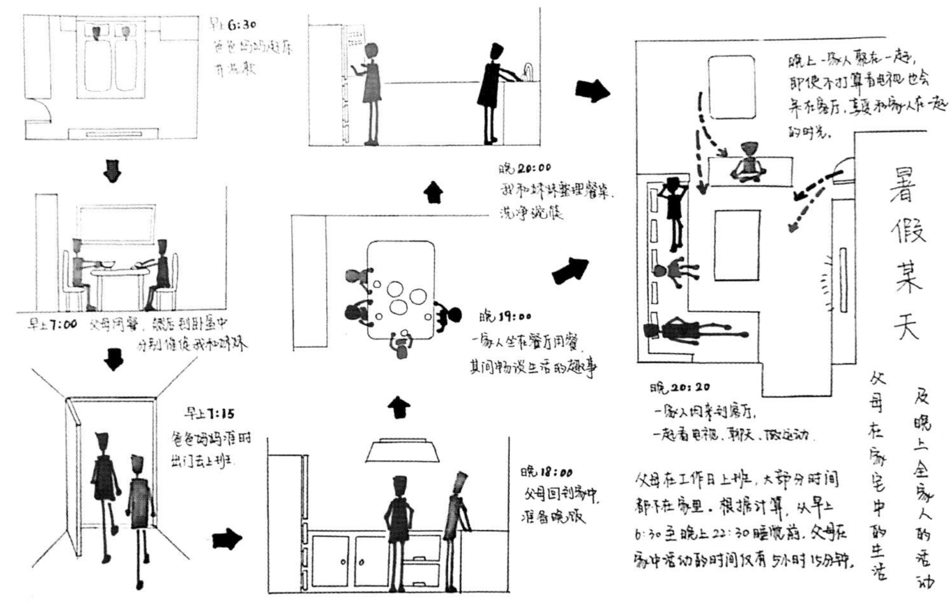

图 3-32 父母的行为轨迹（融合行为场景的透视系列。作者：李美双，2016 级）

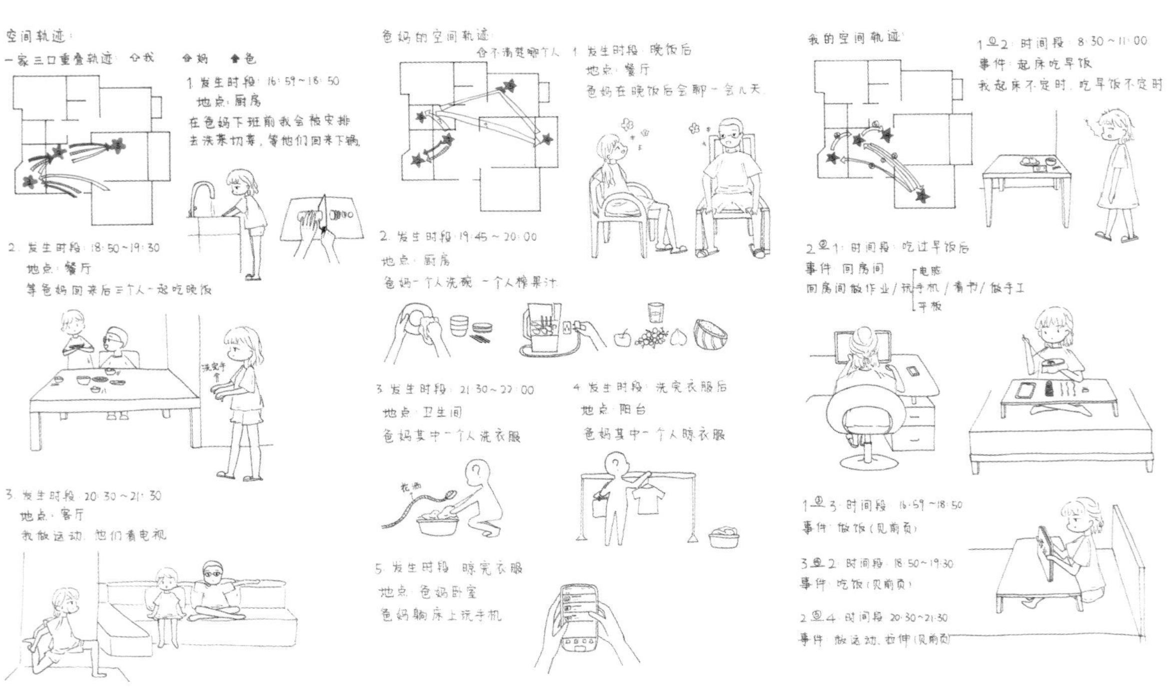

图 3-33 一家三口的空间轨迹（融合行为场景的透视系列。作者：曹乐宁，2018 级）

从家庭成员的行为轨迹中，可以抽取出个人的家庭生活行为特点以及互动关系特征，从而从“人”的层面复原“家”的概念。行为及其占用空间的特征，是建构家庭的重要媒介之一。个性化的图解揭示出家宅的独特层面，将会成为设计操作中家庭生活剧本的重要起点(图 3-34 及图 3-35)。

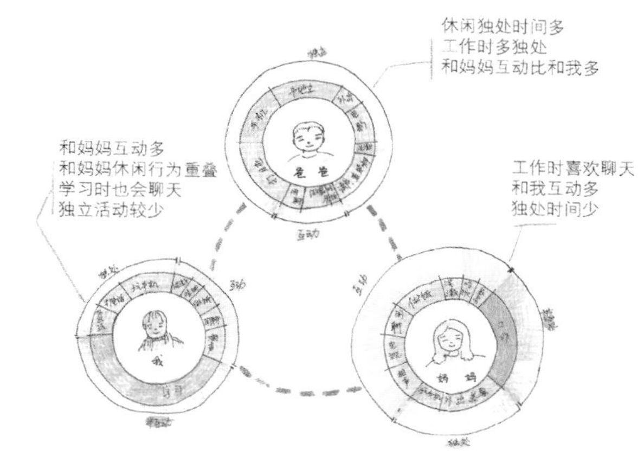

图 3-34 家庭成员的行为分布及互动特征（作者：刘舒瑶，2018 级）

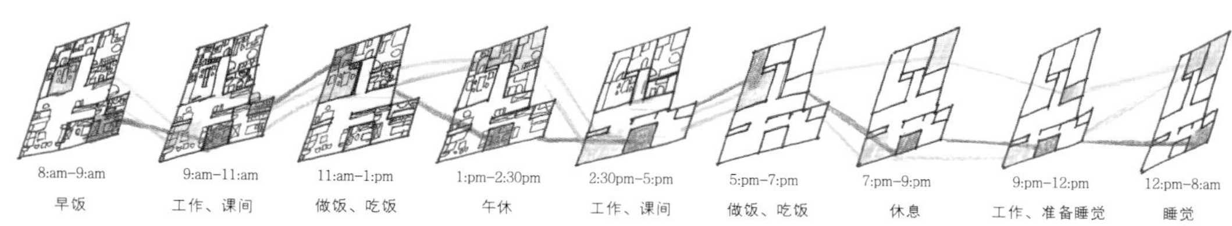

图 3-35 家庭成员行为的空间分布特征（作者：刘舒瑶，2018 级）

3.4.3 微观尺度

微观尺度的感知目标包含两个层面：身体与空间尺度的关系，行为及其关联的空间形态，空间氛围及其组织特征（图 3-36）。

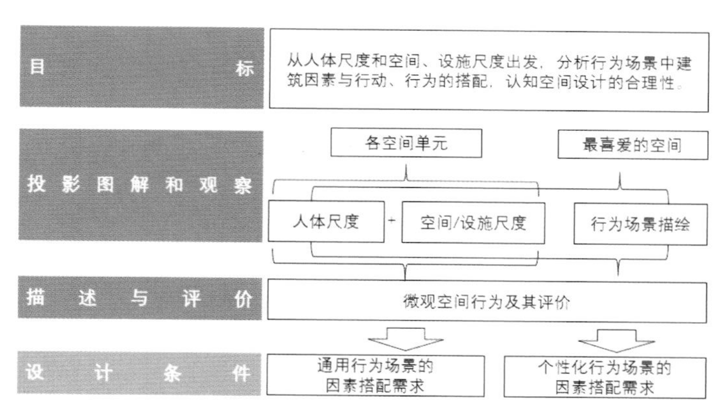

图 3-36 微观尺度的训练目标及进程（作者自绘）

1. 身体与空间尺度的关系

身体与空间尺度的关系转化为测绘工作就是：选择家宅中自己特别喜欢的某一处，或具有代表性的空间进行详细测绘，绘制比例为 1 : 50 的平面图及剖面图，标注两道尺寸，并用比例人表达空间中人的主要行为动作。体验的基础是身体尺度，在此具体化为家庭成员的身体尺度（图 3-37）。

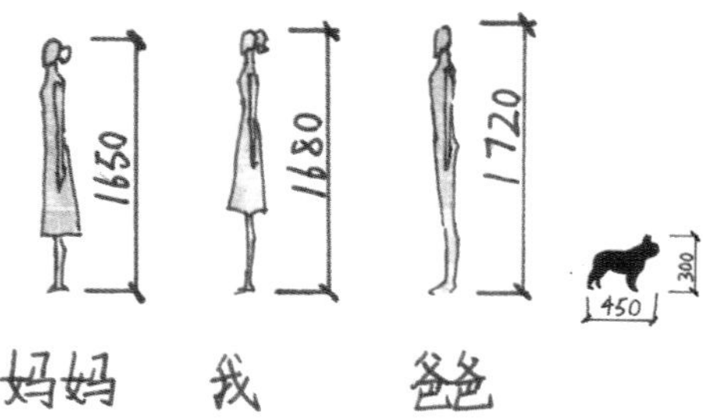

图 3-37 家庭成员身体尺度：妈妈、我、爸爸和小狗（作者：王昶厶，2018 级）

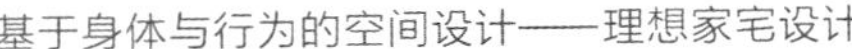

身体尺度直接影响到家宅内各种动作姿态对应的建筑空间及家具设施尺度。每个具体的成员有具体的行为类型及其对应的常用尺度需求（图 3-38）。

据此，可以进一步测量和体验家宅内部各种空间边界的适宜尺度，分析各种行为类型被尺度支撑或阻碍的情形，以及由此引发的感受（图 3-39）。

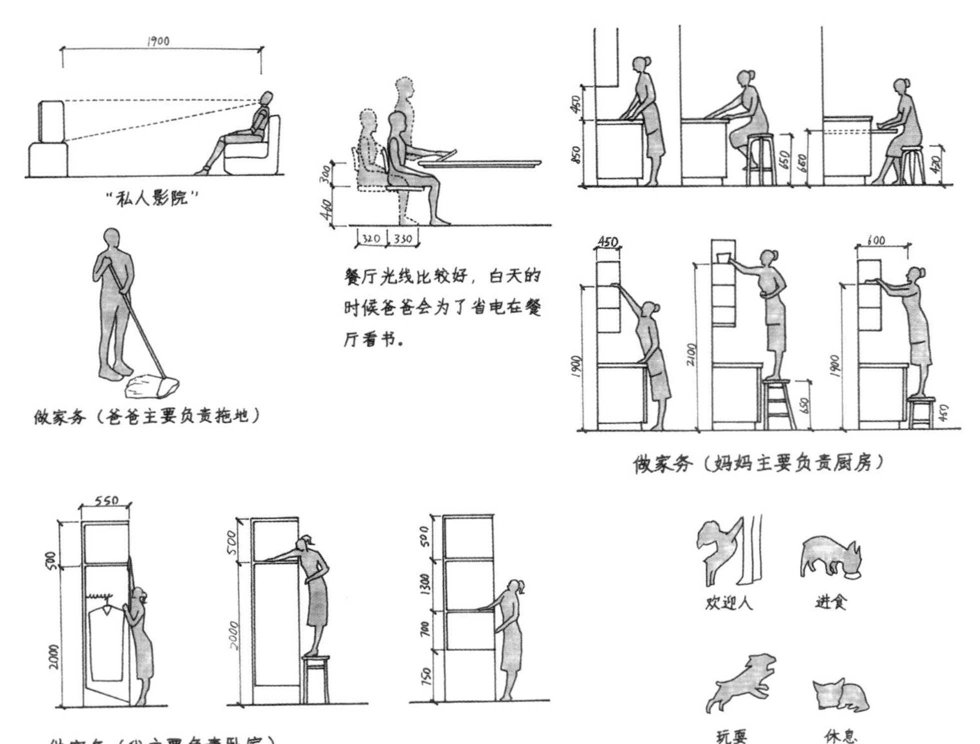

图 3-38 家庭成员日常行为及对应的设施尺度（剖面图解。作者：王昶ム，2018 级）

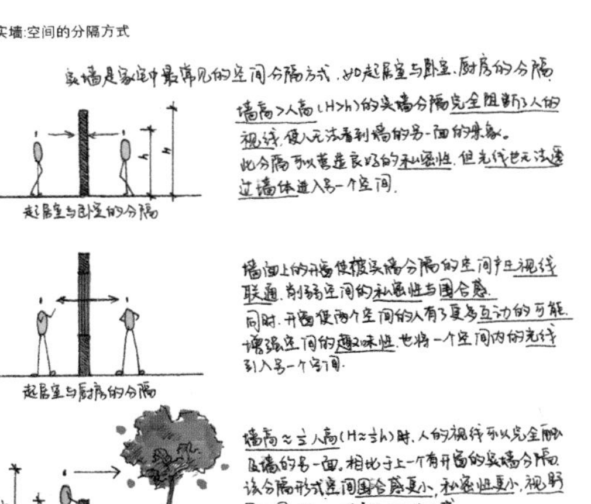

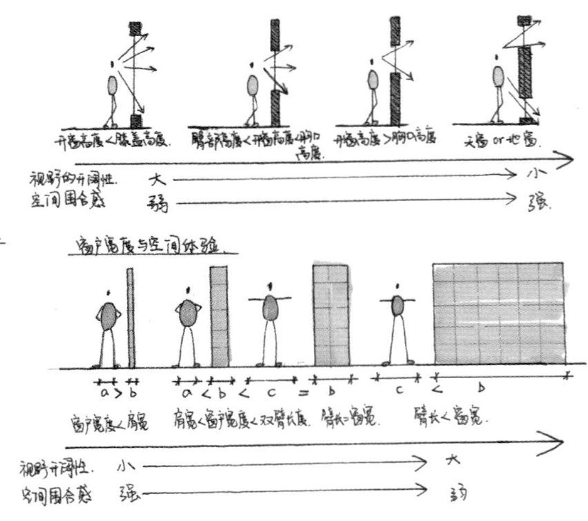

图 3-39 基于身体尺度的空间边界体验（剖面图解。作者：陈庆馀，2018 级）

2. 行为及其关联的空间形态、空间氛围及其组织特征

行为及其关联的空间形态、空间氛围及其组织特征转化为具体的工作：用文字及图解的方式描述尺度、材质、光影等空间要素，探索与身体行为相关联的要素及其组织特征。还包括各种设施的描述，如门窗、家具等其他物件，在多重行为场景中如何协同作用于家庭成员，促成事件的发生（图 3-40 至图 3-44）。

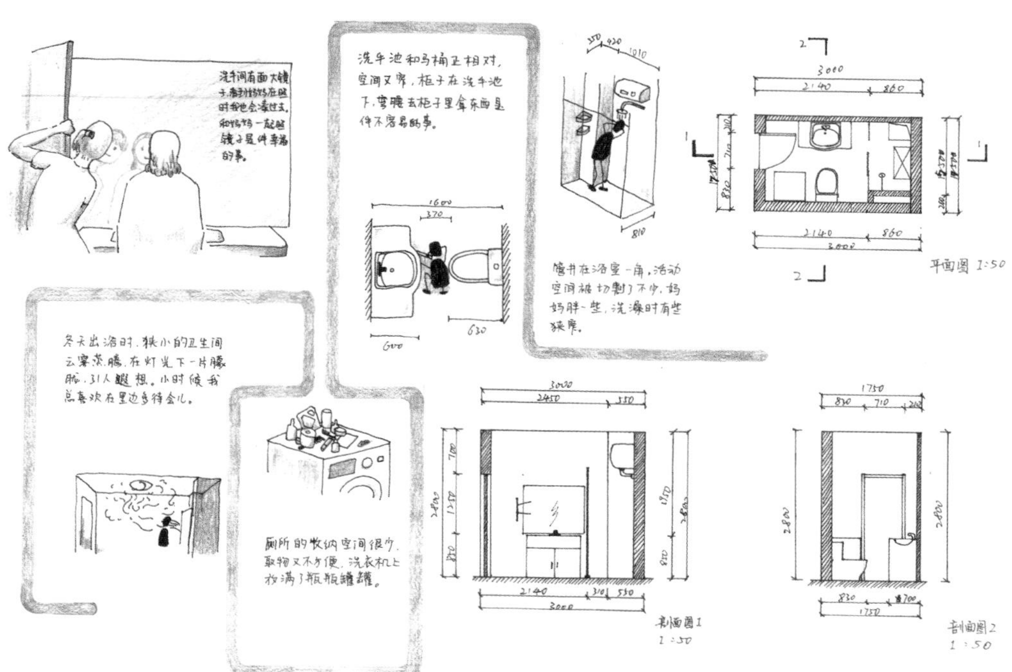

图 3-40 卫生间空间尺度、设施与多重行为场景（平面图、立面图、透视图及行为描述。作者：刘舒瑶，2018 级）

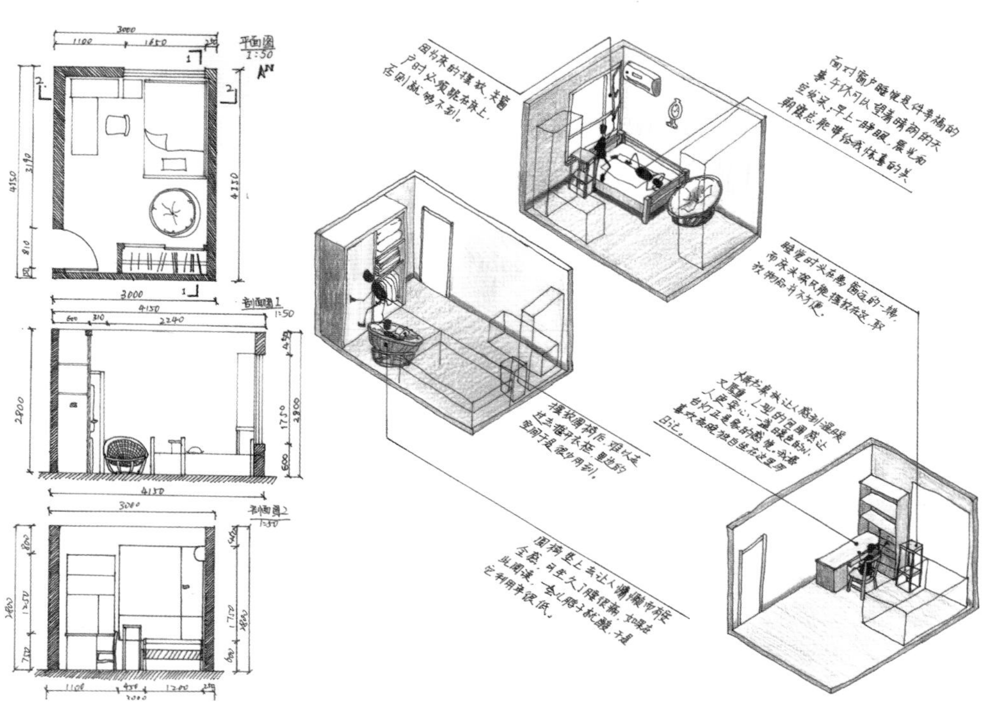

图 3-41 卧室空间尺度、设施与多重行为场景（平面图、立面图、透视图及行为描述。作者：刘舒瑶 2018 级）

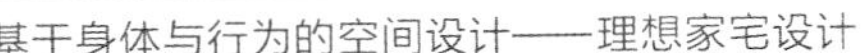

图 3-42 卧室——从行为出发的空间单元体验（剖轴测图及立面图解。作者：水思源，2017 级）

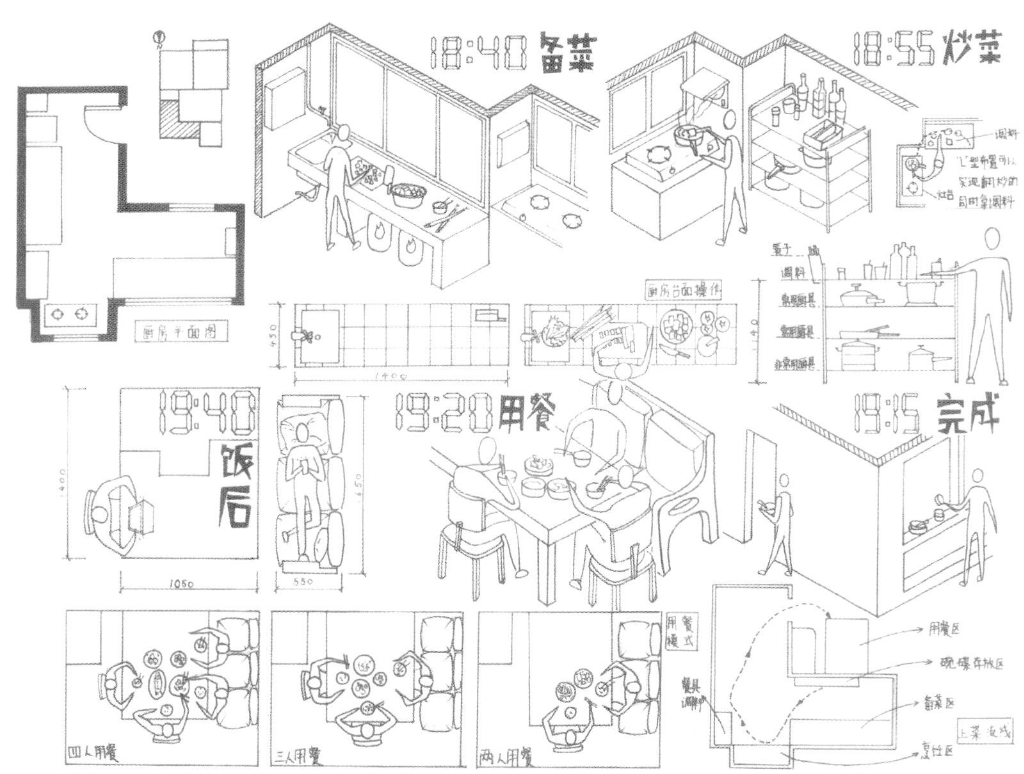

图 3-43 厨房、餐厅——从行为出发的空间单元体验（平面图、剖轴测图、立面图及透视图解。作者：水思源，2017 级）

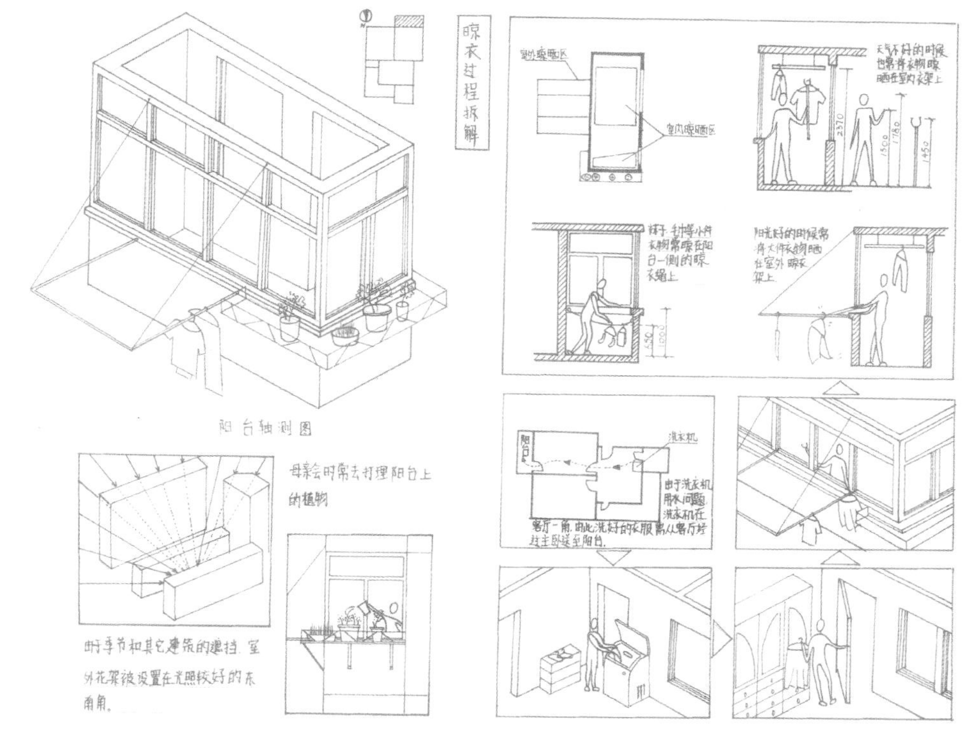

图 3-44 阳台——从行为出发的空间单元体验
（平面图、剖轴测图、立面图及透视图解。作者：水思源 2017 级）

例如，某个空间局部设施的形态和尺度对人在具体行为中的动作如何施加影响。学生首先需要测量空间及设施的细微尺度，然后选取有意义的剖面、立面或者轴测视角进行绘制（图 3-45 至图 3-50）。整个过程既帮助学生熟悉空间设计的基本尺度知识，也在手脑并用中推动体验和思考。

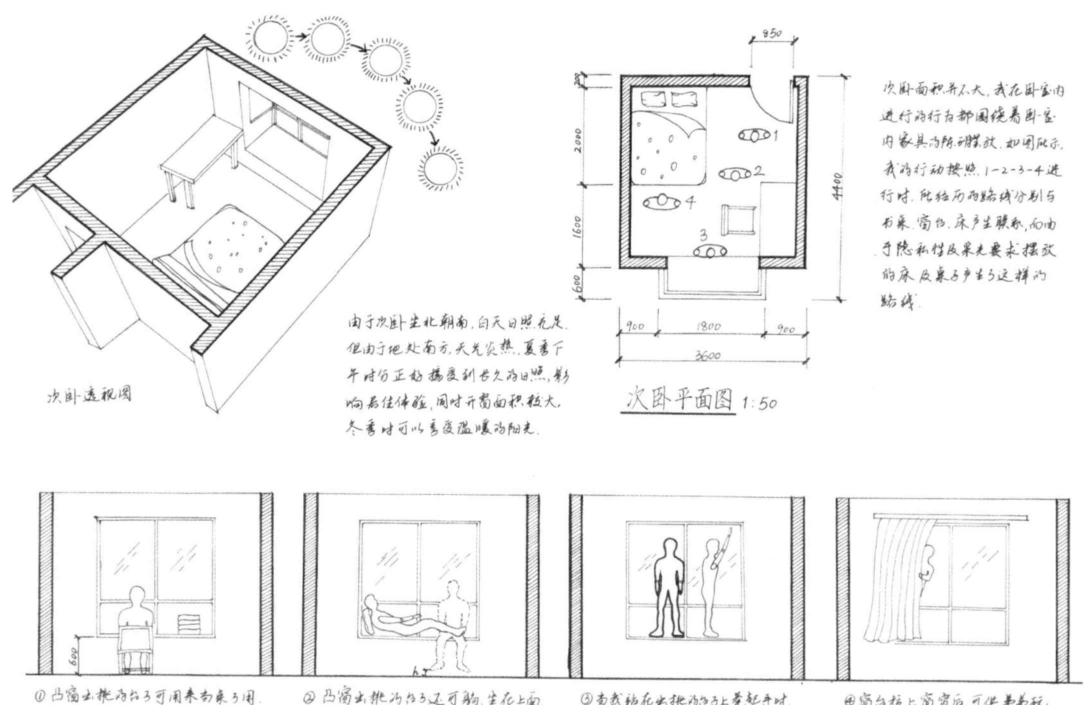

图 3-45 卧室——空间尺度与行为体验
（平面图、轴测图及透视图解。作者：曾令通，2018 级）

厨房剖面图 1:30

厨房平面图 1:30

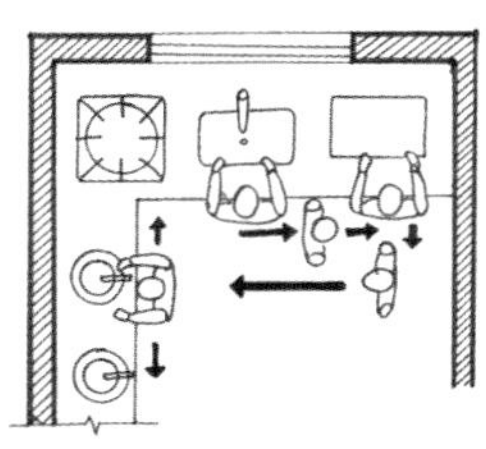

在厨房进行工作的时候，妈妈按照如上图所示，路线进行洗菜、切菜，与此同时进行着煮饭、煲汤的活动，在煲汤过程中可以炒菜，整个行动路线较短且连续，不会产生多余路线。

①母亲身高在1.55m，操作台高800mm合适，且操作台下方预留直立放脚的空间。

②当母亲向前倾斜约20cm时，可拿到放置在操作台里面物品，且侧脸恰好贴着抽油烟机。

③当母亲蹲下从柜子里拿餐具且父亲来端菜时，厨房空间显得有些狭小。

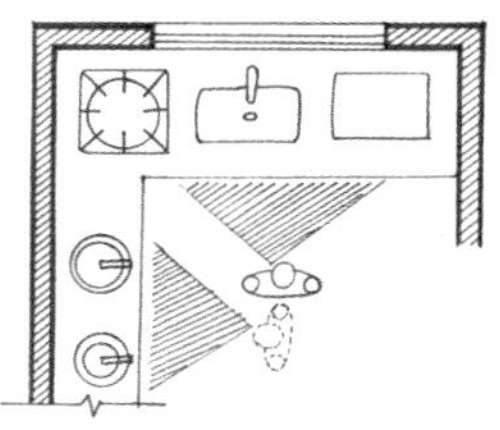

母亲在厨房只需转个身即可在操作台不同设备之间转换使用，十分方便。

图 3-46 厨房——空间尺度与行为体验（平面图、轴测图及透视图解。作者：曾令通，2018 级）

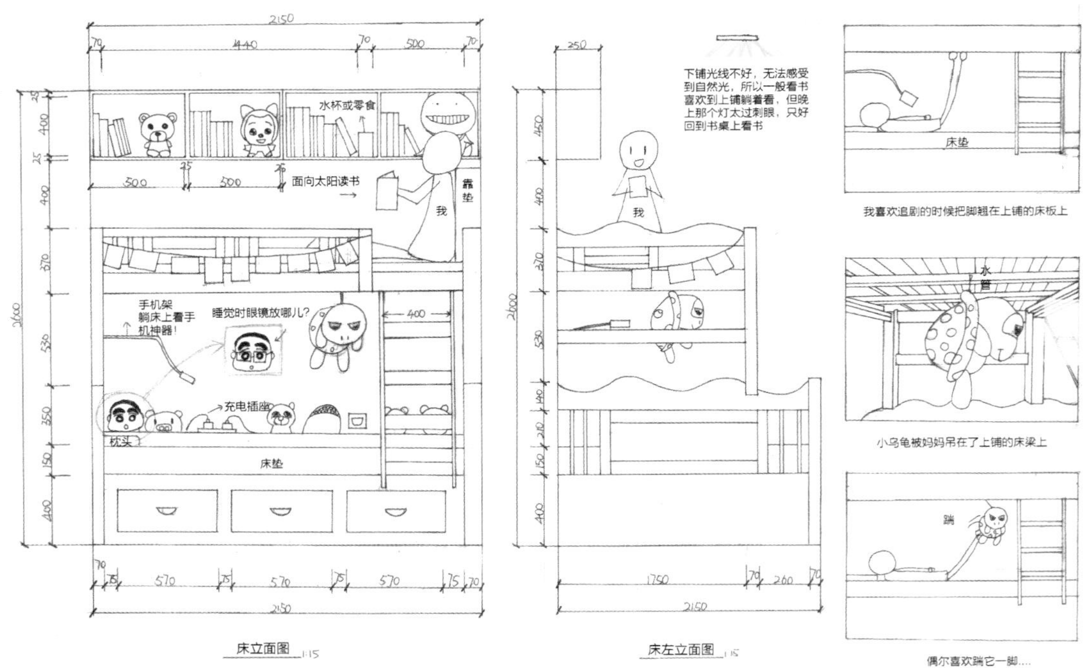

图 3-47 床——设施形态、尺度与行为（立面图及透视图解。作者：严千辰，2018 级）

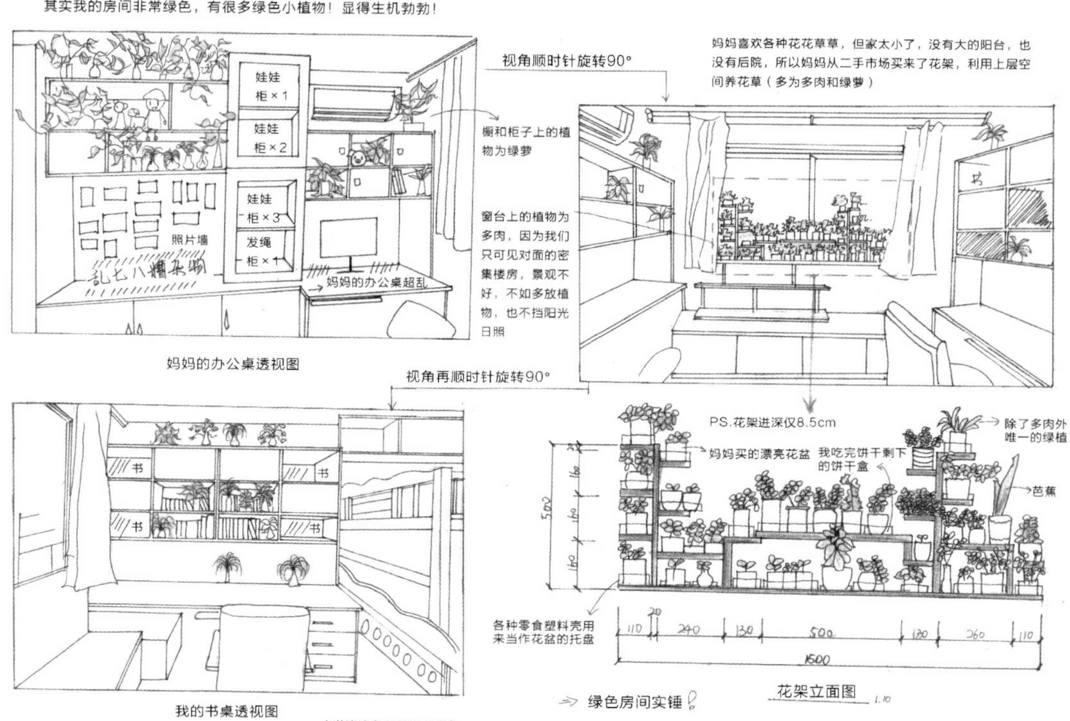

图 3-48 妈妈和女儿的办公桌——设施形态、尺度与行为体验（立面图及透视图解。作者：严千辰，2018 级）

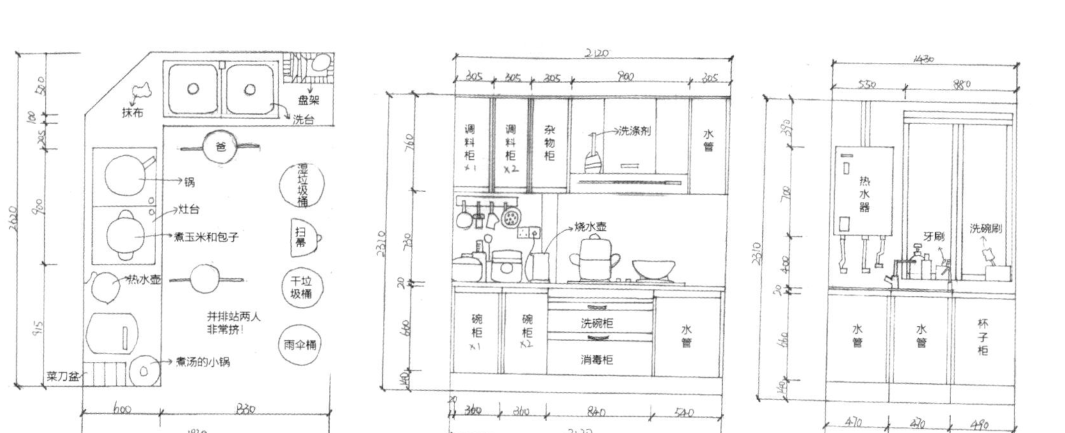

图 3-49 厨房——设施形态、尺度与动作体验（平面图及立面图解。作者：严千辰，2018 级）

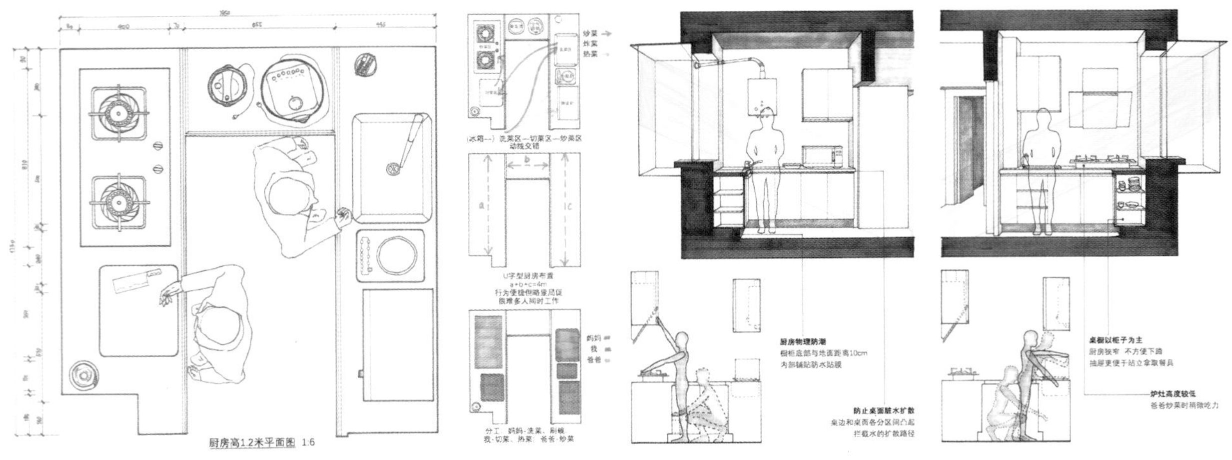

图 3-50 厨房——设施形态、尺度与动作体验（平面图、立面图及剖透视图解。作者：孟宪怡，2019 级）

平面图 1:25

剖面图1-1 1:25

剖面图2-2 1:25

这个房间的特殊之处在于，
它并不像传统房间，是先有尺寸、后置入家具，
而是严格**按照家具尺度而设定的**空间。
因此进入后给人一种一气呵成的感觉，
合理并且充分地利用了每一个空间，
可以说是**对于最小宜居空间的一种尝试**。

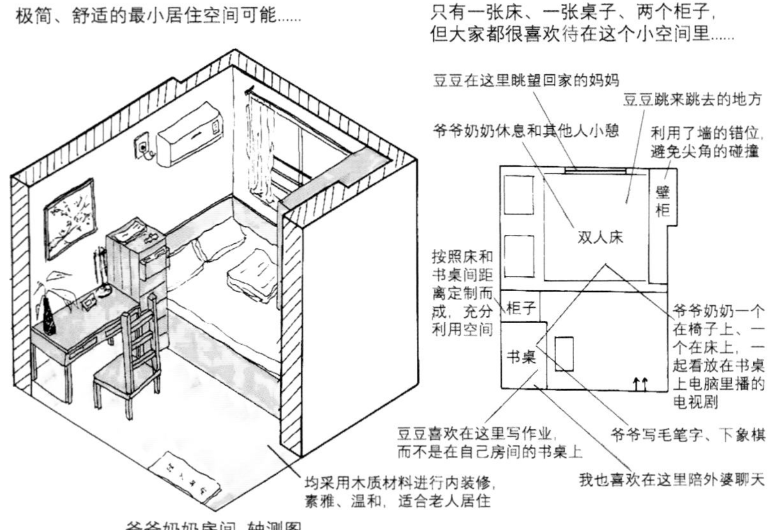

图 3-51 最喜爱的空间——卧室的尺度与身体行为到多重行为场景（平面图及剖面图解。作者：傅涵霏，2017 级）

3. 最喜爱的空间

继而，在最喜爱的空间描绘中，行为及其体验自然进入图解。个性化的行为需求、身体尺度与空间设施的契合，以及适合的光线、私密性和绿植等环境因素，都可能作为令人喜爱的空间氛围的构成因素，在描绘过程中被一一揭示（图 3-51 至图 3-56）。与身体、行为关联的各种空间因素综合构成了行为场景，图解和文字帮助它们成为不可分割的整体性体验。图解清楚地表达发生行为的空间属性，以及家庭成员在其中的分布和行为状态。文字描述则对空间属性和人物行为、心态情绪等不可见因素进行补充。文字描述不但降低了对图解的技术要求，也推动学生对空间的主角地位进行反思，把目光从空间的物质属性转向人的行为及与空间的互动。通过这一操作，具有家庭特色的生活行为场景在概念上逐渐清晰。它意味着将视线的重心从空间属性转向行为和空间的关联性。

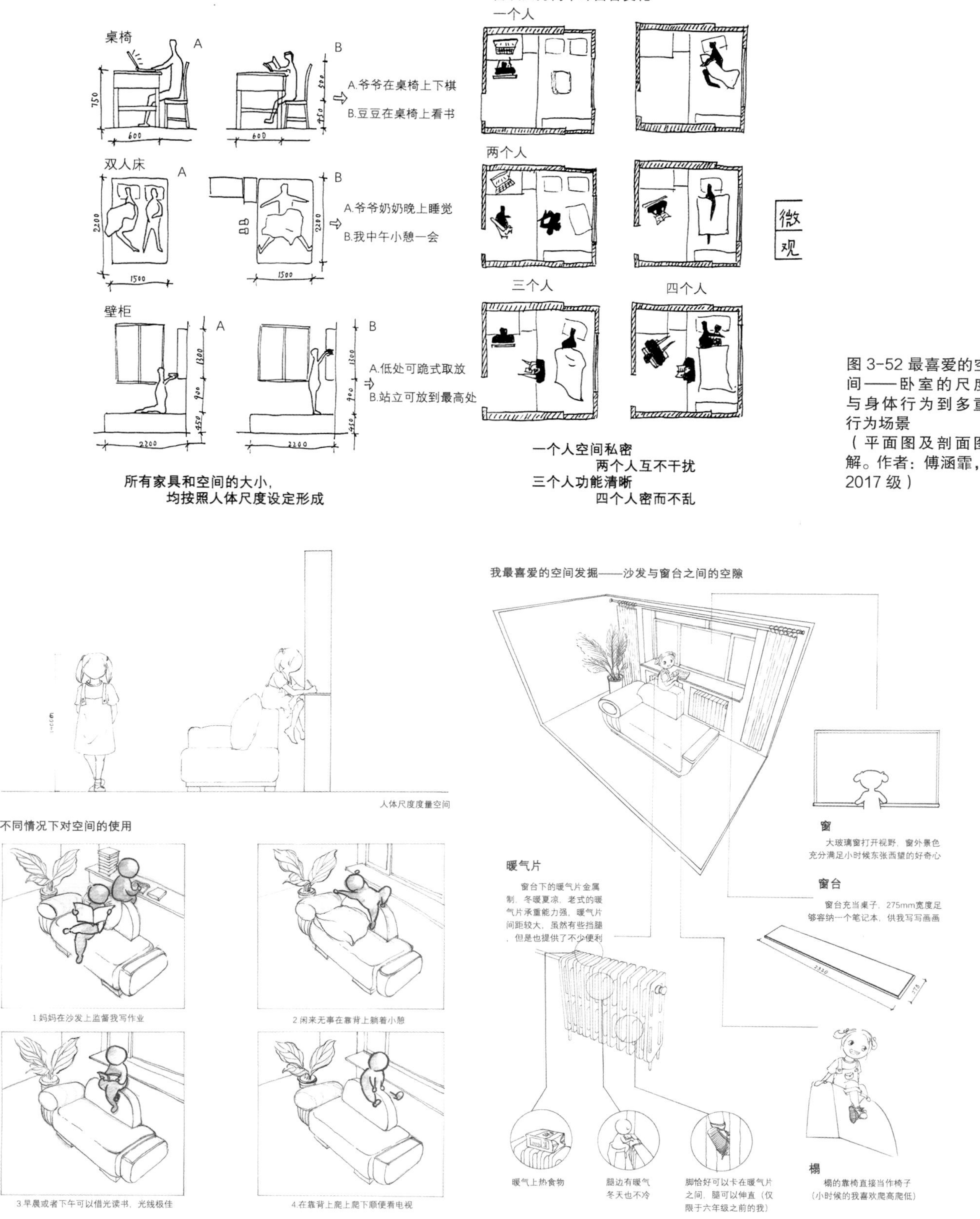

图 3-52 最喜爱的空间——卧室的尺度与身体行为到多重行为场景（平面图及剖面图解。作者：傅涵霏，2017 级）

图 3-53 最喜爱的空间——沙发与暖气片的间隙尺度与身体行为到多重行为场景（平面图及剖面图解。作者：张帆，2018 级）

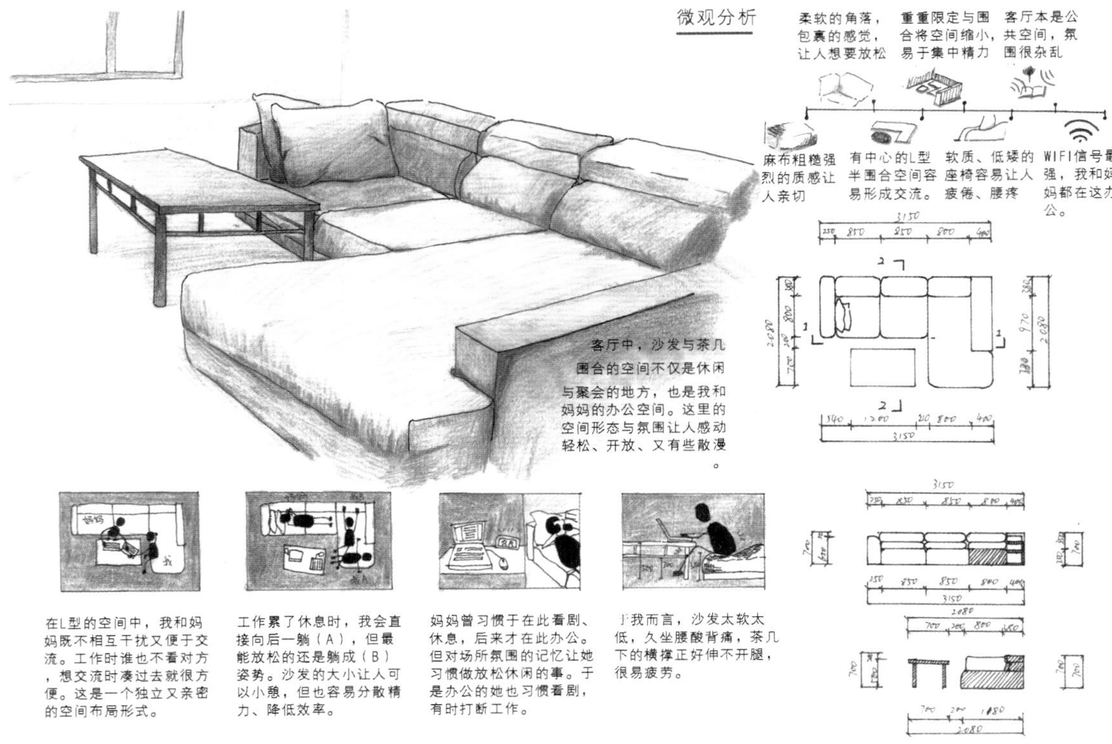

图 3-54 最喜爱的空间——客厅沙发的尺度与身体行为到多重行为场景
（平面图及剖面图解。作者：刘舒瑶，2018 级）

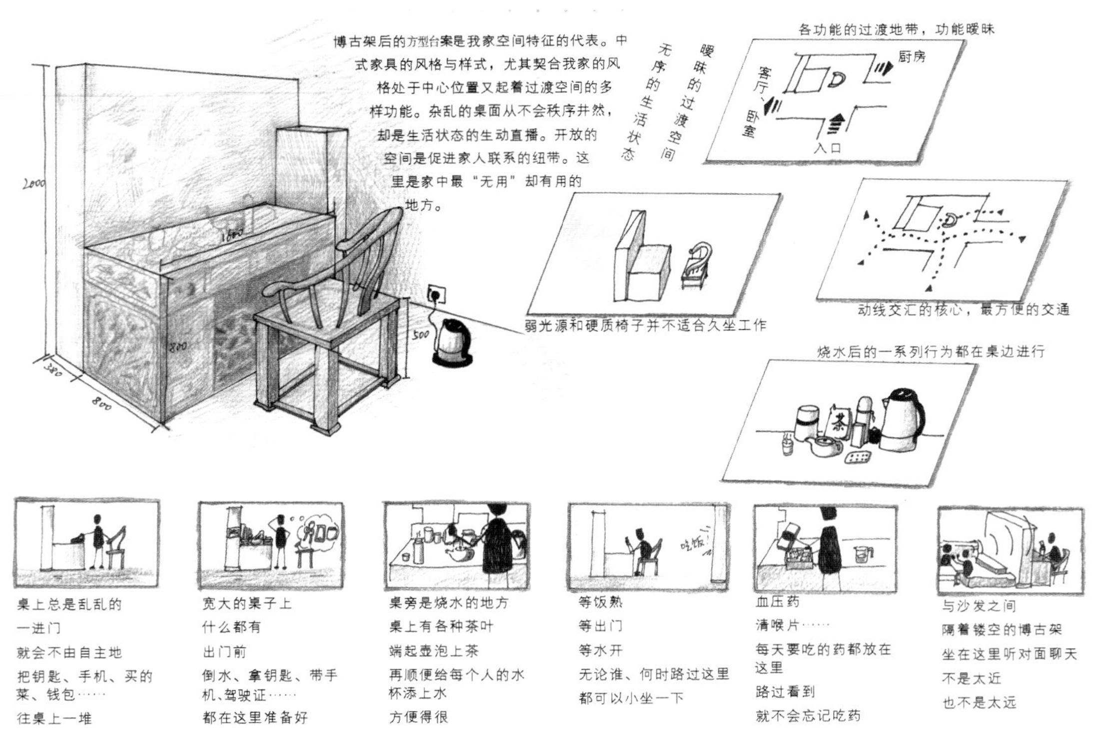

图 3-55 最喜爱的空间——博古架后的桌椅尺度与身体行为到多重行为场景
（平面图及剖面图解。作者：刘舒瑶，2018 级）

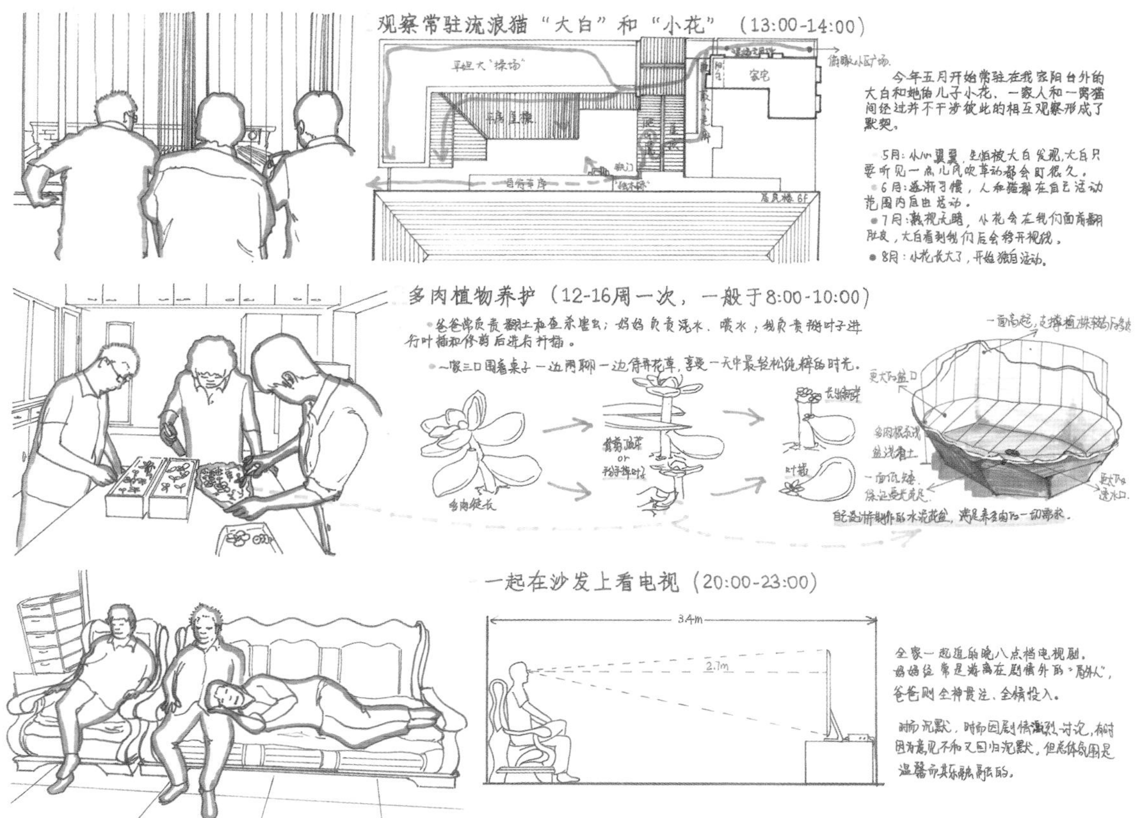

图 3-56 最喜爱的空间——行为场景与空间要素（透视图、平面图、立面图及行为描述。作者：孟宪怡，2019 级）

第 4 章 行为场景还原

4.1 分项目标

大多数学生的家宅来源于商品房产的购买，是由开发商综合考量经济性与合理性而生产的标准化空间单元。在使用过程中，各个家庭能进行的物理环境改造比较有限。少数学生的家宅是自行设计建造的，但也受到外部环境、经济条件等多种因素的影响，使用需求只是影响因素之一。最终形成的空间未必能完美应对家庭生活的需要。因为观察者身在其中，行为场景中两种因素的互动存在一定的隐蔽性，也可能引发一些难以被察觉的消极调节行为。

而在电影中，住宅的空间形态、尺度、光线、材质等物理因素都由导演精心设计，是配合特殊家庭行为场景、传达人物情绪、烘托事件氛围的道具。同时，作为外在的观影者、家庭生活的陌生人，学生有可能以更为理性的态度去探索空间因素之间是如何组织起来的，以及这些因素与行为场景是如何互动的。

基于电影分析的“行为场景还原”与“家宅测绘与体验”的差别主要有两个。其一，调研对象从自己的家转换为他人的家，从熟悉到陌生。其二，测绘和体验的方式从全身心沉浸式的参与转换为二维的外部观察，而且由电影导演决定了观察的视角。也就是说，电影呈现的是第三人称的视野，是他人视野中的空间，他人家庭的行为场景和家庭生活。

这两个差别提供了重要的训练目标：人视点或鸟瞰视点的二维透视画面，转化为正投影平面图解的能力；理解投影图解与视野的转换感知关系。利用电影的分镜头图解，理解行为场景中的环境、空间因素与人员、行为因素等如何相互搭配发生作用，形成空间氛围。探索空间组织何以成为叙事的线索，对与建筑图解近似的空间表达媒介有所了解。

针对具体的理想家宅设计任务而言，观察具有明显差异性的家庭，侧面洞察生活及其空间需求的多种可能性，从而深化对自己家庭行为和空间的需求调研。

万箭穿心

小偷家族

单身男子

寄生虫

完美陌生人

步履不停

她

杀戮

图 4-1 电影案例库（2020 年版）

4.2 操作控制

4.2.1 电影选择

本环节选择了 8 部优秀的以家庭生活为主要叙事内容的电影，电影场景主要在家宅内部展开（图 4-1）。大多数电影来自异文化圈，这样的选择可以保证电影中的家庭行为场景和观察者自身相比具有足够显著的差异性，从而降低体验和思考的难度，促成观察者对自身家庭成员及其生活场景的反思。8部影片样本的选择相对稳定，可以逐年依据新出的优秀影片进行微调。通过对电影样本的控制，图解分析具有可比较性，往届的优秀作业可以成为图解方法上效仿的对象，同时学生也能了解个体化解读可能的方向，因此对思维的引导仍是开放的。

4.2.2 分阶推进

按照由简单到复杂的顺序，行为场景还原的训练目标分三步推进。

第一步，通过分析电影，获取关于他者家宅的空间信息，将其转换成投影图解并进行空间分析。即通过投影图解和空间分析去获取这个家宅的物理特性，包括空间与环境因素。与家宅测绘不同的是，电影中的建筑不能直接测量或利用卫星地图等现成数据，只能利用人、家具等参照尺度去逐一推断及估量建筑室内外的三维尺度。这一过程需要对同一空间单元进行反复阅读，从不同的画面视角中逐步整合。观察空间单元之间的组织相对复杂，需要在运动的镜头中依据日常生活经验猜测。此外，电影叙事场景不一定完整覆盖住宅空间的每一个空间单元及各个角度，需要部分想象性复原；甚至还有为方便拍摄，各个空间单元的布景实际上需要彼此分离的情况。这些因素都可能造成观察者在解读空间布局及形态尺度时存在个体差异，这都属于正常现象，不是本环节的考核目标。利用人体尺度和家具设施的推算过程比“测绘”的结果更重要。通过画面阅读，合理地分析人的身体与空间、设施的关系，针对已达成目标形成基于身体的对他人家宅的认知。

第二步，基于感性的剧情阅读，对家庭生活行为特征进行提取。即尝试描绘家庭成员和他们的行为如何构成一个特别的家庭。基于日常自然观影的经验，观察者应将注意力投注到人物、行为、事件及其情感中。对剧情及其空间氛围进行整体感知，阅读、识别及共情人物在事件起承转合中表达出的种种情绪。这一步沿用家宅测绘与体验中的对家庭成员特性、行为轨迹等图解分析手段。

第三步，对重点行为场景中的空间、环境因素与行为事件进行关联性分析，即行为场景还原。这是本环节训练的重点操作，由此形成人、行为与空间整合构成的家宅概念。这一步将借用电影分镜头的概念，去梳理行为场景如何在空间、环境与人物、行为之间达成有效关联。观察者将把分镜画面作为图解的基础进行操作和分析：整合行为场景体现出来的情绪氛围是如何通过可以分解的因素传递给外在的观影者。学有余力者，可以将电影中具有同类性质的空间单元或行为场景进行比较，或与自己家庭中对应空间单元或行为场景进行比较，探索不同的人及其行为对空间、环境因素需求的差异。

4.3 从分镜头到行为场景

在电影等各种影像媒介的表达中有“分镜头”的概念，指在实际拍摄或绘制之前，以故事图格的方式来说明影像的构成。将连续画面以一次运镜为单位进行分解，并且标注运镜方式、时间长度、对白、特效等。分镜头用来解说一个场景如何构成，人物以多大的比例收入镜头成为构图，做出什么动作，摄影机要从哪个角度切入或带出，摄影机怎么移动，录映的时间长度等信息。简言之，分镜头帮助导演组织影像画面及其在时间中的转换，形成有效的叙事。导演通过分镜头重新书写了剧本的叙事，将文本转换为二维画面的运动。

对本环节训练目标而言，分镜头提供了一个工具，将连续的电影叙事以二维画面为中介还原成为三维空间，从而展开对行为场景的分析。需要说明的是，这里所用的“分镜头”概念，不一定完全吻合影视行业的内涵，而是为了帮助学生借助二维画面进行行为场景还原。在第一步操作中因急于抽取空间要素而忽略的故事情节在此与空间融合起来，身体与空间、行为与空间以第三者的视角更清晰地展现。

我们以电影《寄生虫》的几个事件为例，说明如何通过图解操作将分镜头画面转化为行为场景分析。

电影《寄生虫》中的主人公金家住在低矮的半地下室，紧邻嘈杂的下层社区街道。导演开篇就用一系列事件将家庭恶劣的物质环境与家人性格、关系充分展示出来，并且引入故事主线。对于训练目标而言，重点在于将人物、事件与空间因素关联起来，分析空间因素与事件中人物行为的互动，行为场景中诸因素的关联途径。以金家的客厅为空间单元，展开行为场景分析，开场就可以聚焦于“寻找 WIFI”“比萨盒交货”和“来客”几个事件。

图 4-2 事件一：分镜头一（依据电影剧照自绘）

【事件一：寻找 WIFI】

“寻找 WIFI”事件由多个分镜头组成，我们重点分析最初的三个。

分镜头一

分镜画面剧本（图 4-2）：中景为逆光室内小窗分割画面，近景为高悬的袜架，静止不动，远景为亮的狭窄街景，人来车往。视角高度不确定，远近分割，窗框、防盗网隔离内外。画面定格 20 秒。**压抑**。然后镜头垂直下沉，窗外亮色消失之际，逆光中的主人公特写从头部开始出现至半身。人物与暗黑背景融为一体，仅由逆光刻画部分轮廓。

分镜头二

分镜画面剧本（图 4-3）：两只手握着手机，敲击键盘。镜头为主人公视点向下，背景为小方桌及三把椅子，对面墙、地板水平分割画面。画面定格 5 秒。**局促**。对白响起。

图 4-3 事件一：分镜头二（依据电影剧照自绘）

分镜头三

分镜画面剧本（图 4-4）：视野较分镜头一有所扩大，镜头偏移上升。前景为逆光的人物搓揉眼睛，人物中分画面。侧旁堆放的杂物入镜。室内亮度提升，墙色斑驳且污渍显露，窗外远景模糊。**破败**。镜头后退，视野进一步扩大，屋顶与地板同时入镜，人物抬手仰视。手机向上突破画面。**狭窄，低矮**。

行为场景分析：三个分镜中的背景空间都是金家的客厅，但展现的视角和镜头各具特色。分镜头一用斜向上视角的定格20秒画面描绘了一个与街道地面等高的黑暗窗口区域。上悬的袜架提示这是一个生活空间，防盗网则提示不安全。窗外的街道在20秒时间里人来车往，嘈杂无序，窗内空无一人。镜头下移，画面进入全黑暗区域，唯一的高光是主人公的部分轮廓。与街道公共空间的高差再叠加黑暗的色调，令人压抑的空间氛围被清晰地刻画出来。分镜头二和分镜头三则通过方向切换、亮度提升和画面范围扩展进一步揭示这个空间自身在客观尺度上的狭窄、低矮和作为生活空间的破败形象。镜头组织与人物的身体姿态共同揭示了空间的客观尺度与主观体验。

图 4-4 事件一：分镜头三（依据电影剧照自绘）

依据这些分镜画面，我们除了推算出空间的长度、宽度及高度之外，有价值的分析还应包括这样的建筑空间高度给予人的压抑感，建筑与公共街道的高差给予人的社会压迫感。即将具体的建筑内外尺度与常人的心理感受形成对应。

【事件二：比萨盒交货】

在“比萨盒交货”事件中，与客厅关联的是一个定格分镜头。

分镜画面剧本（图 4-5）：（收比萨盒子的老板来取货的时候，母亲和子女在外交涉）父亲从窗口向外探查，仰视，表情有微妙变化。父亲与窗框灰度相近，几乎融为一体，在暗黑室内背景前并不突出，面部被防盗网分割。窗框下接路面道牙，杂草丛生，与灰土并存，光影清晰。

画面定格约3秒。压抑，不满。

图 4-5 事件二：分镜画面（电影剧照）

行为场景分析：与第一个事件不同的是镜头来自室外，从另一个角度展示客厅与城市的关系。站立，从窗口只露出上半身和头部的父亲，处在建筑的阴影中，无可奈何地仰望着。再一次展示出家庭空间与城市公共空间令人绝望的高低悬殊。父亲细微的表情变化则传达出对这种悬殊（从空间高度到与比萨店老板社会高度的双重悬殊）的蔑视和不满。

【事件三：来客】

“来客”由一系列成对的分镜头反复闪回构成，客厅与窗外街道交替出现。通过画面对比，再次强化了空间与社会地位的差异，以及由此滋生的主人公家庭自我认知的复杂情绪。

图 4-6 事件三：2 组 11 个分镜画面
（电影剧照）

分镜画面剧本（图 4-6）：（全家庆祝时有醉汉在窗外小便，引起讨论，然后大学生来访。）室内外两组镜头反复切换 6 次，家人情绪由缓到急，然后突然转换到另一事件。其中室内换了 3 次机位，主角和氛围发生了 3 次变化。室外画面一镜到底，醉汉小便及大学生到来成为暗色前景中的高亮事件。无可奈何—气愤—羡慕。

行为场景分析：反复跳转的 11 个分镜头充分展示了室内外两组并行的场景之间的“互动”，金家人处于暗黑低处的无奈与愤慨溢于言表。因为居住空间相对城市空间的低下地位，带来了实质上的被社会无视和侮辱（小便者为代表）。金家人情绪的波动体现在内景的视角三次转换中，而窗外视角则一成不变，将社会对底层家庭的无视表达得淋漓尽致。

在以客厅为中心的三组递进事件中，画面从最初单纯的空间位置上的低下、低矮局促，逐步展示出这个家庭在社会地位上的低下。空间关系与社会关系关联起来，空间特性促使行为场景得以发生。家庭成员愤恨、不满但又无奈的情绪在这样的空间及事件中让人感觉非常自然合理。同时也让他们不得不聚拢来共同面对来自社会的种种压力。

这样的行为场景分析，意味着我们一方面要用建筑师外在的客观性去考察和分解空间因素，另一方面又要带入角色去体验综合的空间氛围，即分析过程中要整合建筑师和空间使用者的双重角色。导演帮助我们从特殊的视角，利用特殊的镜头组织去体验主人公在空间中的感受，我们则再将这种感受与推断得到的多种空间因素相关联，就形成对行为场景中空间与行为关联的认知。

4.4 操作步骤

4.4.1 投影图解与空间分析

以平面图及剖面图图解的形式还原空间和进行空间分析是基于建筑师视角的典型操作，信息来源于电影二维画面，需要通过阅读、图解进行转化（图 4-7 至图 4-13）。在这一目标

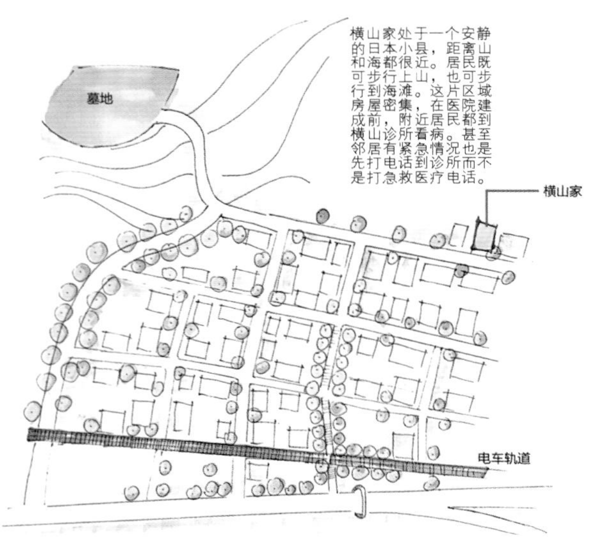

图 4-7 家宅区位
（《步履不停》横山家宅平面图解。
作者：罗静汶，2014 级）

主控下，宏观、中观和微观的操作流程相似。从外在视角对电影家宅的投影图解进行还原，再一次提示观察者去关注人的身体尺度与空间、设施尺度之间的适合关系。

在此教学过程中，不少学生会出现一个典型的失误——忽视室内外空间的剖面关系，这实际上说明了此前对空间的观察和体验存在片面性。认知上的缺陷造成了观察的缺失，也可能会成为后期设计操作的盲区。

◇小偷家族取景地位于日本东京北部的立足区梅田七丁目，被称为东京的“下町”，即平民区，这里拥有较多老建筑，留着传统风情的街道。

◇小偷家族家宅所处的区块位于隅田川附近的聚落中，这里房屋分布密集，而小偷家族的家宅位于居中的部位而并非临街，这导致了这一家宅的隐私性较高，却也同时限制了他们的视野。

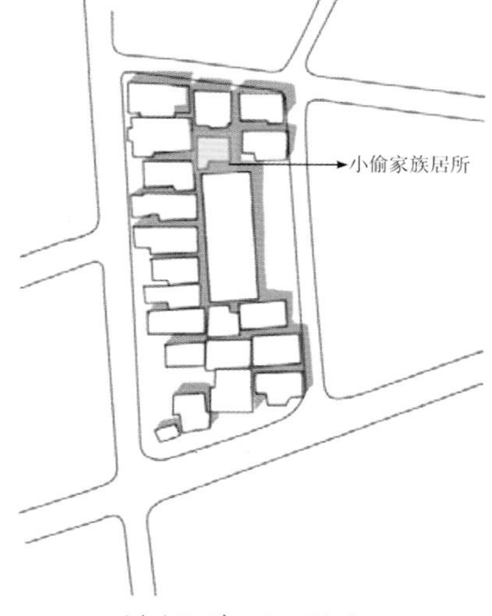

◇电影中有一幕是一家人坐在屋檐下，透过狭窄的缝隙“看”烟火。这是隅田川花火大会，而一家人因为四周视线被遮挡而不能看到大面积的夜空。

图 4-8 家宅区位
（《小偷家族》不同尺度的平面图解及镜头画面。作者：吕佳艺，2019 级）

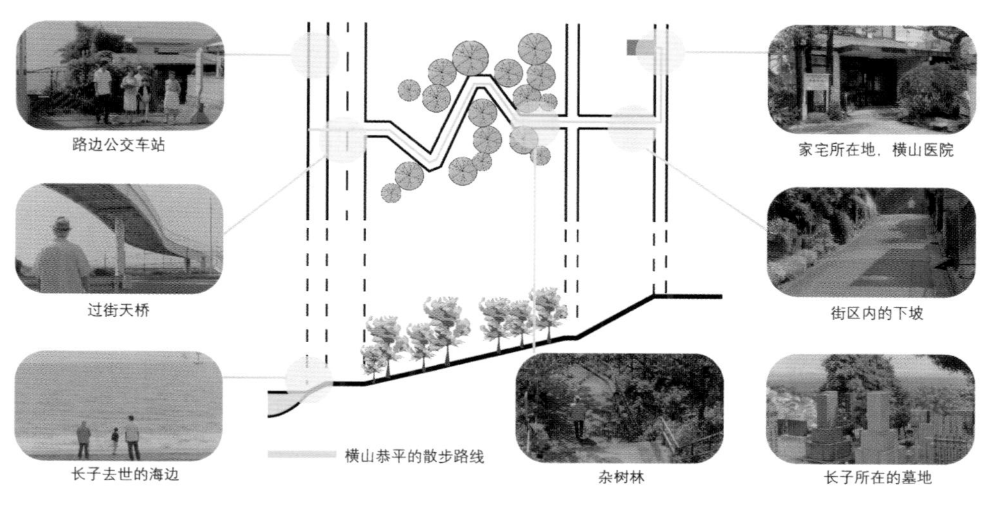

宏观·街区状况

通过横山恭平老爷爷平时的散步路线，可以了解到横山宅所在的街区状况。

• 位置条件：
背山向海，十分宜居。

• 邻里关系：
横山医生在邻里素有口碑，受到人们尊敬。邻里关系和睦。

• 景观状况：
景观带十分丰富，承载着横山童年回忆的杂树林。

• 精神场所：
横山宅离长子去世的海边不远，恭平时常到海边缅怀长子。长子的墓也在附近，敏子经常到此为纯平扫墓。

图 4-9 家宅区位
（《步履不停》横山家宅平面图、剖面图及镜头画面。作者：谢季航，2019 级）

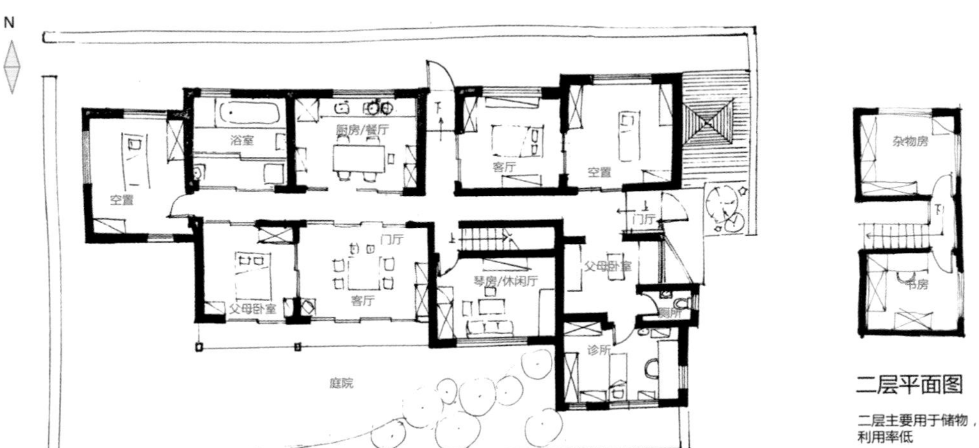

图 4-10 家宅空间（《步履不停》横山家宅平面图解。作者：罗静汶，2014 级）

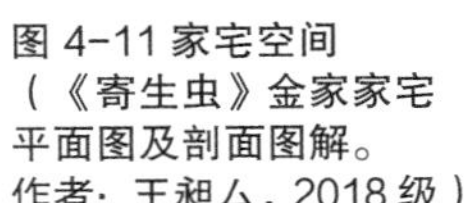

图 4-11 家宅空间（《寄生虫》金家家宅平面图及剖面图解。作者：王昶厶，2018 级）

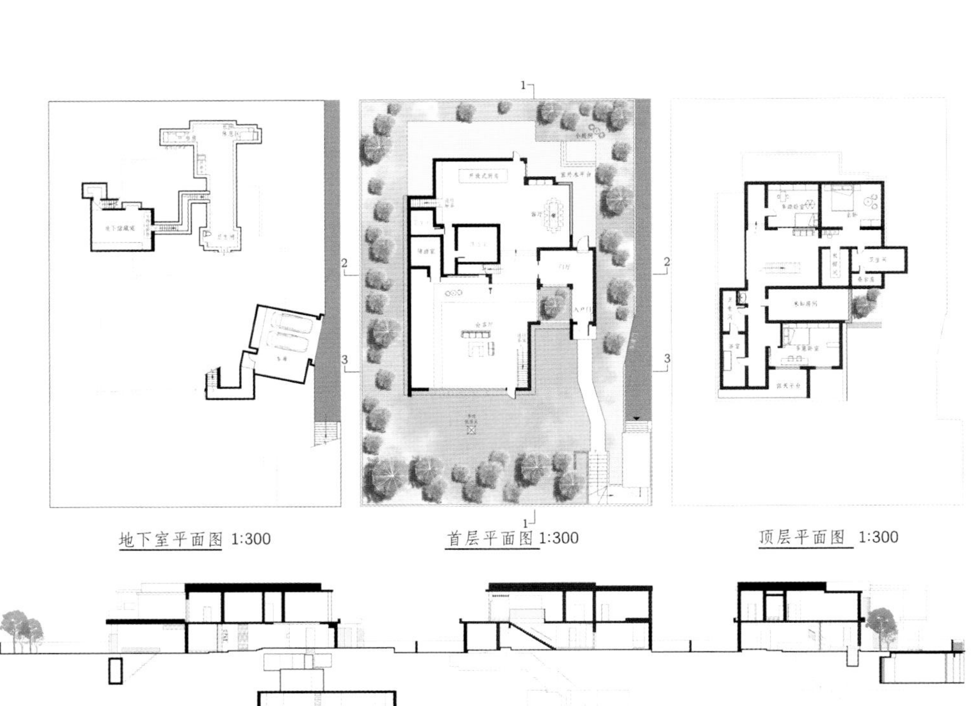

图 4-12 家宅空间（《寄生虫》朴家家宅平面图及剖面图解。作者：孟宪怡，2019 级）

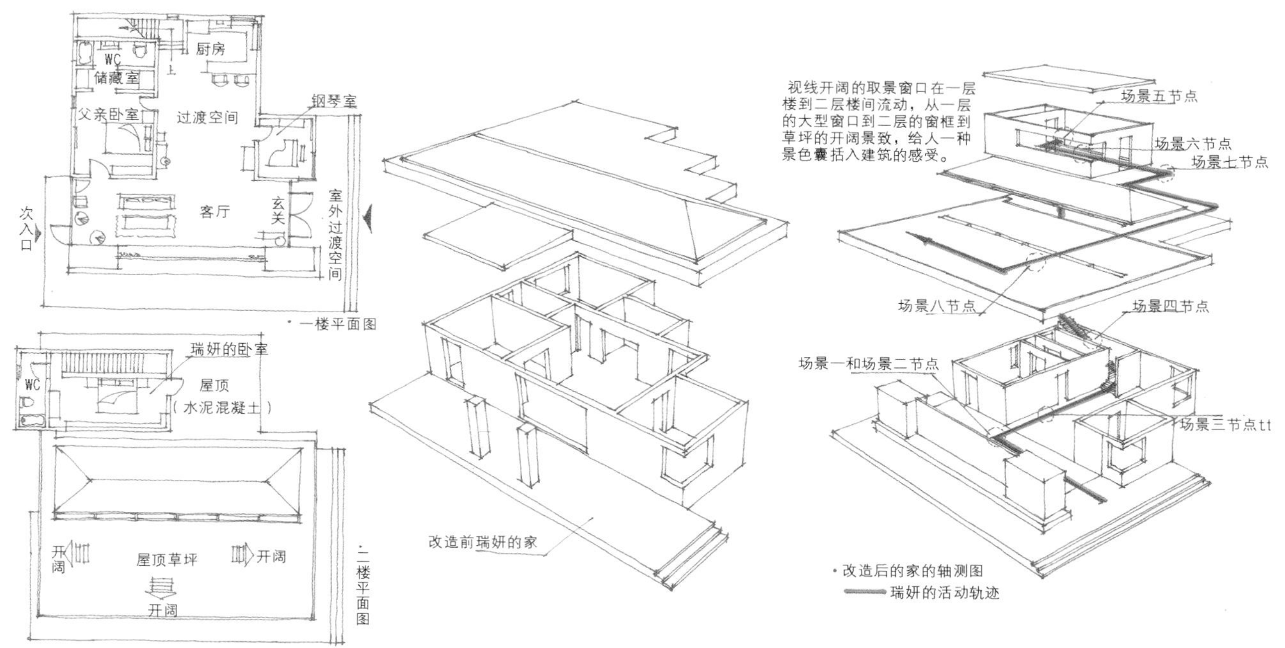

图 4-13 家宅空间
(《建筑学概论》瑞妍的家平面图及轴测图解。作者：刘洪君，2014 级)

投影图解完成之后，对比二维图解和二维的电影画面进行空间分析，体验并思考空间单元的门、窗形态，位置关系及其对应的空间特色和氛围。如：哪种高度？什么形态？外景如何的窗户？阳光会如何射入？如何在镜头中让人感到恬静？通过这种对图解和画面的反馈，逐渐建立起对建筑投影图的空间还原想象能力：阅读或绘制出平面图、剖面图解时，头脑中能够还原出较为准确的空间图景（图 4-14 至图 4-18）。

在此过程中，观察者能切身感受到，这些似乎相对客观的建筑空间信息，在电影中都是在家庭成员的具体行为中展开的。在具体的事件中，空间结合角色的行为和情绪，给人留下了整体的印象。空间的感知离不开人的行为。

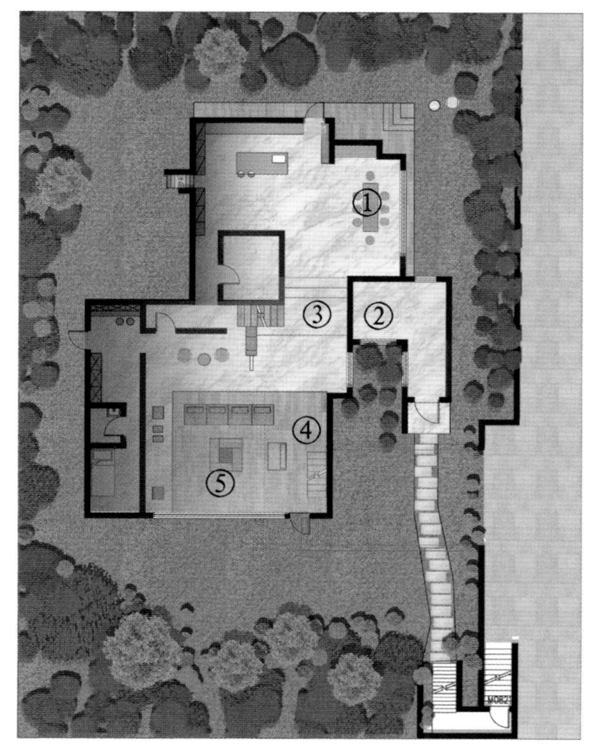

餐厅的L形水平连续长窗增加了餐厅亮度，与厨房的昏暗形成**视觉反差**。

为空间做减法——**挖去体块**增加了玄关、走廊、客厅的**采光**。

玄关走廊处的地面材质为大理石瓷砖，具有很强的**反射性**，故能间接地增加室内**采光**。

客厅应用**大面积落地窗**营造流动空间，**模糊室内外界限**，同时获得良好的采光。**侧面楼梯的玻璃反光**增强了这一效果。

客厅从车库上来的那段楼梯侧面的窗户同时增加了**楼梯和客厅的采光**。（巧妙把**扶手做成玻璃**）

图 4-14 建筑洞口与光线的关系
(《寄生虫》朴家家宅平面图及镜头图解。作者：刘昱，2019 级)

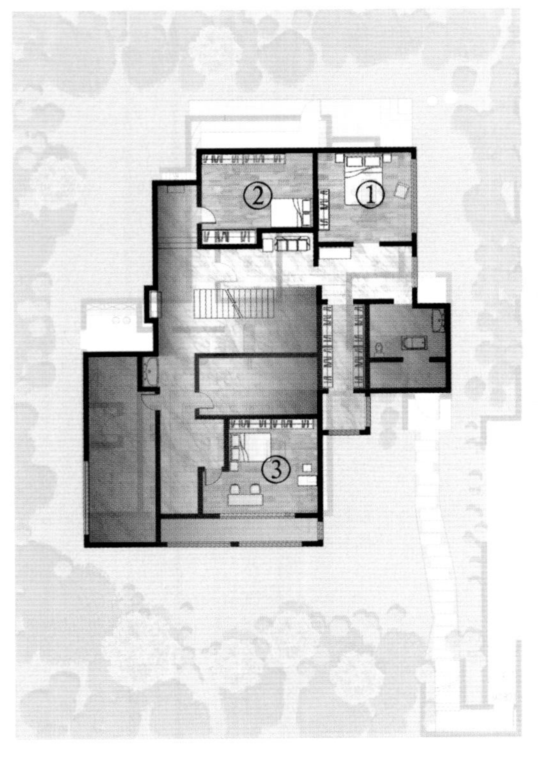

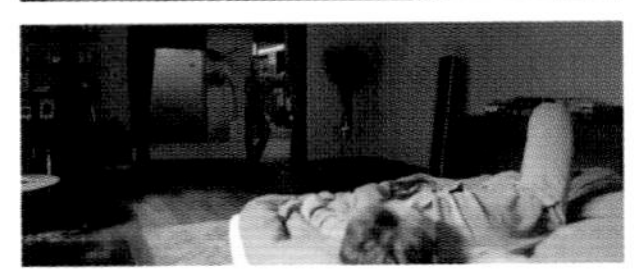

主卧采用L形的半墙窗和简单的百褶窗帘。L形的转角窗可以**增大视野**，加强采光；百叶窗可以**保护隐私**，自由**调控室内光线**。

二层属于私密空间，各个卧室的光线并没有很强烈，**符合卧室的功能设定**。

可以看出一家人经常活动的区域是采光良好的，而保姆干活的区域是需要人造光支持的。

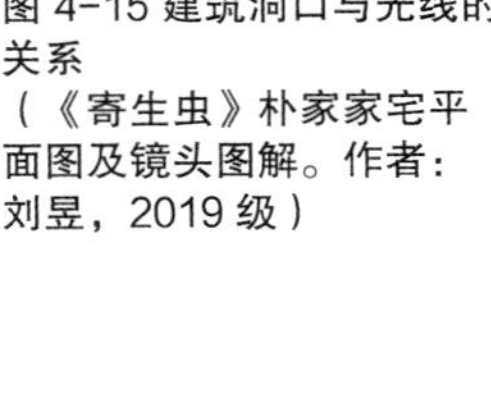

图 4-15 建筑洞口与光线的关系
（《寄生虫》朴家家宅平面图及镜头图解。作者：刘昱，2019 级）

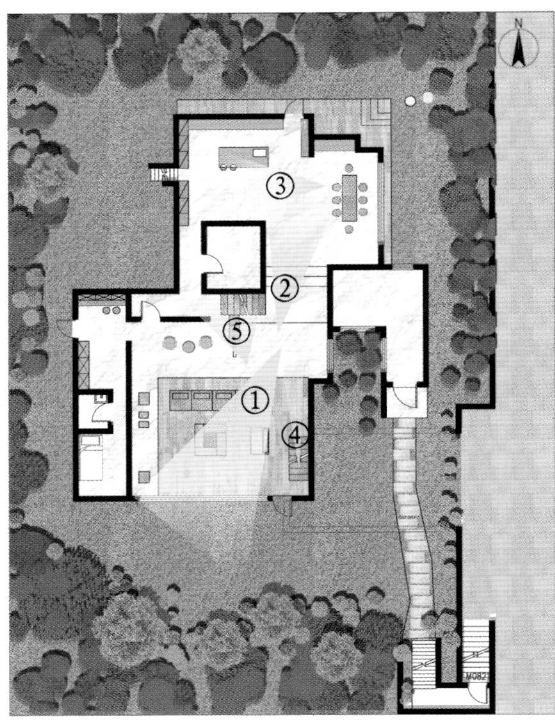

从玄关望向客厅，玻璃隔断与实墙隔断**虚实结合**，窗外景致延伸使客厅面积在**视觉上更宽阔**。

从客厅望向餐厅，**视觉**上空间是**连续**的，而**高差**的存在则作为划分的手段打破了空间的单调，使其更具有**层次感**。

从餐厅望向厨房，昏暗的墙壁餐具陈列柜搭配柔和的橘色灯，**明暗对比**有装饰感，突出空间的**幽深**。

从车库楼梯望向一层。视野无隔断突出**房间宽广开阔**，光线幽暗舒适，能够缓解人疲惫的身心。

从一楼到二楼的楼梯扶手是整个**反光玻璃**，反射窗外对景，使室内被**虚实结合的绿植景色**包围着。

图 4-16 建筑内部边界的空间体验
（《寄生虫》朴家家宅平面图及镜头图解。作者：刘昱，2019 级）

对比分析

富人享受生活
穷人拼命生存

窗户对比

朴家大面积落地窗采光非常好
像一个大取景框
象征了地位和身份

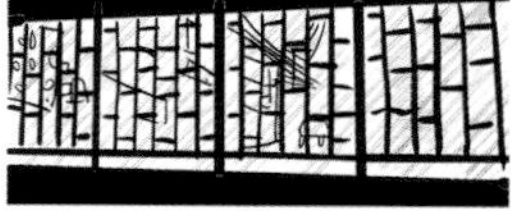
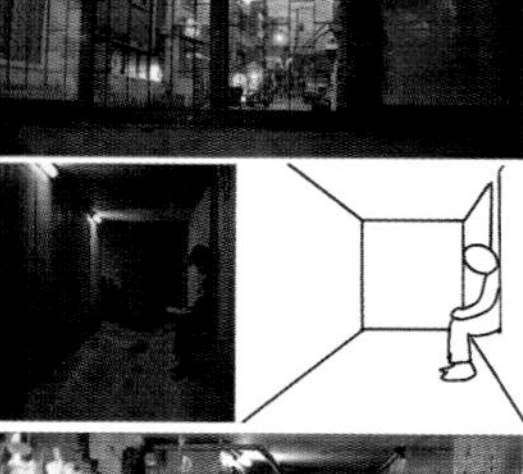

金家的半地下室只有这一个高侧的窗户
街上的杀虫剂雨水甚至能直接灌进来

保姆的丈夫寄居的地下室完全没有外界光源，非常阴暗

过道对比

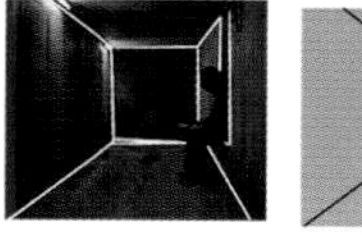

朴家过道宽敞明亮，让人从外部过渡到室内逐渐舒缓；金家地下室过道低矮狭窄，起到连接室外的必要功能；防空洞里的过道幽暗漆黑，有一种恐怖的氛围，由此可以看出，通道和光线对室内氛围的塑造是尤为重要的

庭院对比

朴家的庭院干净、整洁、宽敞。可以开展各种活动、自在地享受阳光，下过雨后空气清新。而金家因为处于半地下室，下过雨后只能被大雨淹没，毫无尊严可言，寄居于地下室的保姆丈夫甚至连可以自在舒展身体的场所都没有

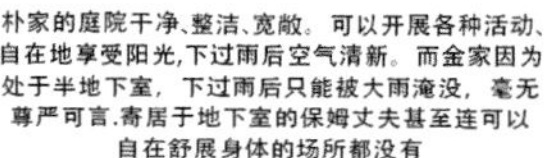

图 4-17 光线和尺度对空间氛围的影响
(《寄生虫》多住宅比较，透视图及镜头图解。作者：贾晶晶，2019 级)

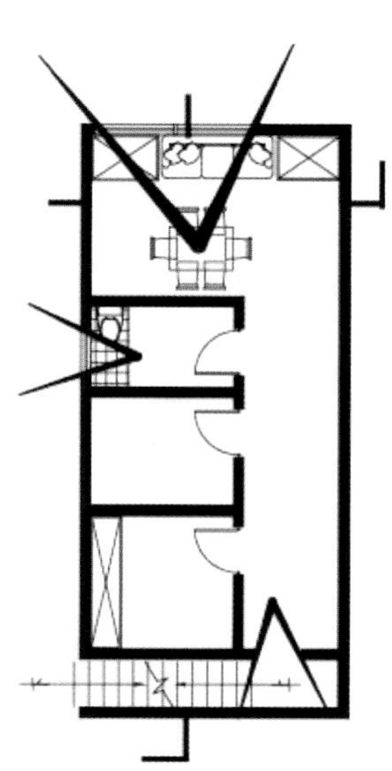
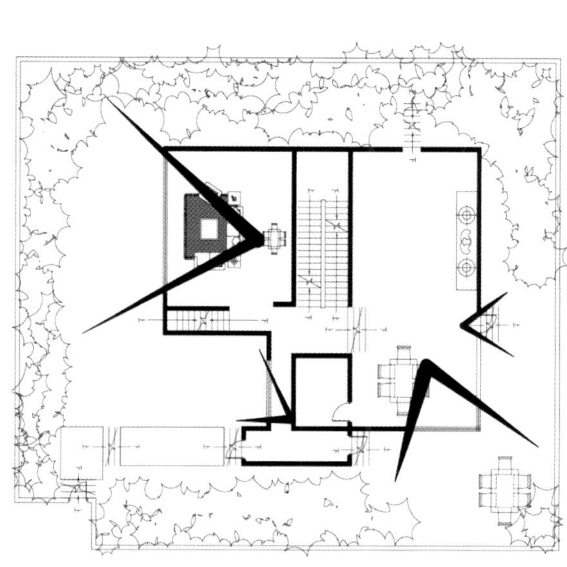

宏观
——室内光线比较

半地下室的光线昏暗，只有靠近街道的一扇窄窄的长条形窗户引进室外的阳光。整个走道下场而黑暗，门外的一点光线也只能从大门处看到。

别墅中光线非常好，每个房间都有大片的窗户，大规模的落地窗让坐在室内的人可以看到室外的草地。别有用心的室内小窗也成为一家人沟通和观察的别样方式。

图 4-18 采光口尺度与视野比较
(《寄生虫》多住宅比较，平面图解。作者：汪艺，2019 级)

4.4.2 生活行为分析

家庭内部的生活行为分析沿用上一环节中关于家庭成员个性、行为轨迹、时空分布等的分析维度。

站在建筑师角度进行空间分析时我们会发现：正是通过在空间中发生的行为，家庭成员的性格特征得以呈现，家人之间的相互关系得以传达，家庭的整体特征得以表征。每一个角色会选择特定的空间展开特定的行为，电影中的人物关系及性格特征与空间行为难以分割。事实上，当我们尝试去表达家庭生活特点时，也离不开空间及环境。

电影中家庭成员的性格特征及相互关系，都体现在日常的生活行为中。他们还代表了一类人或一类家庭，由此而引发观众的共鸣。角色社会阶层的抽象性及其居住空间的象征意义，是观众理解和接纳人物、事件的起点和终点。整体上人物的尺度、社会角色和个性特征，也是确认相关事件合理性的基础。

在对电影的分析过程中还可以发现：人物的性格特征及其相互关系变化，是阅读电影事件之后的归纳。由此引导回溯性反思：在对自身家宅分析与体验中描绘的家庭关系，同样也是经过多年、无数空间单元中发生的事件之后形成的总体印象，而非完全主观的评价。从逆向的分析角度而言，建筑设计可操作的入手点是特定空间中、特定成员之间发生的个别事件。

从建筑师比较熟悉的操作角度展开，可以比较同一空间单元中发生的不同行为事件，比较不同空间单元中发生的近似事件，诸如此类。其中，对基本的行为轨迹顺序和范围进行描述，可以引申分析关联的重点行为场景；对具体行为场景中由建筑实体和家具设施分割的空间进行分析，可以发现因人的站位、姿态和行为引发的空间张力；对某些重要的行为场景中的设施进行分析，可以发现它们对特定家庭的象征意味。所有这些分析，都是从以具体空间单元为分析单位的行为场景描述和比较开始，逐步将视角转向基于家庭生活的空间感知。

尽管人们有一些共性的空间体验，但空间不是自为的——是因为特殊的人、特殊的行为事件而获得具有情感色彩的属性。陌生化和距离感，让外在的电影阅读比沉浸的家庭生活体验更具批判性，产生更多有价值的反思，包括对行为和空间关系的思考。如，家宅里的公共空间、个人空间中，成员们利用各种空间因素和设施展开汇聚和分离等各种类型的事件，各自达成预期的人际关系，让家人处于某些特殊的人际距离及氛围之中（图 4-19 及图 4-20）。

在此分析过程中，电影分镜头选择性的视角和视野提供了可供图解比较的基本素材（图 4-21 至图 4-41）。

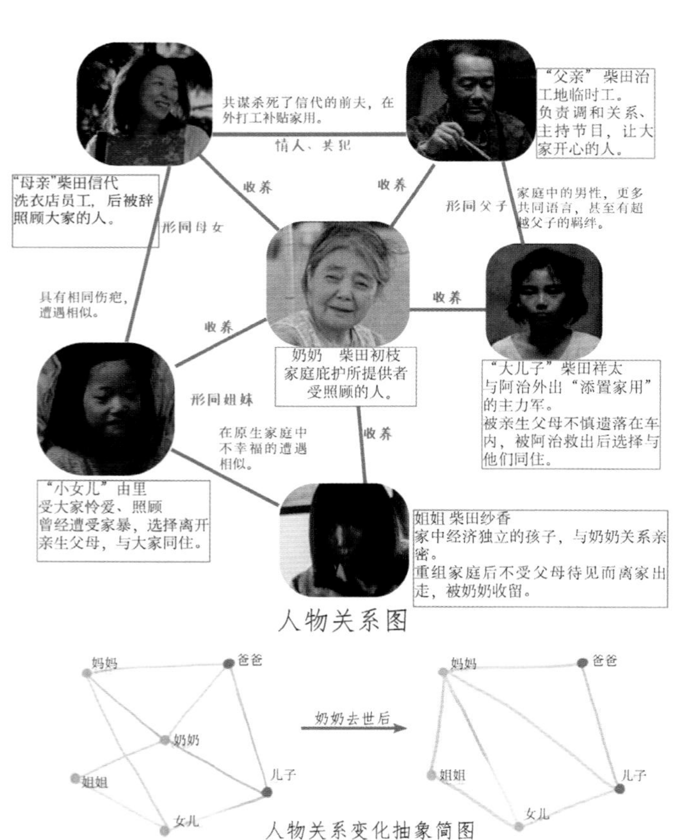

图 4-19《小偷家族》家庭成员特性及关系图解（作者：吕佳艺，2019 级）

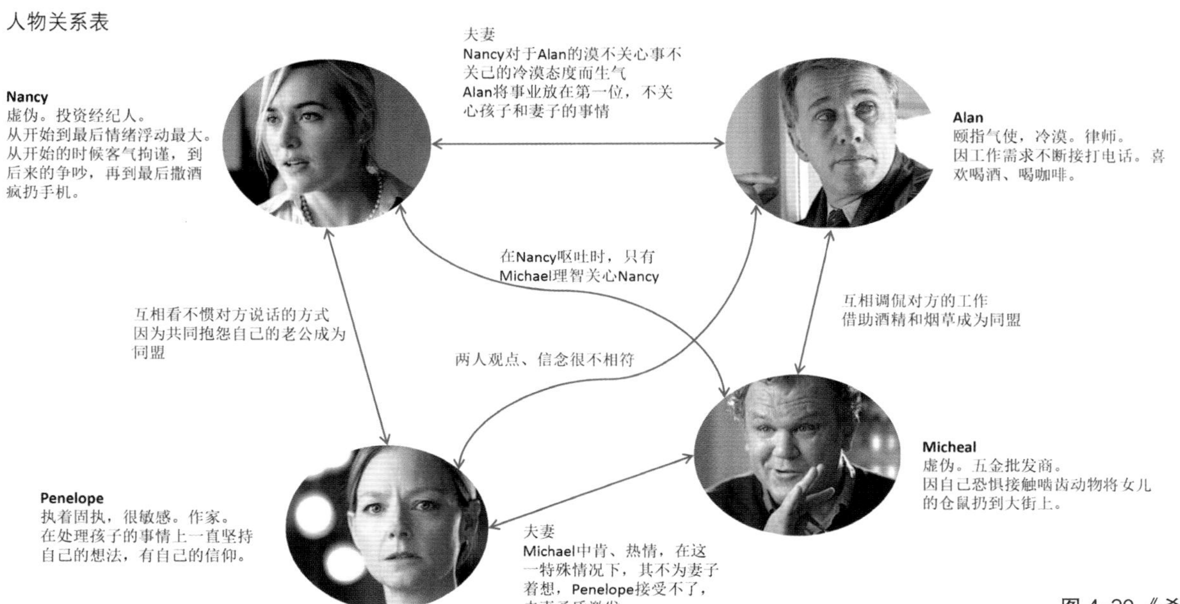

图 4-20《杀戮》人物关系表（作者：李美双，2016 级）

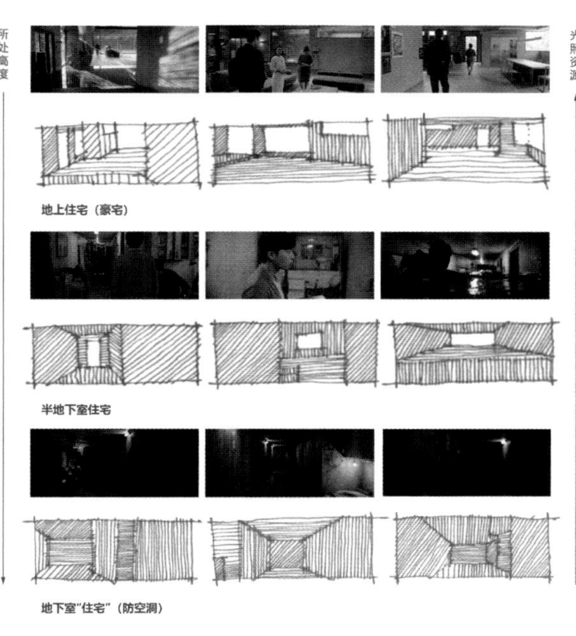

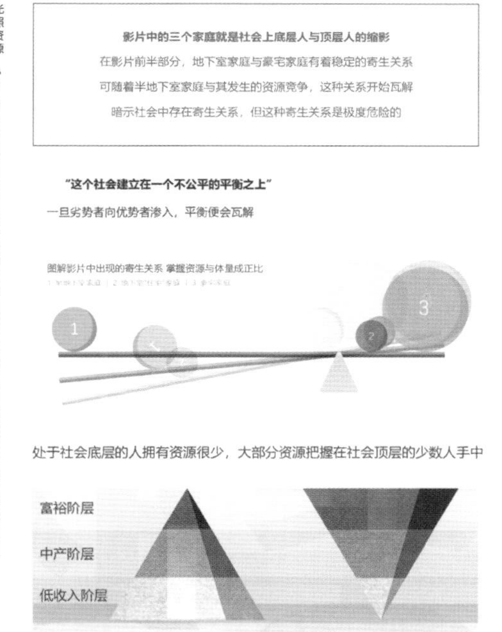

图 4-21 角色社会阶层与居住空间特性抽象（《寄生虫》透视图及镜头画面图解。作者：徐逸璠，2019 级）

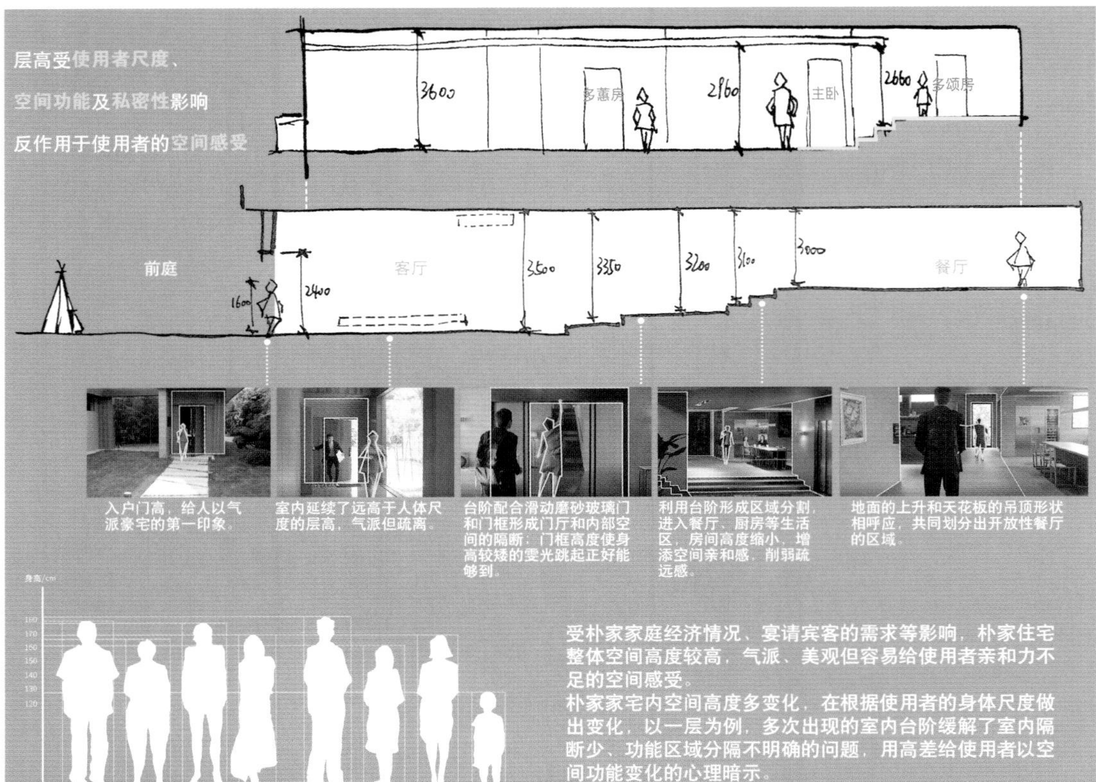

图 4-22 家庭成员尺度与各种类型空间尺度
（《寄生虫》朴家家宅剖面图及镜头图解。作者：孟宪怡，2019 级）

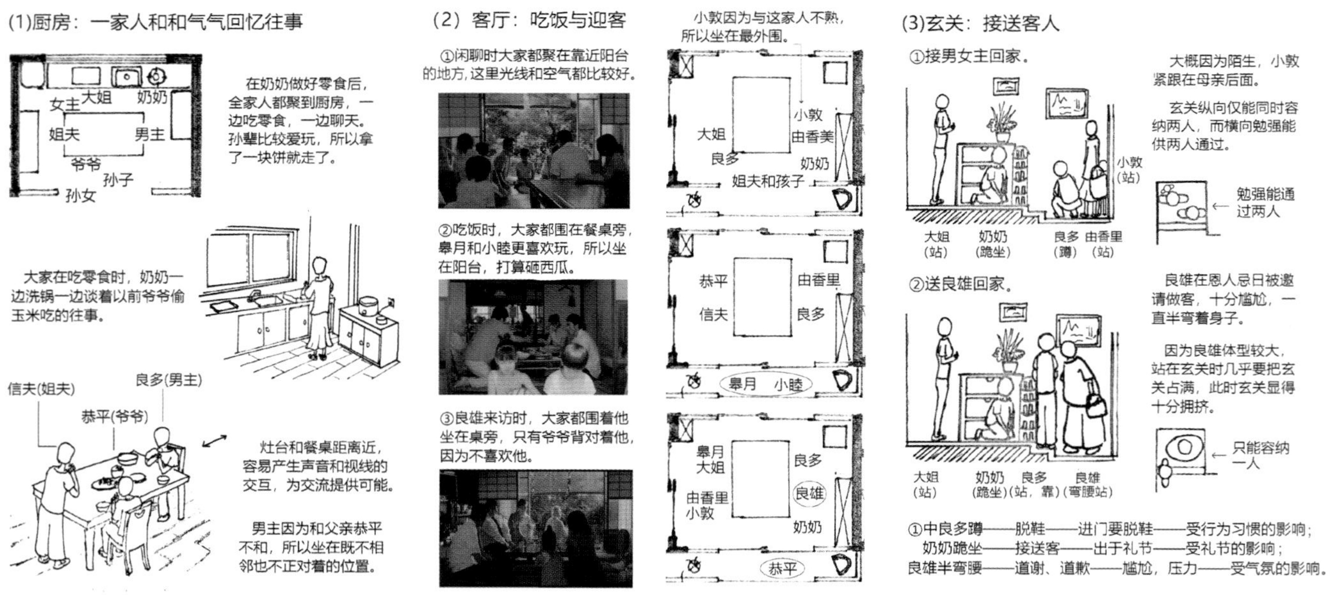

图 4-23 空间单元中的家庭生活行为
（《步履不停》平面图、透视图及镜头画面。作者：刘鹏程，2019 级）

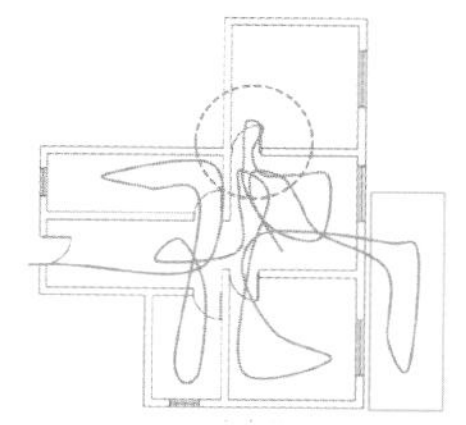

李宝莉作为家庭的女主人，理论上没有禁足的空间，但我们可以发现书房就好像是当初马学武留下的庇护所，和父亲相似，马文昭也将自己封闭在书房里，而对李宝莉而言，书房则是神秘与禁地的代名词。她屡次想进入书房却屡屡失败，因为她没有文化。正如马文昭所说：书放到她跟前也找不到。

图 4-24 家庭行为轨迹与关联行为场景
（《万箭穿心》平面图解及镜头画面。作者：钱开宇，2014 级）

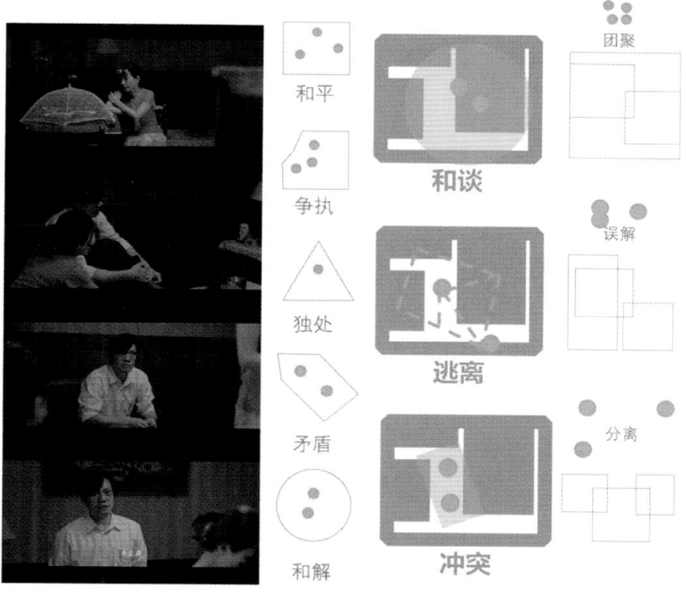

图 4-25 家庭行为的空间张力
（《万箭穿心》平面图解及镜头画面。作者：钱开宇，2014 级）

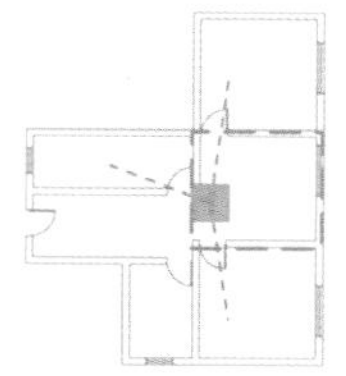

李宝莉可能不懂空间结构，也不懂仪式感，但直觉告诉他要把儿子的奖状挂在最显眼的电视机上。

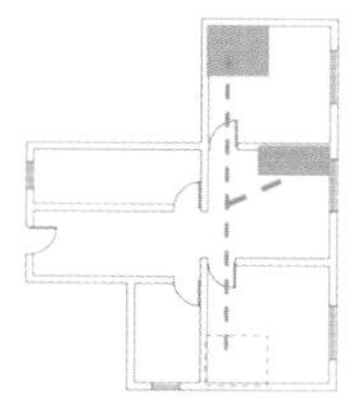

饭桌在李宝莉家从来不是温馨的地方，相反，矛盾和冲突经常在饭桌上爆发。

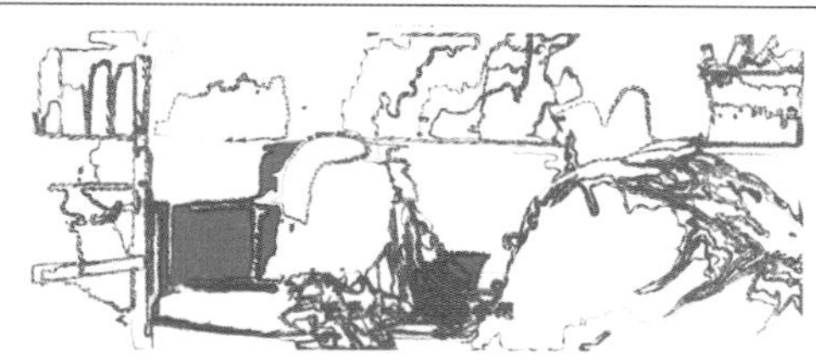

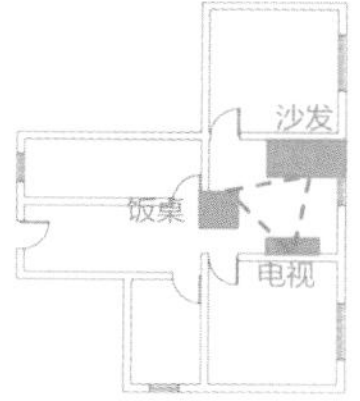

书桌可以说是马学武唯一的庇护所，只有在这里他才可以摆脱掉李宝莉的咄咄逼人与喋喋不休。

图 4-26 设施在家庭空间中的象征意味
（《万箭穿心》平面图及镜头图解。作者：钱开宇，2014 级）

A. 通过建筑空间

	BEFORE	AFTER
场景一：起居室	凛第一次到家里时，处于被包围的状态。信代观察她的距离很远，在另一个房间隔着走廊看她的背后，十分戒备。	第二次吃饭时，凛从角落坐到了桌旁，开始敞开心扉，融入家庭。
场景二：浴室	信代和凛在小空间内相处，信代和她分享了自己的不幸经历，两个人很快变得亲密起来。	信代和阿治在浴室中回想起之前合谋杀人的秘密。
场景三：壁橱	凛第一次进入壁橱和祥太看胸针时只坐在了壁橱口，距离很远。两人对于分享狭小空间感到不适。	凛第二次进入壁橱看玻璃珠时两个人的距离缩小，显示了两个人关系的密切。

B. 通过建筑构件

构件一：栏杆

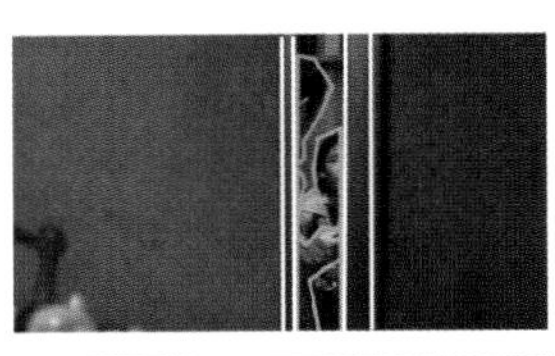

树里原先的视线范围只有从栏杆缝隙望出去的狭缝空间，结尾时树里从栏杆上方看到了更远的场景，代表了一种希望。

构件二：桌子

两个人隔着桌子遥遥相望，体现"父女"关系的疏远。

构件三：露台与屋檐

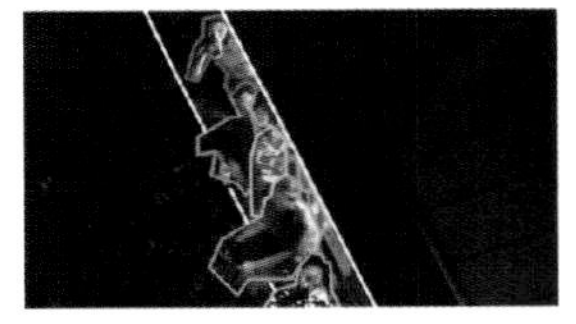

"6个人如同游在漆黑海底下的鱼抬头望着照射在水面上的阳光那样，注视着高层住宅那头露出来的一小块夜空。"

露台与屋檐制造的狭缝空间表现了一家人生活的困苦。深蓝色的背景与暖黄色的灯光形成对比，展现了在艰苦条件下一家人的其乐融融。

图 4-27 微观尺度中的家庭生活（《小偷家族》平面图及镜头图解。作者：李若曦，2018 级）

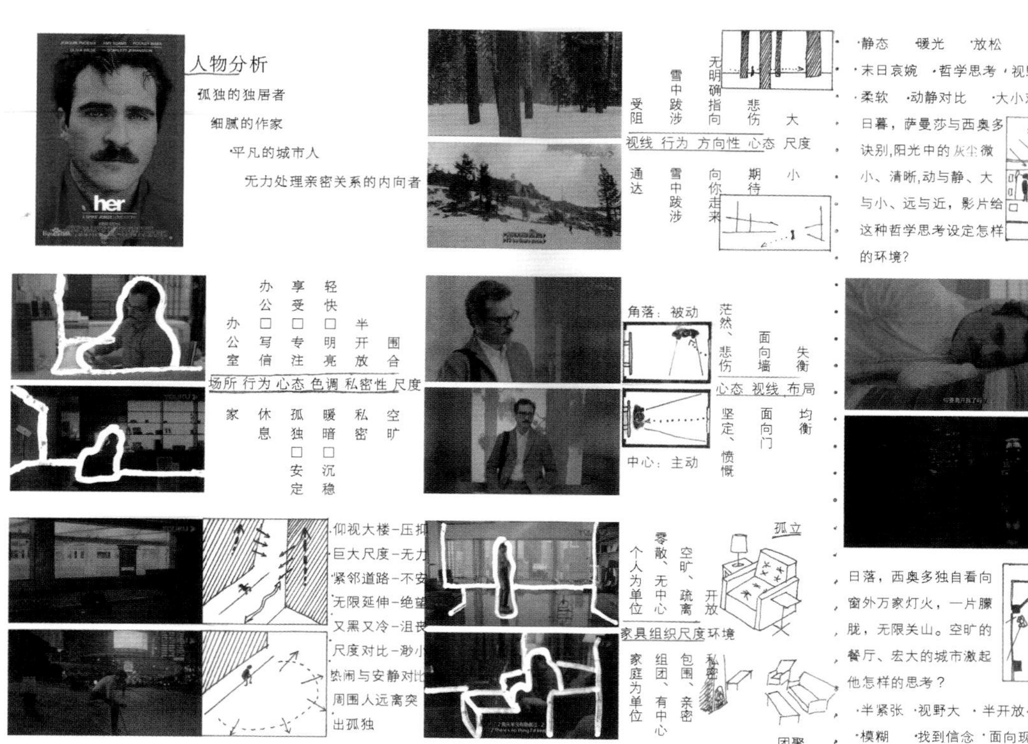

图 4-28 微观尺度中基于家庭生活行为的空间感知（《Her》平面图、透视图及镜头图解。作者：刘舒瑶，2018 级）

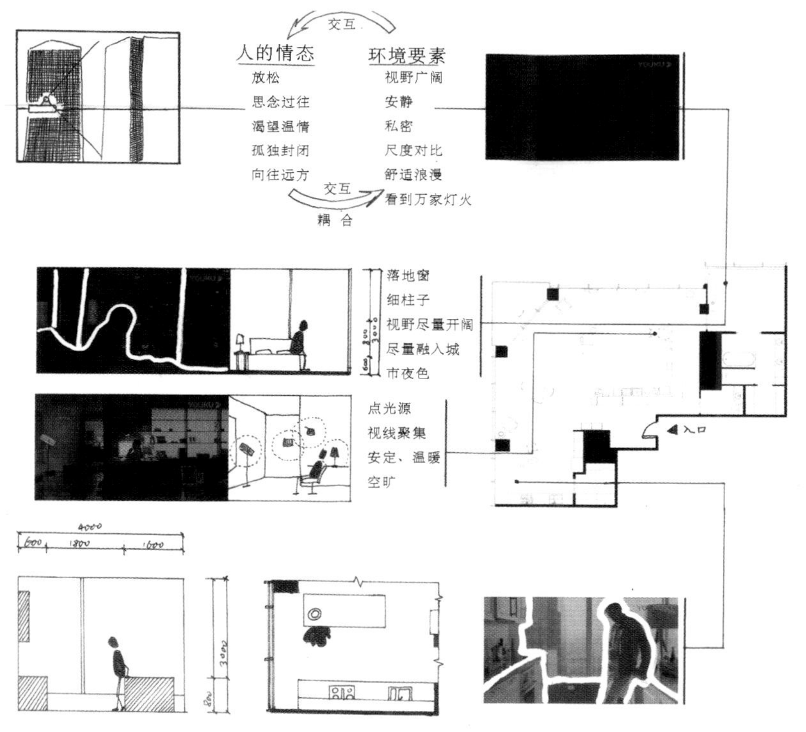

图 4-29 微观尺度中基于家庭生活行为的空间感知（《Her》平面图、透视图及镜头图解。作者：刘舒瑶，2018 级）

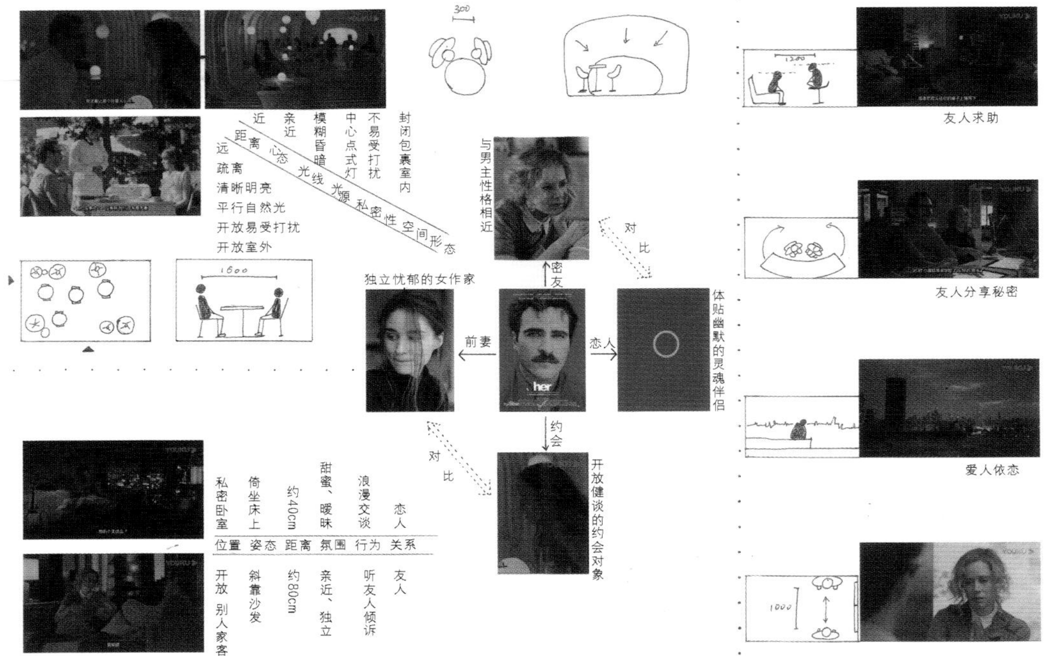

图 4-30 室外公共空间中基于行为的环境感知（《Her》平面图、剖面图及镜头图解。作者：刘舒瑶，2018 级）

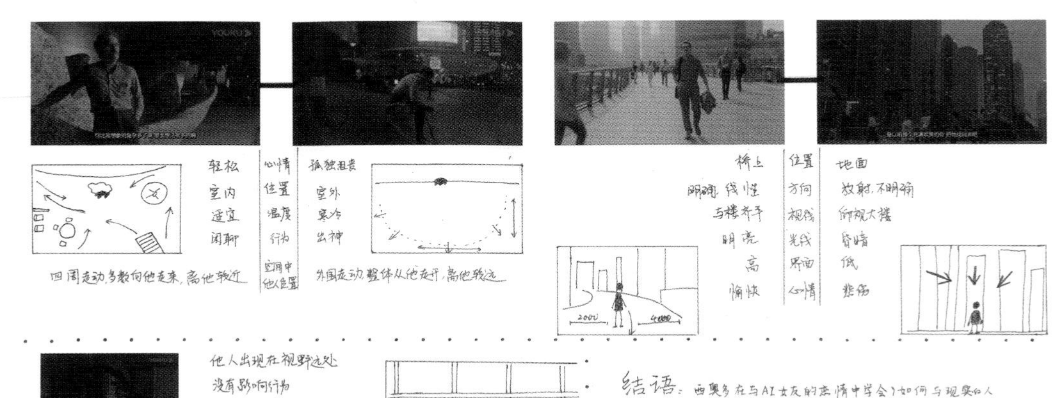

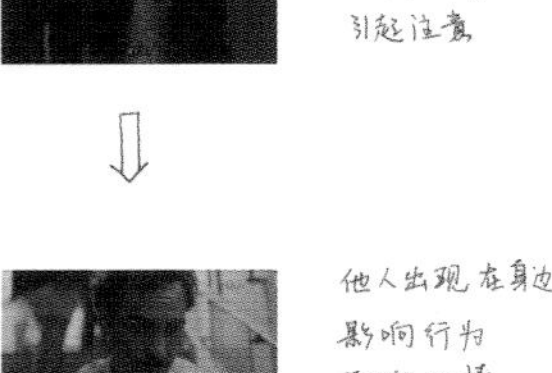

结语：西奥多在与AI女友的恋情中学会了如何与现实的人建立亲密关系，萨曼莎虽已离去，但在这段时间她带给西奥多的心理变化与情感经历更不消逝。

西奥多是平凡的城市人，城市中，芸芸众生都像他一样经历着孤独与挣扎，而AI时代的人机关系更是崭新的课题。关于存在的疑问恐怕永远不会停止。

反观建筑、空间、环境，面向未来、面向人的需求的设计应如何应对电影抛出的问题？以何种方式，唤醒孤独者的渴望？

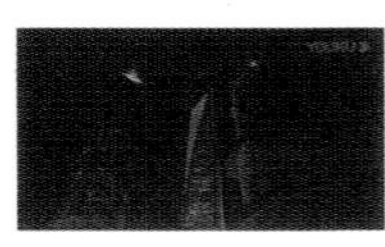

图 4-31 室外公共空间中基于行为的环境感知（《Her》平面图、剖面图及镜头图解。作者：刘舒瑶，2018 级）

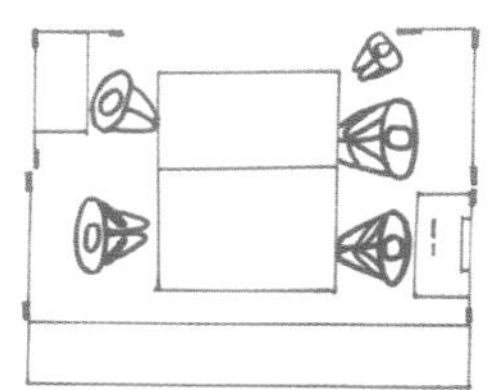

• 日式家具偏窄，家人进餐的时候需要坐在地板上。进餐时人距离天花板很远，给人开阔的感觉。

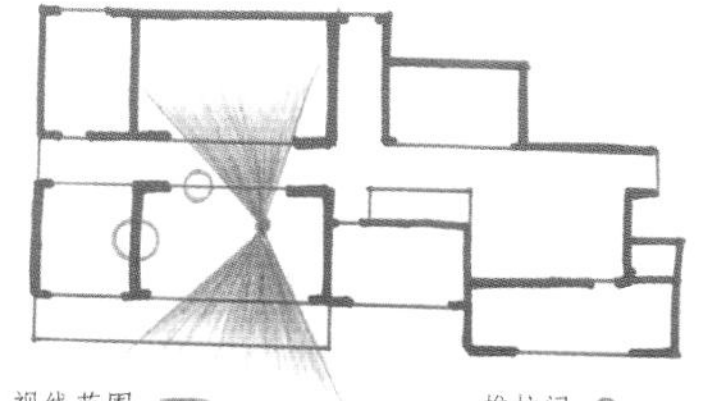

• 白天视线单一但是开阔，只可见到厨房与后院，也就是可以看到家中的公共区域。
• 因为起居室四周都是推拉门，视线充满了可调节性。

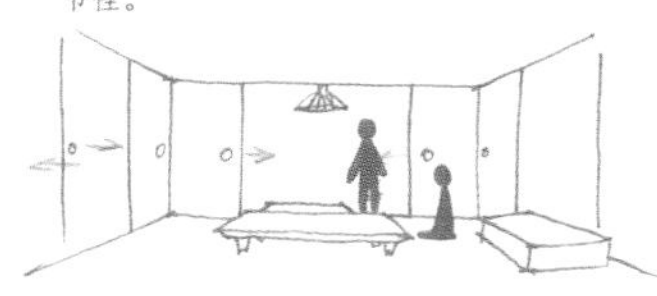

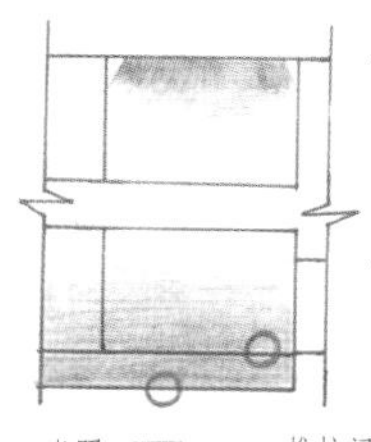

• 厨房开窗狭且高，不作为起居室的主要采光渠道。
• 起居室的推拉门和檐廊的门都可以调节光照。

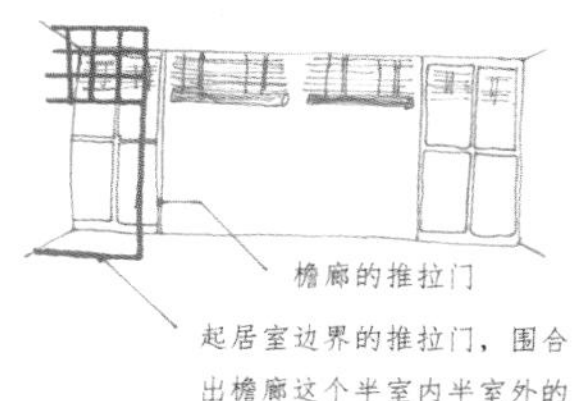

起居室边界的推拉门，围合出檐廊这个半室内半室外的过渡空间。

• 场景1-群聚
全家一起进餐时，会再搬一张桌子到起居室，但两张桌子大小、高度都不一样。
跪坐时与站立时的视线高差大约80cm。

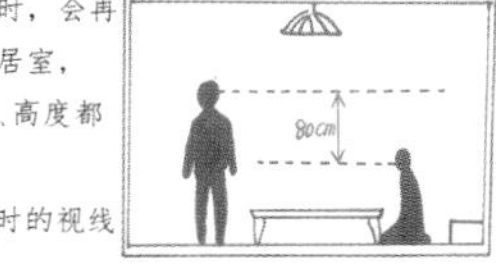

• 场景2-离群
下午休息的时候，撤掉了一张桌子，大家围坐的间距就比较小。
长子救的小孩来祭祀大哥，但这个人现在生活得并不是很好，所以父亲恭平并不喜欢他。可以看到父亲一个人坐到了檐廊上，面向后院，夕阳洒在他的脸上。

图 4-32 家庭空间中的群聚与离群：起居室——个体利用空间因素和设施道具达成聚集或分离（《步履不停》，平面图、剖面图及镜头画面。作者：沈雨乔，2018 级）

厨房平面布局

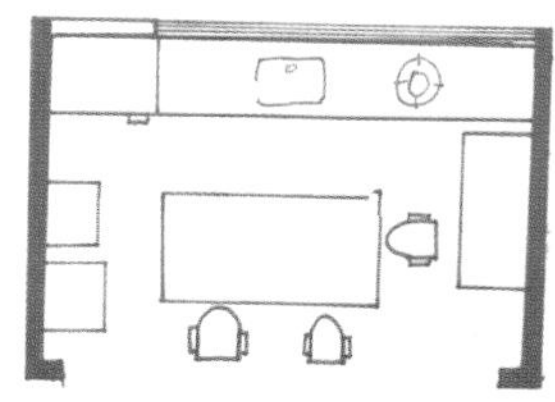

场景1 • 离群

厨房设计的镂空推拉门，并没有实际隔开，但给人一种被遮挡的感觉，所以良多总是到厨房里抽烟。

场景2 • 群聚

• 厨房的窗子高且窄，采光不好只可以照到桌子，且有杂物。

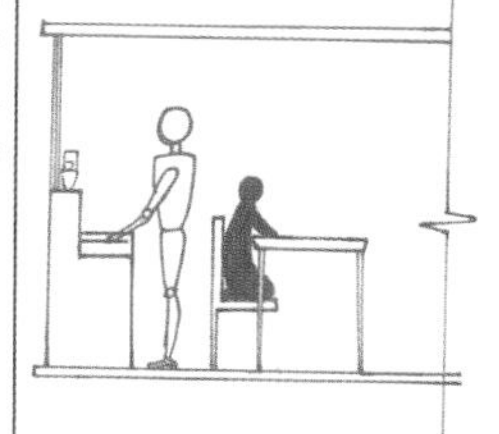

• 桌子与操作台的间距比较窄，两个人并排站立时需要如下图一样错位站立。所以餐桌靠窗位置一般不坐人。

图 4-33 家庭空间中的群聚与离群：厨房——个体利用空间因素和设施道具达成聚集或分离（《步履不停》，平面图、剖面图及镜头画面。作者：沈雨乔，2018 级）

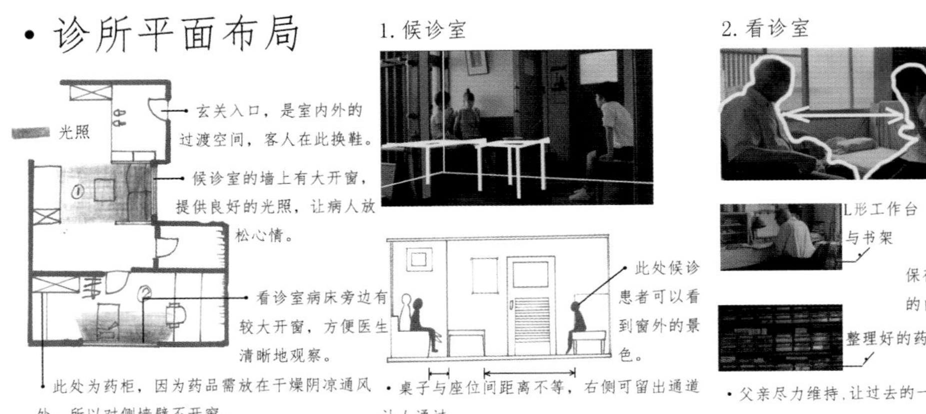

图 4-34 个体空间中的群聚与离群：诊所——个体利用空间因素和设施道具达成聚集或分离（《步履不停》，平面图、剖面图及镜头画面。作者：沈雨乔，2018 级）

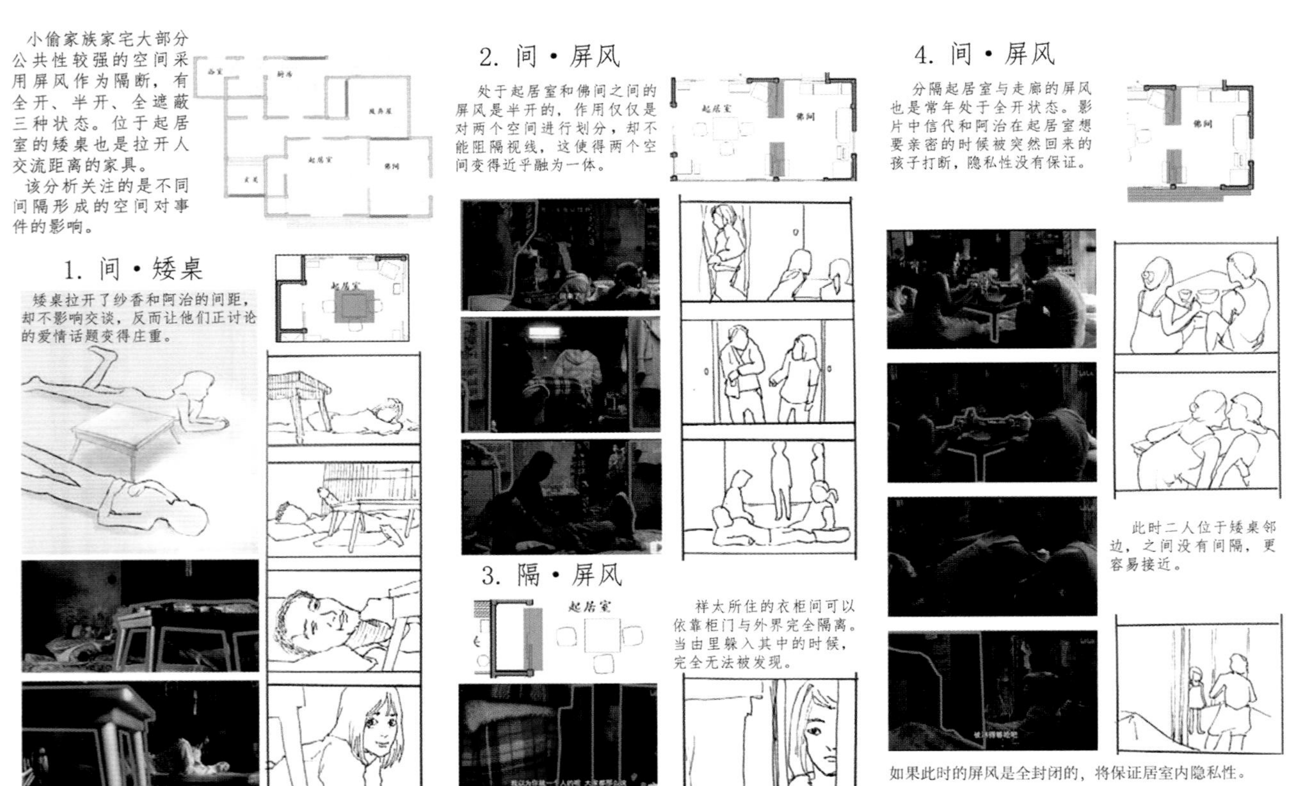

图 4-35 个体利用空间因素和设施道具达成适当行为的人际关系（《小偷家族》，平面图、透视图及分镜头图解。作者：吕佳艺，2019 级）

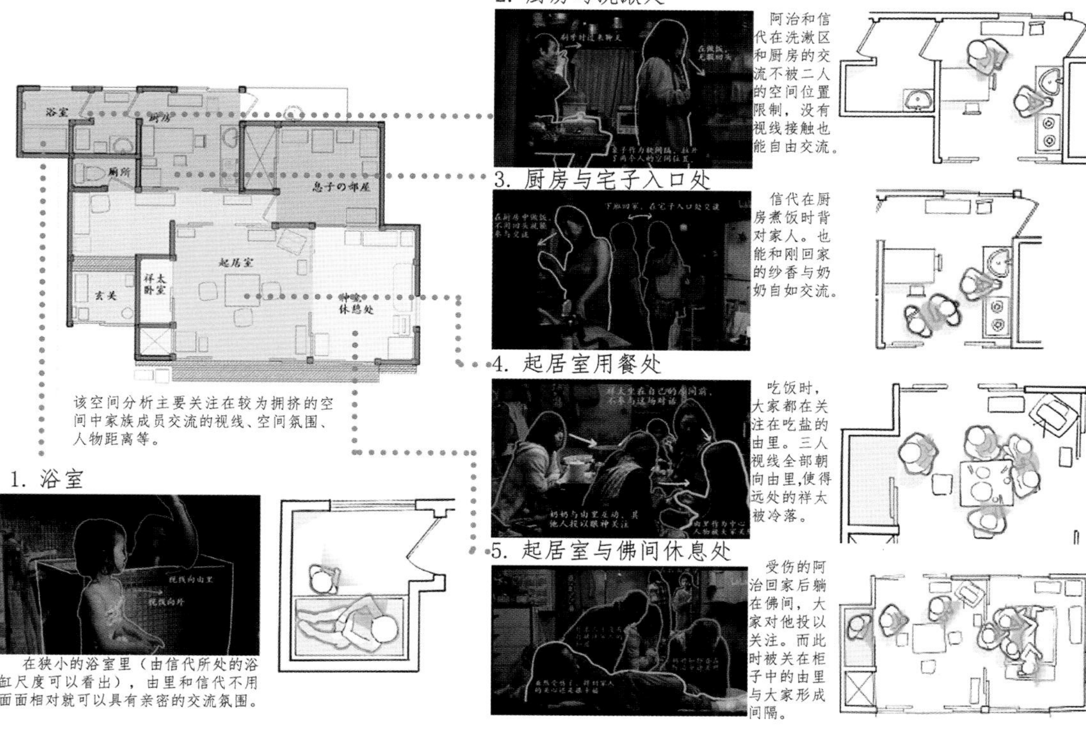

图 4-36 身体距离、角度和空间设施造成的聚集和驱离（《小偷家族》，平面图及分镜头图解。作者：吕佳艺，2019 级）

停不下的脚步忘不了的羁绊

——《步履不停》电影分析

因为饭桌的摆设，厨房过道空间变得狭窄，只能容纳一人。

窗户使厨房光线较为充足，减少做菜时的油烟在家中扩散。窗户的高度恰好将室外的景色展现在工作者面前，即使窗沿摆放用具也不遮挡视线。

料理台高度约80厘米，工作时高度较适宜。

厨房正对起居室，设置透明推拉门，在使公共空间在视觉上更宽敞的同时，让工作者及时关注家中情况。

玻璃格恰好是人跪坐时头部的高度。

走廊侧设置纸拉门，保证起居室的私密性。

在露台侧设置透明推拉门，可以在日常活动时欣赏庭院的风景，同时使起居室光线充足。

起居室可临时设置桌子，满足聚餐时的需要。

桌面高度及腰，桌底恰好比跪坐时的腿略高。

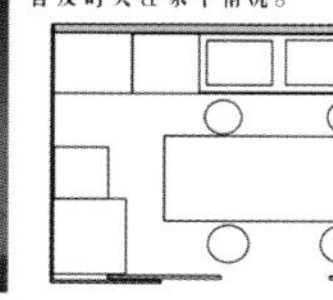

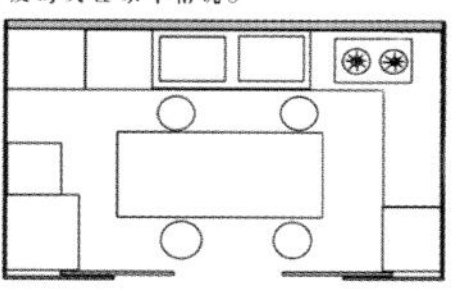

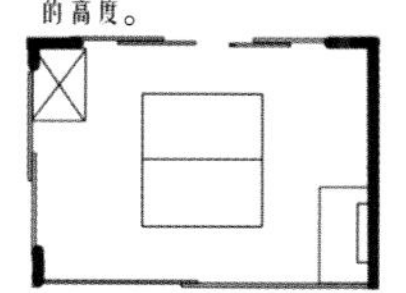

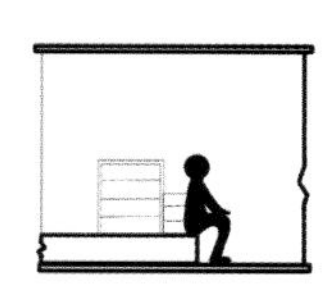

在家宅入口处设置下沉式玄关，契合日本人进屋脱鞋的传统，减少灰尘进入家中的几率，使木地板更容易清洁。旁边略高部分给予人坐着换鞋子的空间。

门旁边设置磨砂玻璃，因为白天室内暗室外亮，室外的玻璃呈暗色，私密性提高。室内玻璃呈亮色，使玄关光线充足，显得更开阔。

门恰好是两个人的宽度。

门侧的小鱼池体现了日本人对房屋与自然融为一体的美学观念。

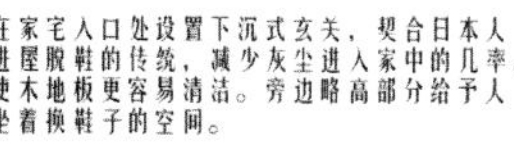

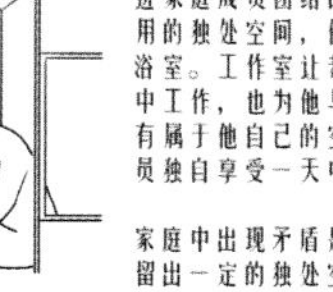

家人的共处空间，例如起居室充当增进家庭成员团结的功能。属于个人使用的独处空间，例如恭平的工作室与浴室。工作室让恭平能在安静的环境中工作，也为他与家人相处不愉快时有属于他自己的空间。浴室让家庭成员独自享受一天中最轻松的时刻。

家庭中出现矛盾是很正常的，给成员留出一定的独处空间更有利于家庭的和睦。

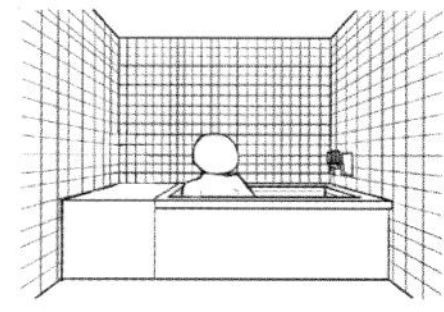

图 4-37 空间形态尺度与家庭成员关系处理（《步履不停》，平面图、剖面图解及分镜头图解。作者：杨安琪，2019 级）

步履不停——平常生活中的人生无奈

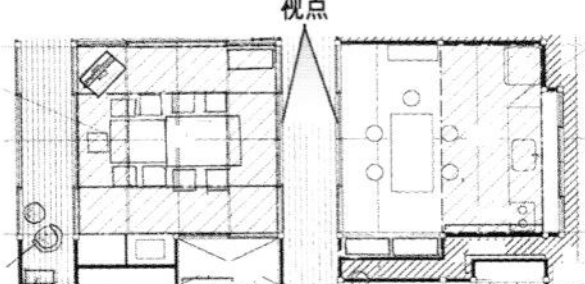

集体活动分析——以LDK空间为例

从备餐到吃午饭的时间段中，大部分的家庭成员都在这里发生了活动。LDK空间成了集体活动的空间催化剂。

奶奶、长女煮菜的场景

奶奶、长女、儿媳三人在厨房活动时，奶奶是占据实际主导地位的，长女协助奶奶，而儿媳站在厨房的边角区域，处于被动局势。主客关系一目了然。

小儿子一家帮忙备菜的场景

小儿子称这是他们家的"家务事"。餐厅的位置临近厨房，为一个大家庭提供了备菜、一起做料理的空间。餐桌的功能则更倾向于放置台。

一家人一起吃饭的场景

占据厨房主导地位的奶奶在饭局接近尾声时还在布菜，故她的座位距离厨房最近。

饭后活动·一

长女一家的两个孩子和女婿饭后在庭院玩耍。在餐厅的人可以很容易看到、听见甚至参与他们的活动。

饭后活动·二

奶奶和长女以主人的态度邀请了客人儿媳、孙子去会客室看相册，留下了关系不和的父子俩相顾无言。

图 4-38 关联空间单元的场景转移（《步履不停》，平面图、剖透视图解及分镜头画面。作者：林丽丽，2019 级）

行为分析

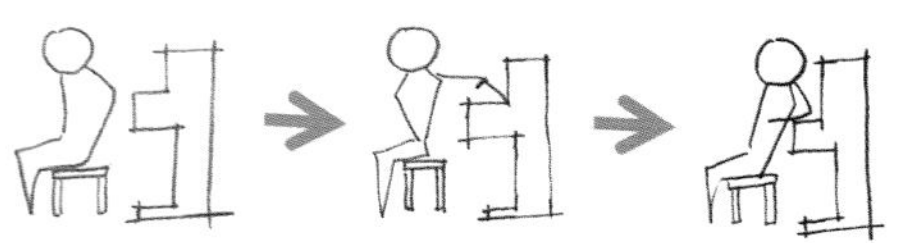

Alan反坐在钢琴凳上，后背倚在钢琴上，后来觉得不够舒服，又将钢琴盖子合上，左臂支在钢琴盖子上，右手端着酒杯。坐姿慵懒，舒适自在。

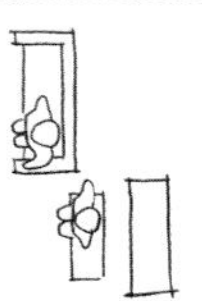

坐在钢琴凳上的Alan向右一转，就可以和坐在阳台前的沙发上的Michael发生近距离的接触。在讨论正事时，不正经的Alan突然转过身向身边的Michael夸赞威士忌的美味。钢琴与沙发之间的距离是恰可以通过一人的距离。这个距离可以产生交流、拥挤等行为，是一个会使人与人之间产生交集的地方。

图 4-39 微观设施与行为、人际距离分析（《杀戮》，平面图、剖面图解及分镜头画面。作者：李美双，2016 级）

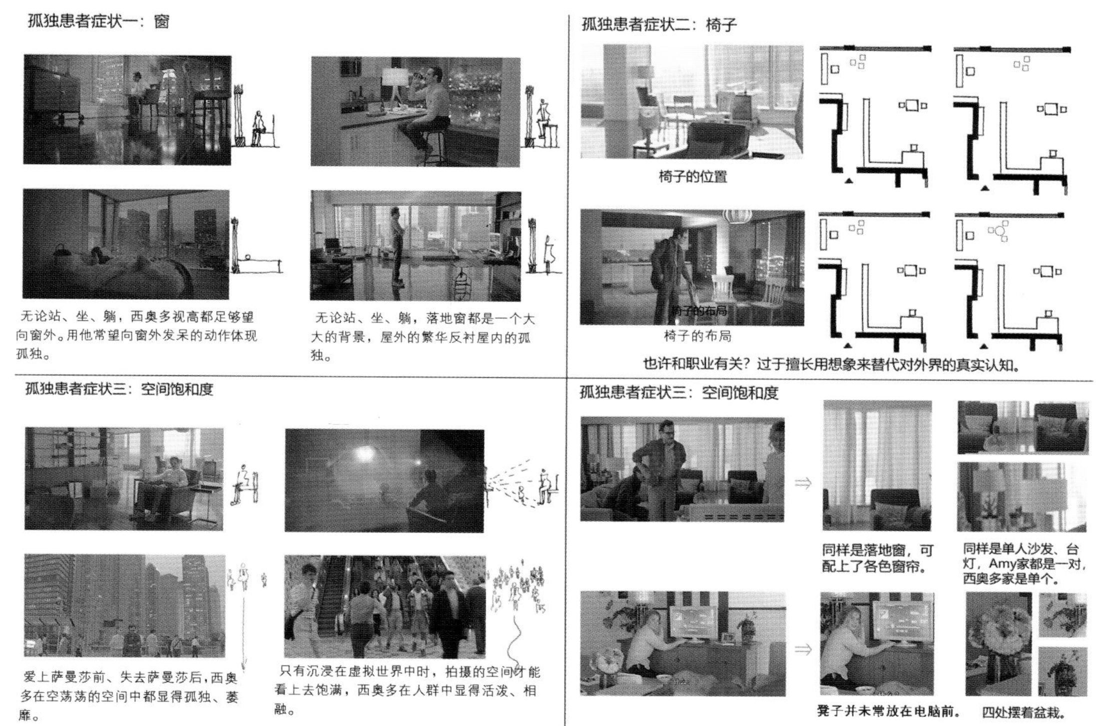

图 4-40 空间场景中的因素与氛围剖面图解
（《Her》，平面图，剖面图解及分镜头画面。作者：王佳媛，2014 级）

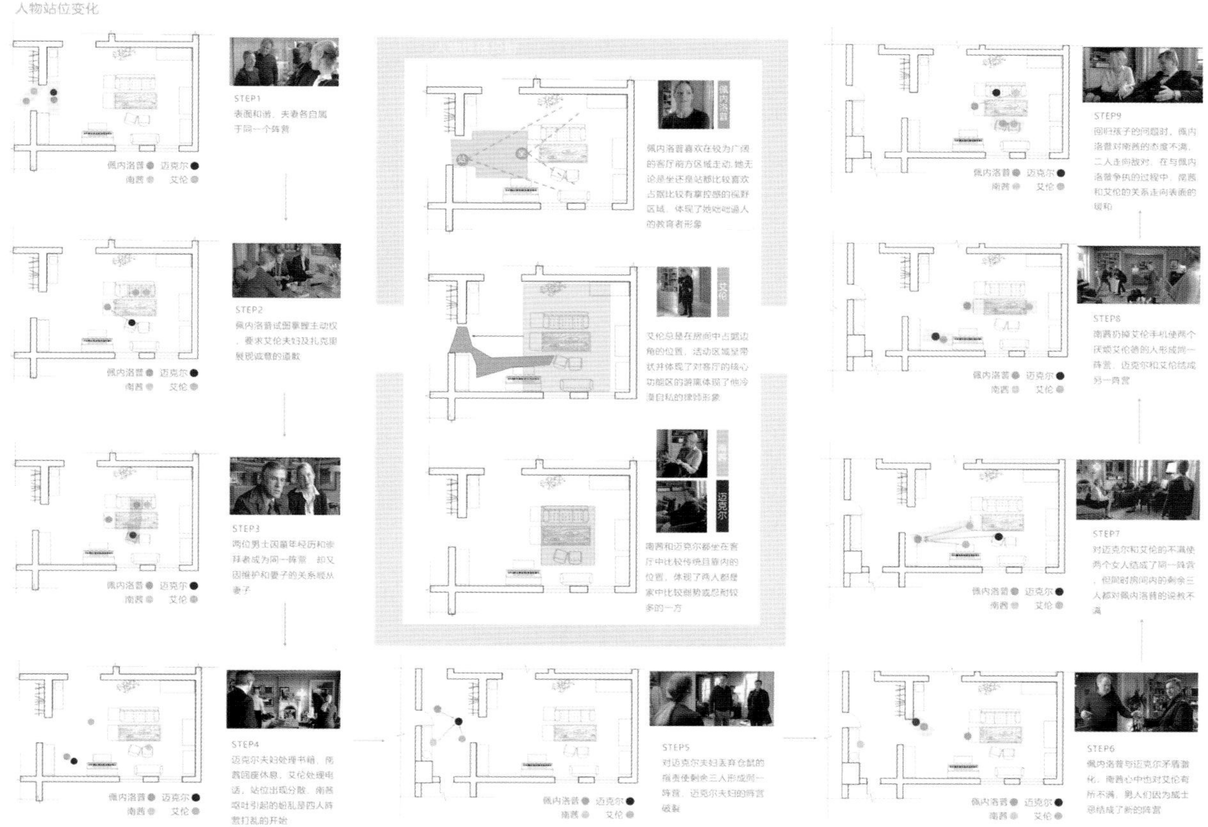

图 4-41 空间场景中的人物、环境因素与氛围
（《完美陌生人》，平面图解及镜头画面。作者：陈柳颖，2017 级）

4.4.3 行为场景还原

作为家庭生活行为分析的延续和推进，行为场景还原更关注空间、环境因素与具体人的行为事件的关联性，即人、行为与空间如何融合为家宅的整体感知。分镜头画面分析在此过程中起到了融合感性体验与分析空间、环境因素的重要作用。

一种感性的操作是对典型分镜场景进行基于整体感知的视觉抽象解读，包括各个独立的分镜画面、同一空间单元在不同分镜中的画面，以及几种分镜画面并置等抽象感知图解方式。让画面中的空间、环境因素与人物事件塑造的整体氛围得到强化表达。在这个过程中，需要操作者在空间使用者和建筑师的身份之间多次转换，最终找到空间、环境要素与人物行为的关联。

此外还要求两类理性操作。其一是对不同类型单元中的行为场景进行感知和比较，包括同一空间中的不同行为场景，同一类功能空间中的不同行为场景，以及近似事件类型的不同行为场景比较。其二是对感触深刻的重点镜头组下几种关系的解析，包括逐一解析各种空间、环境因素对人物情绪及空间场景氛围的作用，人物的身体姿态对空间、环境因素的利用及对氛围的影响。由此，同一行为场景可能需要针对不同目标进行多次阅览及分析（图 4-42 至图 4-52）。

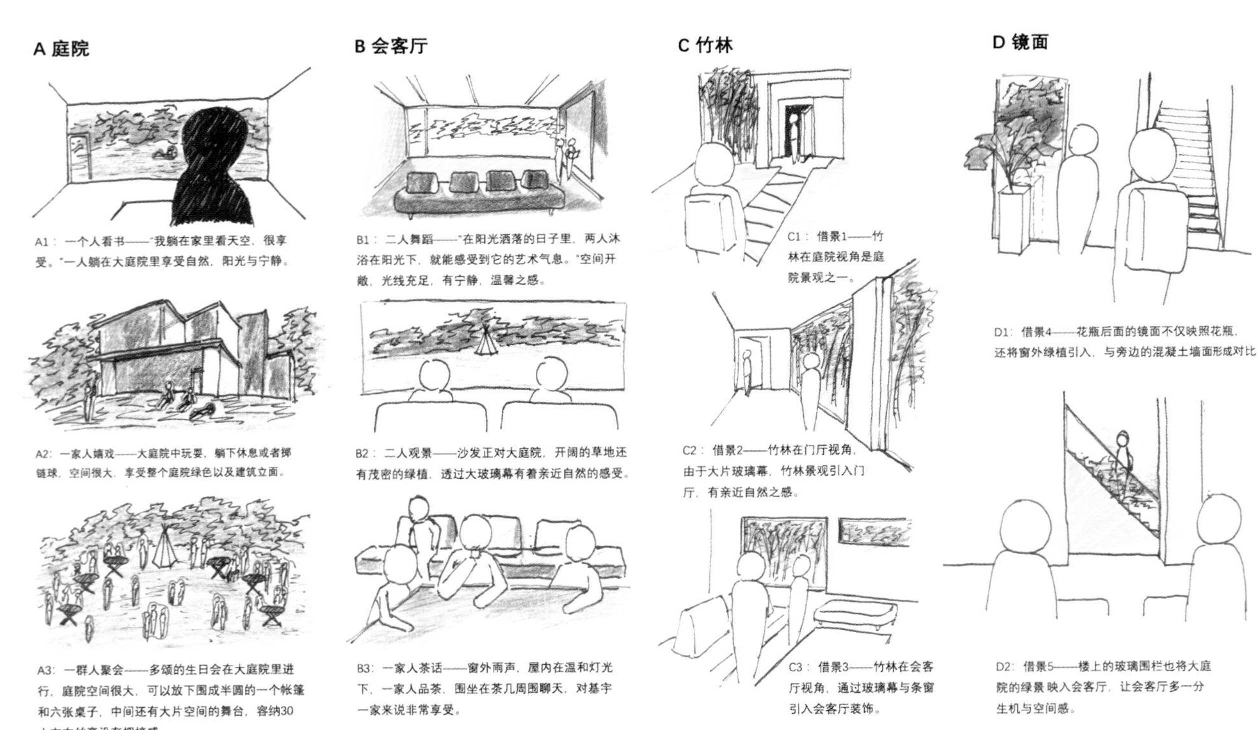

图 4-42 同一空间在不同行为场景中的感知
（《寄生虫》，透视图解。作者：程昱浩，2018 级）

楼上的 WIFI 不能连了，整个屋子里只有卫生间的小角落有信号。
两个人在卫生间很挤，并排坐下刚好就是卫生间的宽度，里面的小楼梯是屋内唯一一个抬高之处，下雨的时候，水会漫过整个屋子，这是仅有的落脚之地。

别墅主人不在家，一家人享受有钱人的生活。
边看电视边泡澡，偌大的浴室是一个人的天地。惬意舒适的生活，无烦恼的感觉，是他们非常渴望却不可及的。

图 4-43 卫生间——同一功能空间的行为场景感知比较（《寄生虫》，透视图解。作者：汪艺，2019 级）

晚餐的时候，一家人挤在小小的半地下室的桌子周围。
吃着便宜的零食，透过窗户，还能看到外面某些人不文明的行为。他们抱怨着自己的生活，却又一如平常地生活着。

别墅的主人出去露营。
一家人围坐在茶几上喝着小酒，看着外面风景，十分惬意。他们畅想着未来的生活，似乎已经把这个本不属于他们的地方当成了家，把自己归为上流社会的一员了。

图 4-44 就餐——同类事件的行为场景感知比较（《寄生虫》，透视图解。作者：汪艺，2019 级）

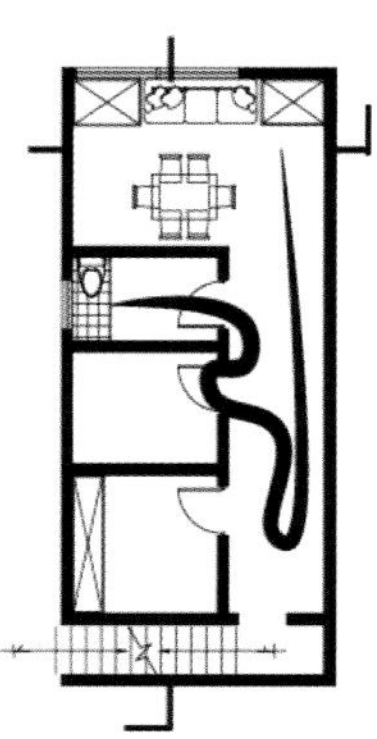

别墅的主人突然回家，一家人忙着寻找藏身之处。有的躲到房间的床下，有的躲到茶几下。一边收拾残余垃圾，一边在空阔的房子中寻找隐秘之所，可不是一件容易的事儿。

为了连 WIFI，找遍半地下室所有的角落，来来回回，不过几秒钟。

图 4-45 平面轨迹——近似事件的行为场景感知比较（《寄生虫》，透视图及平面图解。作者：汪艺，2019 级）

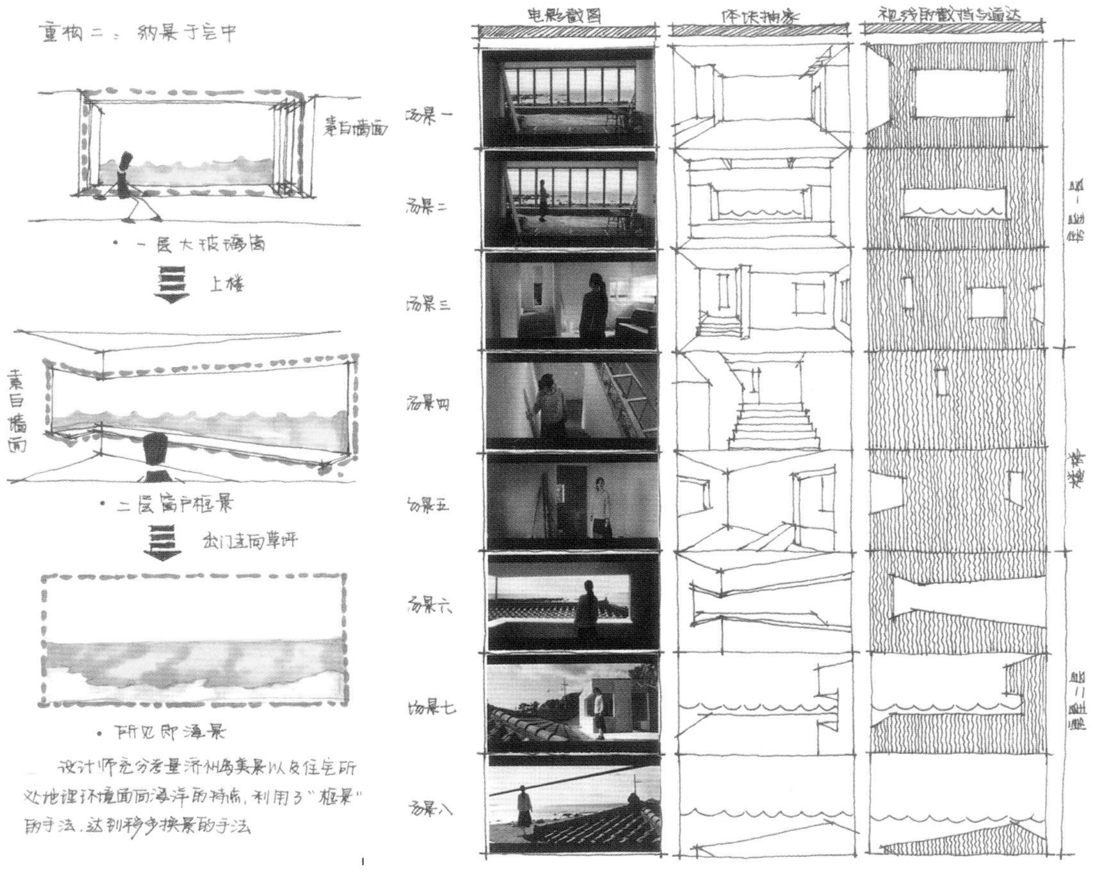

图 4-46 空间感知意象（《建筑学概论》，透视抽象及分镜画面。作者：刘洪君，2014 级）

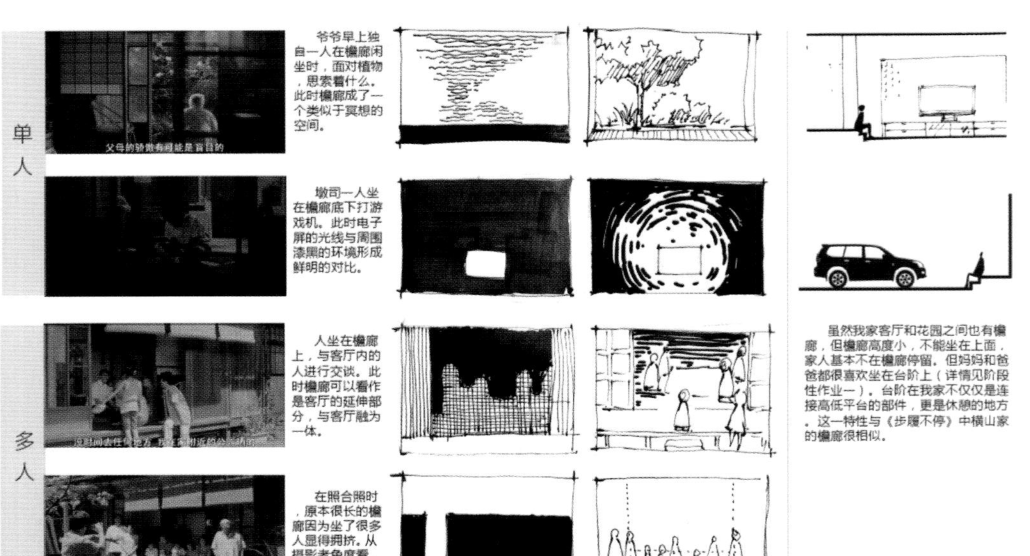

图 4-47 同一空间单元（檐廊）在不同分镜头下的感知（《步履不停》，透视抽象及分镜画面。作者：罗静汶，2014 级）

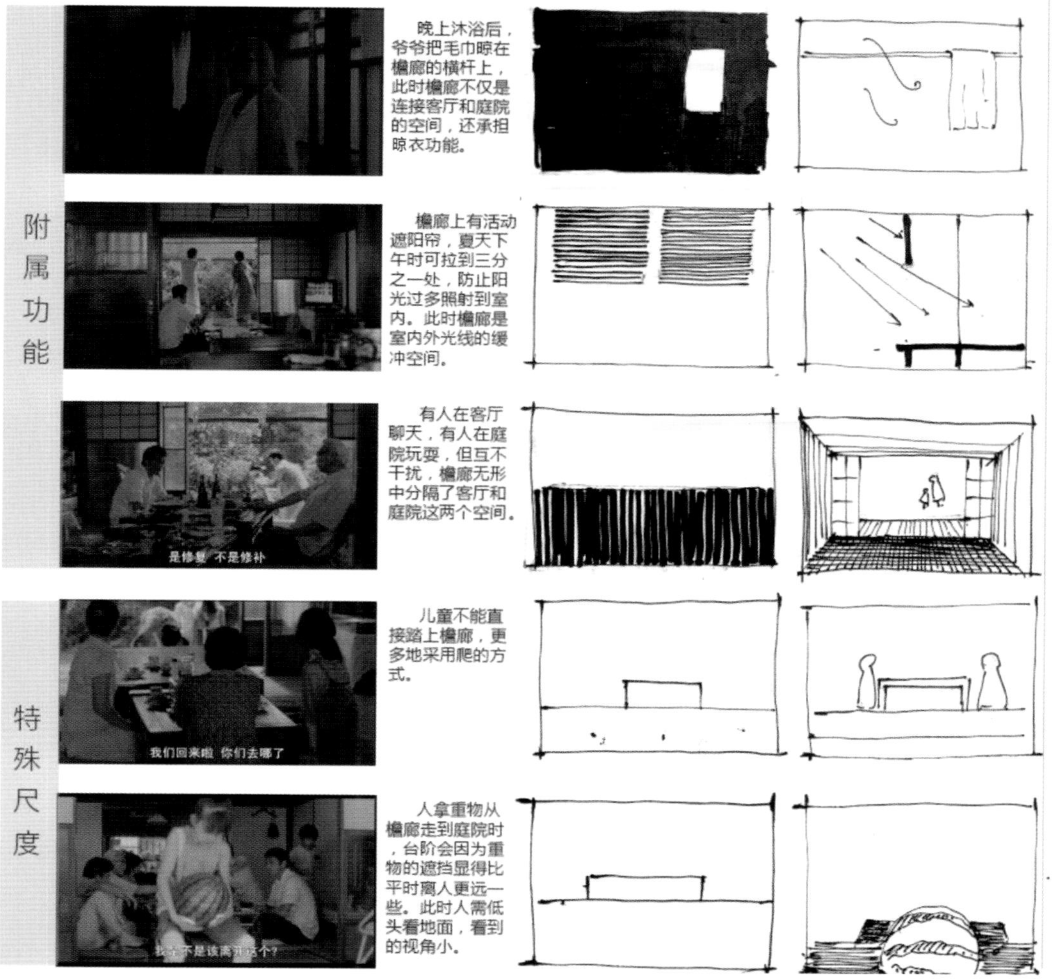

附属功能

晚上沐浴后，爷爷把毛巾晾在檐廊的横杆上，此时檐廊不仅是连接客厅和庭院的空间，还承担晾衣功能。

檐廊上有活动遮阳帘，夏天下午时可拉到三分之一处，防止阳光过多照射到室内。此时檐廊是室内外光线的缓冲空间。

有人在客厅聊天，有人在庭院玩耍，但互不干扰，檐廊无形中分隔了客厅和庭院这两个空间。

特殊尺度

儿童不能直接踏上檐廊，更多地采用爬的方式。

人拿重物从檐廊走到庭院时，台阶会因为重物的遮挡显得比平时离人更远一些。此时人需低头看地面，看到的视角小。

图 4-48 同一空间单元(檐廊)在不同分镜头下的感知(《步履不停》，透视抽象及分镜画面。作者：罗静汶，2014 级)

电梯间是影片中唯一一个与外界连接的空间，Alan夫妇三次来到电梯间吊足了人们的胃口。在第二次Alan夫妇生气离开Michael的家时，两家人在电梯间产生了激烈的争吵。其中Nancy在楼道内来回踱步两次。

Penelope看到邻居在一旁或关心或好奇的注目，上前礼貌地示意其关门，并将Alan夫妇请回家中。

图 4-49 行为与空间氛围(《杀戮》，分镜图解。作者：李美双，2016 级)

图 4-50 基于行为场景的空间分析（《杀戮》，平面图及分镜图解。作者：陈柳颖，2017 级）

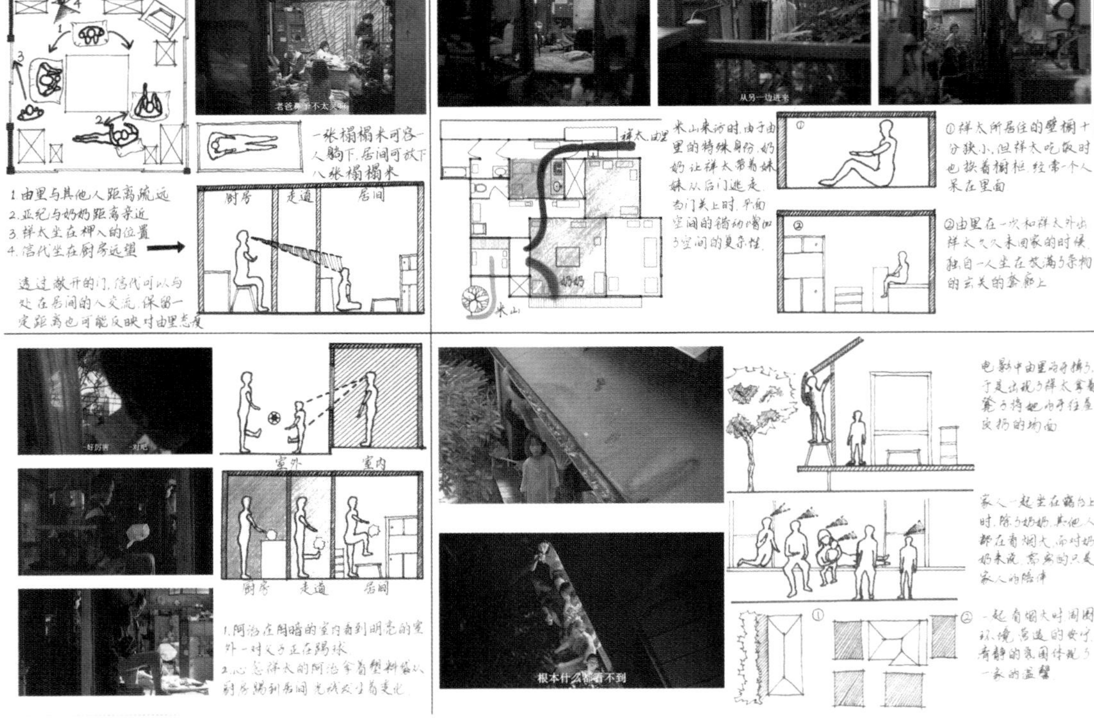

图 4-51 行为场景中感知的建筑空间（《小偷家族》，分镜画面、剖面图解。作者：曾令通，2018 级）

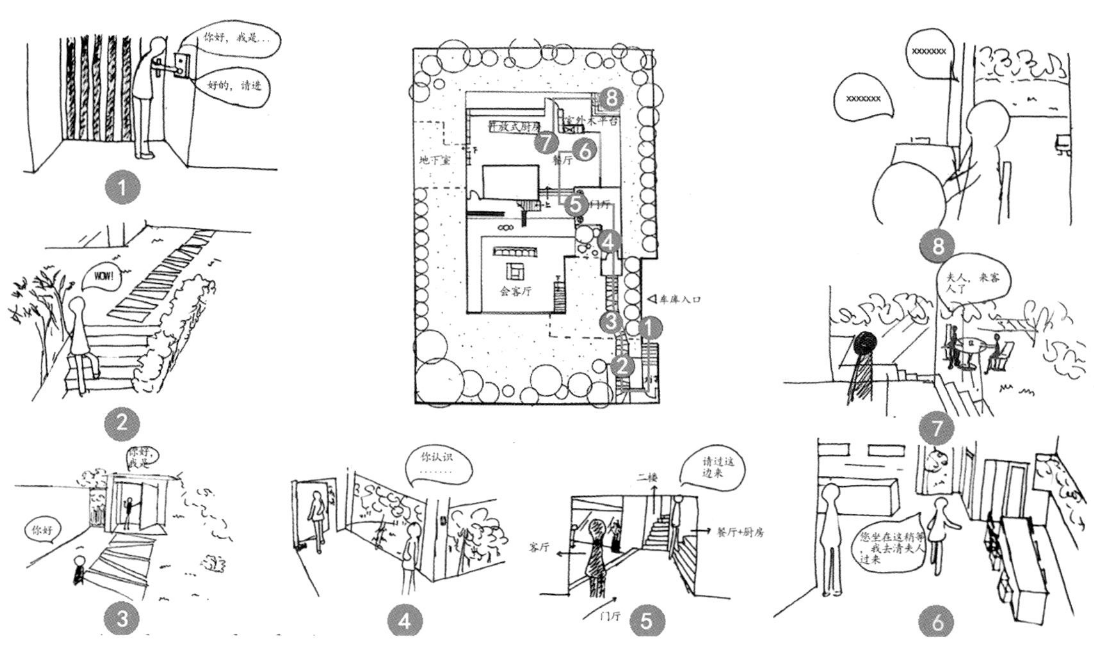

图 4-52 行为场景中感知的建筑空间
(《寄生虫》，平面图及手绘分镜图解。作者：迟梦雪，2019 级)

第 5 章 空间策略与建筑转化

5.1 分项目标

本节内容是对“空间策略”与“建筑转化”两个训练环节的整合论述，它们可以看作是基于训练目标对设计过程进行的一种抽象解读。针对“空间使用”的议题，我们尝试通过一系列“分解动作”建立起从使用者的身体和行为出发的空间设计方法。作为二年级的设计入门训练，我们在教学设计中强调“分解动作”，将复杂的设计过程分解为更易把握的一个个设计问题，并细化为一个个训练环节，力图使建筑设计变得更为“可教”。在本专题中，这一方法将忽略建筑的外部条件，使其作为一种设计训练更聚焦，更具有针对性，设计进程也会因此而呈现“由内而外”的特点。

同时我们也需要强调：该方法并不能作为一套完整的设计方法应对真实条件下的建筑设计实践。真实完整的建筑设计实践需要应对更为复杂的内部及外部条件，各种影响因素相互交织，需要更为系统性及整体性的思维，这些知识和技能还有待后续的学习。

5.2 操作控制

5.2.1 操作进程

在“家宅测绘与体验”的训练环节中，学生已经对自己和家人的身体、行为有了较深入的了解，基于体验和图解分析了典型行为场景中事件和家宅空间的互动关系，通过家人访谈获取了更充分的设计条件。在此基础上，如何对从身体和行为出发的相关条件进行分析？如何由此阐发出适合家庭需求的未来空间形态？对于某个特定家庭而言，在忽略外部条件的前提下，理想的空间形态是否唯一？多个空间的连接和组织结构如何建立？单个空间的尺度和开放性如何确定？对这些具体设计问题的解答构成了专题设计教学的主要进程，也就是设计方法中可以由逻辑推导和控制的主线，也是教学过程中可以理性探讨的内容。

“家宅测绘与体验”从熟悉的身体和行为出发，经感知体验在“身体和行为”与现有家宅“空间”之间建构起互动关联，即“行为场景”，并用图解予以表达。“行为场景还原”则从二维的电影分镜画面出发，利用图解还原“空间”及“行为场景”，推进对他人家庭“身体和行为”与“空间”互动关系的感知。

图解将是本专题设计方法的关键手段，设计将借用“行为场景还原”环节中的相关操作手段，以真实家庭生活的“导演”的视角，去建构理想的“身体与行为”和未知“空间”的耦合关系（图 5-1）。前文所述的一系列具体设计问题将用图解映射的方式逐一呈现和解决（图 5-2）。

设计操作的关键在于如何由“事件”生成“空间”。事件可分为“单个事件”和体现出事件关系的“多个事件”，分别对应建筑设计可操作的物质层面上的“单个空间”和体现出空间关系的“多个空间”。在“单个空间”层面，本专题的设计操作训练主要考虑空间的尺度与开放性；在“多个空间”层面，主要考虑空间的连接与组织。

借助行为场景还原的操作手段设置“分解动作”，我们将“空间策略”与“建筑转化”两个训练环节细化区分为如图 5-3 所示的五个前后相继的步骤。

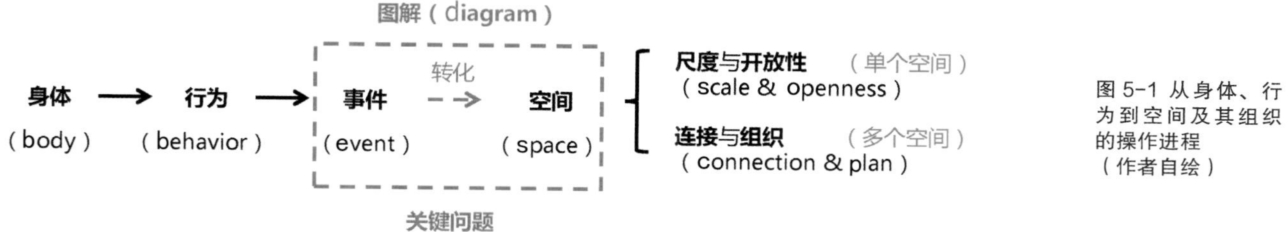

图 5-1 从身体、行为到空间及其组织的操作进程(作者自绘)

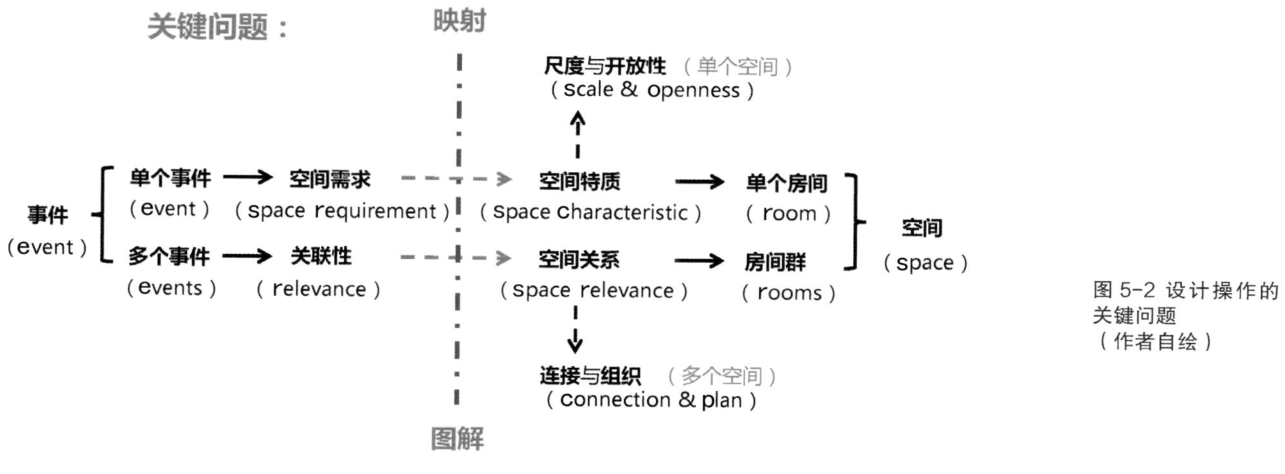

图 5-2 设计操作的关键问题(作者自绘)

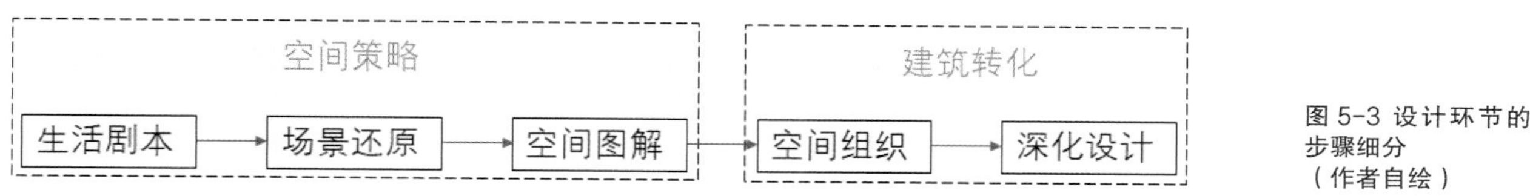

图 5-3 设计环节的步骤细分(作者自绘)

在此过程中,学生首先基于“家宅测绘与体验”的行为场景描述及家人需求访谈,按照时间或空间线索对理想化的生活行为场景进行梳理和筛选。最重要的单个事件或事件群从家庭生活的理想化构想中被抽取出来,模仿电影剧本的方式予以文本表达,成为理想家庭的“生活剧本”。“生活剧本”的生成及图解转化,也就是确定空间策略的关键步骤。“生活事件”是剧本描述的主体,围绕某一个或几个家庭成员展开。与真正的电影剧本不同,描述人物行为的同时,我们更为关注作为事件展开背景的空间环境,要求尽量详尽,进行富于情绪色彩的空间及其氛围描述。

在“生活剧本”的帮助下,学生能顺利地将单个事件中人与空间的关系进行图解转换,即“场景还原”。近似电影分镜头画面的行为场景还原操作,将具体事件中的身体与行为和空间进行有效整合,帮助学生更深入理解行为场景各组成要素之间的密切联系,成为由“生活剧本”导向“空间图解”或后期“深化设计”的中介。因为有文本描述的辅助,初学者并不需要担心有限的透视技巧对操作功效的影响。

从“生活剧本”的单个事件中，学生能较容易地提取出关键的空间要素。经过对多个事件之间关系的思考，最终生成主导设计的“空间图解”。“空间图解”可以通过不同的设计路径进行“建筑转化”，对各个事件的各种空间要素进行协调或取舍。在“建筑转化”过程中，“场景还原”展示的身体和行为与空间的关联性再一次发挥作用，调节单个空间的尺度及开放性，以及多个空间之间的连接和组织策略。

“空间图解”和“建筑转化”是设计操作环节的难点。不同目标的图解技术及其转换是实现目标的关键工具，也是本专题设计方法的重点，笔者将在后续的操作步骤中进行详细讲解。

5.2.2 设计耦合

尽管设计操作是从描述和分析生活事件开始，最终转化为具体的建筑空间，但生活事件与建筑空间之间并不是必然的对应关系，而是一种“耦合”关系。抽象来说，事件与空间具有“一体两面”的特性。也即任何事件都是在一定的空间中发生的，任何空间也都因事件的发生而具有了存在意义，即行为场景中各要素的密切关联。具体来说，事件与空间却并非“一一对应”。类似的事件可以在完全不同的空间中发生；而同一个空间也可以承载丰富多样的事件。一个具体的事件得以发生，受到多方面因素的共同影响，其发生机制是复杂的，空间只是其中一个影响因素，但它却是建筑师在建筑设计中所能够把控的最为关键的因素。而对于事件的发生具有重要影响的因素，如空间使用者的个性与意图并不受建筑师的控制。

因而，结合上一节讲到的操作进程中的框架来看这一问题可知：通过发掘事件的特点，可与承载事件的空间建立联系；但由此生成的空间却并不与这一事件形成唯一的对应，而具有发生其他事件的潜力。承载的事件越独特、越单一，空间的特点也会越鲜明、越具体；承载的事件越普通、越多样，空间的特点也会越不明显，越具有普适性。比如一个既可以看电视，又可以品茶喝酒，还可以打麻将的客厅，一定是一个没有特点的客厅。这也与服装类似，一件在任何场合都可以穿的服装，必定是普通的、没有特点的。而场合越特别，对服装的要求也就越特别。比如婚纱只会出现在婚礼上，泳衣只会在游泳时穿着。

对于已经通过前期训练充分了解自身特殊性的具体家庭而言，“生活剧本”的独特性必将成为家庭自我认知和表达的要点。同时，对于初学者而言，把握了相对鲜明的空间需求特点，在设计操作上也更为容易。

5.3 操作步骤

5.3.1 生活剧本

即拟定“理想家宅”家庭生活的“剧本”。要求学生基于自身家庭成员，在与家人充分交流沟通的基础上，共同畅想理想中的家庭生活。借鉴剧本的创作方式，以生活事件为单元，以文字写作的方式进行表达。换言之，提取、梳理从家宅测绘与体验中获取的相关设计条件，借用行为场景还原的相关操作手段，建构从家庭生活事件到空间之间的关联。

在拟定剧本的过程中，应注重回归身体与行为的分析和研究，将抽象的功能划分还原为鲜活的生活场景。生活总是普通和平庸的，要运用自己的情感与智慧发现其中的诗意与梦想。

“生活剧本”的关注要点包括以下几个方面。

1. 回归家庭生活中身体与行为的分析

关注家庭生活中的主体人物都有谁？身体各有什么特点？都有哪些行为？构成了哪些事件？通常而言，行为包含行为主体、行为类型、行为时间、行为空间等要素。家宅中的行为类型又可分为主要行为 / 次要行为，必要

行为 / 非必要行为，日常行为 / 偶发行为，内部行为 / 外部行为。可从主要的、必要的、日常的、内部的行为入手，发掘出主要的“生活事件”。

2. 以“生活事件”为单元进行“剧本”撰写

通常而言，影视创作中的剧本会注重人物对话、故事情节的表达，并呈现为连续的表达形式。本环节的剧本应更注重空间环境的描述，同时以“生活事件”为单元进行撰写。切忌写成流水账式的记叙文，否则在后续的转化环节中难以抓住关键。

3. 表达出“生活事件”的“空间需求”

事件与空间是一体两面的。任何事件都是在一定空间中发生的，因而，对事件的描述越加细致入微，其空间需求便会越加明确地呈现出来。承载的事件越独特，空间的特点也会越鲜明。在描述“生活事件”时，注意思考事件发生时的空间特质、空间氛围，以及涉及的空间要素。对“空间需求”的关注点具体可以有以下几点。

①空间特质：大 / 小，宽敞 / 逼仄，开放 / 封闭，内向 / 外向，人工塑造 / 融于自然……

②空间氛围：明亮 / 昏暗，柔和 / 硬朗，温暖 / 冷酷，轻松 / 严肃，活跃 / 沉静……

③空间要素：桌椅、书架、窗台、竹林、花木……

4. 在语言描述中，摒弃抽象的功能名词

回到生活本身来做设计，摒弃以抽象的功能名词指代家宅空间的思维惯性，切忌在“剧本”中出现诸如客厅、卧室、书房等功能概念。建议基于人的具体行为与事件来描述所需求的空间。同时，不要出现具体的建筑指标式的限定，比如“一间 20 平方米的房间”，或“一个两层通高的空间”。而应思考为何需要的是 20 平方米的房间？为何需要的是两层通高的空间？进而思考更为本源的问题。

【优秀生活剧本示例 1】竹林茶话（公共事件）（作者：陈柳颖，2017 级）

在一个月明星稀的晚上，又是一次“姐妹茶话会”的时间。小妮、小朱、小红和我来到我们的**桌子**旁落座，四周有**光线柔和的暖黄小灯**。周围是**竹林掩映**，月光透过竹叶的间隙洒下来，和身边的小灯一起，让我们能刚好看清对方的脸和桌子。**风吹动时，竹叶发出窸窸窣窣的声响**，地上的影子也随之摇曳。

小朱拿来了**茶具**，茶叶在滚水中翻腾，小红则独自斟了一杯**酒**。小朱起身为大家斟茶，小妮率先开口聊起了她最近工作及生活上的趣事。她的妙语逗得大家哈哈大笑，趁她说话时的不注意，坐在对面的小红偷拿了放在她面前的**茶杯**。等小妮回过神来想要去抢回茶杯时，不小心把茶弄洒了，小朱马上起身给她重沏了一杯。大家看到这两人的幼稚情状又忍不住笑起来。

几杯下肚欢声笑语后，小妮起身转悠，绕了半圈坐到小朱边上聊起了天。我斜靠着桌子，望着天上的月亮，小红则继续喝酒。我们又不时互相插入对方的话题搭上几句话，一晚上的时间很快就过去了。

注意：剧本应该表达出事件的“空间需求”。从上述示例剧本中，可较清晰地解读出剧本事件发生场所的**空间特质**（开放、融于自然）、**空间氛围**（柔和、温暖、轻松）、**空间要素**（竹林、桌子、小灯）等方面的内容，因而在后续环节中可顺利地进行空间转化。

【优秀生活剧本示例 2】晨起（私密事件）（作者：丁千寻，2016 级）

我揉了揉惺忪的双眼，从阳光的角度判断出现在还很早。

于是我又合上眼睡了过去。

拖着睡意蒙胧的躯干直接来到户外走动，我在无人的清晨尽情地拉伸自己的身体，大口呼吸室外的空气。

站在高处眺望远方的朝阳、秋风中的落叶、万里高空的白云。在这里烧上一壶热水，拿出一条速溶咖啡，我喝下一小杯。

空间需求：具有一定的隐私性，但以开放为主；可以十分轻易到达户外；室内和室外有过渡空间。

注意：上述示例采用了不同的写作方式，在剧本事件中着重描述人物及其行为，而将“空间需求”单独列出，也可顺利地进行空间转化。

5.3.2 场景还原

场景还原即将剧本中的“生活事件”还原为“行为场景”。借鉴影视创作中分镜头的手法，将剧本中的**主要生活事件**逐一转化为具体的**单个空间场景**，以绘制草图的形式进行表达。本设计中的“场景还原”与影视创作中的分镜头有共通之处，也存在区别。共通之处在于都是从文字剧本转化为视觉图像。而分镜头会包含运镜技术细节、人物对白等更为详细的文字说明，同时需要考虑各分镜头之间的联系，以形成影视作品的连续整体，这些内容在场景还原中可不考虑。同时，“场景还原”也有独特的关注要点。

1. 空间尺度

在绘制场景还原草图时，注意体现出剧本中生活事件所发生空间的尺度，包括尺度大小以及水平延展或竖向延展的特性。绘制场景人物，作为空间尺度的参照。

2. 空间关系

关注场景空间与邻接空间的关系，打开场景空间的前后、左右、上下六个界面，依据生活事件所体现出的空间潜力，以及事件之间在行为与视线上可能的关联，考虑各个界面的虚实关系，以及界面所分隔的两个空间之间的关系，并在场景还原草图中进行表达。

3. 空间要素

将剧本中生活事件所涉及的空间要素如矮墙、隔断、桌椅、书架、窗台、竹林、花木等在场景还原草图中进行表达。并注意各空间要素与生活事件发生时人物的身体及行为的关联。

4. 空间氛围

关注生活事件发生时的空间氛围，注意场景中光影、色彩与材质的表达。场景草图应该表达出光影的明暗、光线的来向以及采光口的尺度与位置。同时可表达出场景空间中建筑材料的色彩与质地，以渲染相应的空间氛围。

关于绘制“空间场景”的几点建议。

①以人视点透视图绘制空间场景，在绘制过程中可结合平面图及剖面图进行思考。

②不要画边框，充分打开场景空间与周围邻接空间的联系。

③一事一图，以速写的方式快速绘制。可以上色，渲染空间氛围。

④寻找案例，获取灵感。把绘制场景当作一个再创作的过程。

【优秀场景还原示例 1】（作者：侯俊杰，2019 级）

剧本事件一：晨起时的闲谈（图 5-4）

清晨，阳光透过竖向的百叶窗，一缕一缕地照进屋子。妈妈已经起床，我在房间里也能听到餐桌上准备早餐的声音。我向下看去，只见妈妈早上刚刚浇水的吊兰和芦荟上的水珠在晨曦之中熠熠生辉。这时爸爸也准备下楼，我们便在楼梯上朝下看去，一边欣赏这充满生机的晨光，一边谈论着妈妈的小花园什么时候再添新的品种。

图 5-4 场景还原：晨起时的闲谈

剧本事件二：欢快的烹饪时光（图 5-5）

当我和姐姐不是那么忙的时候，爸爸妈妈会叫我们来帮忙一起做饭。爸爸通常是掌勺，他右手挥舞着勺子，身形游走在砧板和灶台之间，时不时将锅中的小菜颠起，灶台上也随之窜出一条耀眼的火舌，橙红色的光反射在洁白光滑的墙面上，使宽敞明亮的空间更增添了温馨的气氛。

图 5-5 场景还原：欢快的烹饪时光

我则饶有兴趣地站在爸爸身边，细细地看着锅里的神奇变化。爸爸也在旁边插空跟我讲，这个菜要多大火，那个佐料要什么时候放……

姐姐坐在一旁的小板凳上，弯着腰将小葱和大蒜一点点地剥干净，时不时抬头和妈妈说两句话，动作慵懒散散又从容不迫。在一旁的妈妈则将篮子里处理好的蔬菜放在果蔬池里细细清洗，又扬起手整理了一下额头上的碎发，抬手扬起的水花落回水池，让原本鲜绿的蔬菜在柔和的阳光下更加苍翠欲滴。

剧本事件三：姐姐的放松锻炼（图 5-6）

白天时，姐姐会努力避免阳光不受阻碍地布满房间。在完成繁重任务的午后，她会选择将房间角落卷放着的瑜伽垫缓缓展开，铺在朝向阳光的房间地板上，然后取出抽屉里的音响，将其置于坐在地上能够到的高度，播放起悠扬轻快的英文歌。

图 5-6 场景还原：姐姐的放松锻炼

瑜伽动作柔美悠长，时而直立时而匍匐，而这块空间总能承载她的种种动作。不一会儿姐姐身上便浮起一层微汗，她便满意地盘腿而坐，等心跳平稳后，再起身去洗个澡。

图 5-7 场景还原：我的书法练习

剧本事件四：我的书法练习（图 5-7）

我在一个宽阔的桌面上小心地铺开宣纸，在一旁的架子上取下裁纸刀，将纸张裁剪合意后便收好纸，搬来椅子，从架子上的小盒子里取出墨块，出门盛来一碟清水，坐在椅子上享受起研墨的那刻平静与安宁——晚风吹开窗帘，夕阳照映在书桌上，笔架的影子拉得长长的，墨香渐渐飘散，充满整个屋子。

笔蘸上墨汁并舔匀，纸上行书纵横流畅。我沉浸在这种无拘无束、畅然快意之中，回过神来才发觉天色已晚。明朗的月光透过斜向的窗子，毫无保留地洒进我的房间；凉风习习吹入，流淌在每一个角落。

【优秀场景还原示例 2】（作者：季津羽，2019 级）

剧本事件一：我的学习时光（图 5-8）

我在桌前兴致盎然地翻看喜欢的书籍，过了一会儿又在电脑上查找资料，低头做笔记。久坐疲惫，站起来眺望远处绿意盎然的风景，四处走走；又停下来看看妈妈放在窗台上的两小盆多肉，是我喜欢的晶莹剔透、绿意盎然的玉露，饱满而又透亮。柔和的微风从窗外拂进，带着淡淡的花香。背后的大书柜里放着我要用的各种用具及图纸等，转过椅子就可以拿取。

剧本事件二：奶奶的种菜时光（图 5-9）

清晨第一缕明媚的阳光透过大大的玻璃窗洒进来，鸟儿轻轻啼叫。奶奶第一个起床，迎着晨曦缓步来到她的菜圃里，给菜儿们除除草、浇浇水。摆弄累了，就在椅子上坐坐，满意地看着自己的劳作成果，眼前的绿意也使身体的疲惫很快得到缓解。

剧本事件三：惬意的周末休闲（图 5-10）

在阳光明媚的周日，我躺在舒适的懒人沙发上，一边欣赏优美的古典音乐，一边沐浴阳光。窗外草地上的灌木又开出了新花，吸引着蜜蜂盘旋。窗台上的吊兰也越发茂盛了。仰头望向高高的天花板，精致的吊灯在阳光下愈加熠熠生辉，宽敞的空间让我的心情也愈加轻松起来。

剧本事件四：爷爷的午休时光（图 5-11）

午饭过后，爷爷喜欢一边踱步消食，一边欣赏窗外绿树成荫的美景。走累了，便拉上落地窗的纱帘，阳光由此变得柔和起来。再从报刊架上取下一份报纸，倚在沙发上看看近日的时事新闻，看了一会儿，便躺下进入甜美的梦乡。

图 5-8 场景还原：我的学习时光

图 5-9 场景还原：奶奶的种菜时光

图 5-10 场景还原：惬意的周末休闲

图 5-11 场景还原：爷爷的午休时光

5.3.3 空间图解

“场景还原”实现了从单个剧本事件到单个行为场景的转化，初步训练了从某一特定的空间使用需求出发建构单个空间的能力。本环节将以空间图解的方法转化剧本中的事件和事件之间的关系，从而解决家宅空间整体组织的问题。“空间图解”概念的建立和操作是本环节的难点和重点，在此先做简要介绍。

从狭义来看，建筑设计中所说的图解通常是指能够揭示、表达事物抽象关系的一类图解。其中的“关系”含义广泛，可以是空间关系、场地关系、功能关系等。

图 5-12 为四个简单的图解，它们所能够代表的意义各不相同，但也有共通之处。例如，当我们把四个图解理解为表达两个空间之间的关系时，A 表示两个空间“相离”的关系，也即两个空间相互独立，没有交集；B、C 与 D 均表示两个空间“相交”的关系，其中 B 与 C 均由两个空间相交形成了一个小的交集空间，这个交集空间同时属于两个大空间，而 D 中大空间占据了交集部分，大小两个空间之间形成明确的边界。进一步来看，可知 B 与 C 虽然都表达了两个大小对等的空间形成交集空间的意义，但也存在不同之处：B 中的空间具有一致的轴线方向，而 C 中的空间具有不同的轴线方向。

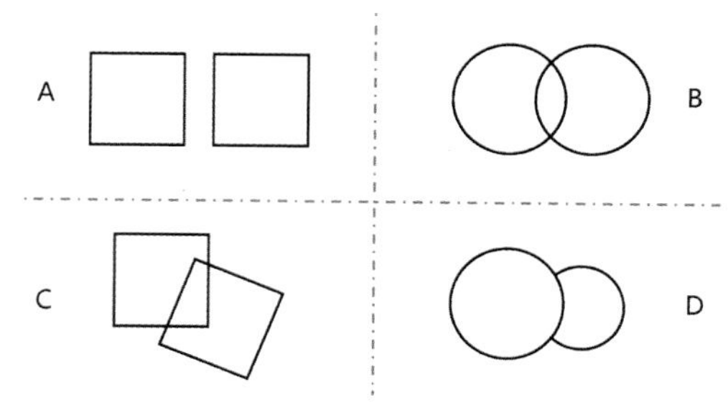

图 5-12 四个图解的意义辨析（作者自绘）

本环节的“空间图解”是指具有空间导向的事件关系图解。它应能够反映出剧本中生活事件之间的关系，同时这种关系又能够反映出事件发生时所处空间之间的关系，因而它具有双重属性。这也是“事件与空间具有一体两面的特性”的反映。

图解的概念非常宽泛，绘制方法众多，关于事件关系的图解表达方式也多种多样。但应注意：在本专题的设计方法中，缺乏空间导向性的事件关系图解在后续环节将难以转化。

接下来将以老师自身家庭为背景的一份简略剧本为例，重点讲述如何对前期调研获得的设计条件展开操作和分析，如何利用图解手段进行“空间图解”和“建筑转化”。

【剧本示例】

我的理想家宅中有**五个家庭成员**，分别是退休在家的老爸和老妈，需要工作的我和爱人，以及小宝宝。**共同照顾小宝宝**让一家人体会到其乐融融的幸福，也是两代人共同生活的纽带。我想让小宝宝在家里能够有足够宽敞的地方活动玩耍，学爬行、学走路，大一点可以捉迷藏、玩游戏，不用出门也能够被太阳晒到。在日常的休闲时间，**老爸和老妈喜欢看新闻联播及古装剧之类的节目**，和我们年轻人的品位不一样。**爱人喜欢看热门娱乐节目**，我也偶尔凑凑热闹。爱人希望有一个蛋蛋椅，可以和宝宝一起一边沐浴阳光，一边看书或听歌休闲。老爸在空余时间喜欢**和邻居下棋聊天**，或者出门散步。**老妈操持家务**，做饭洗碗，大家有空也会帮忙……家人在一起的另一重要活动是**吃饭**。我希望就餐空间宽敞明亮，家人可以很放松地在一起，一边吃饭一边聊天……我和爱人都比较**喜欢艺术**，老爸也会凑热闹。我想有一个**艺术品的展示空间**，展示喜欢的字画、雕塑等，客人来了也可以一起欣赏，等宝宝大一点也可以自由地来到这个空间，让她感受艺术的熏陶。我想有一个不受打扰的非常安静的独处空间，需要的时候能够在里面**看书和办公**。我希望能够一边欣赏喜欢的艺术品，一边怀着愉悦的心情步入自己的这片小天地……

首先，从“剧本”中的行为和事件开始分析。

家庭生活中都有哪些行为和事件？各个事件的空间需求是怎样的？（大房间 / 小房间，通高 / 水平，开放 / 私密，明亮 / 幽暗……）

各个事件之间具有怎样的关联性？它们的主次关系是怎样的？（主要 / 次要，核心 / 从属，并列 / 平行，联系 / 隔绝，交集 / 独立……）

接着，从家庭的公共生活开始分析，抓住其中的主要事件，接下来分析个体生活。

将单个事件的空间需求转化为空间特质；考虑多个主要事件之间的空间位置关系及组织逻辑，并以图解的方式进行表达。

如，家庭公共生活中的主要事件包括：①共同照顾小宝宝；②一起就餐；③展示欣赏艺术品。家庭个体生活中的主要事件包括：①老爸老妈一起看电视；②老妈做饭；③我在独处空间看书和办公；④爱人和宝宝娱乐休闲；⑤老爸和邻居下棋聊天。

经过归纳梳理得到家庭生活的主要特点：两代人的独立与融合。

考虑到主要公共事件的空间需求和空间关系特征，将上述剧本事件的关系转化为如图 5-13 的图解。可以看到，图解在传达对应事件的关系特征之外，还传达出了它们的重要空间特征。如，小宝宝的活动空间为水平延伸，艺术展示空间考虑垂直延展，图解还表达了多个事件在空间上的交集关系。因而，此图解已经具备“空间图解”的基本特征，而且是从垂直的剖面视角展开。

继而，用剧本中提取出的家庭生活主要特点——两代人的独立与融合，对主要公共事件的空间关系再次梳理、整合（图 5-14）。

分析协调重点个人事件的空间需求，按照家庭生活主要特点的空间分区进行初步定位，逐渐形成较全面的家庭生活空间图解（图 5-15）。

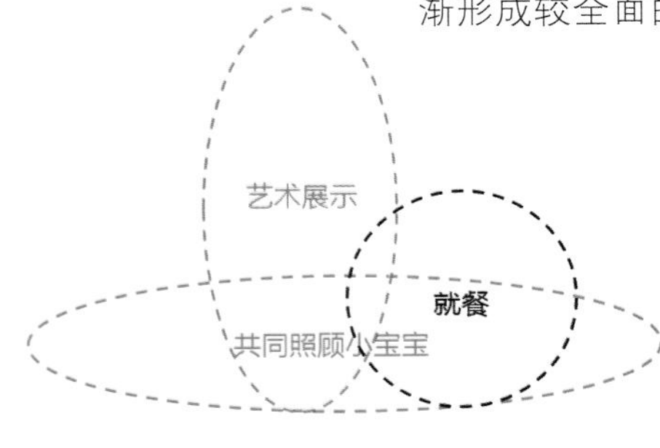

空间需求的考虑：

艺术展示空间具有从公共到私密过渡的特质，且与宝宝空间存在交集

家庭就餐空间与宝宝空间存在交集

小宝宝的活动空间为水平延展

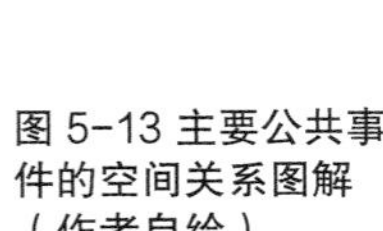

图 5-13 主要公共事件的空间关系图解（作者自绘）

我和爱人的活动空间
老爸、老妈的活动空间
艺术展示
就餐
共同照顾小宝宝

图 5-14 家宅空间整体组织的图解关系（两代人的独立与融合）（作者自绘）

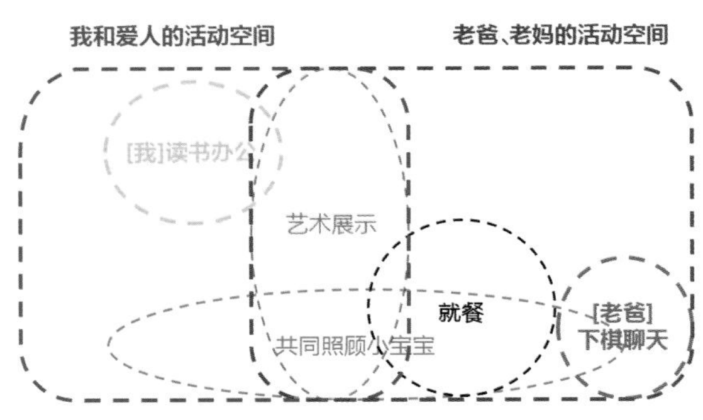

空间需求的考虑：

老爸和邻居下棋聊天的空间需要方便与外界交流

我的独处空间希望不受打扰，所以在竖向抬高，并经过艺术展示空间而到达

图 5-15 添加个人事件后的图解关系（作者自绘）

以上图解所展示的事件关系同时也具有空间意义上的关系。两代人之间的独立与融合找到了一种适合的空间体现途径。当然，这是可能的若干途径之一。

本环节介绍的空间图解与传统的功能泡泡图既有一定联系，也存在重要区别。

功能泡泡图是图解的一种，也是一种常见的辅助设计的方法。一般而言，功能泡泡图是基于抽象的功能出发（如客厅、卧室、厨房等），建构各功能模块之间的联系，进而转化为空间设计。简言之，功能泡泡图是一种普适性的事件关系表达图解，不传达特殊性，也不传达空间关系。这一方法的弱点在于忽视了真实的、具体的生活，忽略了人与人之间的个性与差异，因而设计出的空间通常更具有普适性，而缺乏独特性。本环节所提供的“空间图解”方法是基于家庭生活独特的剧本事件，更贴近真实的、具体的生活；同时，强调以事件之间的联系来建构空间之间的联系。因此图解既传达事件关系，也传达某些空间关系，对初学者更加直观，并且方便进行建筑转化。在训练从关系的梳理发展为空间的建构的同时，强调回归家庭生活中具体的人的身体与行为，因而设计出的空间更具有独特性，更符合具体的空间使用需求。

作为一种目标明确的训练，这样的方法可帮助学生摆脱常规的、固化的空间认识，更为深入地理解“空间使用”的本质，更好地发挥设计的创造力。

5.3.4 空间组织

从“空间图解”到“空间组织”，也就是初步的建筑转化。

将“空间图解”转化为“空间组织”的方法具有多样性，主要有剖面导向、平面导向、体量导向的方法。在具体的设计过程中，也可将多种方法结合起来使用。本环节重点介绍将空间图解转化为建筑剖面图的方法。

延续上一节空间图解的示例，可进一步将其转化为建筑剖面图，形成家宅空间的整体组织。把反映家庭生活中主要事件关系的空间图解进行转化，首先考虑家宅空间在垂直维度上的关系，将其转化为建筑剖面图。并基于使用者的身体与行为，进一步推敲建筑剖面图所反映的各个空间的尺度，以及空间之间的连接关系，形成家宅空间的有机整体。

将前文以老师自身家庭为背景写作的简略版剧本转化得到的空间图解进一步转化为建筑剖面概念草图，如图 5-16 所示。

图中涂绿色的竖向通高空间对应图 5-15 图解中绿色椭圆所表示的艺术展示空间；涂红色的水平延展空间对应图解中红色椭圆所表示的共同照顾小宝宝的空间；涂黑色的方形空间对应图解中黑色圆圈所表示的就餐空间。其余的读书办公空间、下棋聊天空间分别位于家庭核心公共空间的两侧。

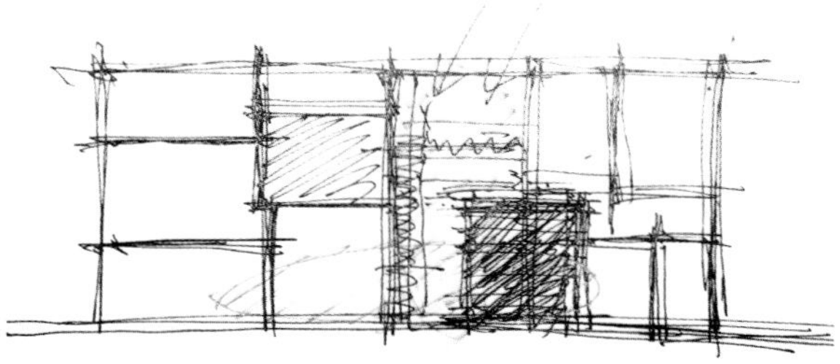

图 5-16 建筑剖面概念草图（作者自绘）

从剖面入手展开空间设计是本专题重点推荐的设计方法。主要基于如下两点考虑。

1. 契合任务书题目设置的特点

任务书给出的建筑用地具有面宽窄、进深大的特点，初学者若从平面入手，较难构想出空间的丰富变化。同时，建筑高度限定为 8m，用地南面的主街与北面的小巷之间存在 1m 的高差，在垂直维度上各层空间之间的关系是设计中需要重点考虑的问题。也即，任务书的设置具有明显的引导剖面思考的意图。

2. 引导学生突破思维禁锢，颠覆空间预设，发挥创新能力

家宅是学生既熟悉又陌生的建筑空间，说熟悉在于常生活于其中而习以为常，说陌生在于对家宅空间的感受单一，因而对其他可能性缺乏体验。以现今的生活状态来看，多数学生都是居住在单元式住宅中，空间设计注重经济高效，且普遍雷同。惯常的从平面入手的方法运用在家宅设计中，常容易使学生联想到自身家宅空间，代入很强的空间预设，难以突破日常禁锢。因而从剖面入手的方法将首先颠覆单一水平楼板的限制，形成垂直维度上不同空间之间的联系，可更好地引导学生突破平庸的日常空间，进而去感受丰富多彩的生活本源，并将其转化为独特的空间设计。

【推荐经典案例】

许多大师的经典家宅设计都具有丰富的剖面空间。在思考剖面设计时，推荐如下参考案例。

①筱原一男——“同相之谷”（1971）。

②坂本一成——“代田的町家”（1976）。

5.3.5 深化设计

经过“空间图解”到“空间组织”的转化，初步得到家宅空间的整体组织。接下来可运用手工工作模型（草模）推敲三维空间的组织关系，并结合各层平面图、剖面图推敲各个边界的尺度与开放性问题，完善家具布置等设计细节。同时可结合前述“场景还原”环节所绘制的空间场景，完善家宅的局部空间设计。

由“空间图解”得到家宅空间的整体组织，进而推敲各个空间之间的关系，是从“整体”到“局部”的设计方法；而从“场景还原”得到家宅主要空间的设想，进而发展出其他空间的联系，是从“局部”到“整体”的设计方法。在设计过程中，可把两种方法结合起来思考，共同发展出整体组织逻辑清晰、局部空间特色鲜明的家宅空间。

【推荐经典案例】

在深化设计环节，思考如何把空间的六个面打开，考虑空间的“开放性”及空间之间的“连接性”时，推荐参考如下经典案例，学习其中的空间设计方法。

① 阿道夫·路斯（Adolf Loos）——莫勒住宅（Moller villa，1928）。

② 巴埃萨（Baeza）——特尔加诺住宅（Turegano House，1988）。

③ 藤本壮介——House N（2008），House NA（2011）。

5.4 设计路径

下面以两份优秀作业展示从生活剧本开始直到完成最终设计成果的完整设计过程。两份作业各有特点，分别展示了由空间图解转化为建筑剖面图及平面图的设计路径。

5.4.1 剖面导向

下面以 2019 级夏熙梓同学的设计作业为例，展示从生活剧本到空间图解，再转化为建筑剖面图的设计方法。

该同学的理想家宅设计基于家中的四位成员（父亲、母亲、自己和妹妹），经过前期对家人的访谈交流后，拟定生活剧本，进行场景还原，梳理事件关系，最终以“与自然共同成长的和谐之家”为设计目标，转化空间图解，生成剖面图，由此发展形成空间组织。

其家庭成员概况如下。

爸爸：严肃认真、脾气温和、喜静，爱好看书、养花。

妈妈：急性子，刀子嘴豆腐心，喜欢种多肉。

我：喜欢宅，有点强迫症，爱好看书、电影、做手工，更喜欢一个人待着。

妹妹：婴儿，不会走路，需要大人照顾，晚上如果妈妈不在身边会哭。

【生活剧本与场景还原】

1. 日常事件一：晨起（图 5-17）

起床：当清晨的阳光轻轻洒在床上的时候，妹妹首先睁开了眼睛，然后就不安分地到处摸索。爸妈也不得已起床，而我仍在呼呼大睡。妈妈准备早餐的声音从不远处传来，像是催促着我起床。天已经很亮了，柔和温暖的日光随着微风吹了进来。我慢慢地走下楼去，看见爸爸带着妹妹正在外面玩耍，等我再下几阶，就与妈妈的目光交汇了。

图 5-17 场景还原（晨起）

吃早餐：“吃早饭啦。”妈妈看了看我，又对外面玩得正欢的爸爸和妹妹说道。于是一家人很快就围坐在餐桌旁，吃起早餐来。

空间需求：很好地与外界环境交汇（阳光、微风）；我的空间可以听到备餐空间的声音便于我起床；有很多视线交汇之处，楼梯带来视线的变化；户外到就餐区很近。

2. 日常事件二：共同阅读（图 5-18）

我将书本摊开在桌面上，手边一杯清茶，品味着书中的世界。偶尔读得累了，就拿起茶杯慢慢喝一口，目光从书本移到窗外，看看远处的风景，休息一下眼睛。爸爸靠在藤椅上，也拿着一本书细细翻阅。因为颈椎不太好，他不时会站起来走动，放松自己因久坐而僵硬的身体。我们静静地看着书，只有翻页和窗外树叶摇动的声音。

空间需求：阅读的设施，可以眺望远处的风景，户外不远处有树木；较宽敞，可以活动身体（踱步、泡茶）；安静的氛围。

图 5-18 场景还原（共同阅读）

3. 日常事件三：准备午餐

妈妈正在炒菜，而我在一旁帮忙洗菜和切菜。妹妹被爸爸抱在腿上，隔着操作台，她看着水池里溅起的水花，又看看我和妈妈，咯咯地笑了起来。在这个时间里，爸爸喂妹妹吃了辅食。

空间需求：备餐空间与其他空间通透的视线交流；喂辅食需要可以将妹妹“固定”的空间（比如有餐椅和可以吸引她注意力的东西）。

4. 日常事件四：照顾妹妹

妹妹喜欢爬来爬去，好奇心很重。我和爸爸懒得管，随意地躺着休息。阳光从高处洒下，暖和但并不刺眼。墙那边隐约的绿色使人更加放松。妈妈倚坐在离妹妹不远的位置，以防妹妹磕碰到墙。等妹妹玩累了、睡熟了，妈妈就轻轻将她抱起来，放在婴儿床里。

空间需求：水平延展的爬行空间，可以容纳成人站、躺、坐；温和的采光，否则会伤害婴儿；让人放松的氛围（植物的点缀等）；安全性较高，不能有尖锐的东西，尽可能避免磕碰；离妹妹睡眠空间要比较近，且保证妹妹睡眠空间的私密性。

5. 日常事件五：观影时光

有了妹妹之后，一家人很少一起观影了，不久以后或许我们可以围坐在高处，吹着风，享受周围的美景，美美地看上一场电影。

空间需求：露天，有高差。

6. 私人事件

妹妹的一天：喂养：妹妹吃饭时，要有东西吸引注意力才肯好好吃；玩耍：一个人坐着玩积木；探索：喜欢捉迷藏和到处爬。

空间需求：吃饭的地方可以看到外面；玩耍的地方在大人目光所及之处；延展水平爬行空间，要有一定遮挡。

深夜加班：妹妹在房间里熟睡，妈妈偷偷起床加班，一盏小灯陪伴着她。她一边专心改着材料，一边关注着妹妹的动静。

空间需求：互不打扰，视线联系。

7. 核心事件一：侍弄花草

施肥：爸爸在水池旁调配好肥料，拿一个小舀子细心地往花盆里倒，以防倒在叶片上。花盆摆放得不高不低，不用弯腰就可以侍弄。他沿路一边走，一边观察着花朵的状态。施完肥后，他回到水池旁，打水开始浇花。

浇水：爸爸浇水时总是要浇透，从花盆底渗出来的水顺着坡度向下流淌，让人十分惬意。相较之下，妈妈养的多肉不能多浇水，侍弄起来就轻松得多。

分株、换盆：分株、换盆都是养花必经之路。这时候爸妈就要把需要处理的盆栽单独拿出来，在空地进行处理。长时间的弯腰使得身体发麻，他们便坐在台阶上休息，看看周围的花朵，一下子又充满了干劲。

空间需求：相关设施（水池和摆放园艺工具的空间）；花丛存在高差，便于排水以及浇水；不同花种需要隔离不一样的空间；便于劳作时休息。

8. 核心事件二：在花丛中

清晨浇水：爸妈在清晨给各自的花草浇水，溅起的水珠在晨光照射下分外好看。妹妹咿咿呀呀地指着水桶，我把她抱到旁边，她就迫不及待地把两只小手都往水里伸，然后乱搅一通。

傍晚用餐：天气好时，爸妈就把桌子搬到花丛里。虽然盆栽都不大，但胜在数量多，仍然给人置身花海的感觉。每次在这里吃饭，妹妹总是格外听话，无疑是花丛吸引了她。夕阳也格外美丽，饭菜似乎变得更加可口了。一家人在餐桌上聊着一天的趣事，其乐融融。

玩耍：花丛就像层层叠叠的迷宫，透过枝叶和花架的间隙，我和妹妹玩起了捉迷藏的游戏。有时妹妹会偷偷溜走，害我一直在花丛里打转，有时候她又不知从哪里冒出来吓我一跳。

空间需求：与自然的融合（晨光、夕阳……）；可以容纳家人用餐；空间环境层层叠叠，有趣味性。

【剧本事件梳理分析】

剧本事件梳理分析如图 5-19 至图 5-23 所示。

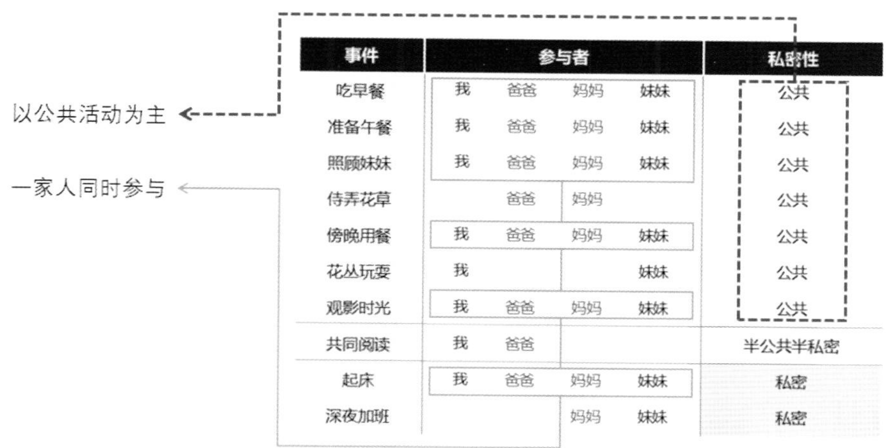

事件	参与者				私密性
吃早餐	我	爸爸	妈妈	妹妹	公共
准备午餐	我	爸爸	妈妈	妹妹	公共
照顾妹妹	我	爸爸	妈妈	妹妹	公共
侍弄花草		爸爸	妈妈		公共
傍晚用餐	我	爸爸	妈妈	妹妹	公共
花丛玩耍	我			妹妹	公共
观影时光	我	爸爸	妈妈	妹妹	公共
共同阅读	我	爸爸			半公共半私密
起床	我	爸爸	妈妈	妹妹	私密
深夜加班			妈妈	妹妹	私密

图 5-19 剧本事件回顾

	事件	描述	需求
日常事件	起床	天已经很亮了，柔和温暖的**日光**随着**微风**吹了进来	室内　自然
	吃早餐	一家人**很快**就围坐在餐桌旁，吃起早餐来	室内　半开敞
	共同阅读	我们**静静地**看看书，只有翻页和窗外**树叶摇动**的声音	室内　安静
	准备午餐	妹妹被爸爸抱在腿上，**隔着操作台**，她看看水池里溅起的水花，又看看我和妈妈，咯咯地笑了起来	室内　视线交流
	照顾妹妹	**光**从高处洒下，暖和但并**不刺眼**。墙那边**隐约的绿色**使人更加放松	室内　半开敞
	观影时光	我们围坐在**高处**，吹着**风**，享受周围的**美景**，美美**地**看上一场电影	室外　开敞　高差
私人事件	深夜加班	妈妈偷偷起床**加班，**一盏**灯**陪伴着她。她一边专心**改着材料**，一边**关注**着妹妹的动静	室内　私密
核心事件	侍弄花草	从花盆底**渗出来的水**顺着**坡度**向下流淌，让人十分惬意	室外　开敞　高差
	傍晚用餐	虽然**盆栽**都不大，但胜在**数量多**，仍然给人置身花海的感觉，**夕阳**也格外美丽	室外　开敞
	花丛玩耍	花丛就像**层层叠叠**的迷宫，透过枝叶和花架的间隙，我和妹妹玩起了捉迷藏的游戏	室外　开敞　层次

图 5-20 需求归纳

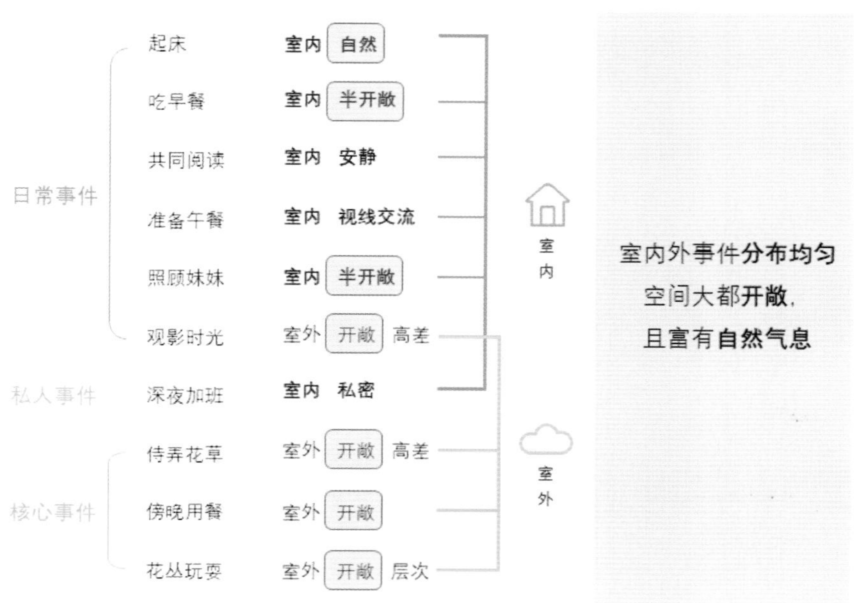

图 5-21 需求分析

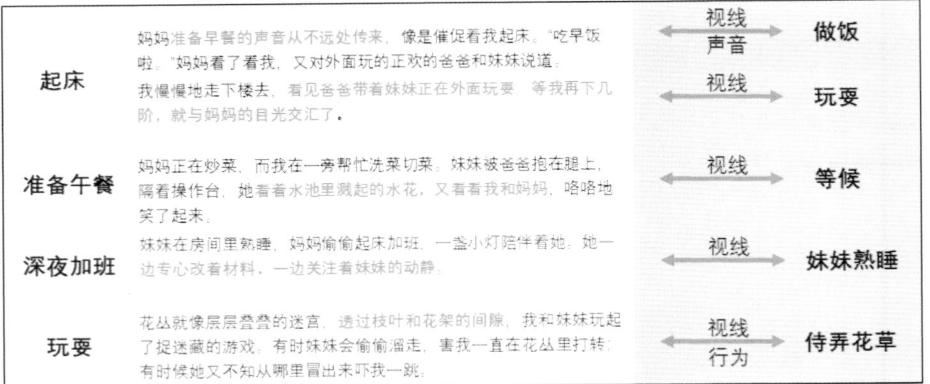

图 5-22 事件联系

1 丰富的视线交流
The Communication of Sight
2 安全、可探索性
Safe and Explorable
3 亲近自然的生活
A Life Close to Nature

与自然
共同成长
的
和谐之家

图 5-23 梳理总结

【空间图解】

空间图解如图 5-24 所示。

【空间组织】

空间组织如图 5-25 至图 5-27 所示。

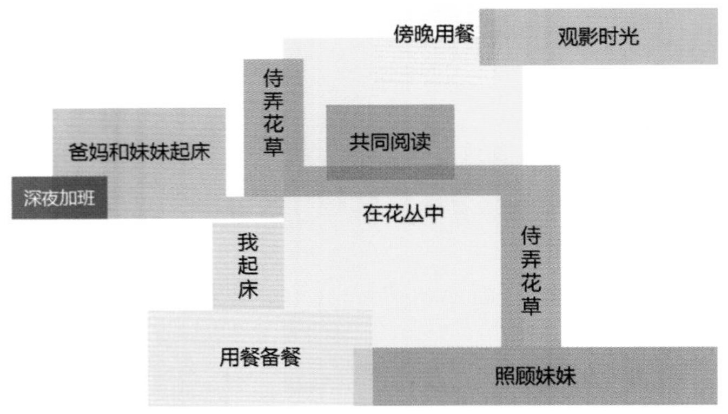

图 5-24 剖面导向的空间图解

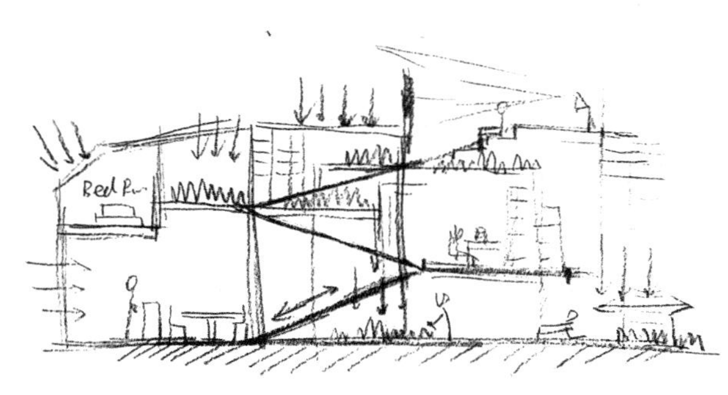

图 5-25 剖面草图一

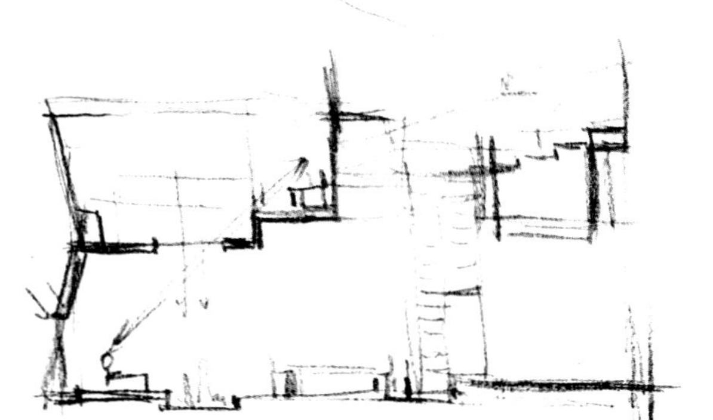

图 5-26 剖面草图二

图 5-27 剖面草图三

【深化设计】

深化设计如图 5-28 至图 5-30 所示。

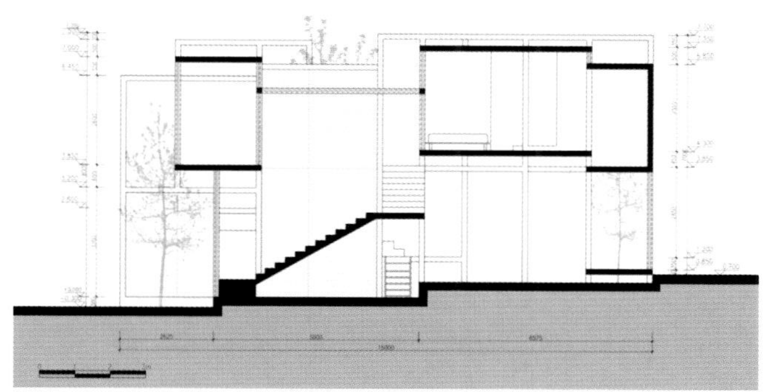

图 5-28 剖面图 1

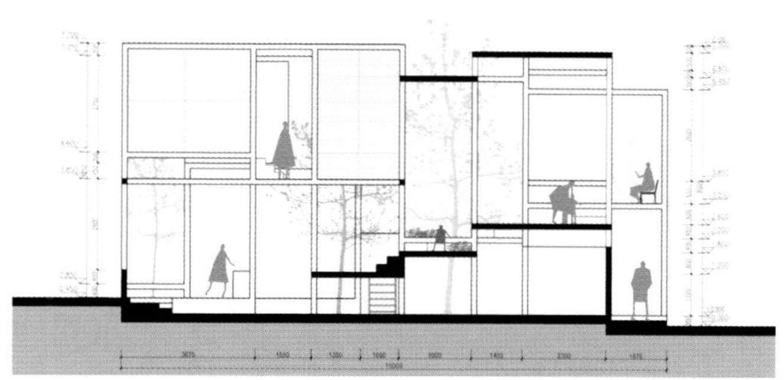

图 5-29 剖面图 2

5.4.2 平面导向

下面以 2017 级陈柳颖同学的设计作业为例，展示从生活剧本到空间图解，再转化为建筑平面图的设计方法。

该同学由于中学期间长期寄宿于学校，住家时间较少，而与几位同学关系密切，于是决定以自己和三位好友为家庭成员，设计一幢理想家宅。时间设定为数年之后，四人毕业开始工作，年龄均为 30 岁左右。

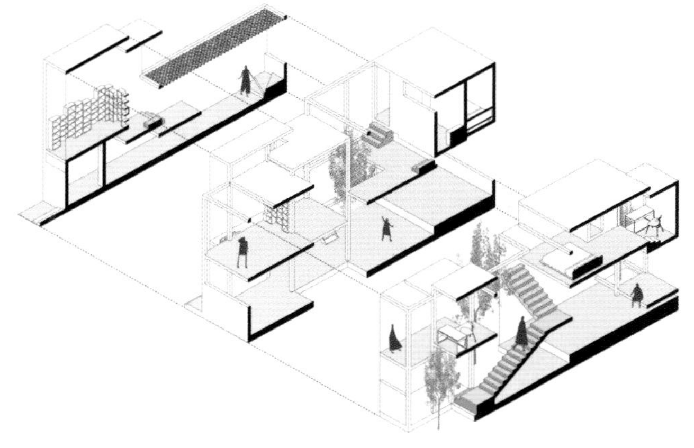

图 5-30 剖轴测图

四人概况如下。

我：建筑行业从业者，喜欢画画，既喜欢和朋友群聚的生活，又喜欢有独处的时间。

小妮：IT 行业从业者，比较调皮黏人，喜欢画画，希望彻底放松的业余生活。

小朱：医疗行业从业者，喜欢和朋友共处，品茶、饮酒、赏画、赏木皆是她的喜好。

小红：化工行业从业者，喜欢唱歌、看电影、品酒，也喜欢亲近自然。

经与三位好友沟通，畅想共同的理想家宅生活之后，拟定生活剧本，将生活事件进行概括梳理，分析生活事件的空间需求以及事件之间的相互联系，进一步转化为空间图解，由此形成建筑的空间组织。

【生活剧本】

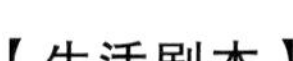

1. 茶话会（公共事件）

在一个月明星稀的晚上，又是一次“姐妹茶话会”的时间。小妮、小朱、小红和我来到我们的桌子旁落座，四周有光线柔和的暖黄小灯。周围是竹林掩映，月光透过竹叶的间隙洒下来，和身边的小灯一起，让我们能刚好看清对方的脸和桌子。风吹动时，竹叶发出窸窸窣窣的声响，地上的影子也随之摇曳。

小朱拿来了茶具，茶叶在滚水中翻腾，小红则独自给自己倒了一杯酒，小朱起身为大家斟茶，小妮率先开口聊起了她最近工作生活上的趣事，她的妙语逗得大家哈哈大笑，趁她说话时的不注意，坐在对面的小红偷拿了放在她面前的茶杯。等小妮回过神来想要去抢回茶杯时，不小心把茶弄洒了，小朱马上起身给她重沏了一杯。大家看到这两人的幼稚情状又忍不住笑起来。

几杯下肚欢声笑语后，小妮起身转悠，绕了半圈坐到小朱边上聊起了天。我斜靠着桌子，望着天上的月亮，小红则继续喝酒。我们又不时互相插入对方的话题搭上几句话，一晚上的时间很快就过去了。

2. 共赏艺术品（公共事件）

在我们的家宅中，我们有可以聚在一起鉴赏艺术品的空间，我们平日里讨论的并不是特别大件的雕塑，赏的多是小小的木雕、石雕等手工艺品，一般是我们四人站起排开，拿在手中轮流地把玩，若是遇到特别喜欢的，大家会忍不住凑上来，四人争着抢着要看。对于画的选择，我们都比较喜欢水彩画，我和小朱会比较经常抽时间外出旅行，若在旅行中有喜欢的画也会一并带回来。

（畅想：我们希望画和手工艺品能成为家宅的一部分，可能是拐个弯处能意外遇到一幅，既可以在眼前流动，又可以随时停下来驻足观摩。）

3. 画画（公共事件）

我和小妮会在一起画画，温暖的阳光透过玻璃照进来，落在画布上，这能使我静心和温暖。拉开帘子，竹林的景色映入眼帘，郁郁葱葱。倚在墙边，撑起一个画板，可以就地写生。四季的景致变换皆可落在画布上。我画的主要是素描和水彩，小妮又以画水粉为主。往往是遇到烦心事便会过来坐一坐、画一画，有时还能碰到对方。有的时候，我画画小妮就在旁边静静地看。当画不下去，去问她的意见时，她总能给出一些独到的见解，或是把我拉过来捏捏脸，拽着我去竹林边转一转、坐一坐，给我倒杯茶水，好转移一下注意力。

每次进画室，我还会带一点小饮料和小零食，若有的时候专注下来便不愿意离开，这时这些东西就很重要了。可以在我饥肠辘辘的时候充一充饥，吃的时间也可作为短暂的调节休息时间。

4. 观影（公共事件）

一般周末或闲暇的时候，我们会聚在一起看电影。电影室内有两排座椅，小红尤其喜爱上排座椅。她喜欢在高处的感觉。电影室内的座椅可放低，小朱和小妮比较喜欢瘫在那座椅上，边上放着切好的水果，想吃就拿叉子或牙签插起来吃一块。小红有时也会恶作剧般在她们二人向后躺时吓她们一把。

电影开始时，我们也开始了“吐槽大会”，我们往往会坐成两人上排两人下排，这样每人的声音都能互相听到，也方便交流。若是遇到某些要我们静心细看的电影，我们四个人会并排坐开。其中小妮的胆子比较小，若是看到略有恐怖的桥段，小朱会帮忙去捂她的眼睛，或是小妮抓着小朱的手臂窝在她旁边。

在这个电影室内，我们看的不限于电影，还有各种综艺、电视剧。只要我们达成了共识，便会在这个房间内一起观看。我们四人均不喜欢传统的看电视的感觉，而这个空间则是能让我们愉悦的场所。

5. 做饭（公共事件）

我们四人的工作都很忙，做饭的时间就显得弥足珍贵。主要是小红和我来做饭，小妮和小朱负责帮我们“善后”洗碗，有的时候打打下手，有的时候便在吧台的一侧看着我们。做菜的时候我和小红互有分工，前期准备如切菜等都是小红来，小红的炒菜技术很好，而我比较擅长煲汤。我们做饭的空间并不封闭，而是可以和外界直接连通交流。

天气稍凉的时候，我们最喜欢的便是一起涮火锅。开启电磁炉，将食材一盒盒排开，倒入锅里，明亮的灯光照着锅中的红油，十分诱人。四个人围在火锅的旁边，看着热腾腾的蒸汽不断从锅中冒出来，小红这时候扮演一个大家长的身份，帮着大家从锅中捞出食物放到一旁的碗内，小朱尤其喜欢这种氛围，话也格外多。大家快乐地聊起时事八卦，还能从吃饭的地方不时瞥到竹林的地方。

6. 入眠（私密事件）

我：关掉头顶上的大灯，伸个懒腰，结束一天的生活。透过身边的玻璃可看到寂静夜色。复又拉上轻薄的窗帘，走几步坐在我的床上，床边是微微的灯光。我顺手拿起手边的一本书来看，直到觉得有点困意。

抬头向上望去，透过玻璃幕可以看到外面的天空。四周十分安静，望着夜空时仿佛所有的纷扰都离我而去。在此时回想梳理一遍一天发生过的事情，思索一些从前感到难以解开的谜题，可能就会豁然开朗。

打开床边的小音响，以极低的音量播放安魂曲，并设好第二天的闹钟，在音乐声中渐渐睡去。

小妮和小朱：小妮十分黏人，她平时睡觉的时候会抱着一只小熊。睡前的时候，寂静无声的环境会令她不安，找一个伙伴聊聊天则能让她更容易入眠。小朱和小妮两个人都喜欢日剧里可爱的小哥哥小姐姐，因而她们两个选择在一个房间睡觉。睡前拿着一个平板电脑，趴在床上，耳机的两个耳塞分别塞到两人的耳朵里。看到兴奋的时候，小妮会去捏小朱胳膊上的肉，小朱会提起自己的腿“报复性”地压在小妮身上。一边看两人一边交头低声谈论着剧情和演员的颜值，累了之后各自裹着被子睡着了。

7. 晨起（私密事件）

小朱：闹铃响起，阳光透过窗户照进来。打开窗时，外面的风把窗帘轻轻吹起，可以透过窗户看到外面的街道、绿植以及远方的天际线。

小朱摇醒还睡在她身边的小妮。小朱习惯早上起来先洗一个热水澡，再好好坐在梳妆镜前描画一个精致的妆，打开手机翻看今日的任务和问候。打开房门，就可看到屋里栽种的竹子，在廊道上遇到了朋友们，互相问候道早安。

在等候早餐制作完成的间隙里，小朱去竹林处仔细察看，她尤其喜爱这一方天地，也能透过旁边的玻璃看到在房间内的我们。等吃完一份简单的早餐后，大家就离开了这间房子。

8. 录音（私密事件）

小红：小红喜欢唱歌，也会自己录一点片段。她希望有一个可以给她录音的空间，也可以在里面制作一些歌曲片段以供自娱自乐。

她希望这个空间尽可能地使她有“包裹感”，就如同一个只属于她的私密天地的堡垒一样，可以让她自由自在地发挥。

9. 运动（私密事件）

小妮：小妮的工作十分繁忙，为了更好地工作，她也十分注重保持身体的健康。如果天气没有意外情况，每天晚上小妮都会抽时间绕着我们附近的小路跑一圈，之后回到宅子，上到高处的露台去。坐在椅子上，望着天上的星和月，晚风吹来，身上的汗也渐渐地干了。站在高处望向下面，远方的屋顶尽收眼底，偶有汽车和行人经过，她独处时也偏好选这一处位置。

【剧本事件梳理分析】

剧本事件梳理分析如图 5-31 至图 5-33 所示。

事件	参与者				私密性
竹林茶话	我	小红	小妮	小朱	公共
做饭聚餐	我	小红	小妮	小朱	
观影	我	小红	小妮	小朱	
艺术鉴赏	我	小红	小妮	小朱	
画画	我		小妮		半公共半私密
录音制作		小红			私密
入眠	我	小红	小妮	小朱	
夜跑			小妮		

图 5-31 剧本事件回顾

分类	事件	描述	空间需求
公共事件	竹林茶话	**月光**透过竹叶的间隙洒下来，和身边的**小灯**一起，让我们能刚好看清对方的脸和桌子。**风**吹动时，竹叶发出窸窸窣窣的声响，地上的影子也随之摇曳。	室外，光线，自然空气（风）
	做饭聚餐	我们做饭的空间并不封闭，而是**可以和外界直接连通交流，明亮的灯光**照着锅中的红油显得十分诱人。	室内，开敞，灯光
	观影	电影室内有**两排座椅**，小红尤其喜爱上排座椅，他喜欢在高处的感觉。	室内，封闭，高差
	艺术鉴赏	既可以在眼前流动，又可以随时停下来驻足观摩。	室内，开敞
	画画	**温暖的阳光**透过玻璃照进来，落在画布上，这能使我静心和温暖。	室内，半开敞，自然光
私密事件	录音制作	她希望这空间尽可能使她有**"包裹感"**，就如同一个只**属于她私密天地的堡垒一样**可以让她自由自在地发挥。	室内，封闭，
	入眠	我：床边是**微微的灯光**，透过玻璃幕可以看到**外面的天空**。	室内，封闭（半开敞），光线
	夜跑	每天晚上小妮都会抽时间绕着**我们附近的小路**跑一圈。坐在椅子上，望着**天上的星和月**，晚风吹来，身上的汗也渐渐地干了。	室外，开敞，风

图 5-32 事件的空间需求

事件	描述	联系	关联事件
做饭	我们做饭的空间并不封闭，而是**可以和外界直接连通交流**。小妮和小朱有的时候**便在吧台的一侧看着我们**。	←视线 行为→	聚餐
做饭聚餐	我们做饭的空间并不封闭，而是**可以和外界直接连通交流**。大家快乐地聊起时事八卦，还能从吃饭的地方不时**瞥到竹林的地方。甚至天气好时，我们还可以把饭菜端到竹林处去享用。**	←视线 行为→	竹林茶话
观影	小朱和小妮比较喜欢瘫在那座椅上，边上放着**切好的水果**，想吃就拿叉子或牙签插起来吃一块。	←行为→	做饭聚餐
画画	温暖的阳光透过玻璃照进来，落在画布上，这能使我静心和温暖。**拉开帘子，竹林的景色映入眼帘。**当画不下去去问她的意见时，她总能给出一些独到的见解，或是把我拉过来捏捏脸，**拽着我去到竹林边转一转坐一坐，给我倒杯茶水，**好转移一下注意力。	←视线 行为→	竹林茶话
晨起	小朱**打开房门，就可看到屋里栽种的竹子，在廊道上遇到了朋友们**，互相问候道早安。	←视线→	竹林茶话

图 5-33 事件的相互联系

【空间图解】

空间图解如图 5-34 所示。

【深化设计】

深化设计如图 5-35 至图 5-39 所示。

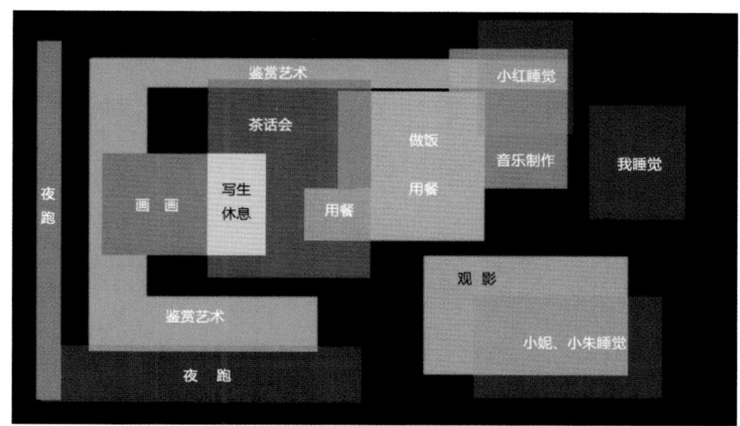

图 5-34 空间图解

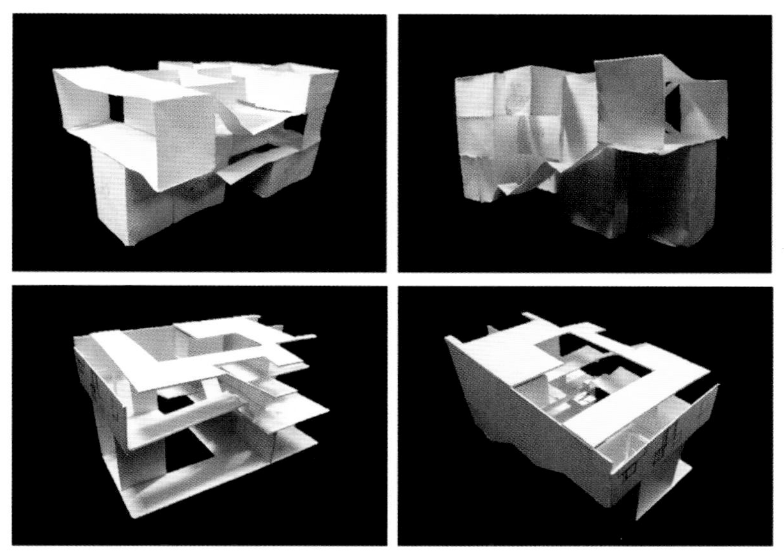

图 5-35 空间尺度与开放性推敲（草模）

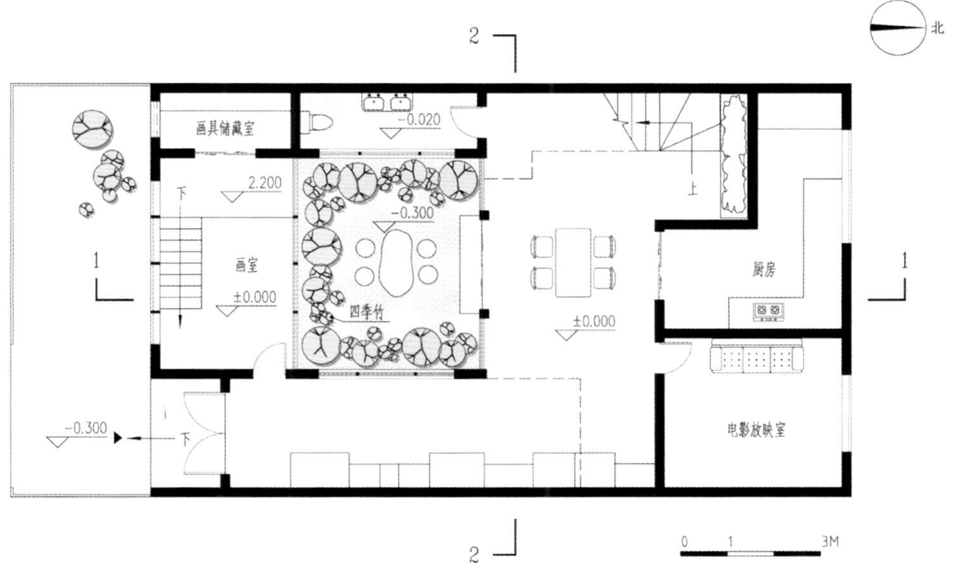

图 5-36 一层平面图

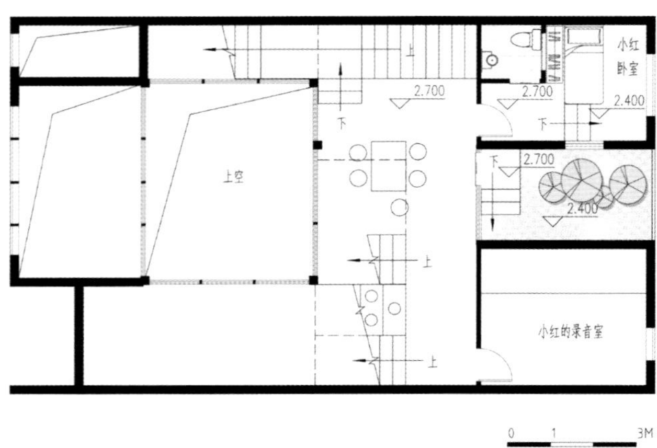

图 5-37 二层平面图

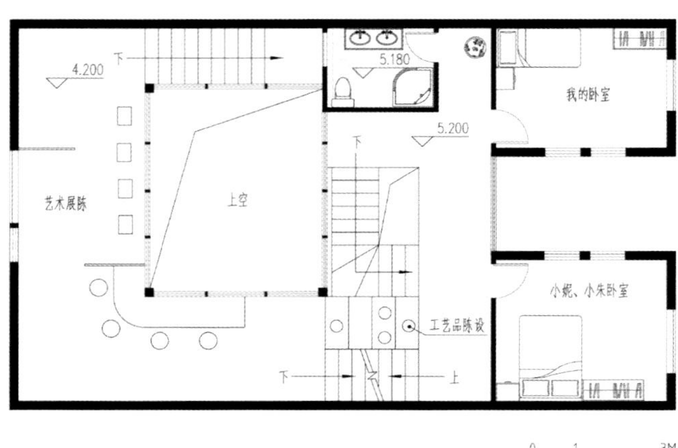

图 5-38 三层平面图

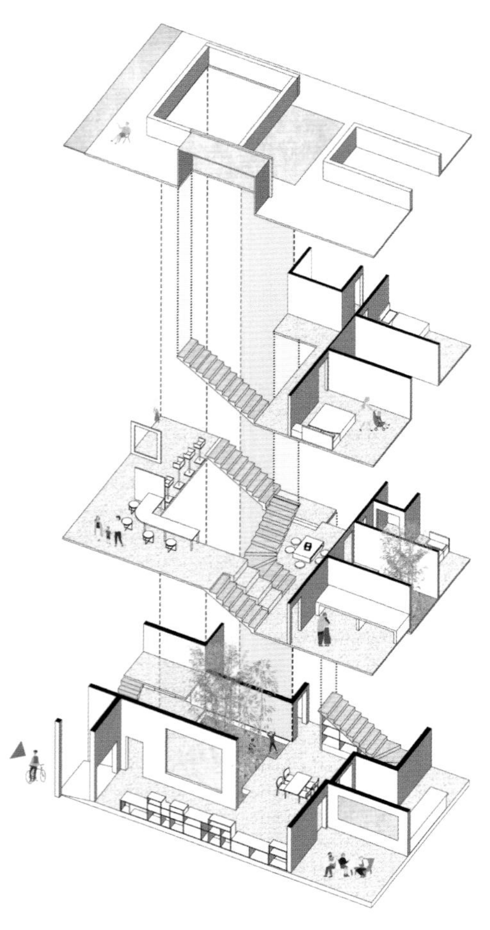
图 5-39 剖轴侧图

5.4.3 小结

从两种不同的设计路径案例中都可以看出，对家庭生活剧本中多个事件的梳理分析工作是转向成功的空间图解的关键。它实际上是对“家宅测绘与分析”环节进行的家庭生活行为分析和行为场景分析的延续和反思。同时，空间图解视角的选择应该依据剧本梳理出的空间特征进行选择。除了剖面导向和平面导向的建筑转化，还可以探索从空间图解直接转化为建筑体量关系的设计路径。总之，学生应该依据操作步骤的具体进展情况，灵活地运用以上方法进行空间转化。

House I　沈雨乔

5.5 优秀成果展示

2016 级　理想家宅设计

猫君的秘密世界	丁千寻
失眠乐园	宋越居

风澜居　杨文韬

2017 级　理想家宅设计

竹里馆	陈柳颖
双　宅	蔡雨孜
DICHOTOMY	冯常静

Floating Green　何天

2018 级　理想家宅设计

House I	沈雨乔
平行之家	郭　放
屋里屋外	蔡文卓

屋里屋外　蔡文卓

2019 级　理想家宅设计

相伴之舟	刘　昱
二分小宅	汪　艺
透明之家	夏熙梓

优秀作业集锦

“理想家宅”设计
回顾：成果篇(一)

“理想家宅”设计
回顾：成果篇(二)

“理想家宅”设计
回顾：成果篇(三)

向心螺旋住宅　李若曦

SECRET
WORLD
OF
CAT

设计说明：

以剧本为工具对家人一天的行为活动进行了描写，从中可以发现猫君作为一个积极的因素持续地与各个家庭成员发生着互动。但猫有着与人类完全不同的运动方式。在这个设计中，不仅家庭成员的活动模式被考虑，还提出了一个作为猫的通道的子系统穿梭于整个家宅之中。通过这种平行的方式，猫君得以更加频繁地与家人互动，并积极地参与到家庭生活中。

教师点评：

千寻的这份作业以家庭中的“猫君”这一特殊成员为抓手，通过深入观察与研究，基于猫的身体与行为生成别具一格的人猫互动空间。设计过程中，图解绘制颇具艺术气质，剖面草图与草模对于推进设计作用显著。该设计对于本课题“基于身体与行为的空间设计”而言，极富启发性。

（该作业荣获2018年东南大学主办的全国“新人赛”新人奖，教材收录的部分图纸为作业完成之后再完善的成果）

猫君的秘密世界　　作者：丁千寻　　2016级　　指导老师：周钰

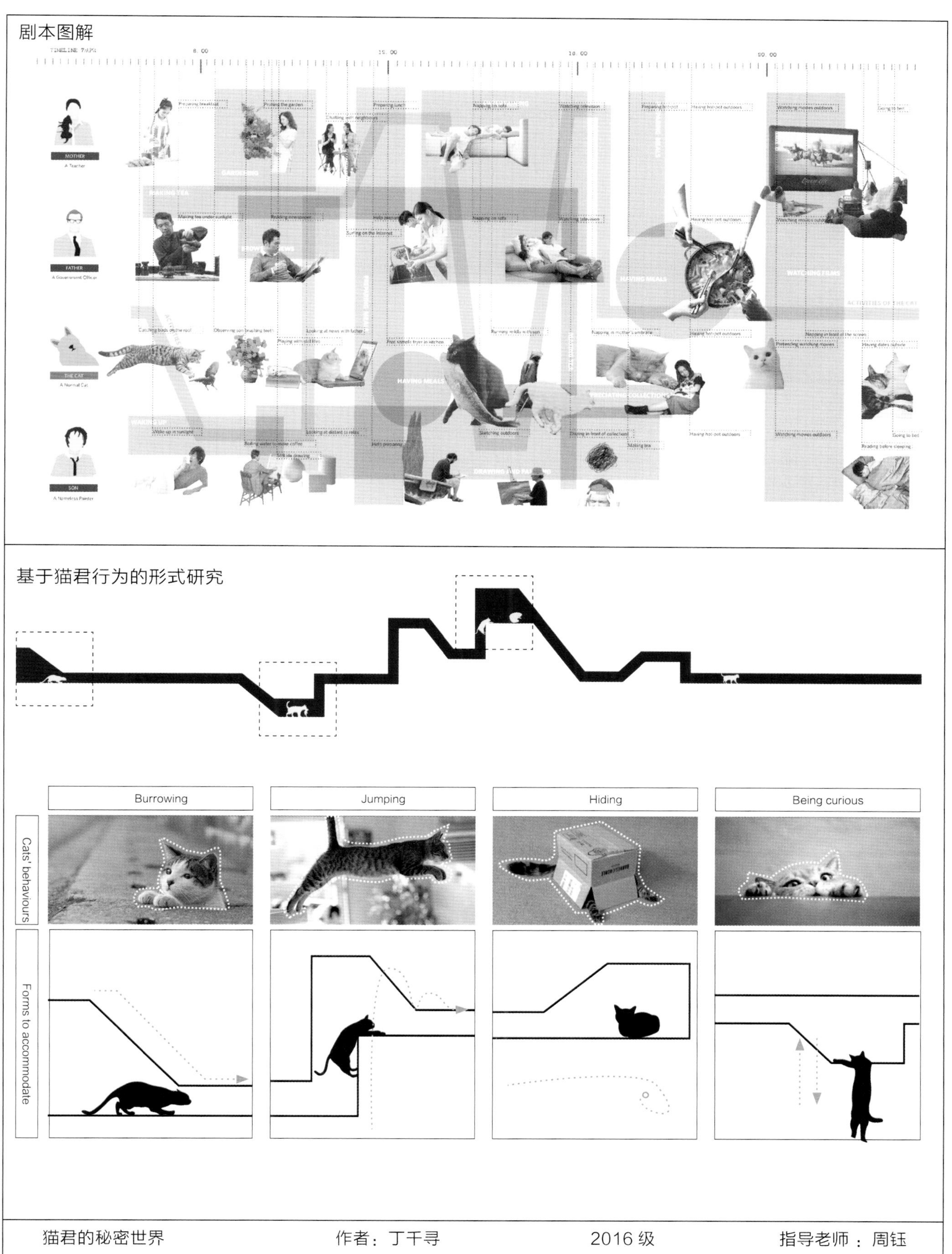

猫君的秘密世界　作者：丁千寻　2016级　指导老师：周钰

猫通道系统、猫君行为图解

RACING on the shelf in the living-room

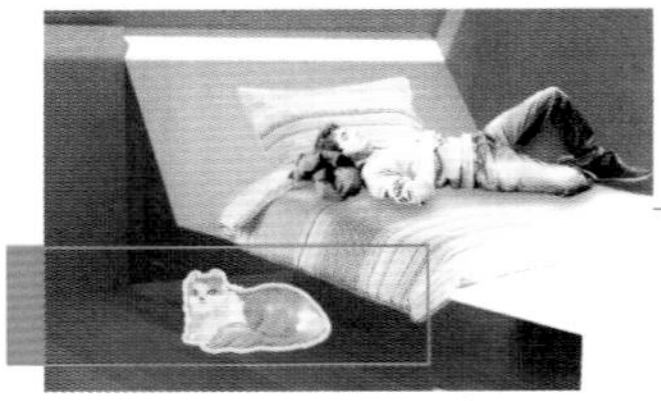

SLEEPING under the bed of its master

HIDING under the benches when you are watching films

SHOW UP from the wall in the tearoom

BURROWING through the hole into the studio

SNEAKING into the kitchen to steal fish

SITTING on the basin watching you brushing teeth

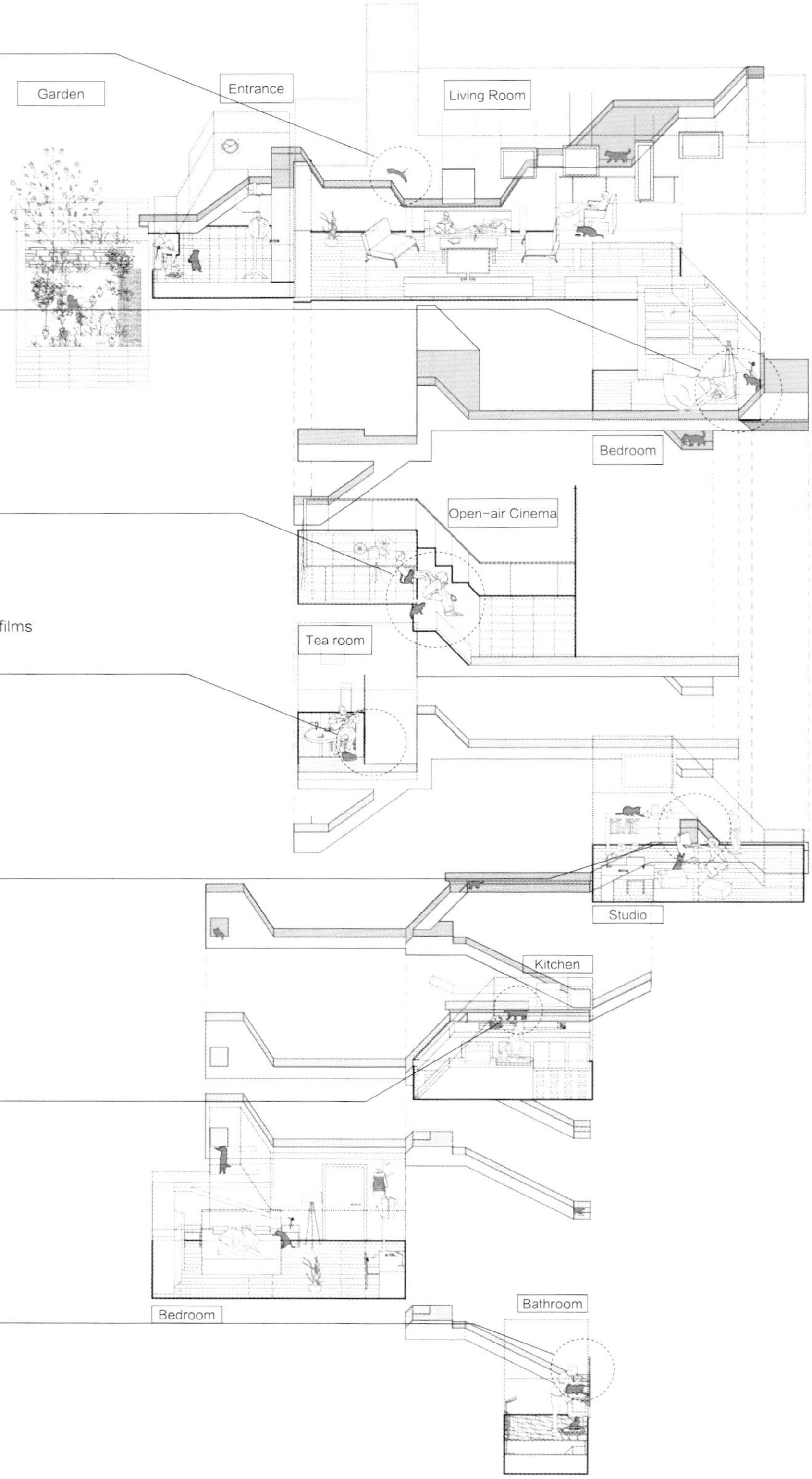

猫君的秘密世界	作者：丁千寻	2016 级	指导老师：周钰

A-A 剖面透视图

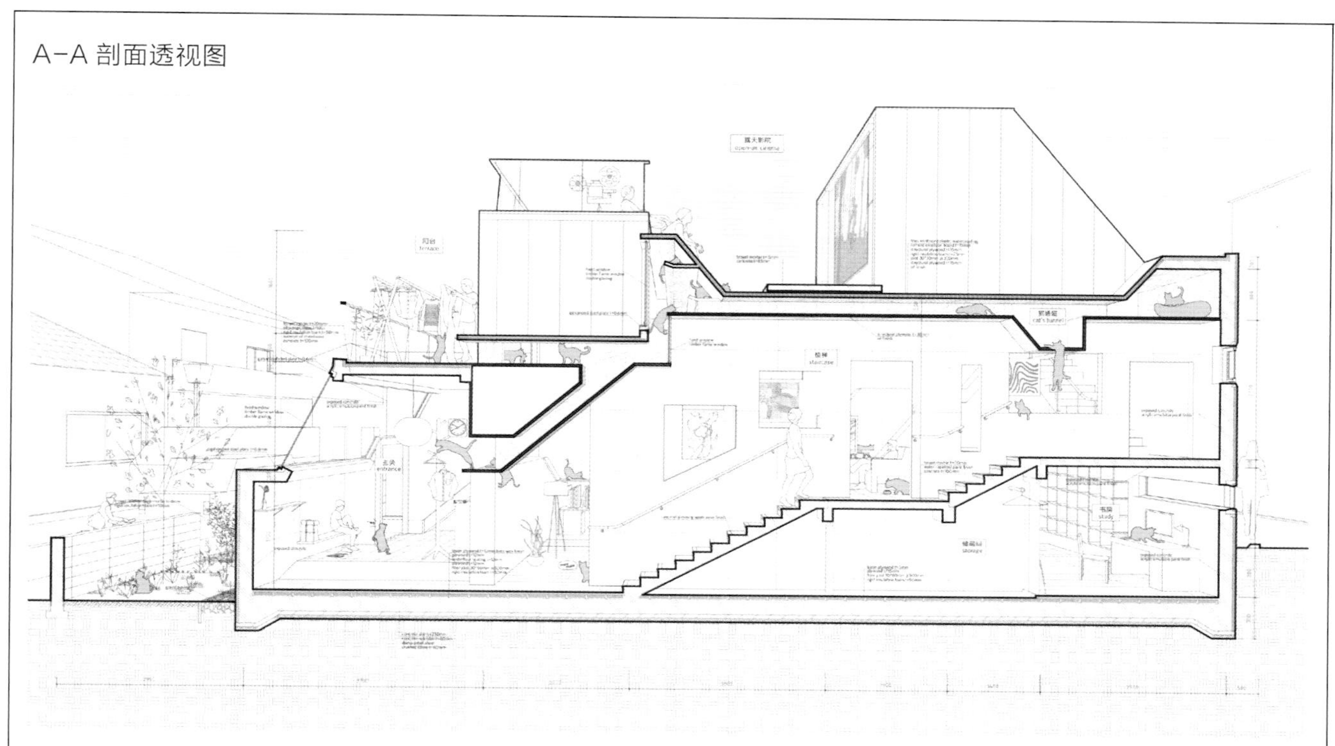

猫君的秘密世界　　作者：丁千寻　　2016 级　　指导老师：周钰

平面图

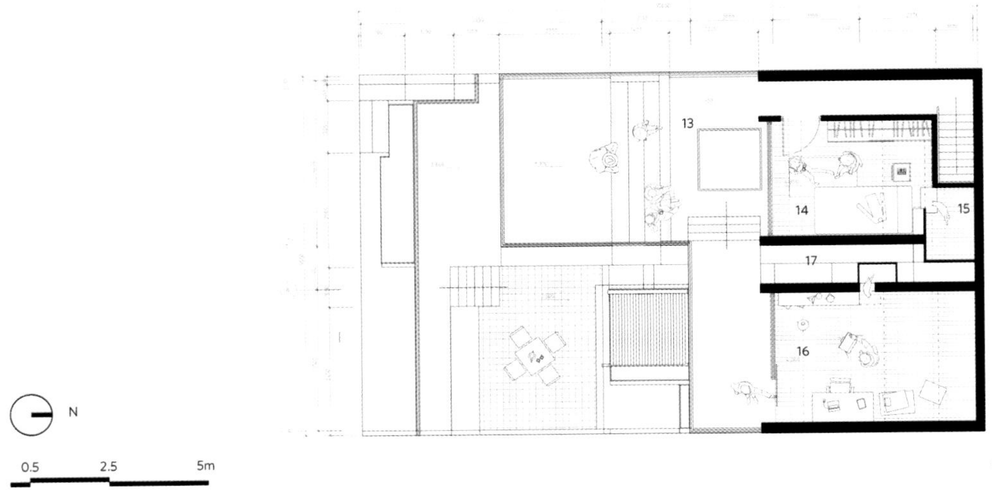

N

0.5 2.5 5m

13
14
15
17
16

Third Floor Plan

7
8
9
17
10
11
12

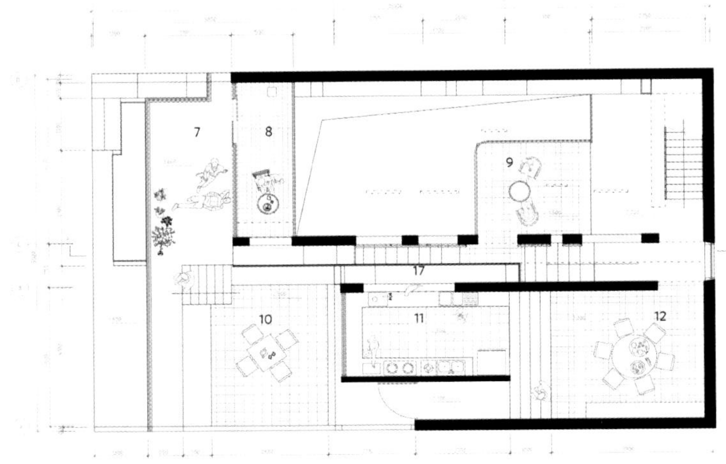

1. Entrance
2. Living Room
3. Study
4. Master Bedroom
5. Dressing Room
6. Bathroom
7. Terrace
8. Tea Room
9. Gallery
10. Outdoor Dining Room
11. Kitchen
12. Dining Room
13. Open air Cinema
14. Bedroom
15. Cat's Main Room
16. Studio
17. Tunnels

Second Floor Plan

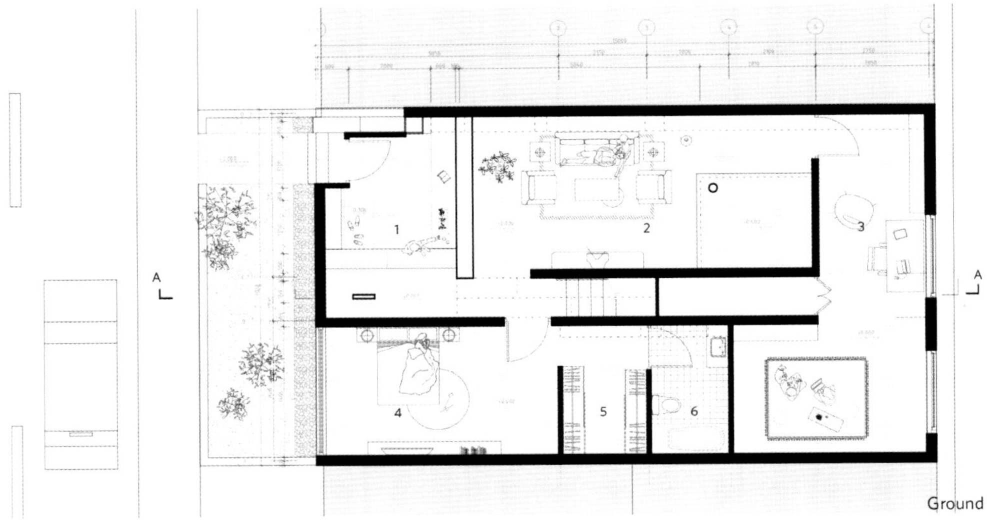

A
1
2
3
A
4
5
6

Ground Floor Plan

猫君的秘密世界 作者：丁千寻 2016 级 指导老师 ：周钰

失眠乐园——家庭生活剧本

白天，希望家人的活动既有各自的私密空间也有相互交集的共享空间。父母的爱好渗透进生活的每个角落。父亲喜欢摆弄花草，也热爱养鱼，偶尔邀请好友小聚，一起喝茶聊天。我与母亲在闲暇时间都热爱阅读，希望可以在阅读时欣赏到父亲的植物天地。

夜间，长期失眠的母亲可以拥有自我排解的天地。母亲躺着，可以不再被封闭的空间所枷锁和束缚。视线上可以看到我与父亲的房间，那里永远有等她的人。在温馨的共享空间内，一家人可以一起安抚母亲心中的烦闷。

希望所有与我相关的空间或藏进了父母的二人世界中，或退后到不经意的空间里。这样，在我频繁外出上学的日子里，家中不再有大面积空间的塌陷，也缓解我成人后长期离家为父母带去的失落与孤独。理想家宅可以在二人世界和三口之家中安静过渡。

家庭成员行为时间表

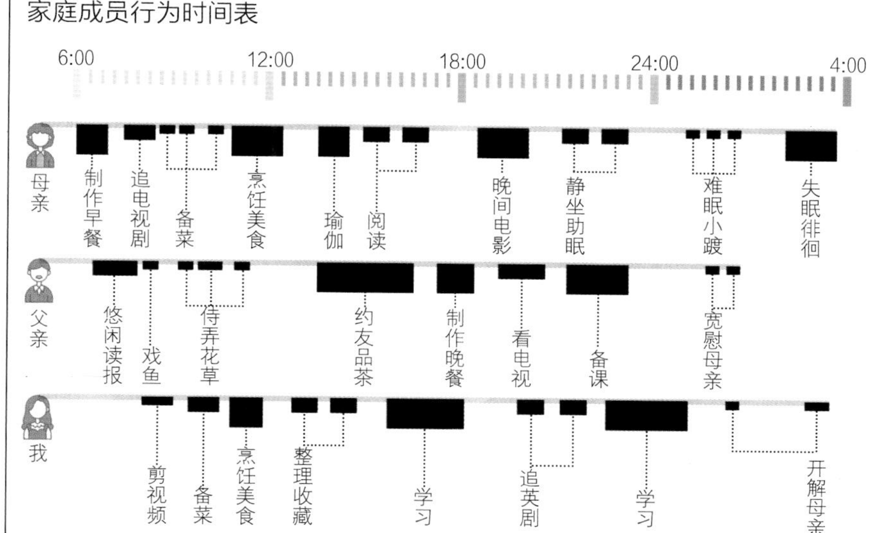

父亲的行为与空间需求图解

侍弄花草

园艺观赏

会友

品茶

赏鱼

Seperate

静心

备课

空间相对大小

私密空间

半开放空间

没有描边为开放空间

母亲的行为与空间需求图解

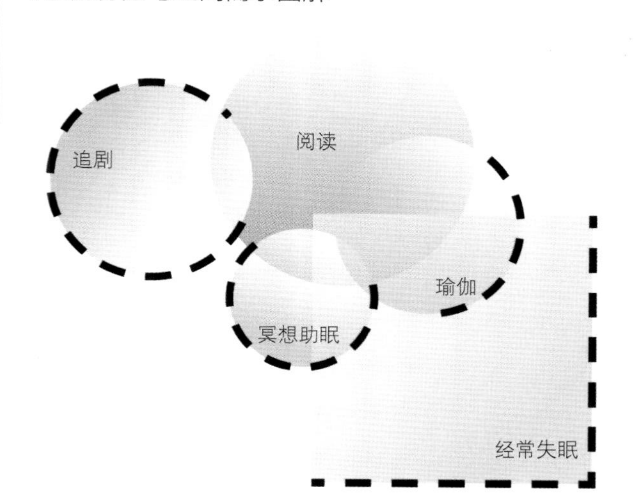

家庭成员间行为关系图解

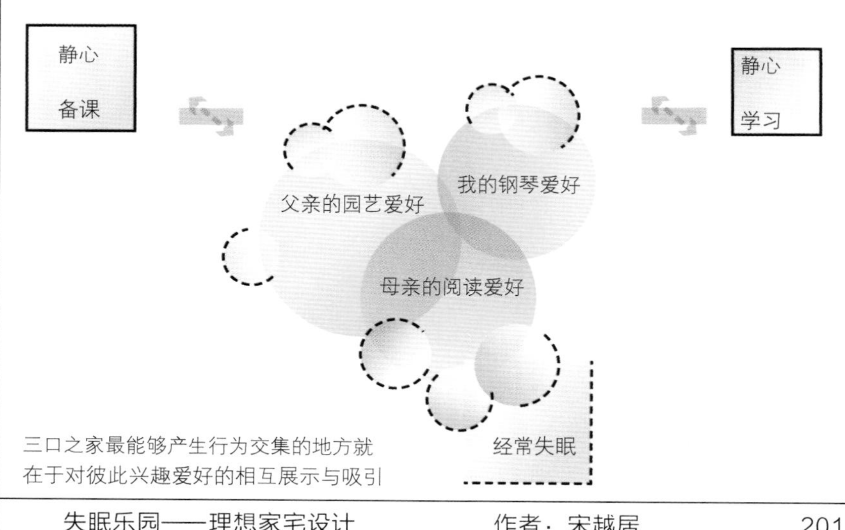

三口之家最能够产生行为交集的地方就在于对彼此兴趣爱好的相互展示与吸引

我的行为与空间需求图解

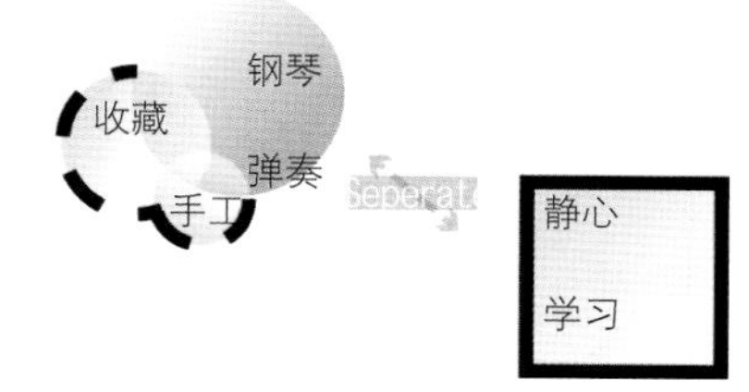

教师点评：

该方案从某家庭成员失眠的行为出发，以时间为线索，塑造了能够随昼夜交替而灵活切换使用方式的空间组织模式。此外，从空间氛围上来说，学生通过创造多处视线关联，来消解围合的封闭空间所带来的孤独感。

失眠乐园——理想家宅设计　　作者：宋越居　　2016 级　　指导老师：汤诗旷

剖面空间关系图解

垂直向贯通共享空间，并将我的空间抬升

日间空间关系图解

将父亲具有观赏性的园艺空间作为日间家庭成员交流发生的契机，围此展开空间关联

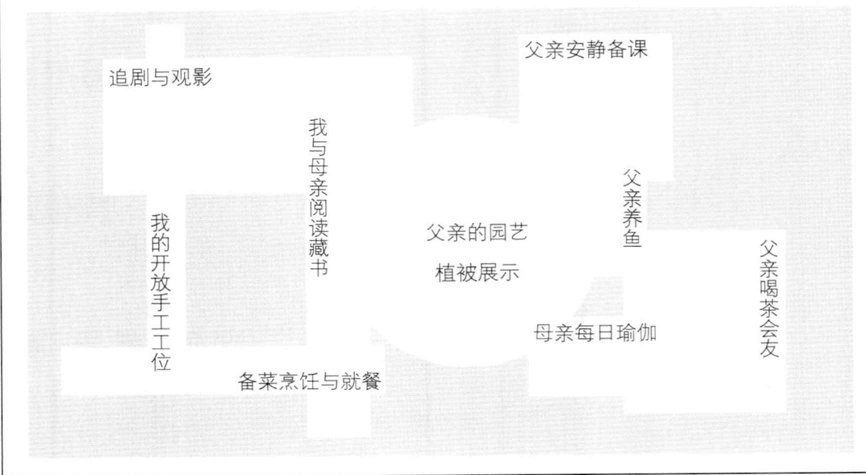

夜间空间关系图解

根据母亲夜间的失眠行为特点及其特殊的心理需求，找寻关联空间之间的关系

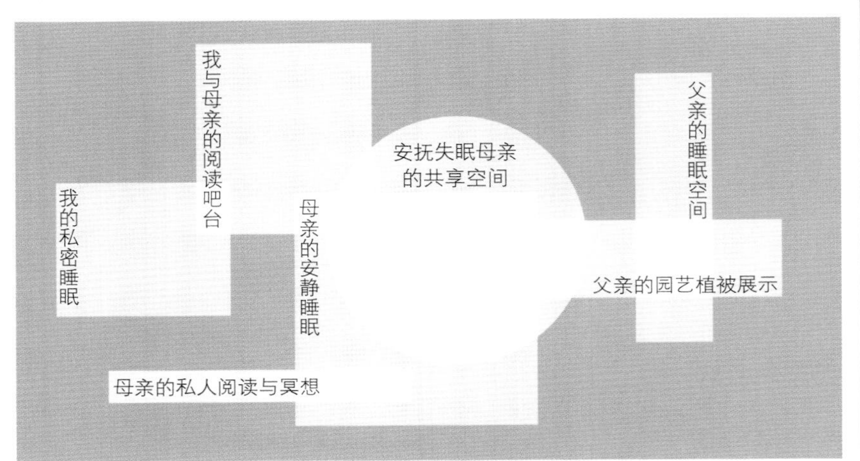

立体空间关系图解

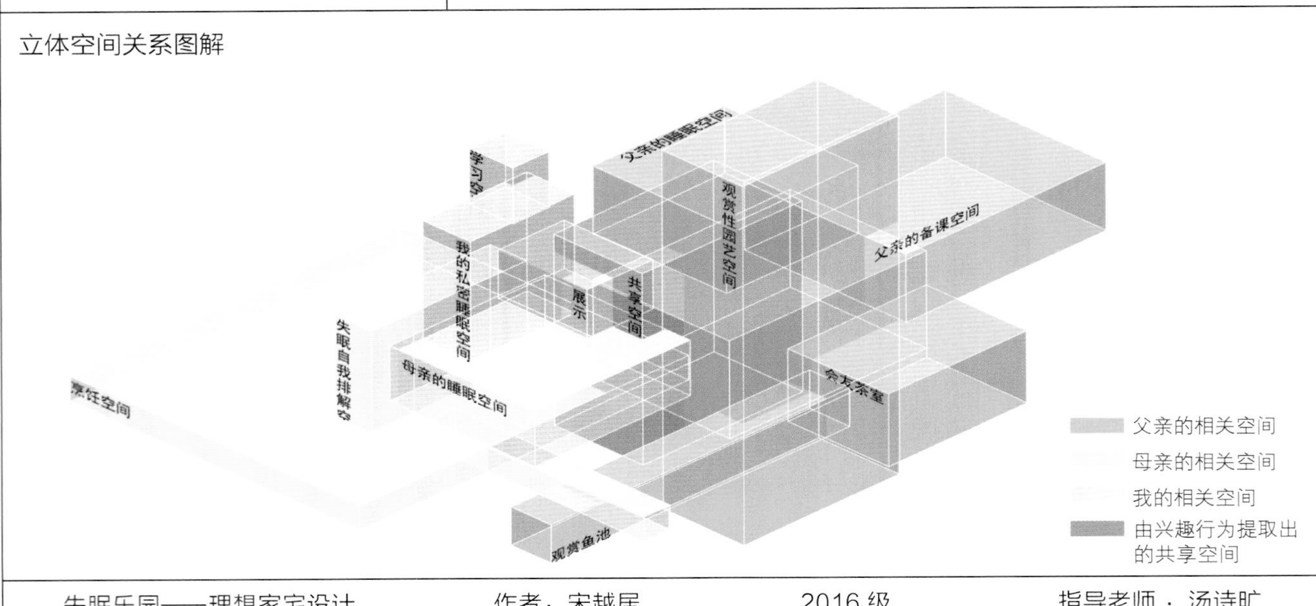

失眠乐园——理想家宅设计	作者：宋越居	2016 级	指导老师：汤诗旷

体块生成

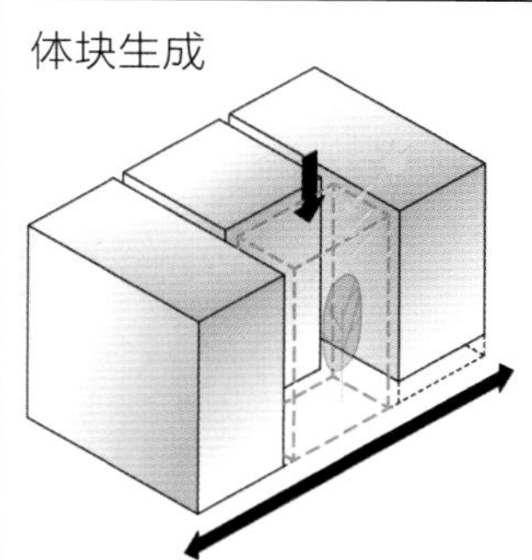

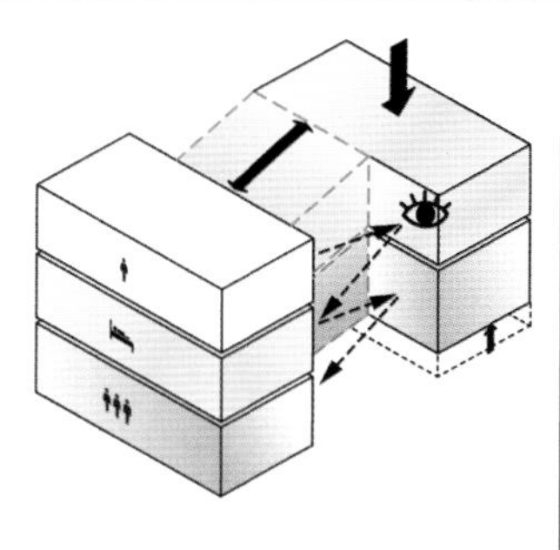

水平向空间划分：

地块北侧约三分之一处有高差且南北向狭长，将体量分为三段。考虑到中段会缺乏采光，因此植入中庭，将采光需求与景观需求相结合。

垂直向空间划分：

将我的空间置于顶端以避免因离家而带来的空间塌陷。南北错层在带来视线错动的同时化解北侧高差。一层为共享活动空间，二层围绕睡眠空间展开。

B-B 剖轴测图

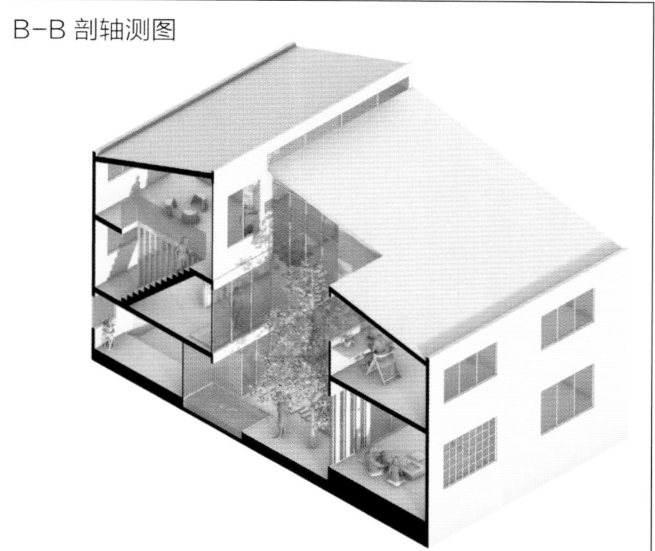

首层平面图

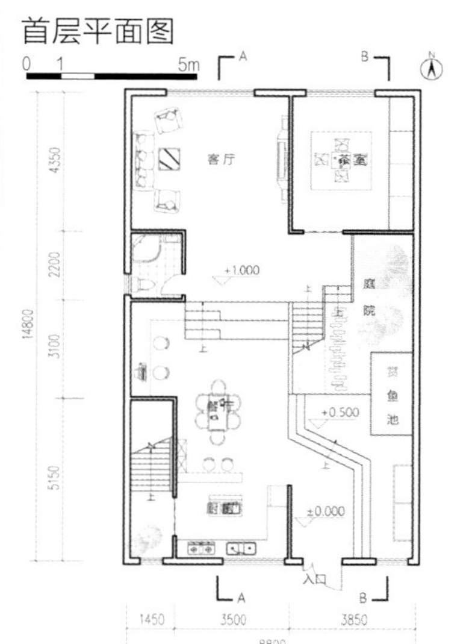

二层平面图

三层平面图

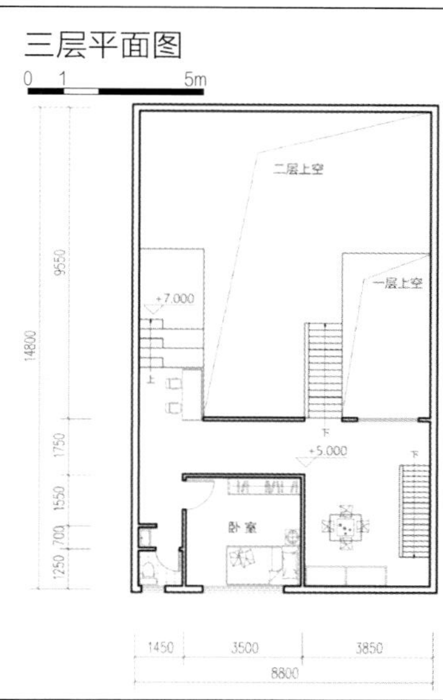

屋顶层平面图

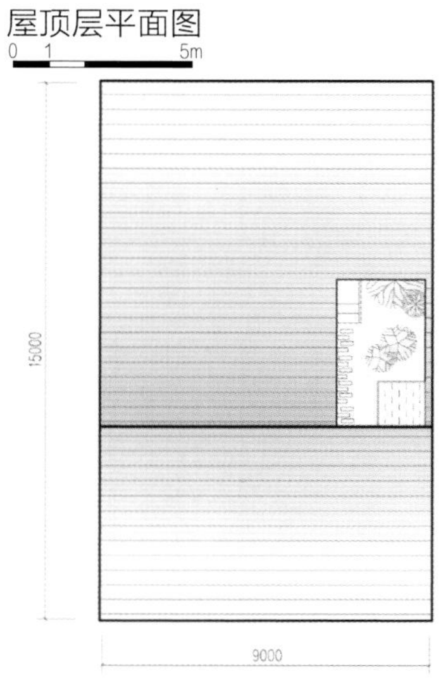

A-A 剖面图

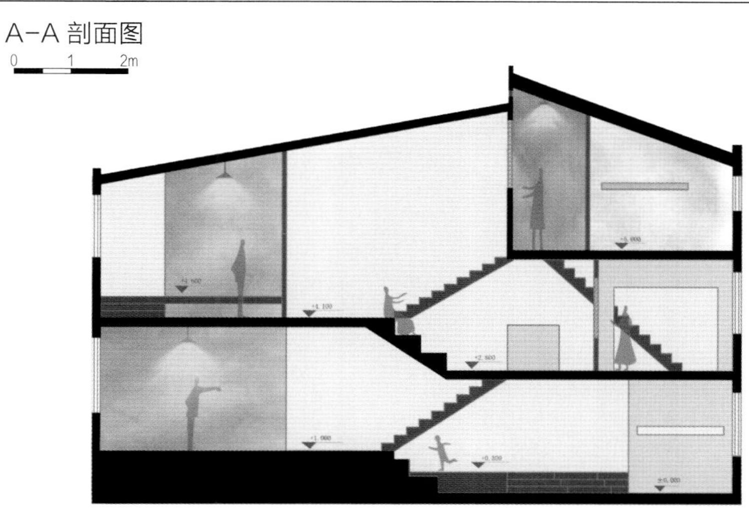

失眠乐园——理想家宅设计　　作者：宋越居　　2016 级　　指导老师：汤诗旷

家宅如何排解母亲的失眠困扰

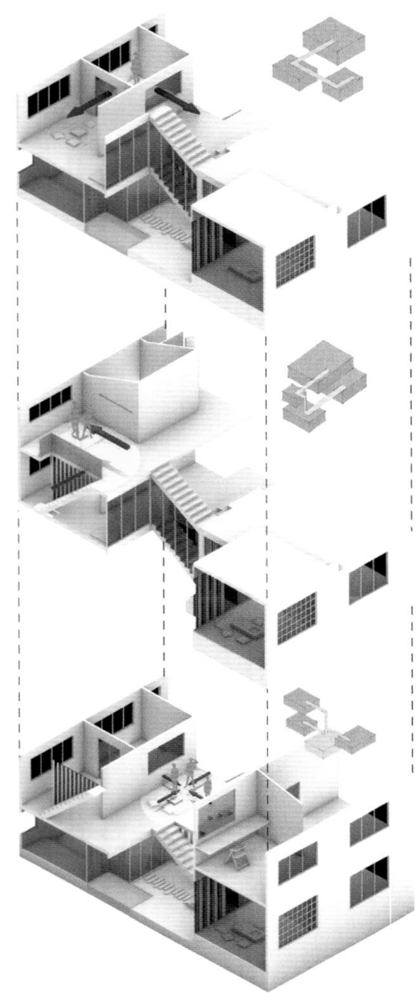

① 阶段一：独自排解

母亲长期被失眠困扰。封闭的卧室空间对于失眠期的母亲来说有如囚牢。为了消解封闭空间带来的孤独感，在设计中将母亲的卧室与周围的休憩空间在视线上相互连通。

② 阶段二：寻找女儿

母亲的卧室尽头设置了一条可以直接联通我房间的直跑楼梯。母亲在卧室中失眠时可以直接看见。楼梯这一建筑构件通过视线关联传递了彼此连接的信息。

③ 阶段三：共同抚慰

当我也不能排解母亲失眠的焦虑时，全家可以一起在二层中心的公共空间内活动，共同陪伴母亲度过难熬的失眠时间。

特色空间场景一

该场景展示了层次丰富的园艺庭院空间

特色空间场景二

该场景展示了母亲卧室的开放视线

特色空间场景三

该场景展示了茶室与父亲的园艺中庭空间之间的景观互动

特色空间场景四

该场景展示了二层的家庭共享空间

失眠乐园——理想家宅设计　　作者：宋越居　　2016 级　　指导老师：汤诗旷

竹里馆

——理想家宅设计

“此心安处是吾乡”——与自然的风霜雨雪相会，与最亲密的友人同在；漫步在竹林月夜，推杯换盏间时光流转；是互相支撑的港湾，亦是各自灵魂的栖息地，这便是我的理想家宅。

剧本角色图鉴

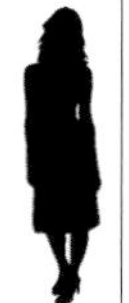

我，建筑行业从业者，喜欢画画，既喜欢和朋友群聚的生活又喜欢有自处的时间

小妮，IT行业从业者，比较调皮黏人，喜欢画画，希望彻底放松的业余生活

小朱，医疗行业从业者，喜欢和朋友共处，品茶饮酒、赏画赏木皆是她的喜好

小红，化工行业从业者，喜欢唱歌、喜欢看电影、品酒也喜欢亲近自然

角色关系关键词：相互融合与彼此尊重

剧本角色关键事件：竹林茶话、做饭聚餐、观影、艺术鉴赏、画画、录音制作、入眠、夜跑

家宅空间图解

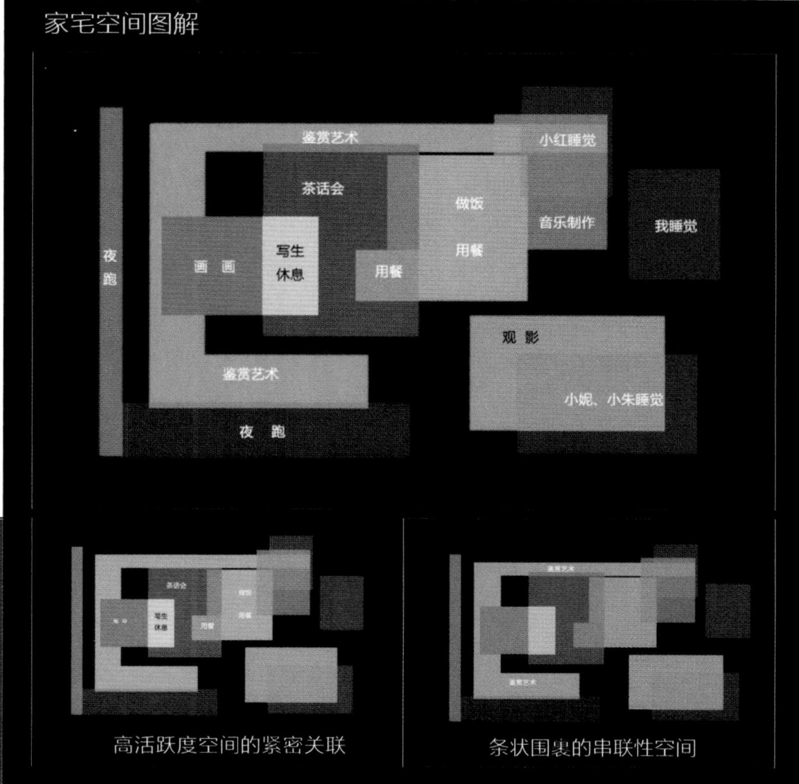

高活跃度空间的紧密关联

条状围裹的串联性空间

教师点评：

该设计以彼此熟知的四位闺蜜为家庭成员，畅想理想的生活状态，梳理出事件关系，并由图解转化为家宅平面。该设计的过程环节颇为流畅，对于如何由生活剧本梳理出事件关系，并进一步转化为图解关系及空间设计而言，清晰易读，可作为教学范例。

竹里馆——理想家宅设计　　作者：陈柳颖　　2017级　　指导老师：周钰

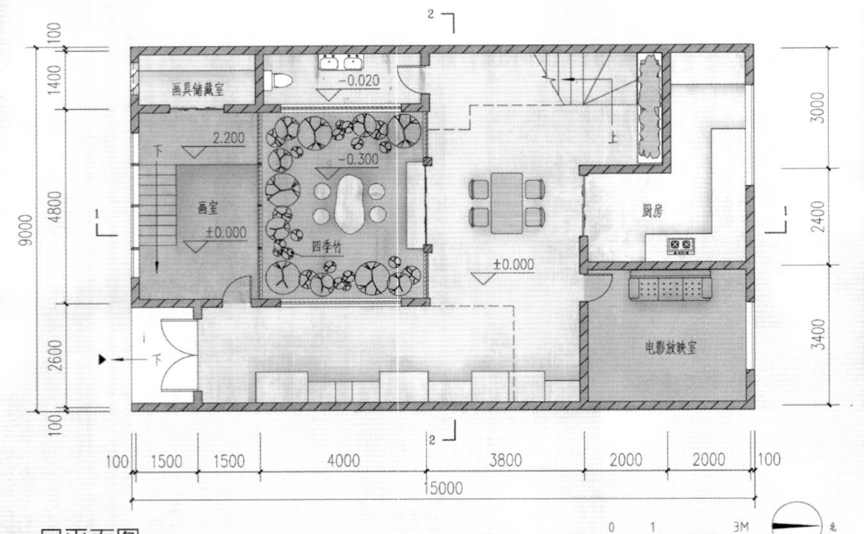

一层平面图

画具储藏室　画室　四季竹　厨房　电影放映室

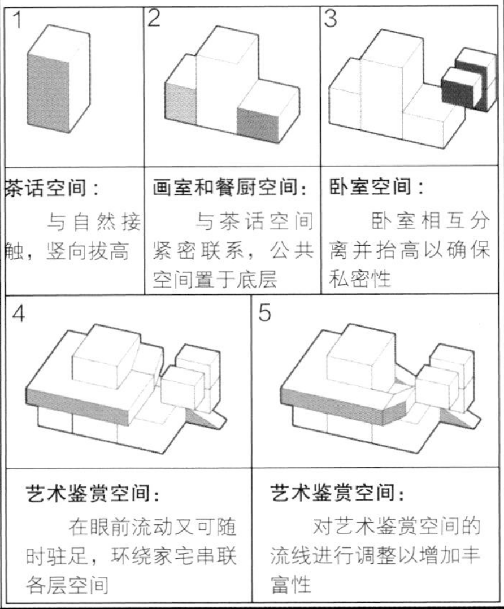

二层平面图

上空　小红卧室　小红的录音室

三层平面图

艺术展陈　上空　我的卧室　小妮、小朱卧室　工艺品展设

体块生成图

1 **茶话空间：** 与自然接触，竖向拔高

2 **画室和餐厨空间：** 与茶话空间紧密联系，公共空间置于底层

3 **卧室空间：** 卧室相互分离并抬高以确保私密性

4 **艺术鉴赏空间：** 在眼前流动又可随时驻足，环绕家宅串联各层空间

5 **艺术鉴赏空间：** 对艺术鉴赏空间的流线进行调整以增加丰富性

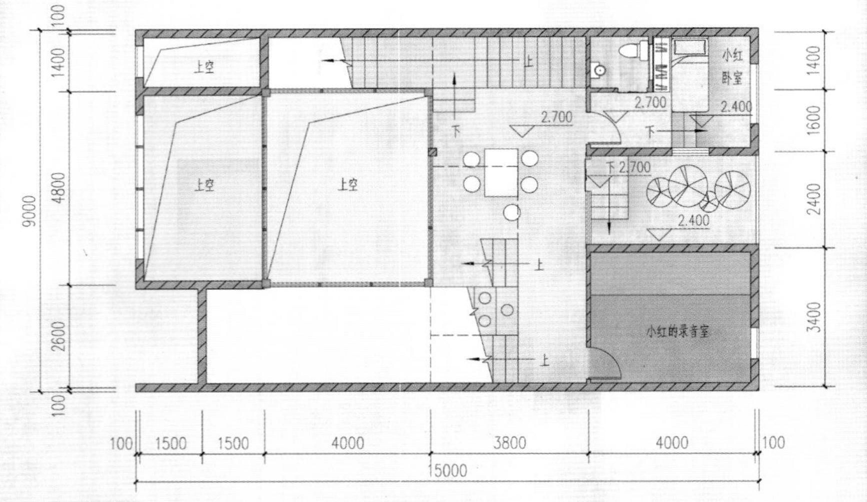

过程草模及草图

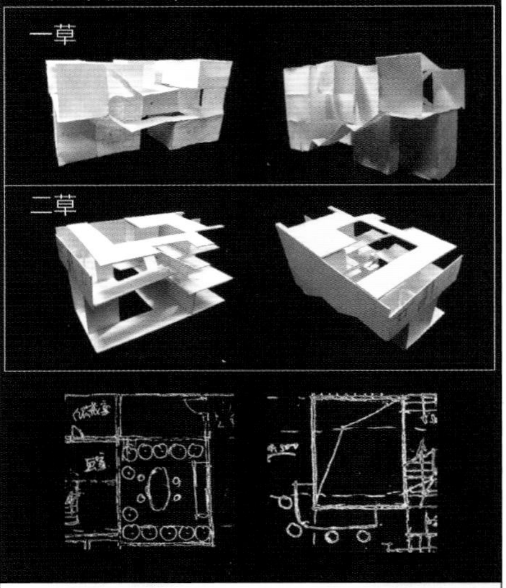

一草

二草

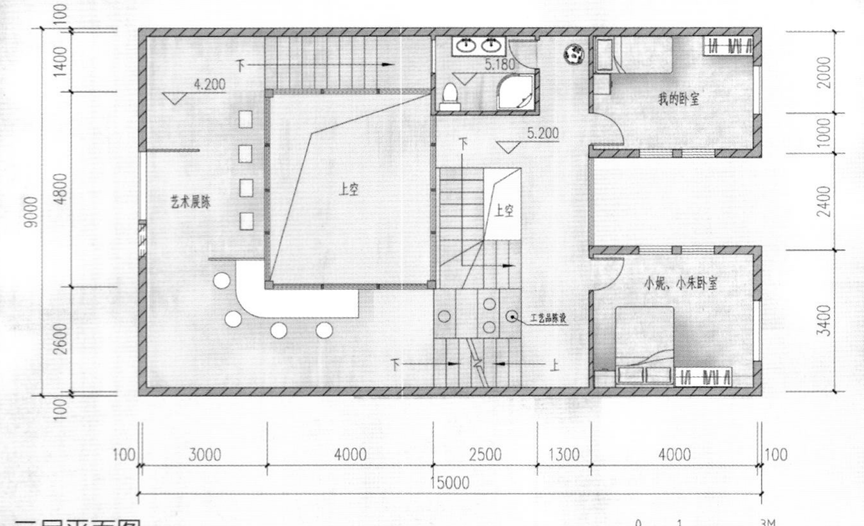

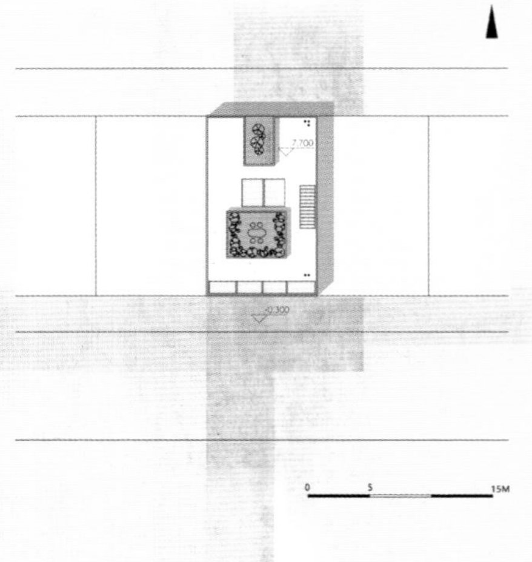

总平面图

竹里馆——理想家宅设计　　作者：陈柳颖　　2017 级　　指导老师：周钰

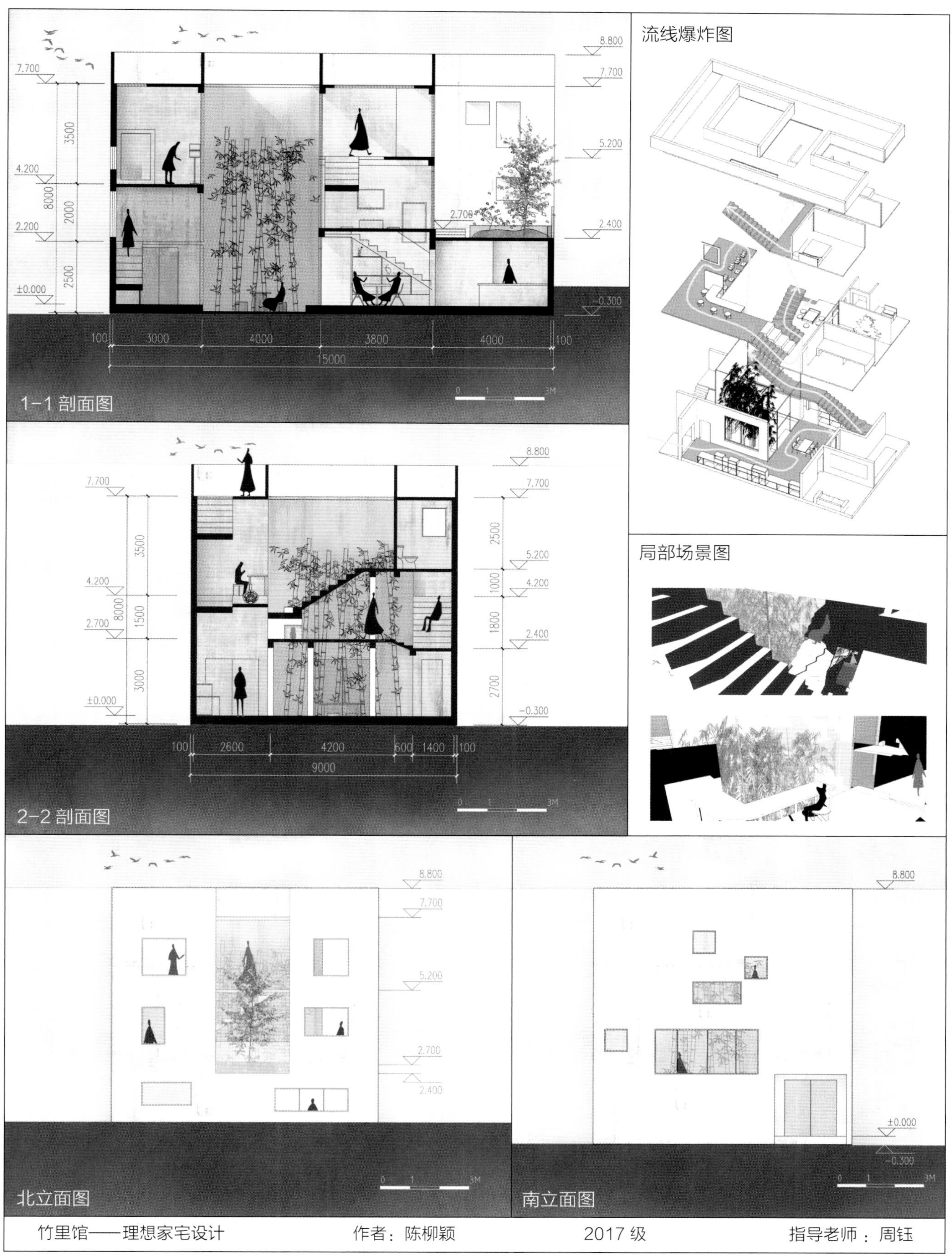

竹里馆——理想家宅设计　　作者：陈柳颖　　2017 级　　指导老师：周钰

生活剧本
——时间轴

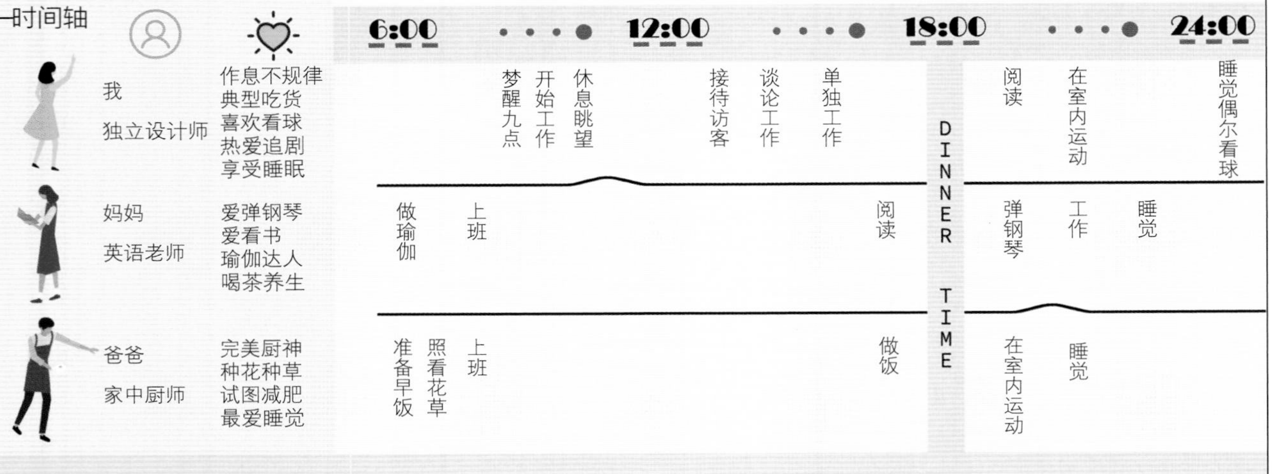

			6:00		12:00		18:00		24:00
我	独立设计师	作息不规律 典型吃货 喜欢看球 热爱追剧 享受睡眠	梦醒九点 开始工作 休息眺望		接待访客 谈论工作 单独工作	DINNER TIME	阅读 在室内运动		睡觉偶尔看球
妈妈	英语老师	爱弹钢琴 爱看书 瑜伽达人 喝茶养生	做瑜伽 上班		阅读		弹钢琴 工作 睡觉		
爸爸	家中厨师	完美厨神 种花种草 试图减肥 最爱睡觉	准备早饭 照看花草 上班		做饭		在室内运动 睡觉		

生活剧本——活动交集

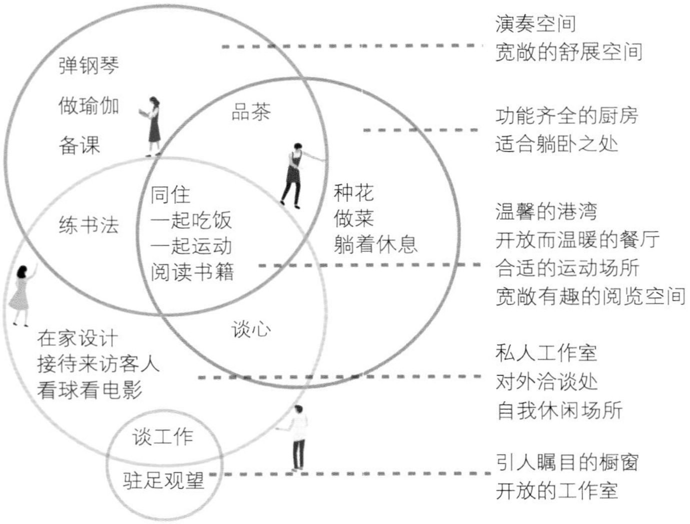

弹钢琴
做瑜伽
备课
品茶
练书法
同住
一起吃饭
一起运动
阅读书籍
种花
做菜
躺着休息
在家设计
接待来访客人
看球看电影
谈心
谈工作
驻足观望

演奏空间
宽敞的舒展空间

功能齐全的厨房
适合躺卧之处

温馨的港湾
开放而温暖的餐厅
合适的运动场所
宽敞有趣的阅览空间

私人工作室
对外洽谈处
自我休闲场所

引人瞩目的橱窗
开放的工作室

生活剧本——空间图解

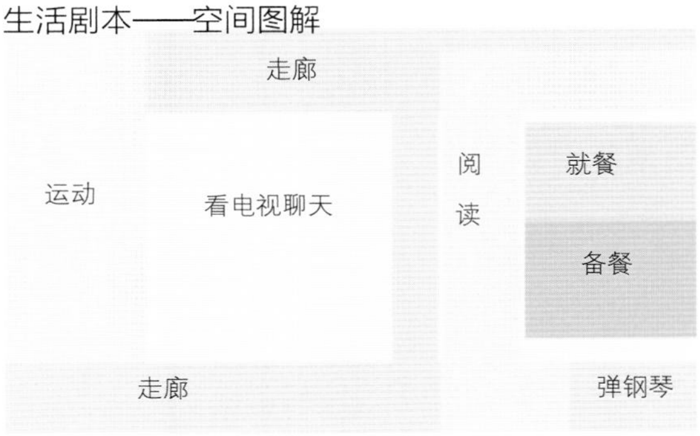

走廊
运动
看电视聊天
阅读
就餐
备餐
走廊
弹钢琴

一层图解

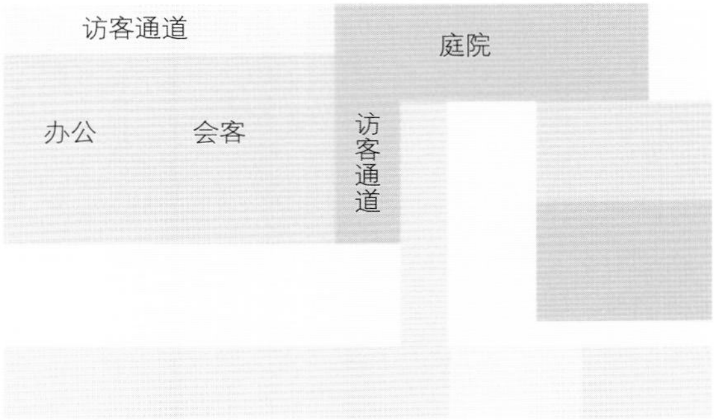

访客通道
庭院
办公
会客
访客通道

二层图解

喝茶
睡觉
通道
睡觉
私人办公
洗漱

三层图解

设计理念·双宅

我希望有一个小小的房子，承载家人大大的爱，装下我大大的梦想。生活与理想，家人与工作，内与外，我该如何平衡？双代，既是父母辈与我两代人，又是我在此扮演的两个身份…

教师点评：

蔡雨孜同学的理想家宅，以丰富的剖面设计见长。她设想了未来与父母同住，并从事soho设计工作的生活场景，并据此构思了建筑的整体空间。设计区分了青年建筑师对外接待客户的工作场景，以及与父母共同生活时温馨的家庭氛围。通过设置对内和对外两个入口，建筑区分了工作与生活两个功能区域，用灵活多变的剖面，使家宅中公共与私密、内向与外向空间协调成一个整体。

双 宅——理 想 家 宅 设 计　　作者：蔡雨孜　　2017 级　　指导老师：雷晶晶

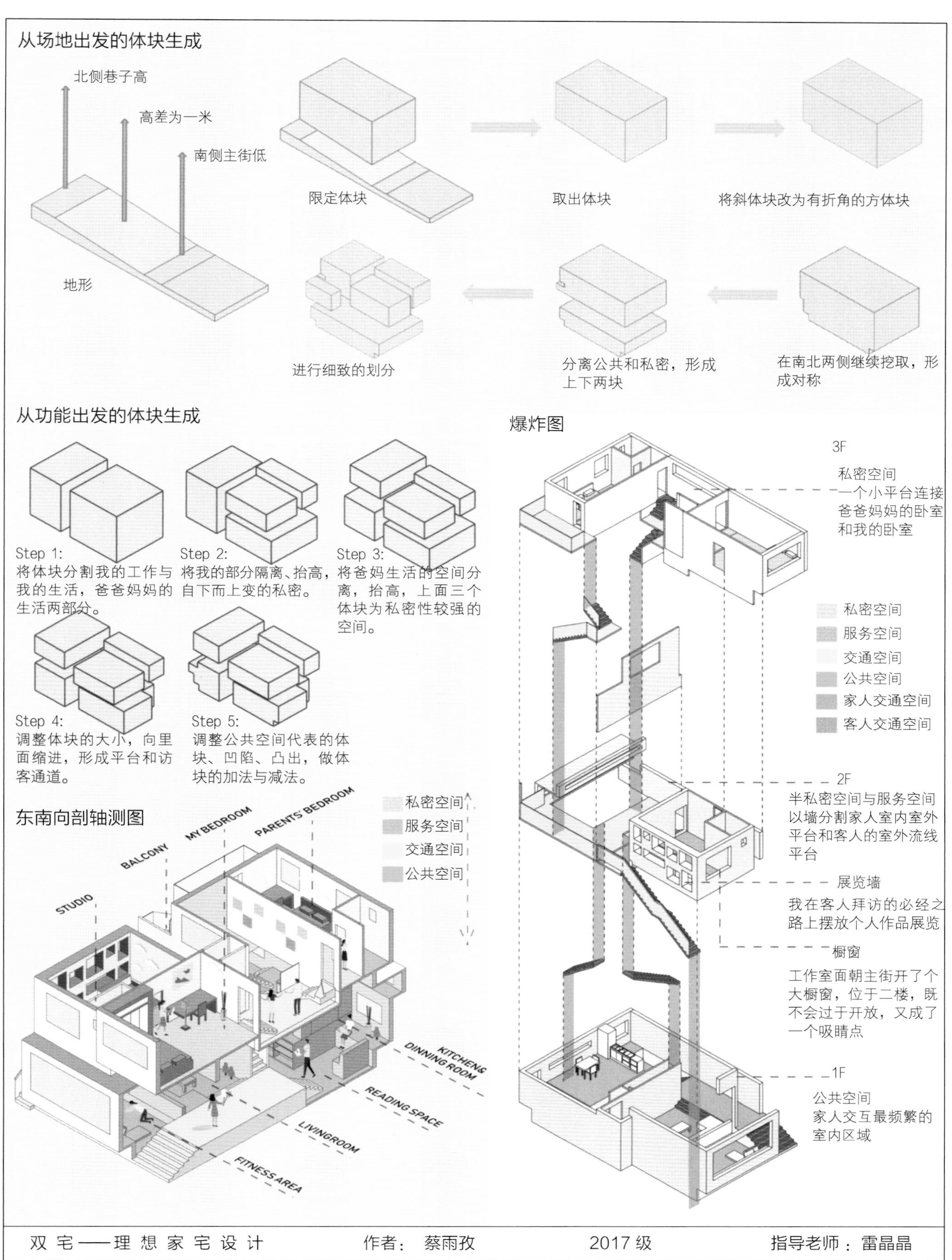

双宅——理想家宅设计　作者：蔡雨孜　2017级　指导老师：雷晶晶

西南向剖轴测图

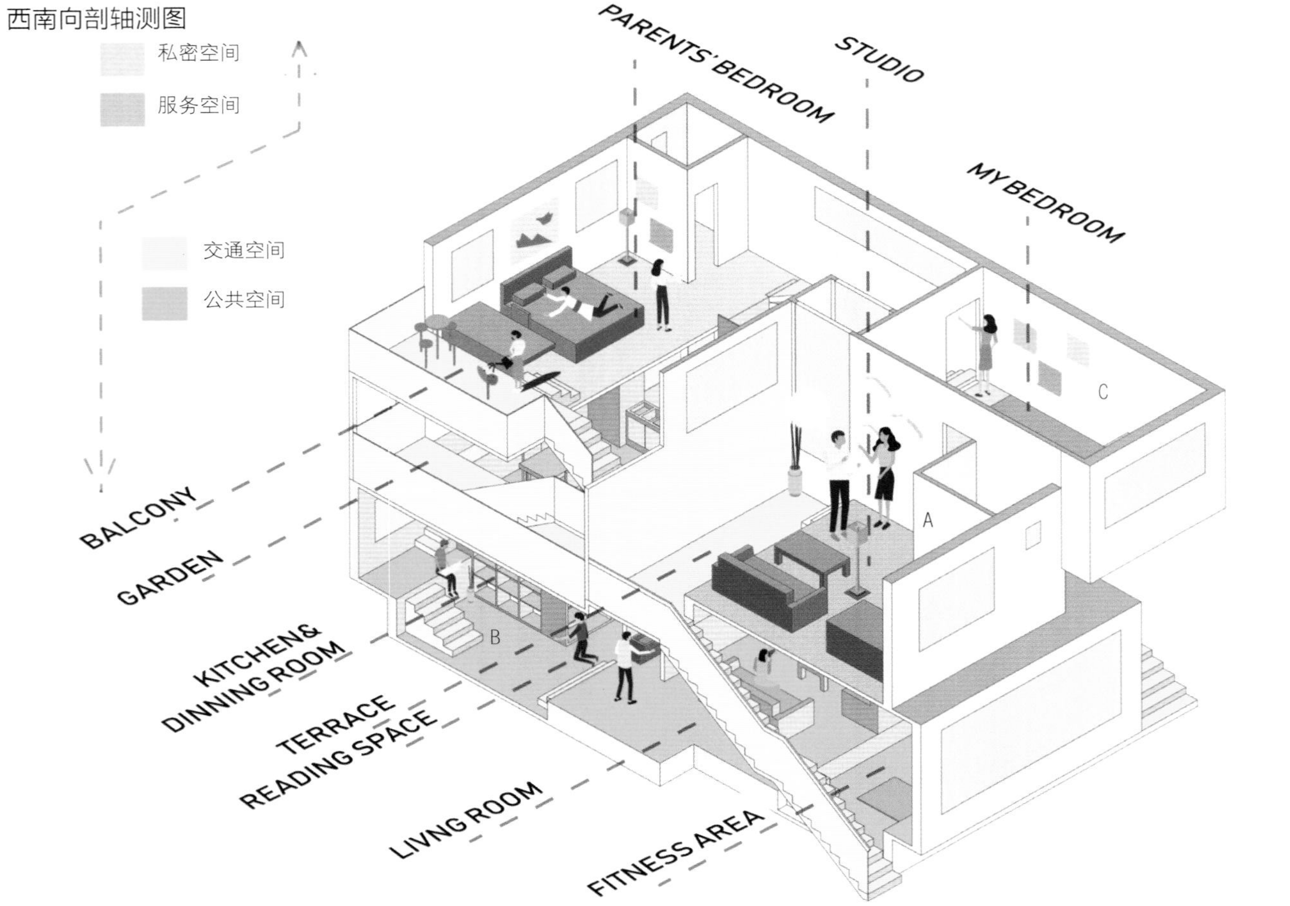

场景图 A

这是我的工作室。平日我就在这里办公、接待访客。所以工作室里不仅有工作桌，还有沙发和讲解板。
当访客前来与我商量方案时，我便在展板前为他们演示。

连接工作室和卧室的门洞，适合我的身体尺寸，我喜欢在夜晚办公结束后爬梯子进入卧室。
平日里访客前来拜访时，门洞由我卧室的推拉书柜阻挡，看不见内部，起到了很好的隔离作用。

访客来时要穿过长长的访客通道到达位于二层的工作室。在这里他们可以休息、参观我的工作环境，欣赏我的作品，看我用各种方式为他们进行讲解。

同时，工作室的角落设立了卫生间，解决不备之需。卫生间分割成公共部分和我的私密部分，满足了各自需求。

双宅——理想家宅设计　　作者：蔡雨孜　　2017 级　　指导老师：雷晶晶

场景图 B

喜欢高处，喜欢宽敞的地方，喜欢和家人待在一起的温馨时光。

我坐在整体高于平地的餐厅边缘，腿悬在空中，拿着电脑和图纸，惬意地办公。边上就是阅读空间，脚下是一整排的书柜，感觉被包裹在了幸福里。

作为家中的神厨，爸爸在这一方天地里可谓是如鱼得水，得心应手。

这不，爸爸又买来了新鲜的食材，准备大展身手。爸爸说在这么开放的一个厨房里，有书有钢琴有盆栽，做饭的心情也变得好了起来。

妈妈是家中当之无愧的文艺女青年，读过万卷书。妈妈最喜欢这一方天地。在这里她可以弹奏动听的钢琴曲，也可以在整面墙的书柜上，寻找她爱看的书籍。

在妈妈弹琴的时候，我时常坐在一边，或是阅读或是聆听，享受这份美好。

场景图 C

1. 我可以在卧室办公，这里是完全私密的办公空间，异于工作室，可以让我在这里沉浸下来，安心创作。

2. 从工作室进入卧室的部分，是一个比较陡的楼梯和比较小的门洞，进入时需要类似攀爬的行为，符合个人的喜好和蜗居的习惯，给自己强烈的安全感。

3. 晚上在床上休息，类似榻榻米的床铺可以发生不同身体尺度的行为，我喜欢趴着或者躺卧，放松身心。

1

2

3

双宅——理想家宅设计　　作者：蔡雨孜　　2017 级　　指导老师：雷晶晶

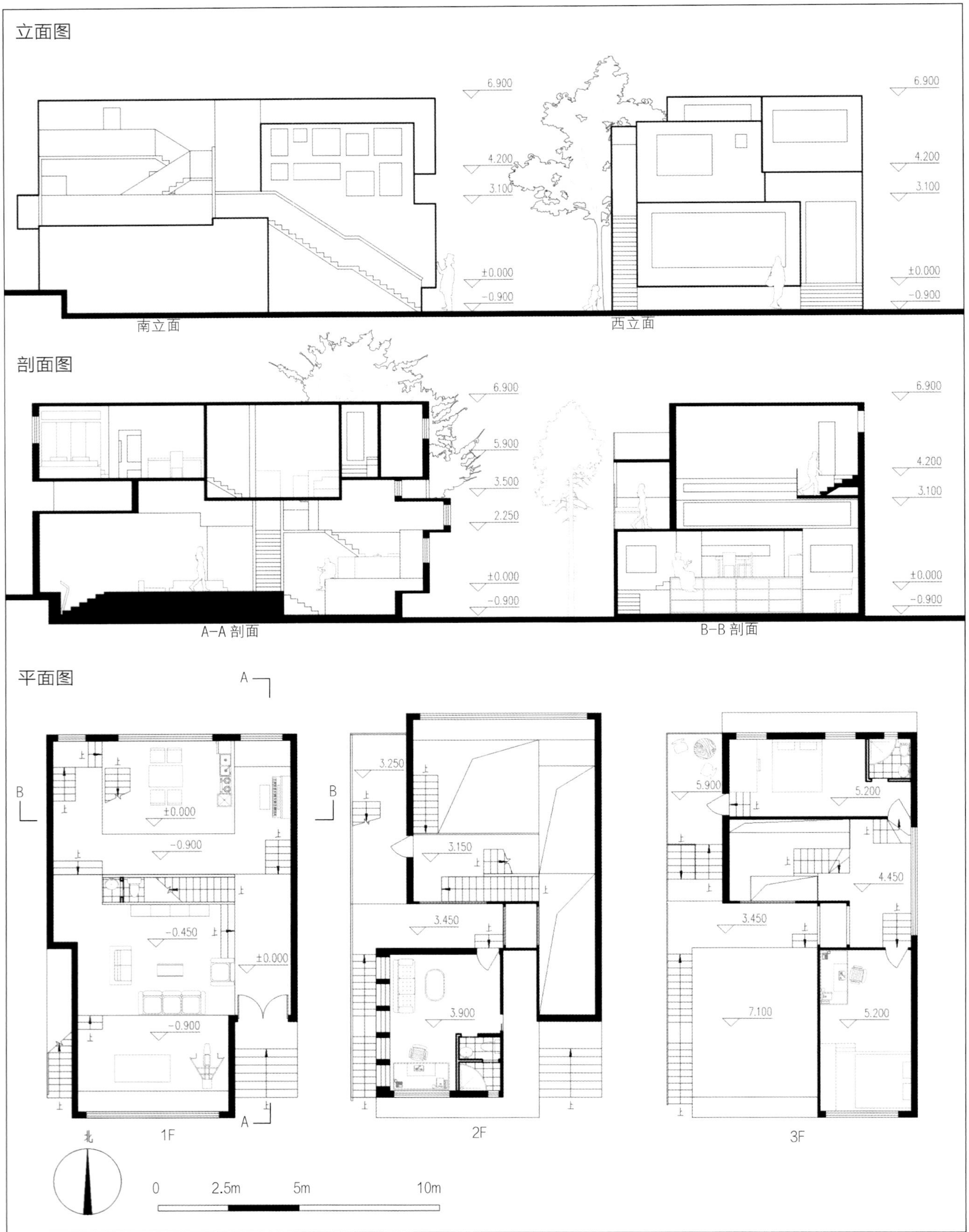

立面图

剖面图

平面图

双 宅——理 想 家 宅 设 计　　作者：蔡雨孜　　2017 级　　指导老师：雷晶晶

我，建筑专业出身，比较宅比较懒，资深熬夜党，不是一个精致女孩，懒得化妆不爱打扮，喜欢看网络小说、画画，最爱收集各种绘本，超喜欢打游戏，平时喜欢研究吃的，但比起做更喜欢吃。

共同的行为

打游戏
做饭
看网络小说
艺术相关
(画画，插花，做手工等)
化妆(我和闺蜜之间的趣味互动)

闺蜜，中医护理专业出身，养生女孩，作息比较规律，人很精致，生活也很精致，化妆技术很不错，其实内心是一个糙汉子，喜欢看网络小说，打游戏，特别喜欢研究各种吃的，厨艺超级棒。也喜欢插花，做小手工。

DICHOTOMY. 贰分

教师点评：

设计从对自己和闺蜜的生活方式的细致分析入手，既有各自生活的独立空间，也有共同生活的交往空间。不同空间既相互分离，又部分交融。空间层次丰富，既满足了日常生活的需求，也颇有趣味。图面表达准确清晰。

生活剧本

闺蜜
看书
玩电脑
撸猫
坐在飘窗上喝着热水边晒太阳边思考人生
睡觉
听音乐

梳妆打扮
化妆打扮
强行给我化妆
把梳妆台弄得乱糟糟
穿漂亮衣服
花式夸奖对方
擦护肤品不化妆
被闺蜜抓去被化妆
穿漂亮衣服
等着我的大宝贝儿化妆
表面嫌弃但还是体贴地收拾梳妆台
花式夸奖对方

卸妆
卫生间里
放歌
上厕所&洗浴

我
睡觉
画画
听音乐
欣赏绘本
看动漫
玩电脑
看书

PS：一通商业互吹、相互嫌弃之后，我们就高高兴兴快快乐乐手挽着手出门逛街了，嘻嘻

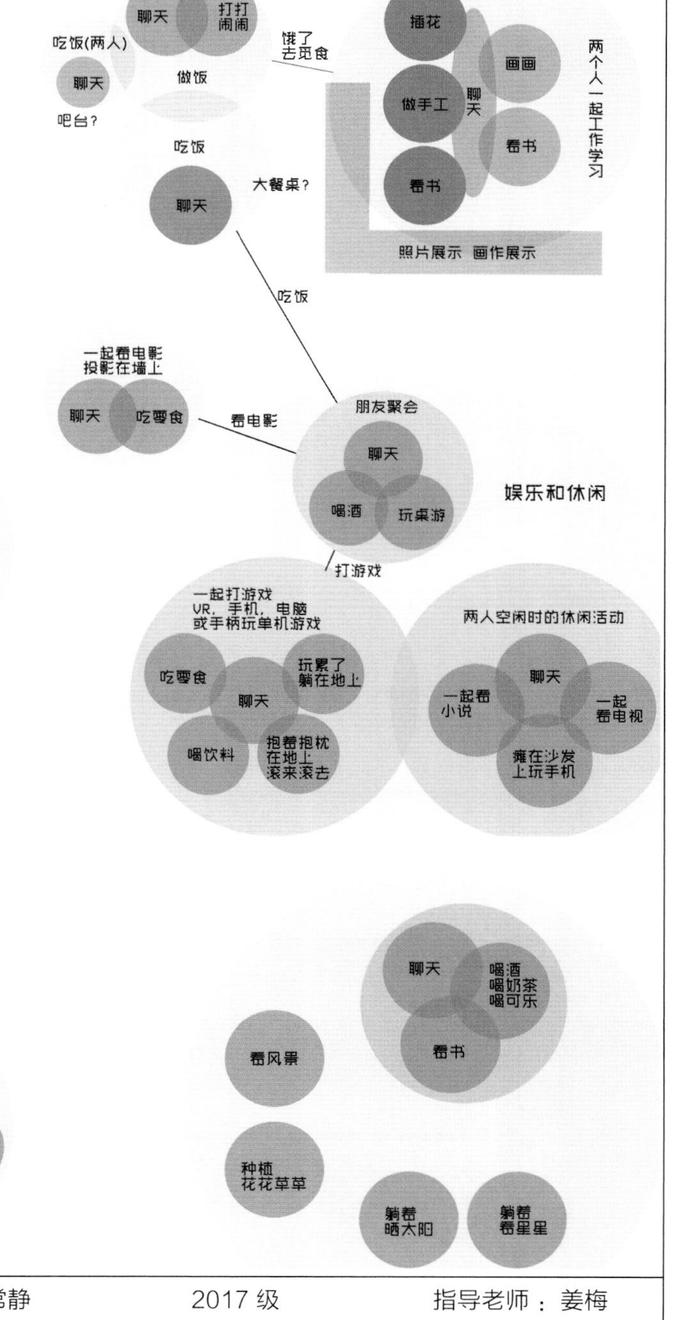

DICHOTOMY——理想家宅设计　　作者：冯常静　　2017级　　指导老师：姜梅

空间图解

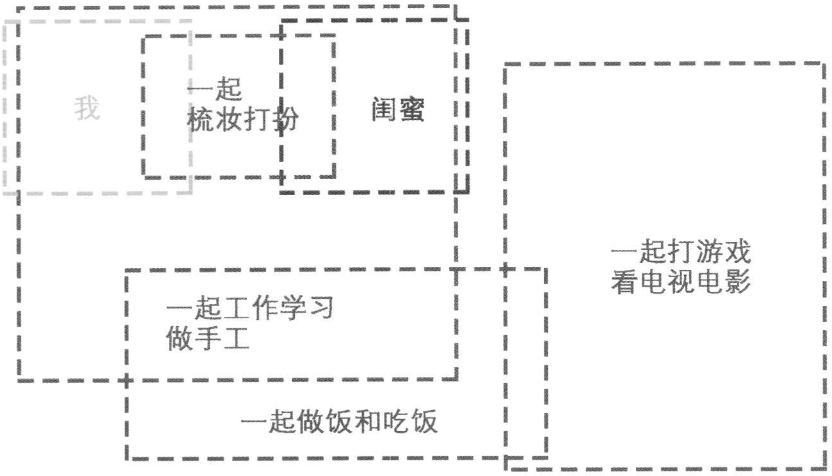

我

一起
梳妆打扮

闺蜜

一起打游戏
看电视电影

一起工作学习
做手工

一起做饭和吃饭

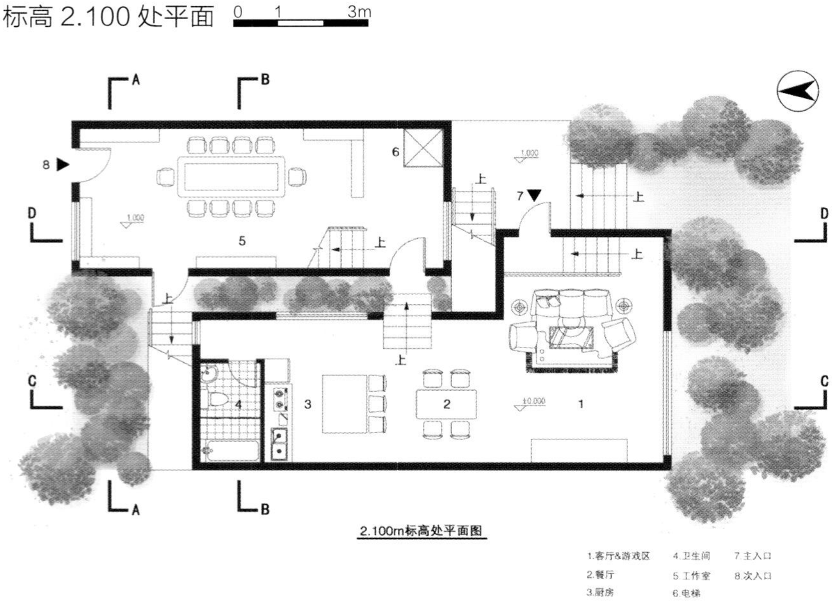

形体生成

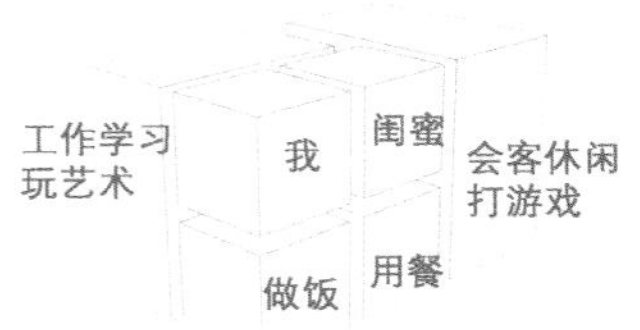

工作学习
玩艺术

我

闺蜜

会客休闲
打游戏

做饭

用餐

设置功能块

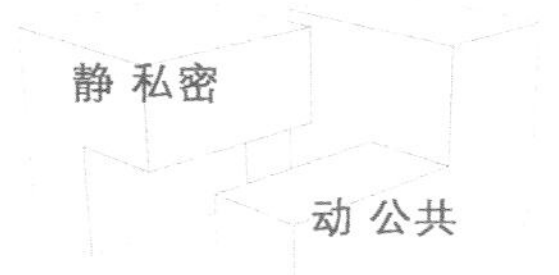

静 私密

动 公共

功能块合并
划分动静、公共和私密

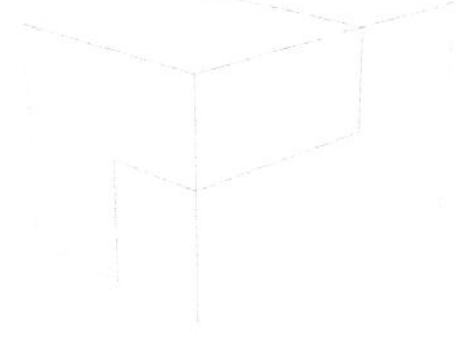

两个体块先合并

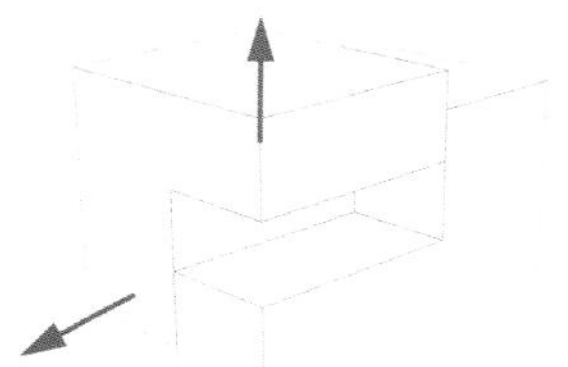

垂直方向和水平方向
挪动体块

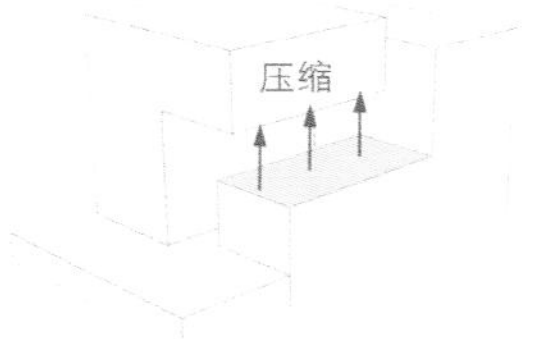

压缩

适应地形，利用1m高差
同时垂直方向压缩体块
形成露台

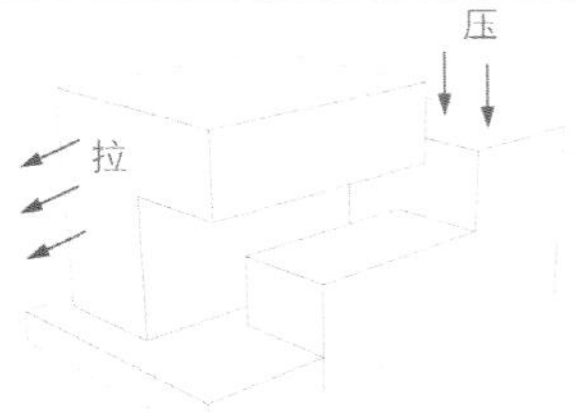

压

拉

根据使用需求，
扩大或缩小体量

轴测图

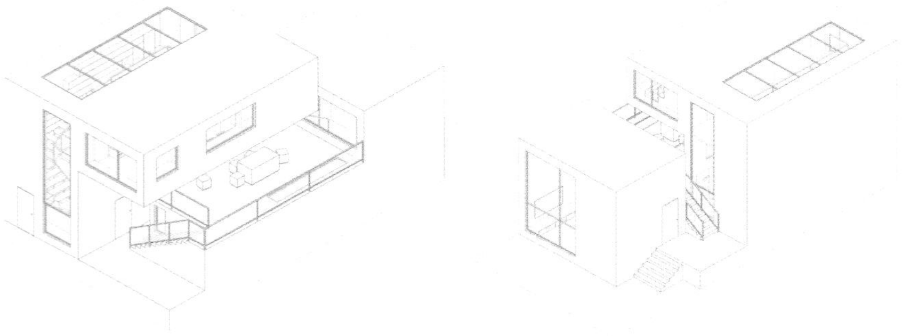

标高 2.100 处平面 0 1 3m

2.100m标高处平面图

1.客厅&游戏区　4.卫生间　7.主入口
2.餐厅　5.工作室　8.次入口
3.厨房　6.电梯

DICHOTOMY——理想家宅设计　作者：冯常静　2017 级　指导老师：姜梅

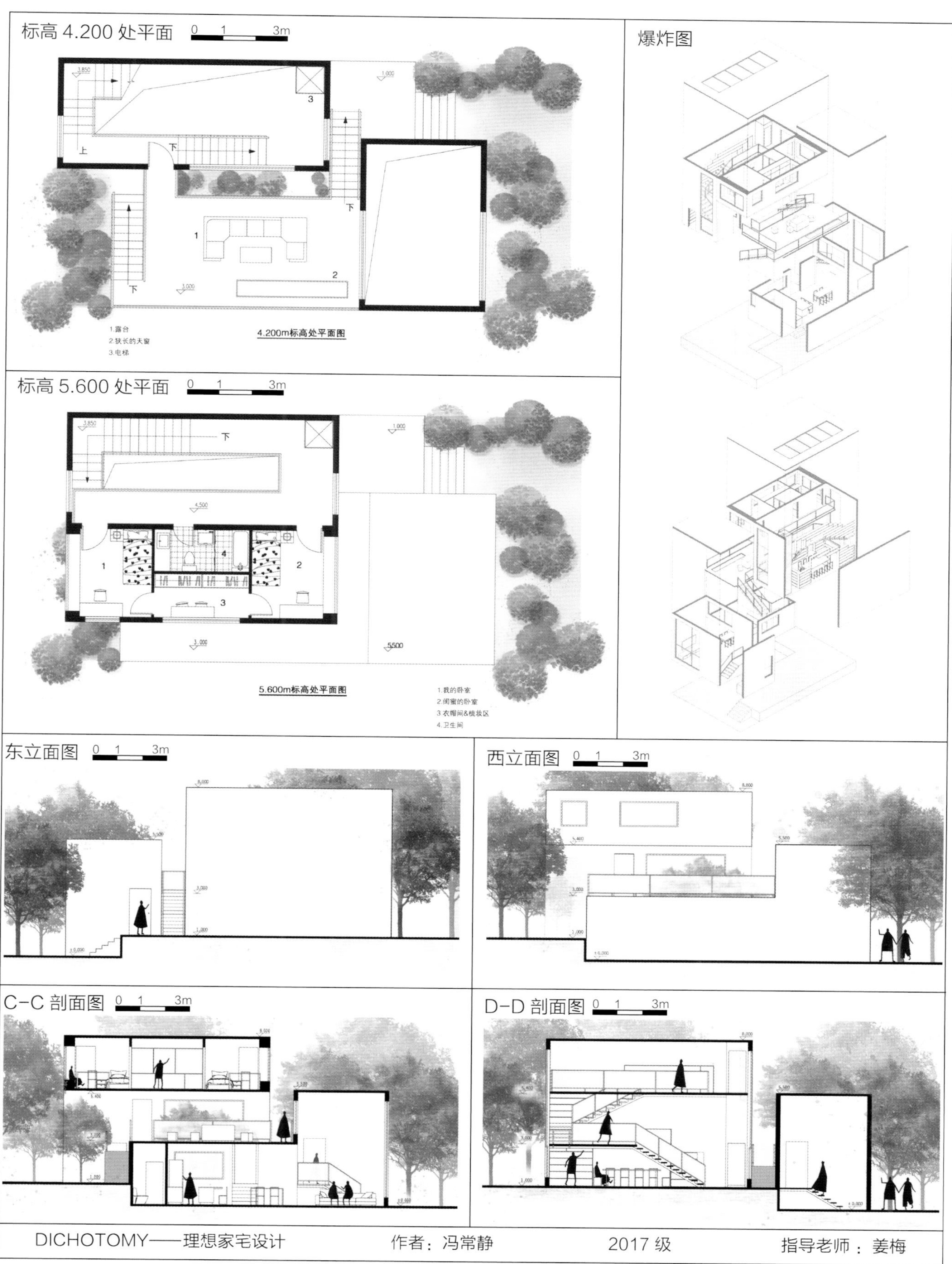

DICHOTOMY——理想家宅设计　　作者：冯常静　　2017 级　　指导老师：姜梅

光线分析

我的卧室 衣帽间 闺蜜的卧室

我对光线要求不高，喜欢宅在比较阴暗的属于自己的房间里，因此我的卧室靠北（靠北的房间整天没有日照，光线比较平均）

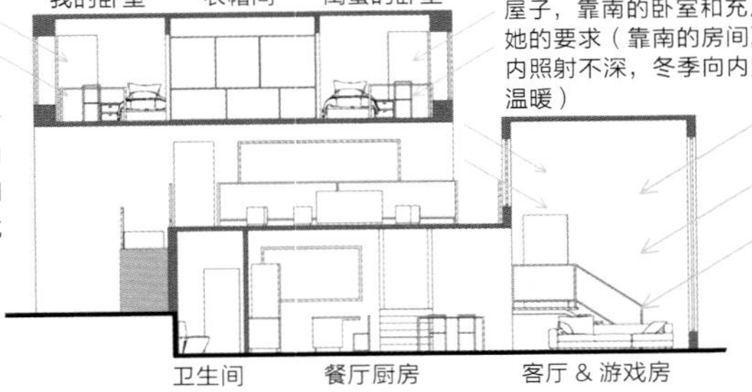

闺蜜喜欢晒太阳，喜欢温暖明亮的屋子，靠南的卧室和充足的阳光正符合她的要求（靠南的房间夏季太阳高但向内照射不深，冬季向内照射很深，会很温暖）

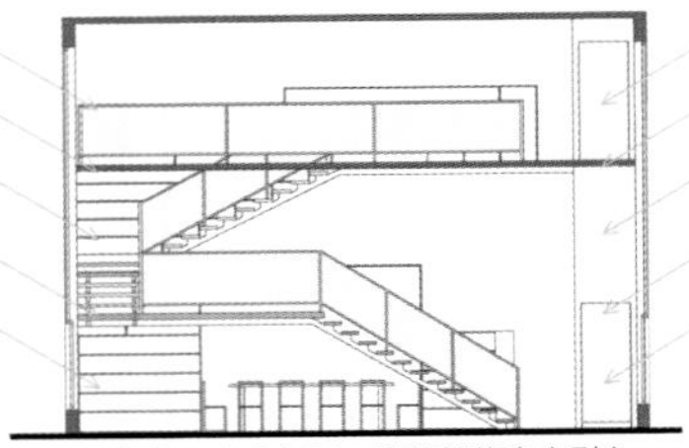

卫生间 餐厅厨房 客厅 & 游戏房

工作室，南北各开一扇狭长的窗户引入光线

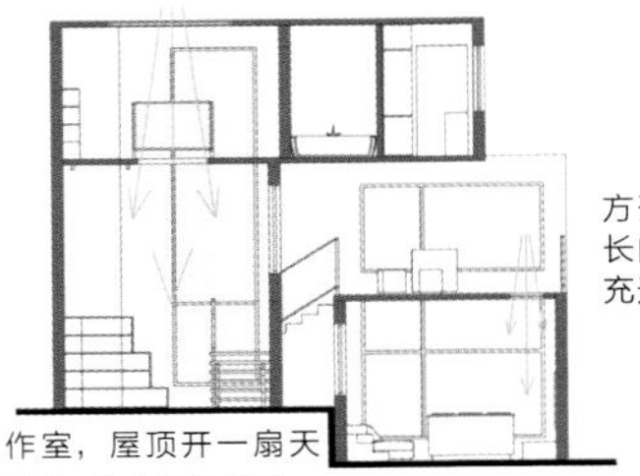

工作室，屋顶开一扇天窗引入天光，补充室内光线，同时光线打在楼梯上也能营造颇有趣味的光影效果

厨房上方开一扇狭长的天窗补充光线

南立面图

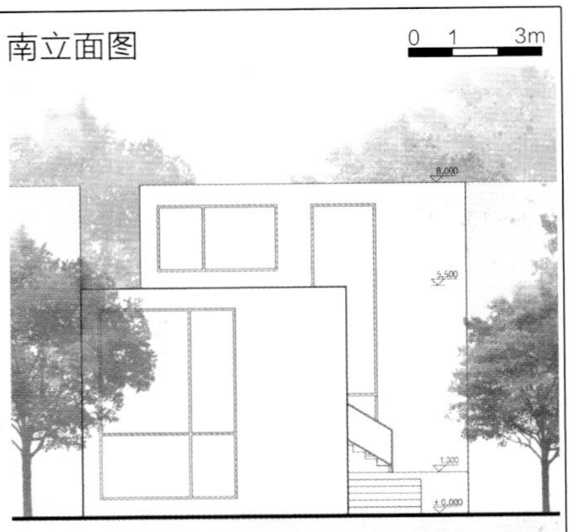

0 1 3m

北立面图

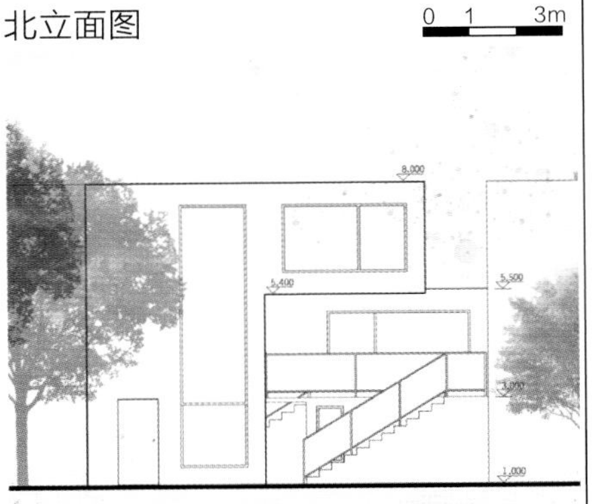

0 1 3m

视线互动

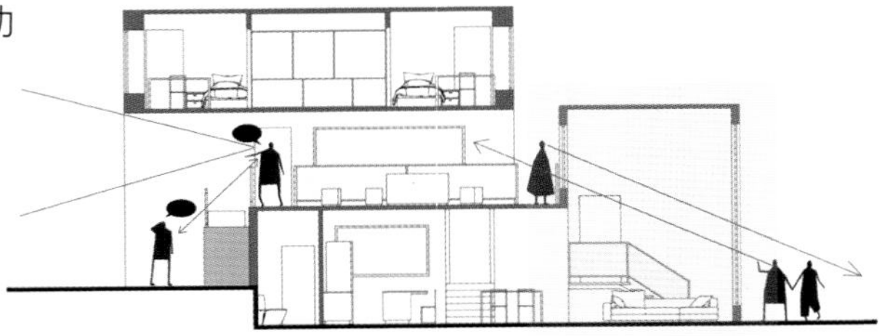

视线的穿透

露台上，透过窗户首先可以看到客厅内的情景，而后视线再越过一层窗户看到街道上的景象。站在屋前，透过第一层窗户看到屋内的景象，稍稍抬头，视线越过高处的第二层窗户，能看到露台以及更远处的天空。

垂直方向上的视线联系

通高的工作室内，环绕着长长的楼梯，在丰富空间层次的同时，也增添了空间的趣味性。两个人一上一下，一个俯视一个仰视，视线在垂直方向上产生了有趣的联系。

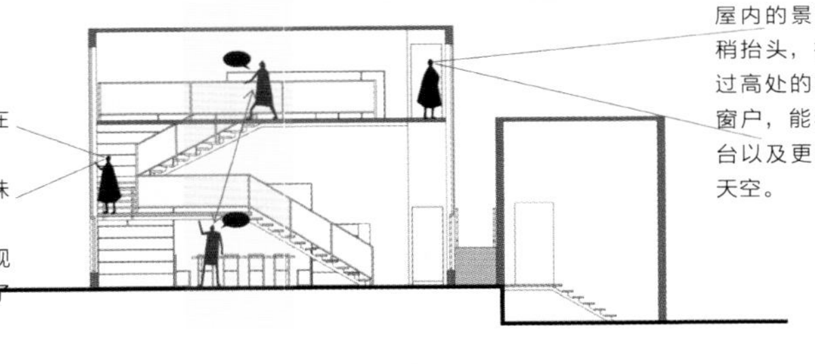

通高的工作室，环绕的楼梯，让分别处于上方和下方的两个人有了视线上的联系和互动。

透过卧室和衣帽间的窗户，向下可以看到露台的一部分景象，从视线角度来说，露台联系了垂直方向上的空间。

透过工作室的窗户，站在露台上的人可以看到工作室内的景象（主要是下半部分）。同时也可以和坐在工作室里的人产生视线的联系和互动。

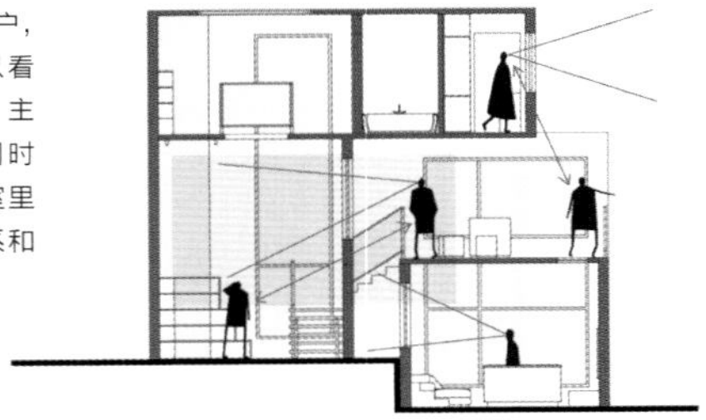

站在餐厨区，透过楼梯旁的窗户，可以看到夹在两个建筑体量之间的绿植，吃饭的时候看一看这一抹绿色，也是十分赏心悦目的。

A-A 剖面图

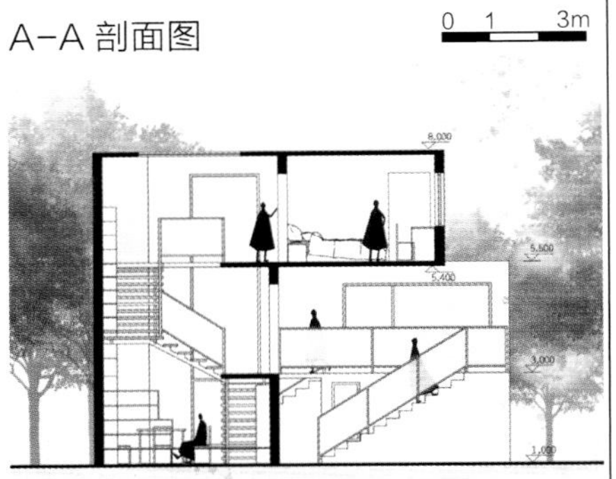

0 1 3m

B-B 剖面图

0 1 3m

DICHOTOMY——理想家宅设计 作者：冯常静 2017 级 指导老师：姜梅

设计感想：

我在设计前期做了详细的家人需求分析，在设计过程中按照行为需求生成了一套空间布局，但是 wicked problem 是没有标准答案的，空间布局也不是只有唯一选择，所以我最终还是选择将形式的逻辑也加入住宅设计中，希望建筑的两套逻辑能够更好地交融，并给空间使用者带来良性循环。

老师点评：

聚少离多的家庭生活现实和亲人之间的亲密情感，让沈雨乔将公共生活定为毋庸置疑的家庭重心。对外私密性与光线的需求差异，促成她异乎寻常而又合理的操作——将公共生活区域外推至体量的底层及外围，如糖纸包裹私密空间。利用旋转操作进一步提升私密性，同时让公共区域流动起来。穿行与洄游路线的设计创造更多家人间交流的机会，也保留必要的隔离。

HOUSE I——理想家宅设计	作者：沈雨乔	2018 级	指导老师：沈伊瓦

· 家庭生活剧本 ·

	06:00	07:00	08:00	09:00	10:00	11:00	12:00	13:00	14:00	15:00	16:00
父亲	外出跑步	洗漱 吃早餐	更衣		工作	一起做午餐	吃午餐	看书	拳击	工作	
母亲		做饭							午休		
我	睡觉		洗碗	做作业、看书、弹琴				洗碗 弹琴		做作业	

	17:00	18:00	19:00	20:00	21:00	22:00	23:00	24:00	……
父亲	工作	做晚餐	吃晚餐	外出锻炼	拳击	喝茶、看新闻		睡觉	
母亲					工作				
我	看书				练琴			睡觉	

· 事件分析 ·

	声	光线	通风	视线	开放性	细节
拳击	无要求	避免直射	√	可看到邻居	高	打拳的声音不要影响其他人的休息
种花	较安静	充足	√	可看到街景	高	离卫生间比较近，方便接水
工作	很安静	避免直射	×	引向室内	低	需要书柜来放书，可以看到我弹钢琴
看书	较安静	充足	×	室内室外都可见	高	空间可以比较零散，例如在喝茶、看新闻、弹琴的附近看书
睡觉	很安静	充足	×	引向室内	低	靠近街道不意味着开放性高，早晨有阳光照进来
停车	隔音	无	√	朝向街边	高	在底层，不影响正常的生活
看新闻	较安静	较充足	×	室内外都可见	高	空间较大，是公共活动招待客人的地方
做作业	较安静	充足	×	可以见到室外	低	抬眼可以看到室外放松眼睛，室内视线不可到达
做饭	无要求	充足	√	室内外都可见	高	较大的空间，这是公共活动场所，可以看到好看的景色
喝茶	安静	充足	√	室内>室外	较高	周围有一定的遮挡室外视线，公共空间
弹琴	较安静	较充足	×	室内外都可见	较高	弹琴时可以看到较为开阔的室内公共空间

· 事件相关性 ·

	拳击	种花	工作	看书	睡觉	停车	看新闻	做作业	做饭	喝茶	弹琴	吃饭	储藏	展览
拳击		●			●									
种花	●									●				
工作					●									●
看书		●					●			●	●			●
睡觉	●			●				●						
停车									●					
看新闻				●								●		●
做作业					●									
做饭						●						●	●	
喝茶		●		●			●				●			●
弹琴				●						●				●
吃饭							●		●					
储藏						●			●					
展览			●	●						●		●		

由左表可看出：

· 关联性最高的行为 ：喝茶、看书。其中看书需要的空间比较分散；喝茶所需空间唯一，由于其关联性较强，所以围合会较少，开放性强。

· 有逻辑关联性的几个行为：

睡觉与工作、做作业、拳击：后面几种行为会发生在睡觉前后，不打扰到其他人。

做饭、吃饭、停车、储藏：一般爸妈下班回家停好车后就会开始做饭，做饭中途可能去储藏室拿食材。

HOUSE I——理想家宅设计　　作者：沈雨乔　　2018 级　　指导老师：沈伊瓦

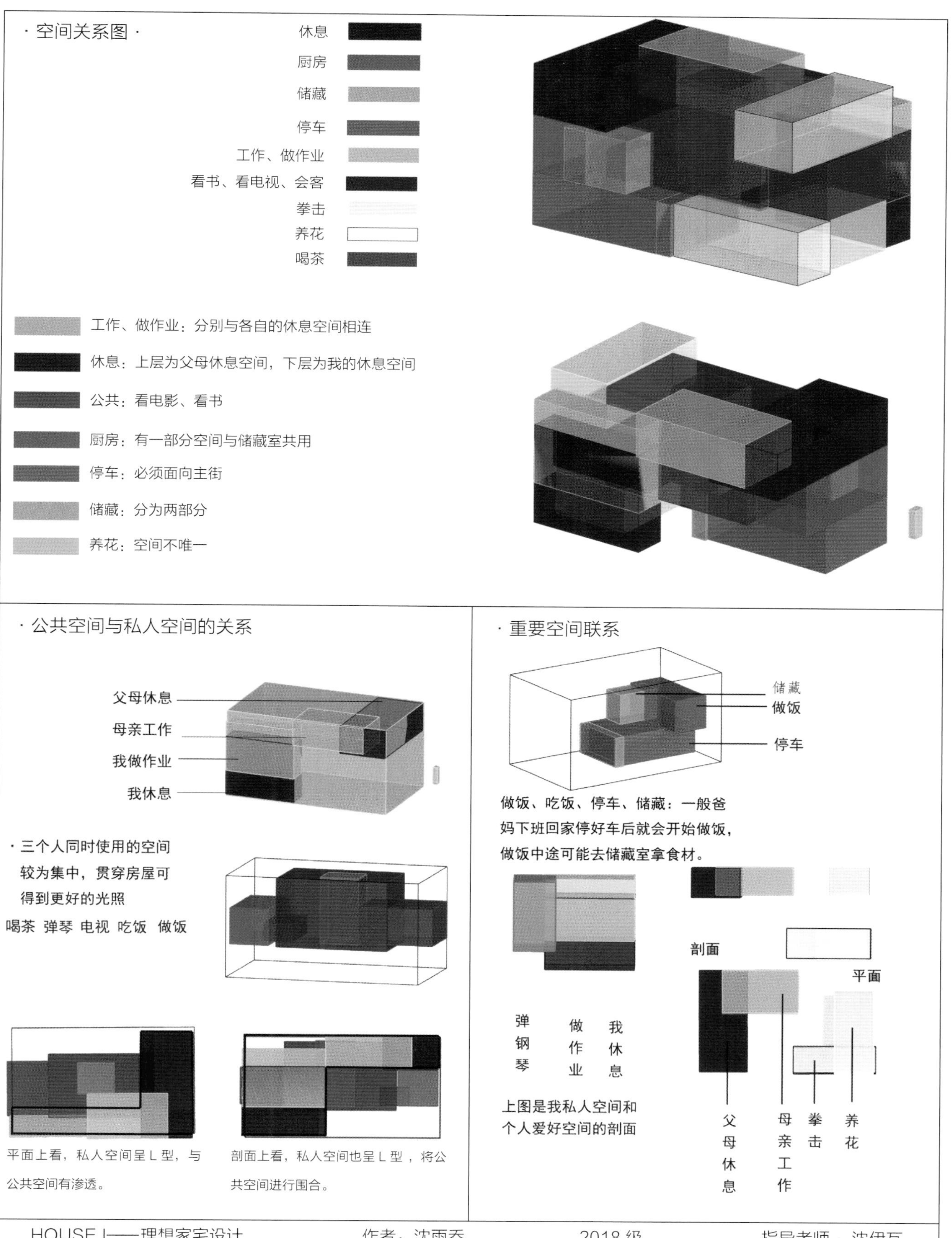
· 空间关系图 ·
休息
厨房
储藏
停车
工作、做作业
看书、看电视、会客
拳击
养花
喝茶
工作、做作业：分别与各自的休息空间相连
休息：上层为父母休息空间，下层为我的休息空间
公共：看电影、看书
厨房：有一部分空间与储藏室共用
停车：必须面向主街
储藏：分为两部分
养花：空间不唯一
· 公共空间与私人空间的关系
父母休息
母亲工作
我做作业
我休息
· 三个人同时使用的空间较为集中，贯穿房屋可得到更好的光照
喝茶 弹琴 电视 吃饭 做饭
平面上看，私人空间呈 L 型，与公共空间有渗透。
剖面上看，私人空间也呈 L 型，将公共空间进行围合。
· 重要空间联系
储藏
做饭
停车
做饭、吃饭、停车、储藏：一般爸妈下班回家停好车后就会开始做饭，做饭中途可能去储藏室拿食材。
剖面
平面
弹钢琴
做作业
我休息
上图是我私人空间和个人爱好空间的剖面
父母休息
母亲工作
拳击
养花
HOUSE I——理想家宅设计
作者：沈雨乔
2018 级
指导老师：沈伊瓦

· 过程草图及草模

• 1.0

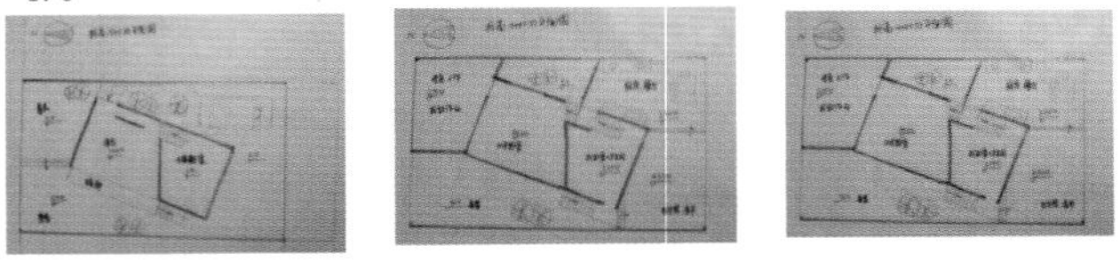

• 2.0

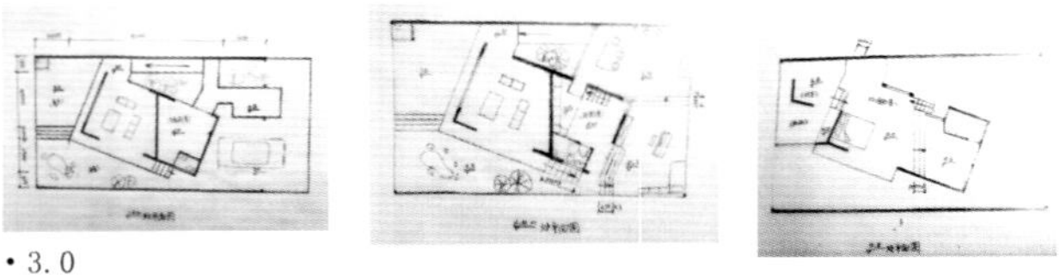

• 3.0

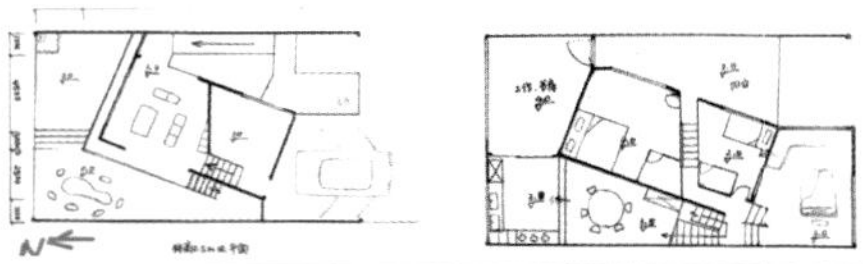

• 4.0

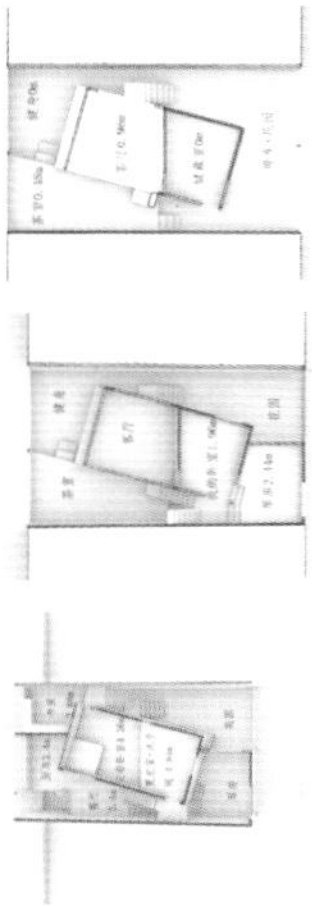

标高 1.440 处平面 0 1 3m

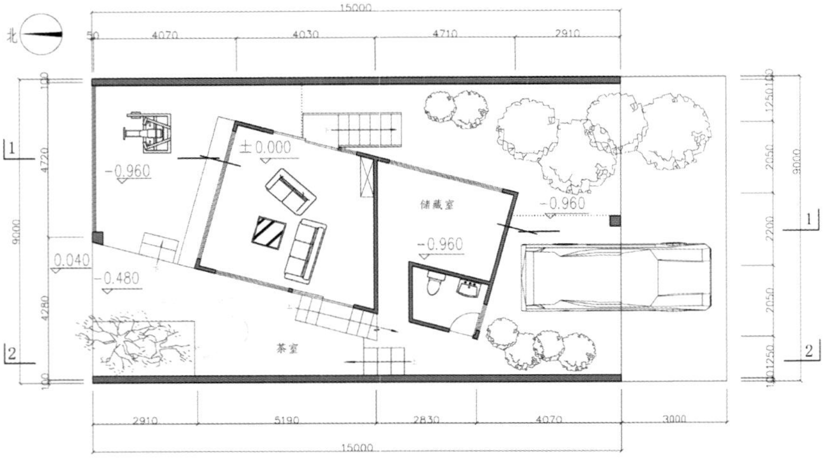

总平面图 0 1 15m

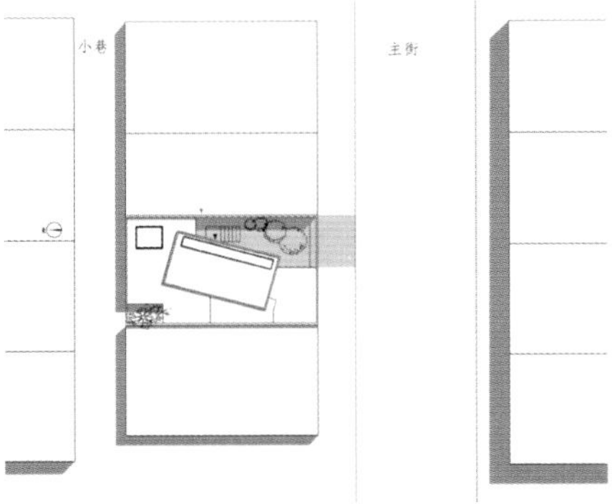

标高 3.760 处平面 0 1 3m

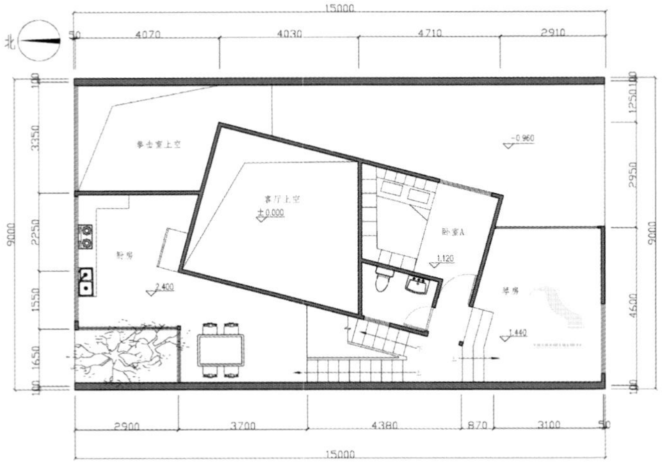

南立面图 0 1 3m

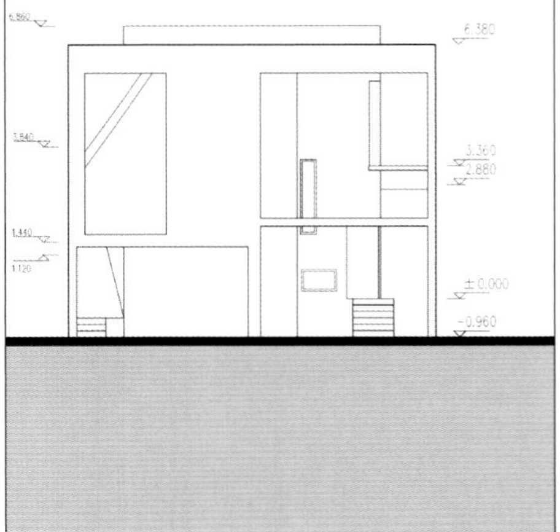

HOUSE I——理想家宅设计　作者：沈雨乔　2018 级　指导老师：沈伊瓦

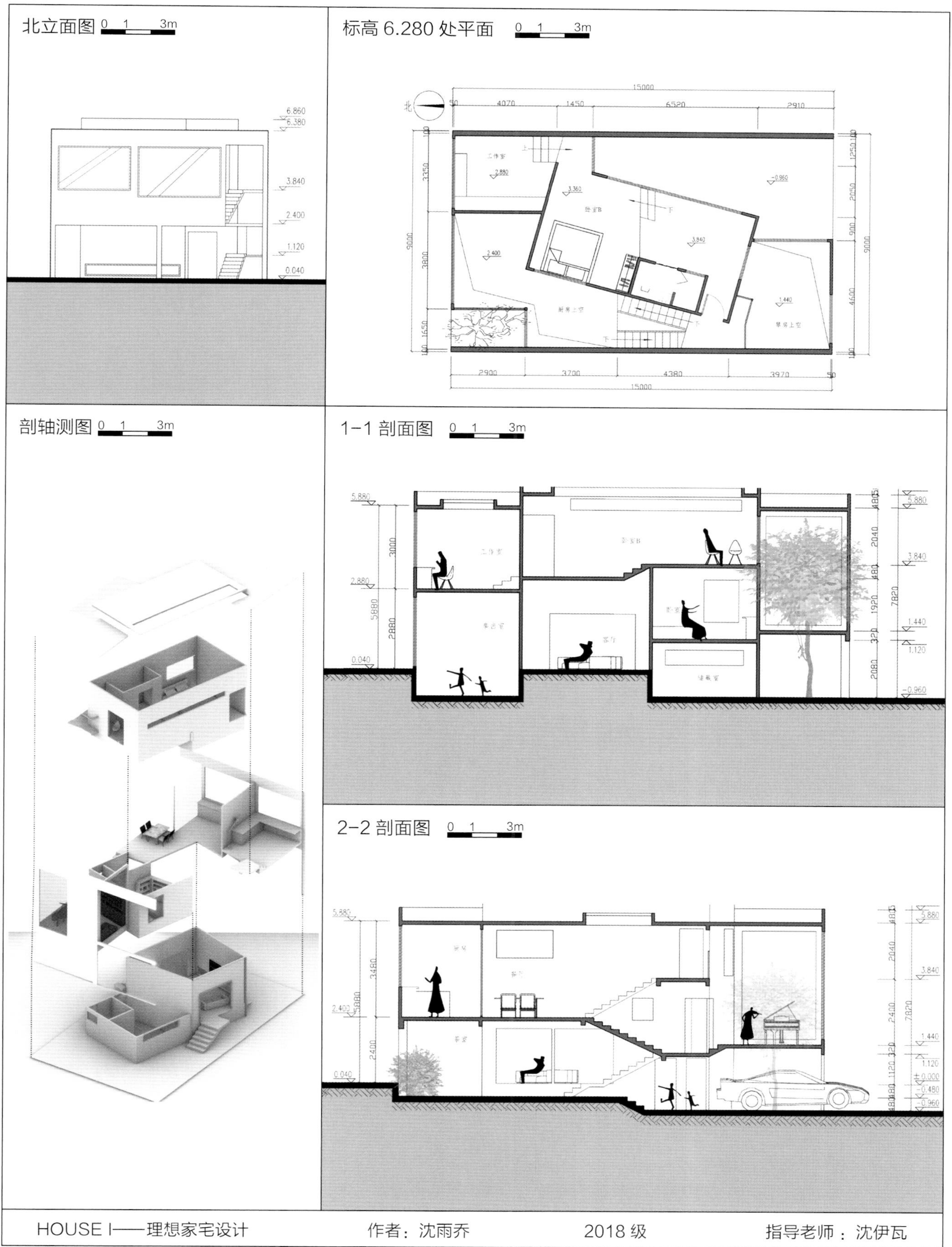

HOUSE I——理想家宅设计　　作者：沈雨乔　　2018 级　　指导老师：沈伊瓦

剧本分析

父亲

必须行为——吃饭 睡觉 洗漱 办公

兴趣行为——读书 喝茶

特殊要求——工作关系需要较大且私密的工作空间
珍惜与家人在一起的时光，但因公务繁忙，欢乐时光十分短暂
工作压力大，需要通过与家人的交互以及休憩空间来舒缓压力

母亲

必须行为——吃饭 睡觉 洗漱

兴趣行为——喜欢亲近自然，养鱼侍弄花草

特殊要求——希望能在做家务时能够看到庭院的景色

我

必须行为——吃饭 睡觉 洗漱

兴趣行为——喜欢一个人听摇滚乐
也喜欢与家人一起欣赏其他类型的音乐
喜欢绘画

特殊要求——需要有一个不被打扰的空间 舒缓自己的学习压力

父亲
喝茶 办公 读书

母亲
家务 赏景 养花草

我
玩音乐 绘画
学习

- 因为年龄职业、观念的不同导致我与父母的**生活习惯有较大差异，我们彼此都需要个人空间来享受我们的爱好**，这也是平行之家名字的由来
- **平行并不意味着完全割裂**，相反我们要通过这种平行**来实现家人之间更好地交融**。

生成逻辑

- 通过分式住宅的设计即使我这边在听嘈杂金属摇滚，享受宁静的父母也不会受到影响
- 绘画与办公互不干扰偶尔对上视线相互一笑

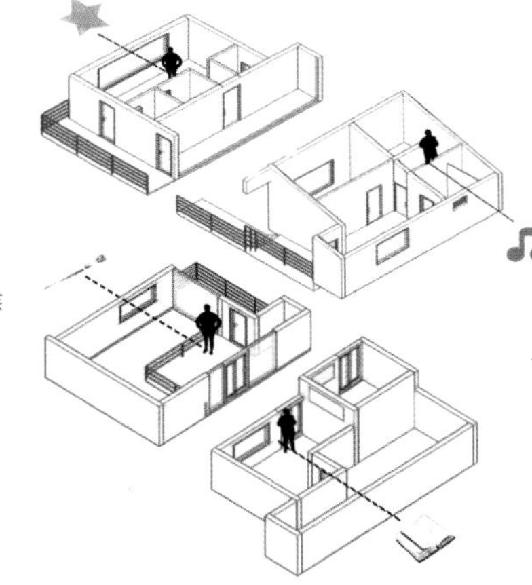

教师点评

住宅是父母与孩子交往的主要媒介，通过集中与并置空间相结合的操作，使得父母与儿童能够在相同时间享受不同的活动，又能通过视线取得彼此联系，并在合适的时间在并置空间内享受团聚的乐趣，以此满足新时代下父母与孩子的交往需求。

平行之家——理想家宅设计　　作者：郭放　　2018级　　指导老师：汤诗旷

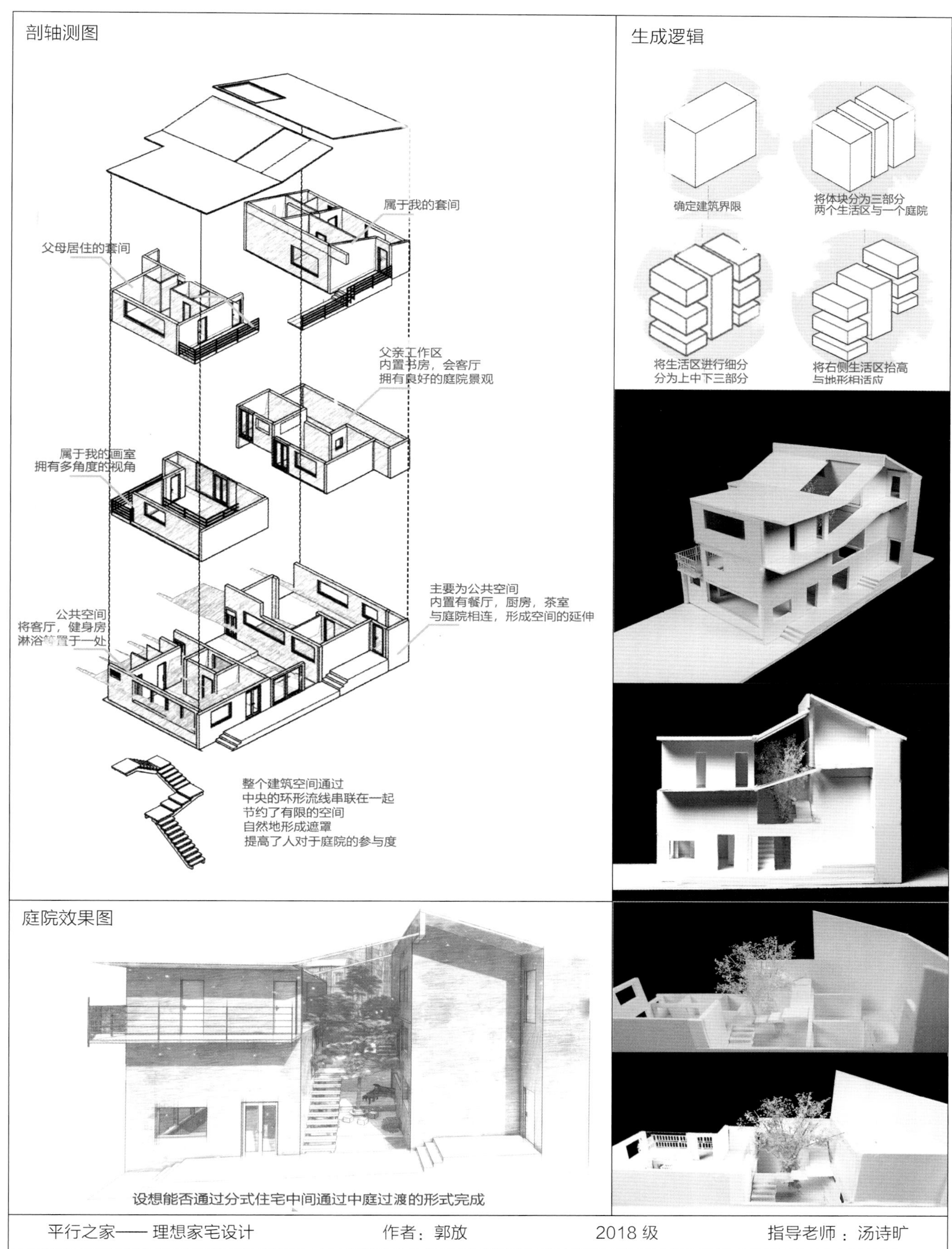

平行之家—— 理想家宅设计　　作者：郭放　　2018 级　　指导老师：汤诗旷

过程草模

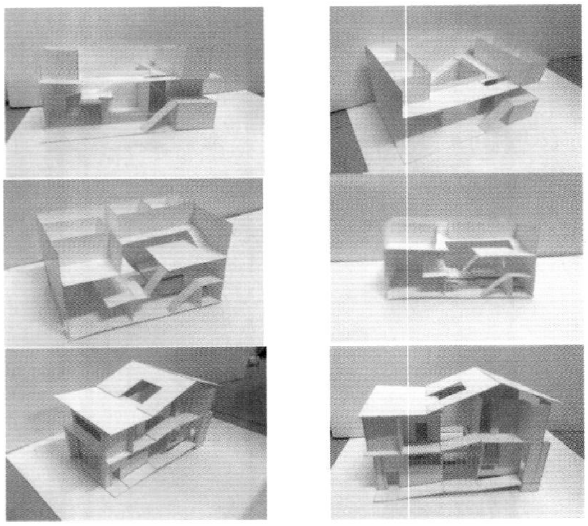

项目位置

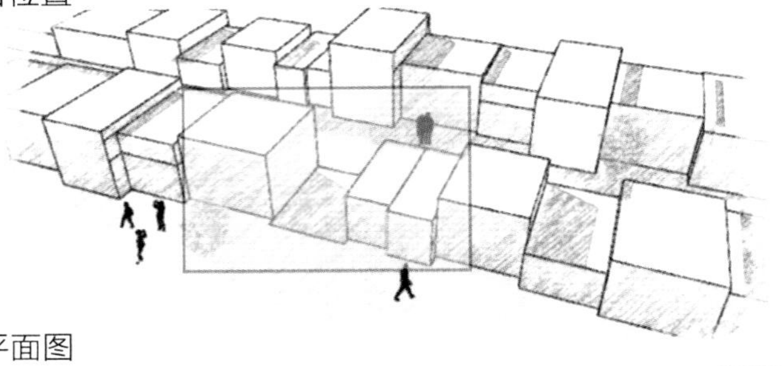

总平面图

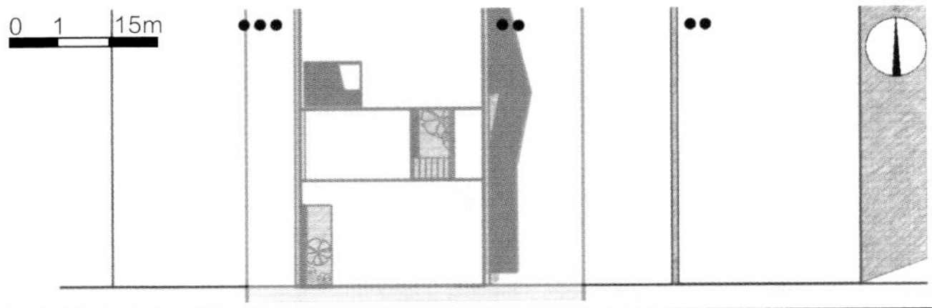

0 1 15m

一层平面图

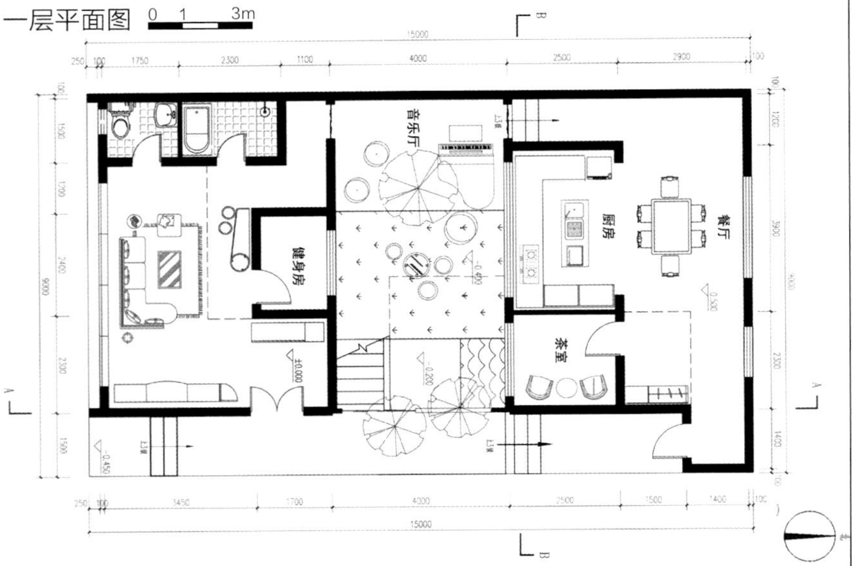

0 1 3m

音乐厅 厨房 餐厅 健身房 茶室

二层平面图

0 1 3m

阳台 书房 画室 客厅上空 餐厅上空 辅厅 廊道上空

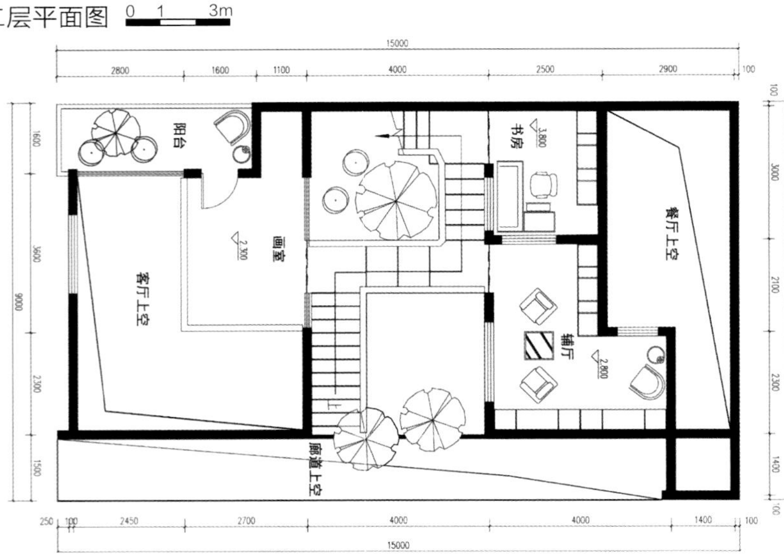

室内场景

我与父亲母亲在音乐厅欣赏音乐

父亲与当事人会面，透过玻璃能够欣赏到庭院的美景并看到上层的我与母亲。

从办公室望中庭的景色，让父亲得以在紧张的工作中放松心情。

平行之家——理想家宅设计　　作者：郭放　　2018 级　　指导老师：汤诗旷

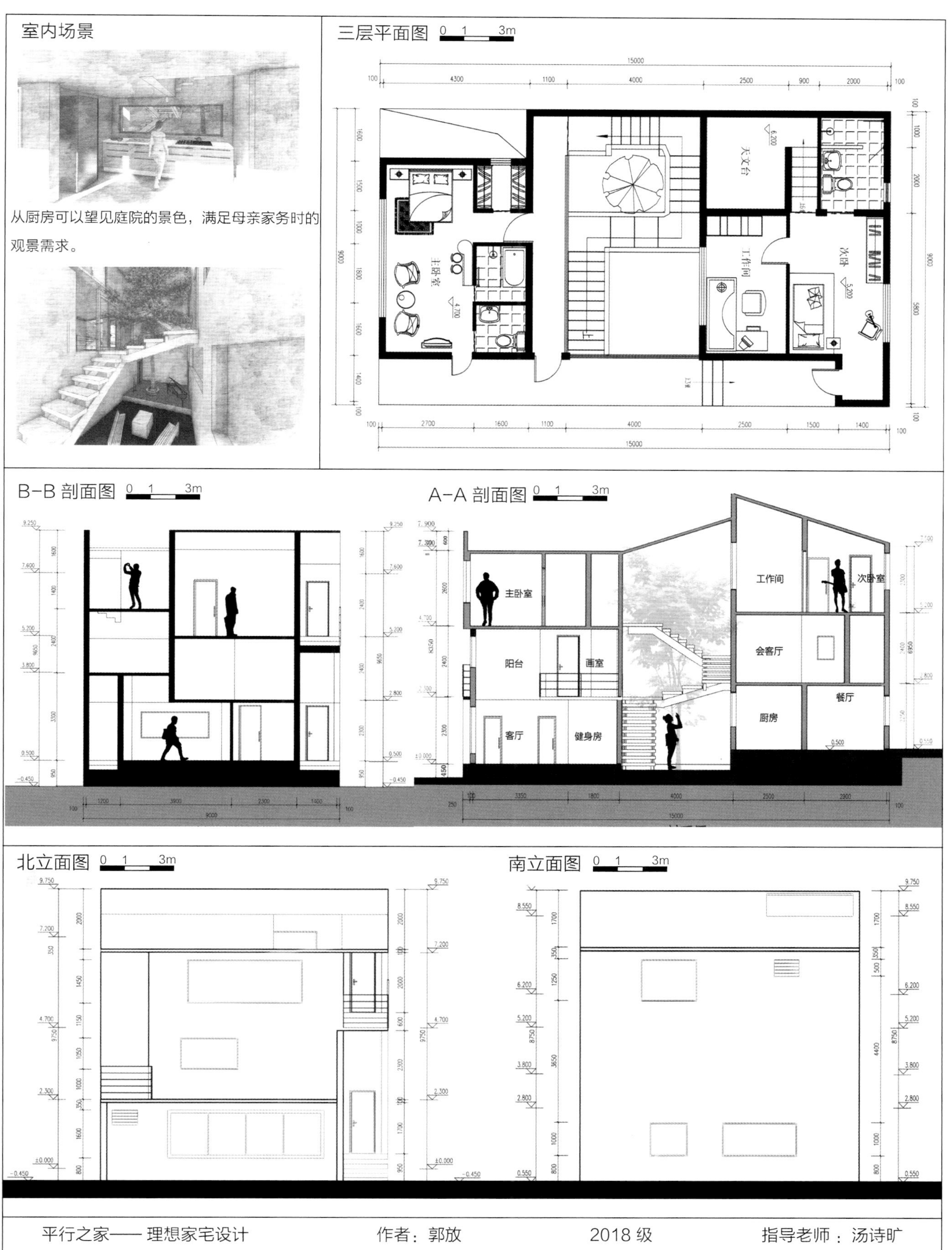

平行之家—— 理想家宅设计　　作者：郭放　　2018 级　　指导老师：汤诗旷

老师评语

该学生在此次设计方案中，功能布局合理，动线别出心裁，意图把家人与外来人员区分开来，处理手法上逻辑清晰。并且勇于尝试探索，在有限的使用面积内，尝试打破室内外的界限，弱化室内与室外空间的分隔，用前后两个一大一小且通高的庭院，使得每个空间都可见庭院，在提高室内自然采光的同时，也提高了内在的空间气氛。图面表达准确清晰。

事件关系

一年秋季，是武汉最舒适的季节。这是节假日的第一天早晨六点，一家人还在睡梦中，清晨的阳光从卧室的L形窗射入，在实木地板上拉出一条金色的光带。在客厅，植物被清晨第一缕阳光唤醒，南面的墙上产生了丰富的光影变化。八点母亲起床，下楼要经过一片空中花园，母亲在楼上平台驻足，秋天的清晨有些许凉意，但金色的阳光透过房屋的间隙，带着温暖。母亲看着自己亲自种植的花草在这温馨的家中自由呼吸，知道这一定是美好的一天。母亲顺着扶梯下楼，径直走向开放式厨房，准备为家人准备一份丰盛的早餐。不久，我和父亲也起了床，走出卧室我跟父亲道了个早。用过早餐，我绕过花园上楼，这里面有我的一片小天地。两米高环形的书架围合的空间有我最喜欢看的书籍，有的架子上还摆放着我引以为傲的建筑模型，空间中有一个很大的工作桌，摆着各种草图纸和概念模型，我很喜欢拖着懒人沙发找到几个书架的间隙，躺下看书。书架成为一种半透明的隔断，围合空间确又保证了通透性。中午一家人很早吃了饭，父亲也帮忙收拾餐具，父亲有些兴奋，下午约好了几个老友来家里喝茶。下午的空气是安逸的，母亲从书架抽出一本书，坐在台阶上读了起来。午后，一行三人来到家门前，从一个狭长的廊道进入，漫步经过室内庭院，花园，家宅内部的空间一点点出现在眼前，廊道旁右侧的大玻璃窗可以直接看到厨房，正在做烘焙的母亲热情地给他们打了招呼。父亲也来到门前，热情迎接。三人换好了鞋，绕过餐厅来到了一个安静的空间，竹子围合，也增添了几分诗情画意。父亲沏上了茶，上了一只檀香，此时无风，一缕青烟笔直向上奔，在阳光照耀下格外夺目。

晚上一家三口躺在沙发上续播了昨天没追完的电视剧，客厅视野开阔，周遭似乎安静了下来，家里的植物也进入了休眠。夜已深，抬头便是漫天的繁星，我回到卧室，天空突然飘起了小雨，打在床边的树上，沙拉拉……。母亲在床边的桌上看书，透过案前大片的玻璃窗，余光瞥见对面我的卧室，点点灯光……

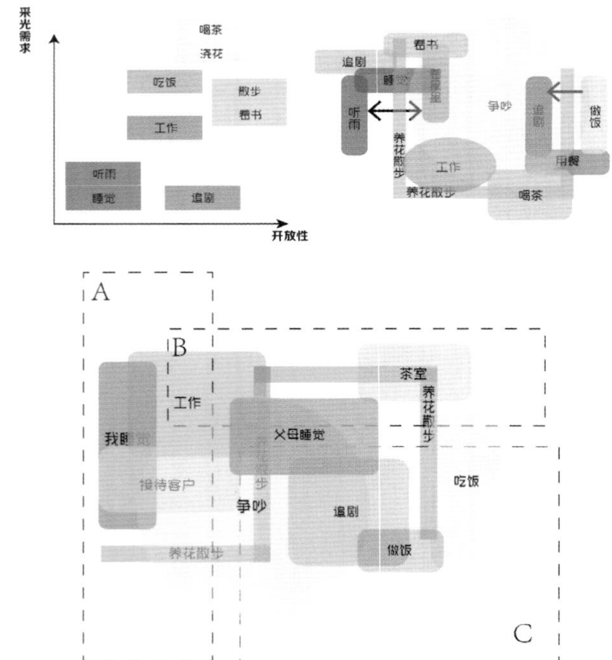

引入景观

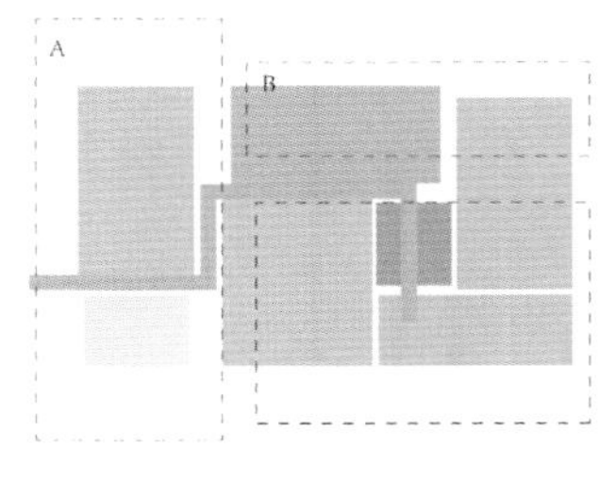

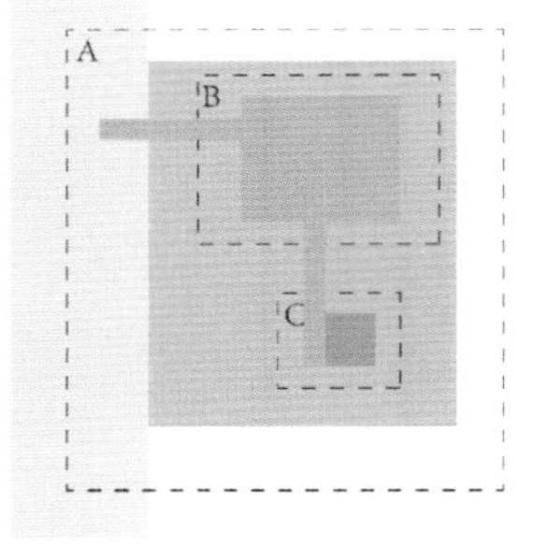

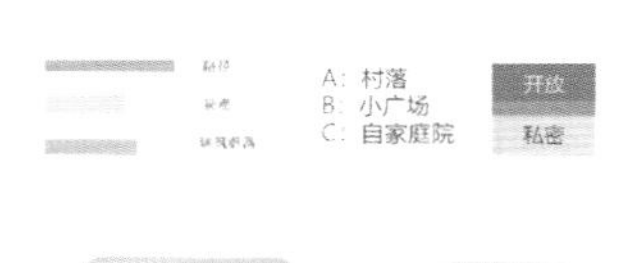

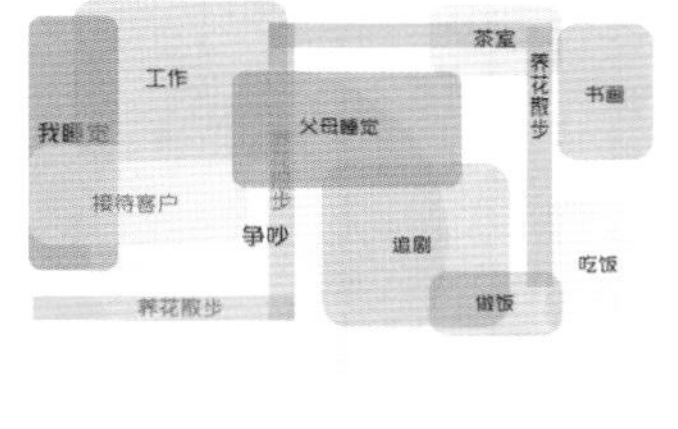

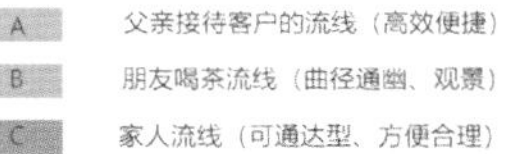

草图

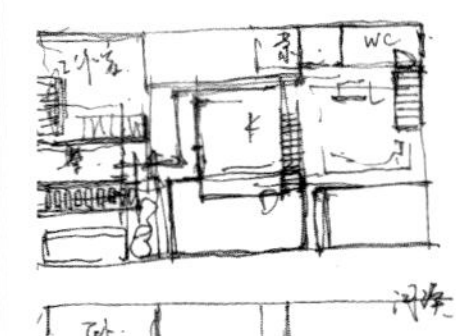

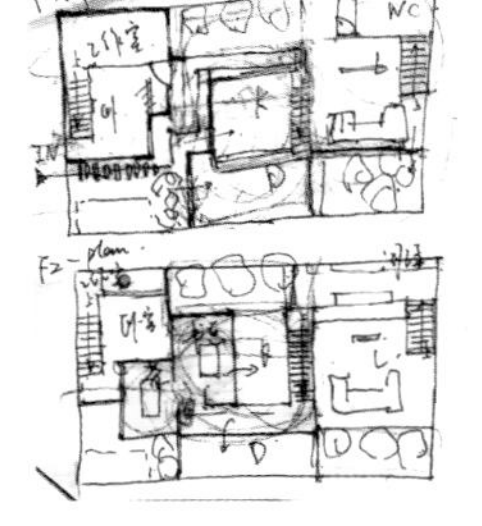

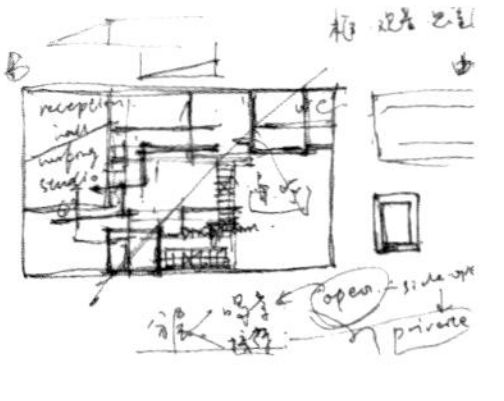

屋内屋外——理想家宅设计　　作者：蔡文卓　　2018 级　　指导老师：张婷

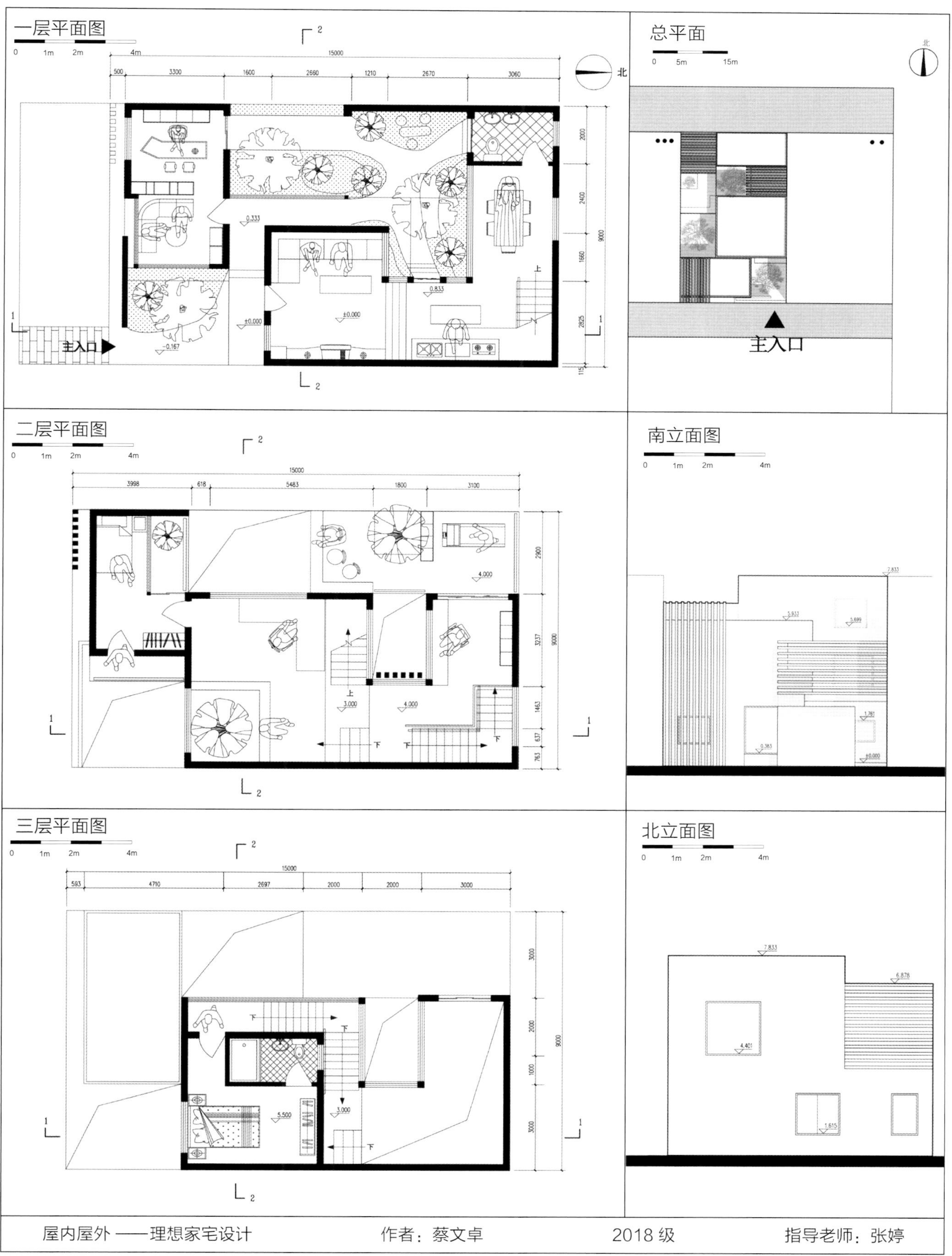

屋内屋外——理想家宅设计　　作者：蔡文卓　　2018 级　　指导老师：张婷

剖面图 1-1

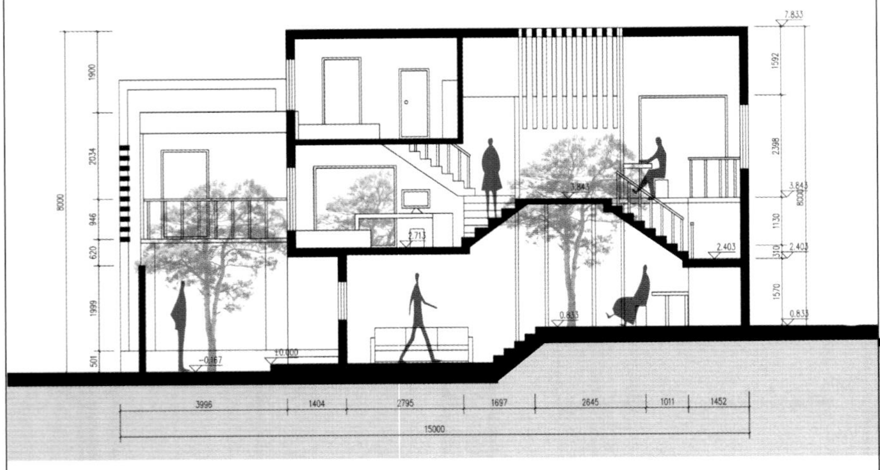

剖面图 2-2

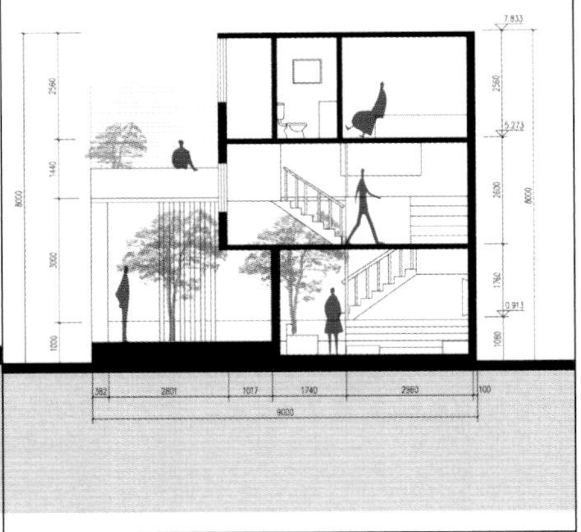

功能分区与流线

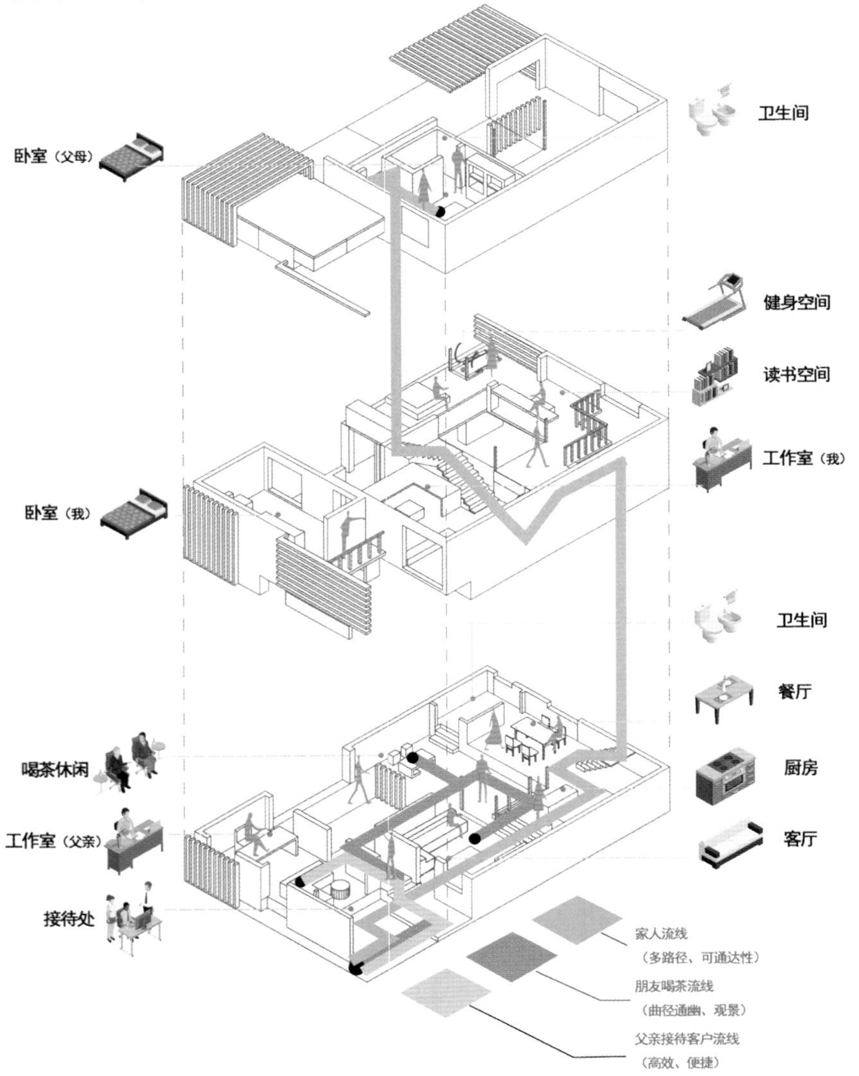

卧室（父母）

卫生间

健身空间

读书空间

工作室（我）

卧室（我）

卫生间

餐厅

厨房

客厅

喝茶休闲

工作室（父亲）

接待处

家人流线
（多路径、可通达性）

朋友喝茶流线
（曲径通幽、观景）

父亲接待客户流线
（高效、便捷）

模型照片

东立面模型照片

西立面模型照片

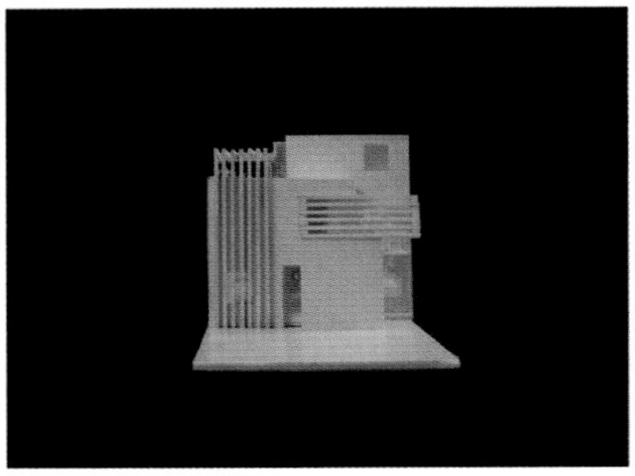

沿街立面模型照片

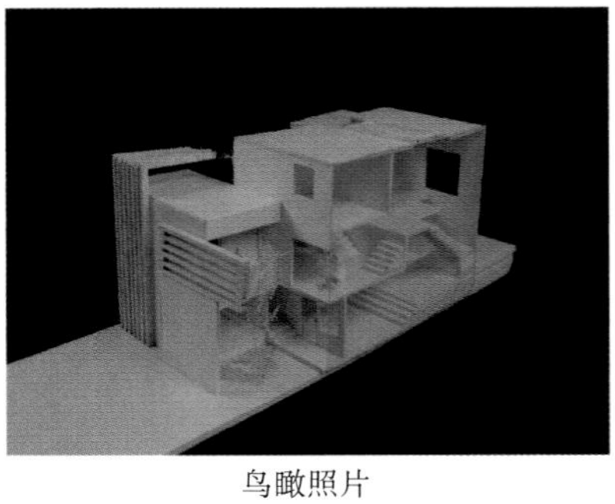

鸟瞰照片

屋内屋外 ——理想家宅设计 作者：蔡文卓 2018 级 指导老师：张婷

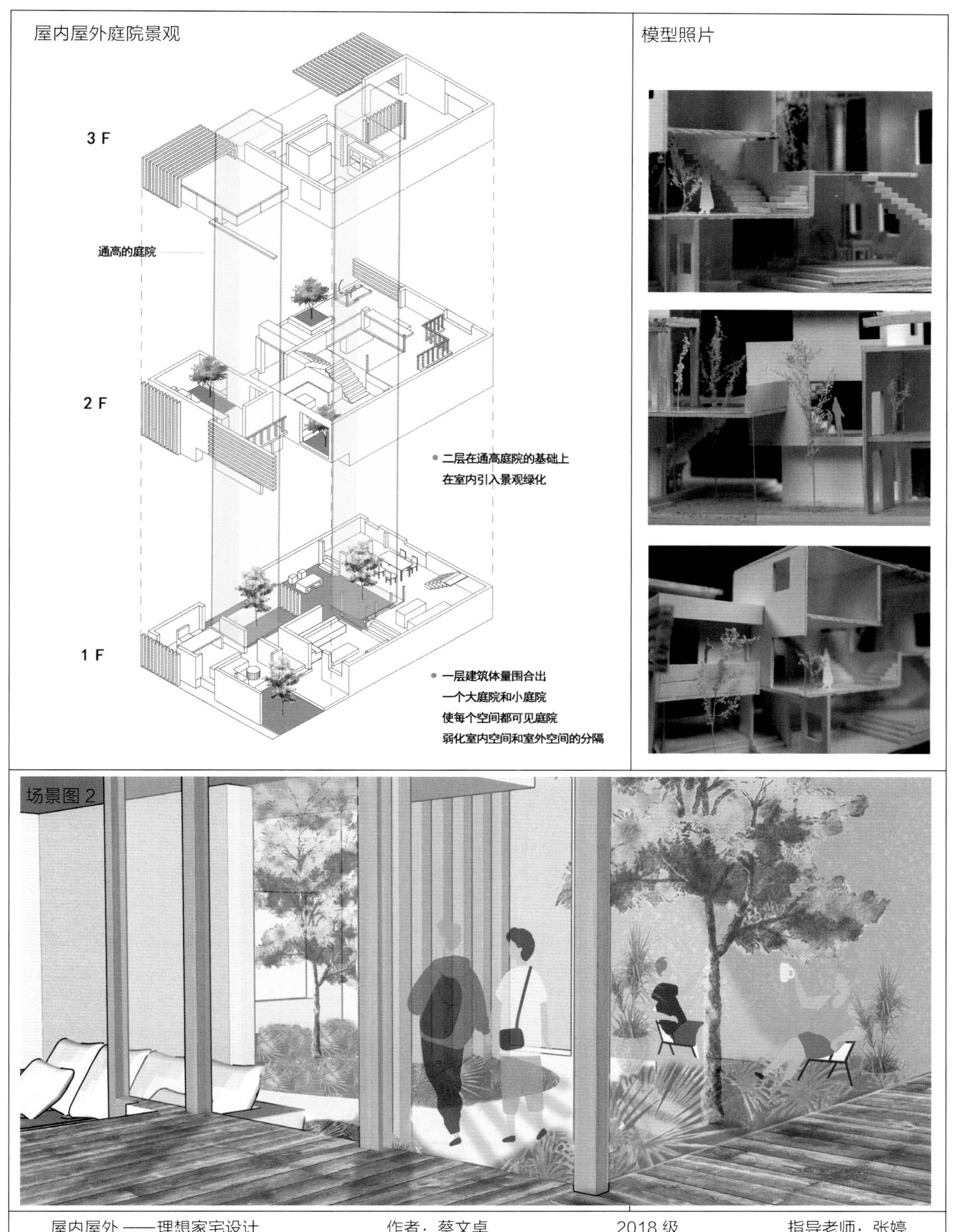

屋内屋外——理想家宅设计　作者：蔡文卓　2018 级　指导老师：张婷

相伴之舟

设计感想：

我对理想家宅的设计思路源于对自身家庭问题的追根溯源。父亲因工作繁忙忽略家庭而感到愧疚，而且家人之间交流很少，时间不同拍，各做各事。弟弟出生之后，父亲开始意识到了家庭教育的重要性，有意识地参与弟弟的成长。我想以理想家宅的空间策略促进家庭向积极的方向改变，有意识地营造良好的家庭氛围，促进爸爸妈妈参与弟弟的成长。所以我提取一件几乎每天都在上演的场景，即晚上六点钟爸爸下班回家看书，妈妈下班回家做饭，弟弟放学回家做作业三件事情，让它们彼此之间在空间上产生联系，从而增强家人之间的交流与互相感知。

设计说明：

通过这次理想家宅的设计，我懂得了设计的关键思路之一是以解决问题为导向。解决问题要有针对性，即针对家人的行为活动以及发生时间寻找区别和联系。其次是空间处理手法的思路，我之前一直以板片的思维方式思考，受楼层的限制，很难实现多方位交流。后来我打开思路，摒弃了板片以及楼层的限制，采用体块表达空间关系，并且在布置具体房间的时候更是将其转化为杆件来突破空间的束缚。在过程中剧本的表达、设计任务书的自拟以及图解的关系表示提供给我一条清晰的设计思路，十分受用。

老师评语：

该方案对于家宅的理解有自己独到的思路，在设计条件比较苛刻的前提下，仍然能够创造家庭成员各自独特且较方便的使用空间，并留出了不少共享空间和与外界交流的面，让该建筑呈现出一种空间变化丰富、又能很好地接触自然的新景象。方案显示出作者具备成为一名优秀建筑师的潜质，且制图认真、规范，模型制作精细，是一份优秀的作业。

相伴之舟 ——理想家宅设计　　作者：刘昱　　2019 级　　指导老师：郝少波

行为需求分析：

家庭成员背景：

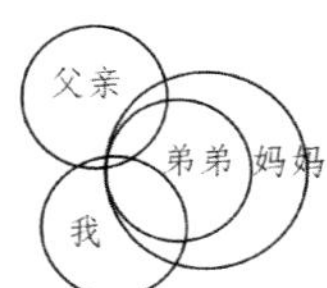

从圆形的重叠面积可以看出家人之间的交流频率。父亲工作较忙，和家人交流得较少。这给我的童年带来了遗憾。此次家宅设计的主旨意在弥补这种遗憾，让家人之间更紧密地联系在一起，让弟弟更好地成长。

父亲：
年龄：45。
工作：刑警，破案时早出晚归，平时朝九晚五，但也会在家处理案件。

母亲：
年龄：41。
工作：教师，除上课外工作时间自由度高，大部分时间在家。统揽家庭全局。

弟弟：
年龄：6。
工作：小学一年级学生，聪明贪玩，自制力不强。

我：
年龄：18。
工作：学生，没课的时候可以回家。

性格：沉默寡言，自律性高，深爱家人却不善于表达。对没有充分陪伴家人感到愧疚，希望能兼顾工作和家庭。

性格：认真负责，对弟弟的学习很上心。爱好广泛，多才多艺，希望小日子能过得文艺一些。善良有爱心，喜欢喂小区里的流浪猫狗。

性格：活泼好动。安静的时候喜欢待在角落休息、打游戏。表现欲强，希望自己得到爸爸妈妈的关注。喜欢小动物。

性格：内向安静。虽然和家人交流较少，但希望更热闹的氛围、更好地表达家人之间的爱和关注。

重要行为需求（个体）

· 晨跑，每天清晨出门跑步时会挨个叫我和弟弟起床晨读。
· 读书，喜欢有一个特定的环境能兼顾和家人的交流。
· 邀请朋友同事来家里讨论案件、喝茶下棋。
· 练拳击，爸爸喜欢打沙袋放松一下，同时也强身健体。
· 偶尔夜归，喜欢妈妈在门厅为他留一盏灯。

· 烹饪美食，下午闲来无事会烘焙点心、煮咖啡或茶汤。
· 弹钢琴，坚持了十余年的爱好，每天都会练一练。
· 监督弟弟学习，但是还要兼顾做饭洗衣，有时候忙不过来。
· 躺在吊床上阅读、吃下午茶，十分有文艺气息。

· 和爸爸一起读书，有不认识的字问爸爸。
· 做作业（妈妈不盯着的时候会开小差）。
· 喂小区里的流浪猫狗。

· 做瑜伽。
· 看书，偶尔和父亲讨论。

家宅剧本：摘自超长寒假的一个周末

私密性较强
无私密性要求
公共性较强

追求目标：在满足家人的行为需求的同时，保持空间丰富。而串联起这些空间的交通流线简单而有逻辑，回家≠进迷宫。

	6.00	7.00	8.00	9:00	10:00	11:00	12.00	13.00	14:00	15.00	16.00
父亲	外出晨跑	洗浴			外出办事			看书		看书	练拳击
母亲	睡觉	烹饪早餐	吃早餐	工作		烹饪午饭	吃午饭	看电视	午休	下午茶	工作
我				作画							学习
弟弟	晨读			兴趣班		玩乐		打游戏		玩乐	

	17:00	18:00	19:00	20:00	21:00	22:00	23:00
父亲	工作			外出办事		回家	
母亲	烹饪晚餐	吃晚餐	看新闻	弹钢琴	检查弟弟作业		
我	瑜伽			阅读		辅导弟弟作业	睡觉
弟弟	做作业		外出踢球		阅读		

生成逻辑

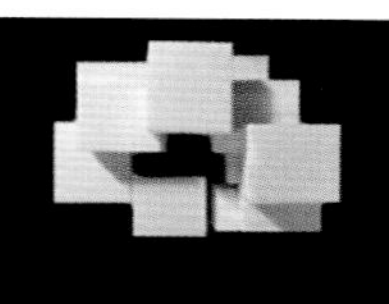

①草模尝试：通过体块堆叠、穿插、排列组合尝试去营造丰富的空间感。探索体块与体块之间所形成的负空间给房间之间的关系带来的影响。

②希望通过丰富的体块关系在入口处展现出一种视觉冲击力。

③空间处理手法的思路：抽离出杆件，让空间的可能性变大，从而布置房间、交通动线。以板片的思维方式思考，受楼层的限制，很难实现多方位交流。摒弃板片以及楼层的限制，采用体块表达空间关系，并且在布置具体房间的时候更是将其转化为杆件来突破空间的束缚。

空间关系

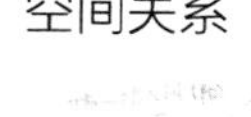
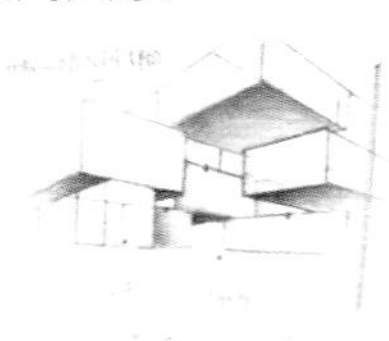
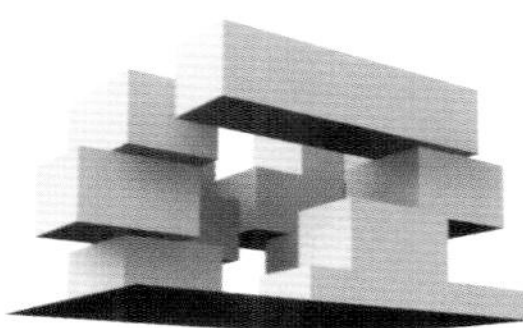
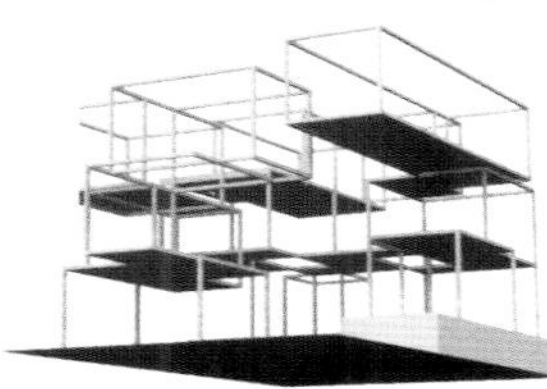

公共区域
卧室区域
安静区
活动区
交通区

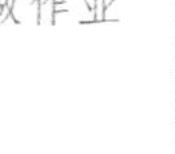

相伴之舟——理想家宅设计　　作者：刘昱　　2019 级　　指导老师：郝少波

总平面 0 3 9m

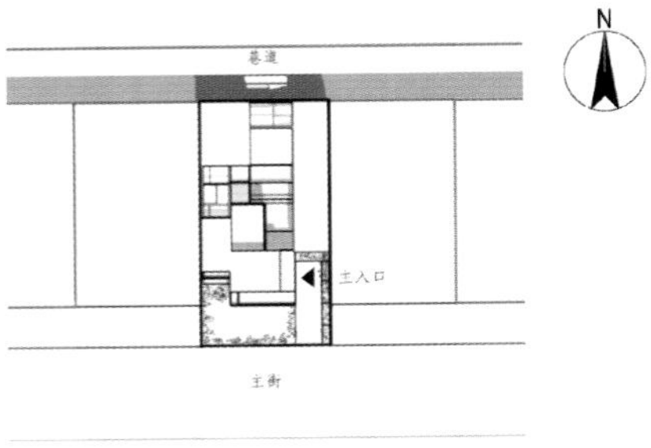

南立面 0 1 3m

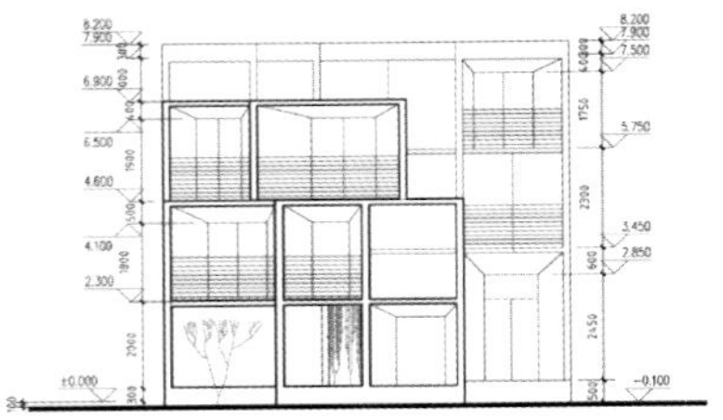

北立面 0 1 3m

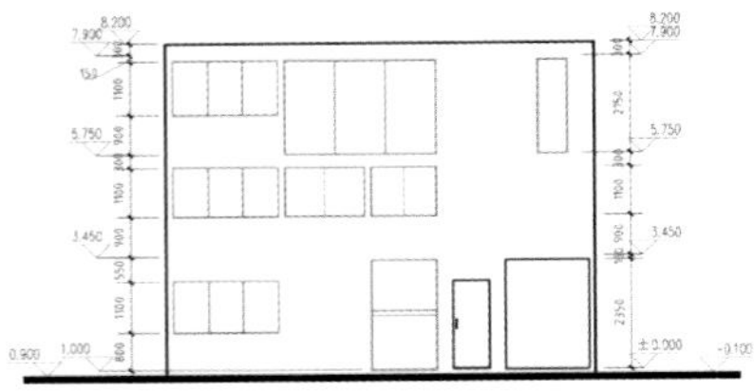

剖轴测图

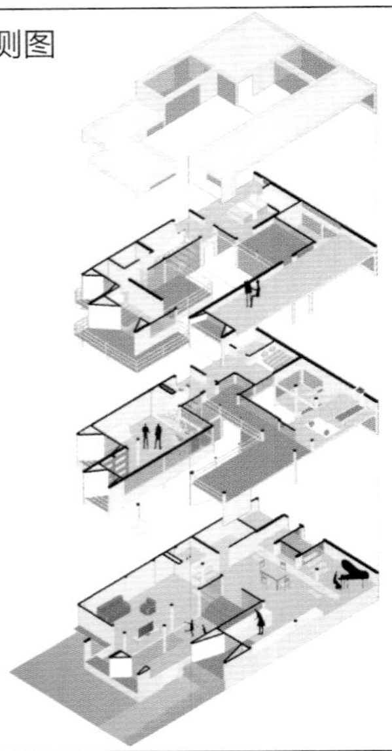

标高 1.700m 处平面图 0 1 3m

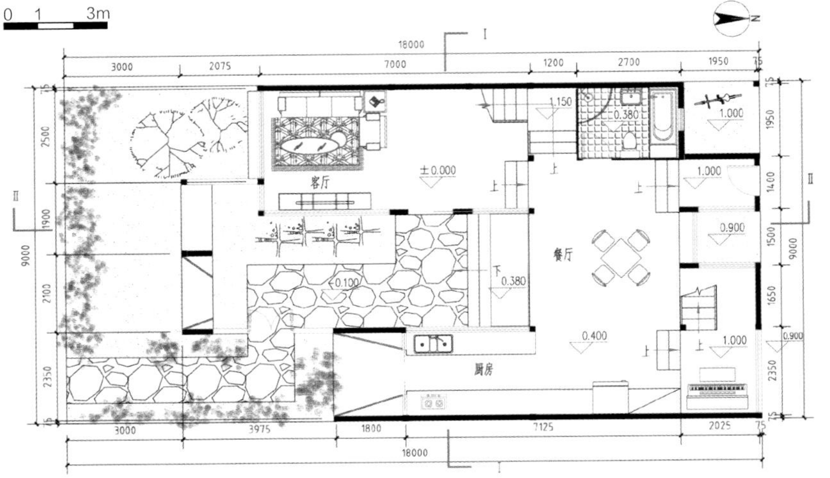

标高 3.100m 处平面图 0 1 3m

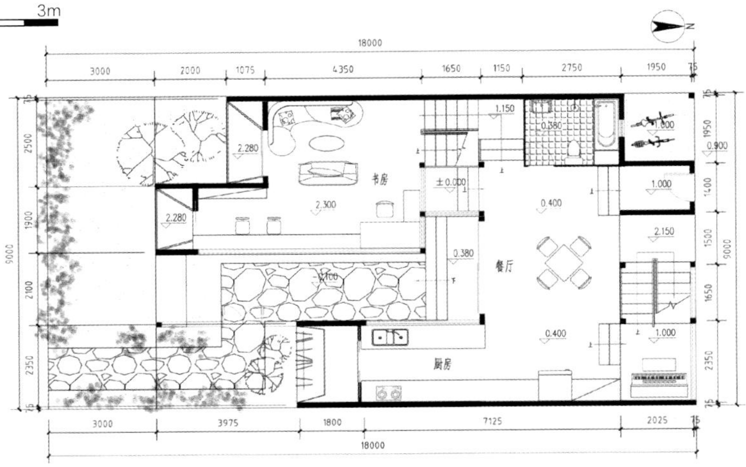

标高 5.200m 处平面图 0 1 3m

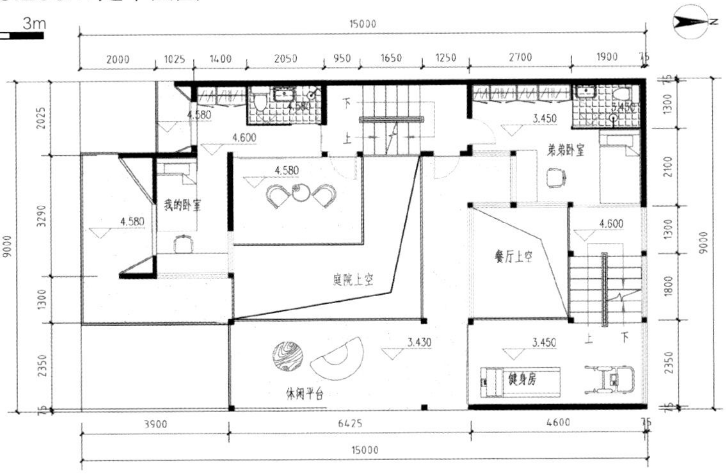

相伴之舟——理想家宅设计　作者：刘昱　2019 级　指导老师：郝少波

1-1 剖面图

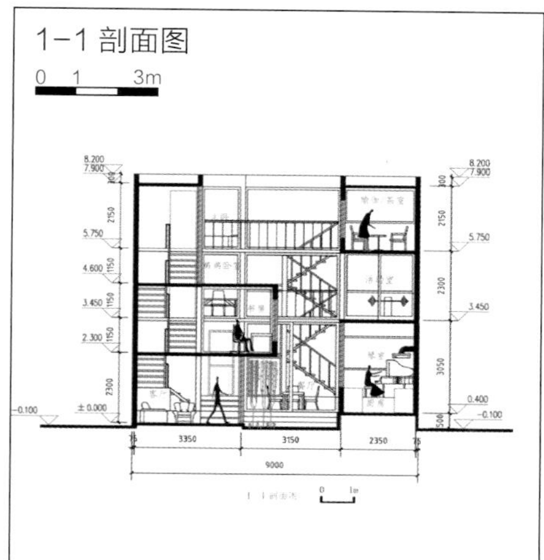

标高 6.300m 处平面图

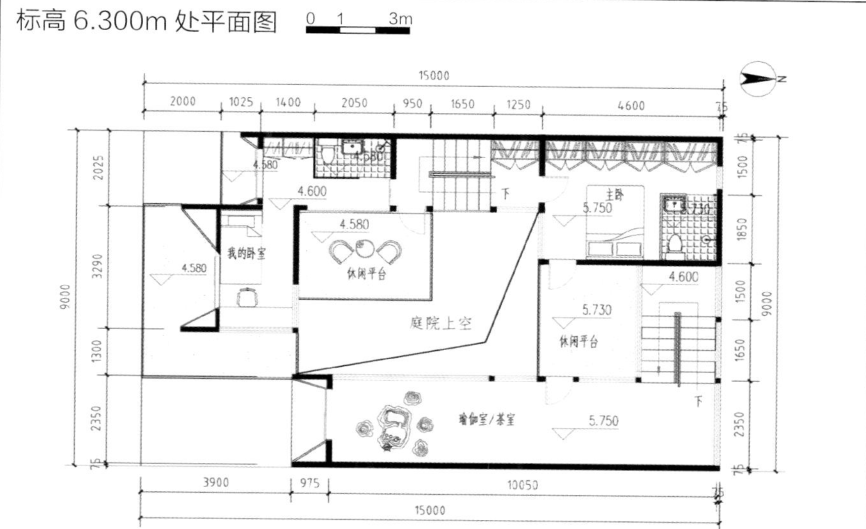

厨房视角

书房视角

活动室视角

客厅视角

2-2 剖面图

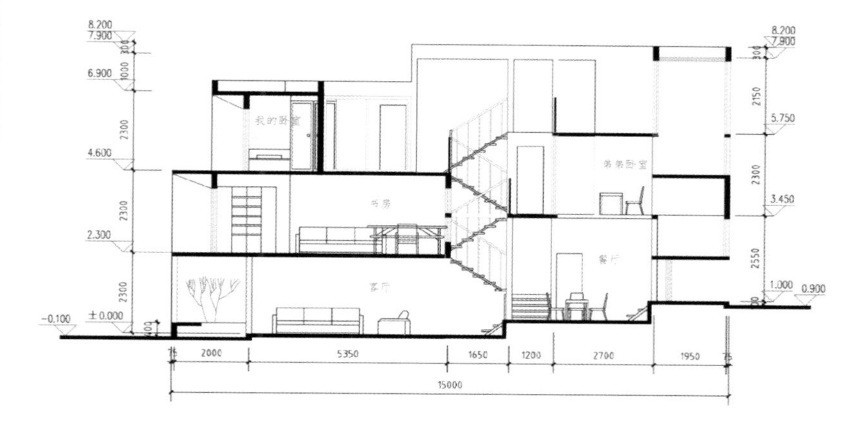

剖轴测图

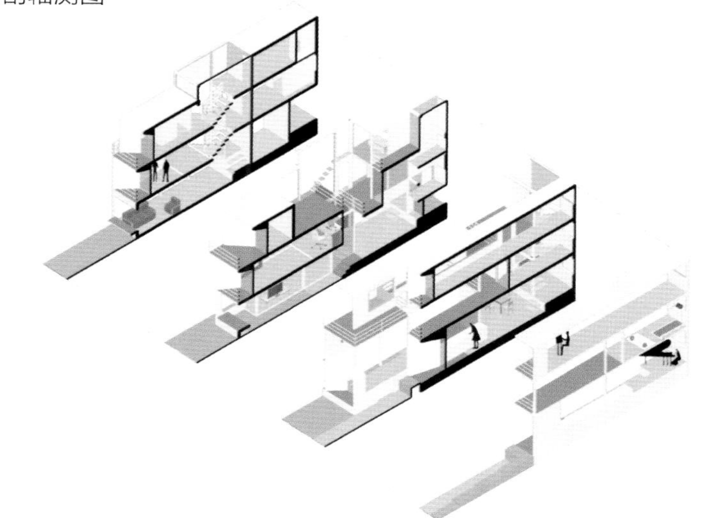

相伴之舟——理想家宅设计　作者：刘昱　2019 级　指导老师：郝少波

二分小宅

——理想家宅设计

设计说明

住宅的使用者是一个普通的三口之家，他们想要相互融合又互不打扰的生活。小宅的房间并不多，也不大，南边的宽敞庭院和北边的室外空间通过中间长长的廊道连接，东西两面的建筑因此分割，两侧房间的人也因此对望。庭院不仅是住宅的中分线，也是街道和家的分隔线。廊道中盘旋而上的楼梯节省了建筑内部的交通空间，也减淡了室内外的分隔，使庭院和建筑融为一体。

设计过程

· 家庭成员及各自空间需求

爸爸
工作繁忙，经常在外
喜欢看书
没有工作的时候很宅

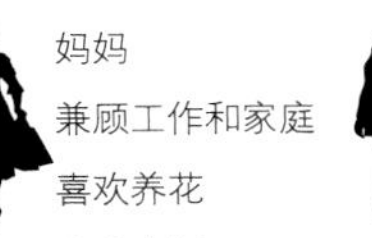

妈妈
兼顾工作和家庭
喜欢养花
喜欢烹饪

我
性格内向
喜欢安静
喜欢独处

· 剧本空间提取

Spring

我的卧室：
从卧室的窗户可以看到庭院
远远地向庭院中的爸爸妈妈打招呼
春天早晨，阳光透过窗户洒进屋内
庭院：
月季花，栀子花
梅树，桂树
橘子树，枣树
葡萄藤
石桌，石凳
阳光洒落，格外温暖

Summer

屋内小灯：
以照明为主：
庭院小灯，门口、
楼梯走道的灯：
方便家人晚上回家
爸爸妈妈的卧室：
舒适，从一天疲惫工作中解脱
我的卧室：
可以听见晚上爸爸回家的声音
窸窸窣窣的流水声
房门开关的声音
透过窗户，看见妈妈卧室的灯关了

Autumn

庭院
秋天橘子树和枣树结果
桂花香飘得满屋皆是
可以看见屋内活动区域的人

Winter

庭院
冬天积雪，连接住宅内部和外部
厨房
两个人在里面可以自由走动

· 重要空间梳理

庭院

陈列：月季花，栀子花，梅树，桂树，橘子树，枣树，葡萄藤，桌椅；
光线：天气好的时候，阳光洒落，很温暖；
视线：看见我的卧室，看见屋内活动区的人；
活动：葡萄藤下喝茶休息，春天松土种花，秋天采摘果实，连接内外。

厨房

陈列：各种厨房设施齐全，有很大的桌子准备和摆放食材；
活动：做饭，可容纳两个人自由走动。

书房

陈列：大的书柜和书桌，书架上垂吊植物，一角是茶桌；
活动：看书，喝茶。

卧室

视线：从我的卧室透过窗户可以看见爸爸妈妈的卧室；
声音：听见爸爸晚上回家的声音。

· 剧本场景还原

· 坐在葡萄藤下，观赏这庭院中的花朵，聊天喝茶。

· 看见爸爸妈妈在庭院内整理枝叶，远远地问了声“早安”。

· 我在房间等着妈妈回家，屋外的电闪雷鸣让我很害怕。

· 我踩在梯子上摘橘子，妈妈在下面扶着。

· 妈妈望见我和爸爸，叮嘱我们要小心。

· 我围着妈妈在厨房里转悠。

· 妈妈在打扫家中各个角落，清理庭院落叶。

· 室内小小的高差成为我和妈妈之间的屏障。

· 书房是们一家静下心来读书和交流的空间。

· 剧本事件整合

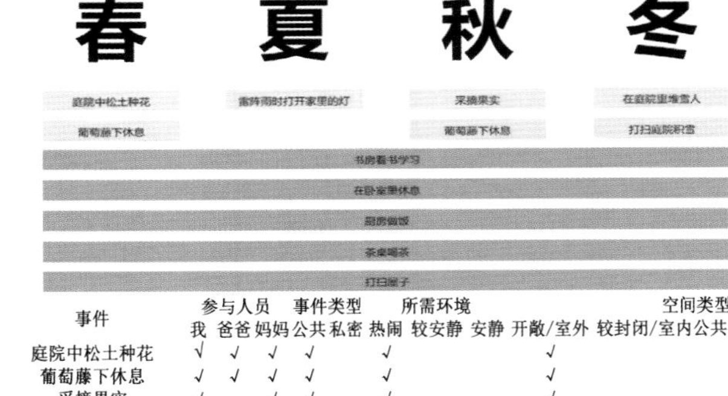

事件	参与人员			事件类型		所需环境			空间类型	
	我	爸爸	妈妈	公共	私密	热闹	较安静	安静	开敞/室外	较封闭/室内公共区
庭院中松土种花	√	√	√	√		√			√	
葡萄藤下休息	√	√	√	√		√			√	
采摘果实	√		√	√		√			√	
打扫庭院积雪		√		√		√			√	
在庭院里堆雪人	√	√		√		√			√	
厨房做饭	√		√	√		√				√
打扫屋子		√	√	√		√				√
茶桌喝茶	√	√	√	√			√			√
书房看书学习	√	√			√		√			√
雷阵雨时打开家里的灯	√				√			√	√	√
在卧室里休息	√	√	√		√			√		
弹古筝，画画	√				√		√			√
工作		√	√		√		√			√

将剧本中所有事件都放置在一个平面上，试图用颜色区分事件发生所在的位置和事件私密性。同一种颜色代表事件可发生于同一位置或空间，或者是事件私密性相似。

二分小宅——理想家宅设计　　作者：汪艺　　2019 级　　指导老师：沈伊瓦

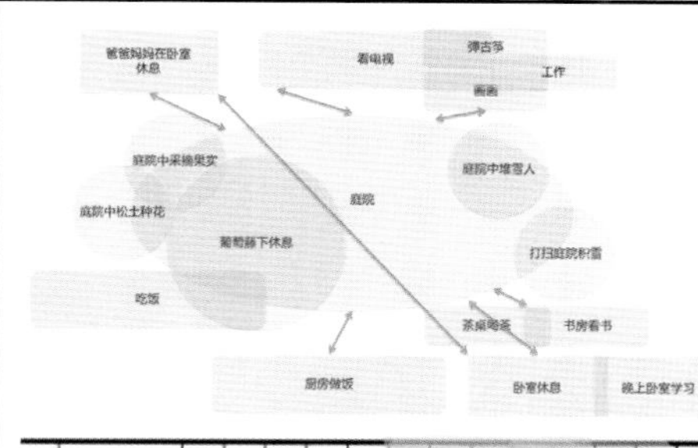

进一步加入剧本中所提取出来的声音和视线关系，用箭头代表两个空间中所发生的事件或者同一空间中发生的两个事件有视线及声音的交互关系。

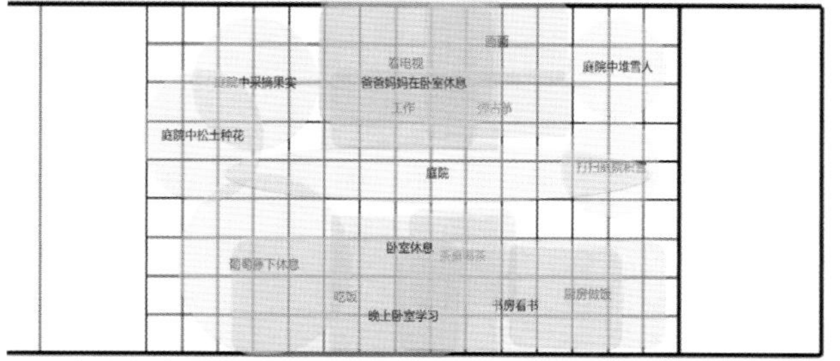

考虑每个事件发生所需要的空间大小。将其放入地块中。

大致形成了一个将建筑分成两半，分别位于东西面，地块中间留下一条过道的平面布局。

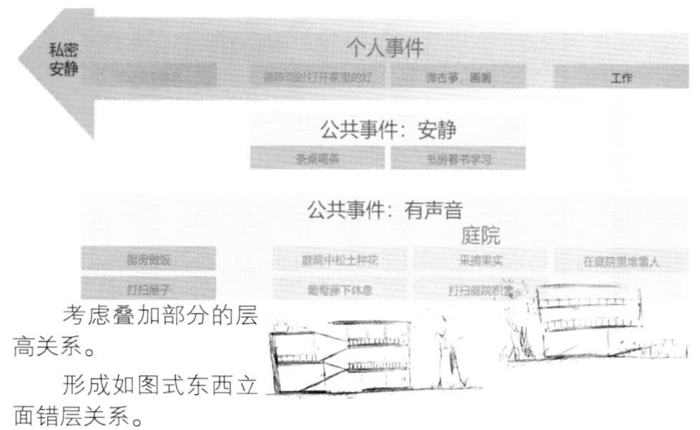

考虑叠加部分的层高关系。

形成如图式东西立面错层关系。

· 草图草模推敲

· 一草

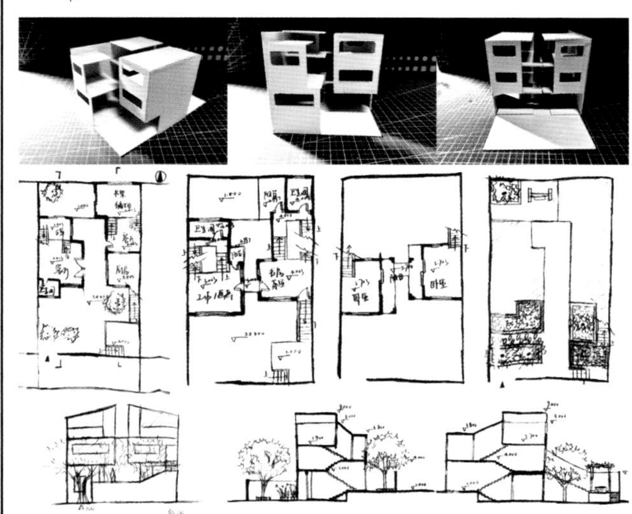

对于空间的大小缺乏考量，因此在二草的时候适当放入家具以便设置房间的大小。

· 二草

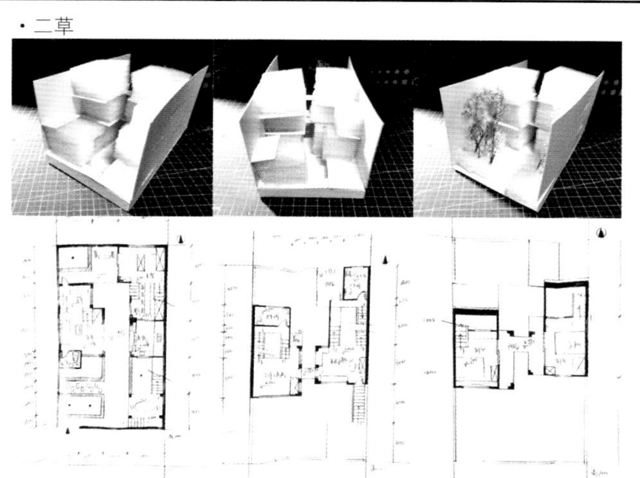

对于空间舒适程度的关注不够，每个房间的开门方式和楼梯间的设置对于人而言是否舒适。

· 三草

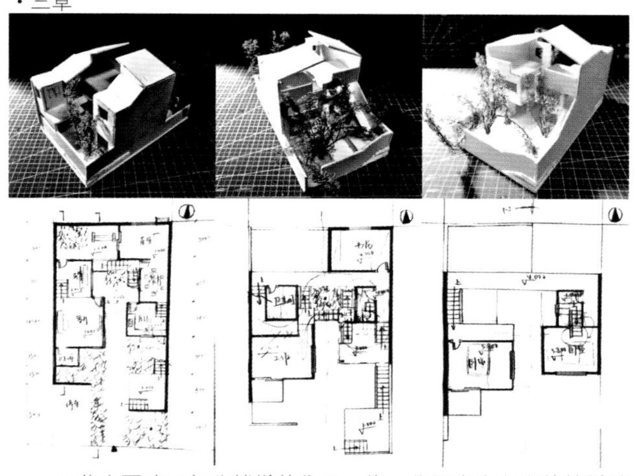

三草中更改了部分楼梯的位置，将一些原本在室内的楼梯移动到室外，解决了部分房间的问题。但是楼梯过于冗杂，所占面积过多，且上面的楼梯平台不能很好地遮挡下面的建筑入口，雨天问题不能很好解决。

· 四草

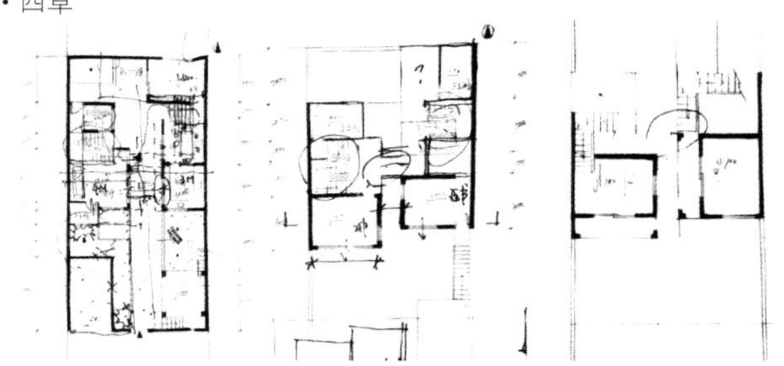

四草中将楼梯改成室外的环形楼梯，节省了建筑空间，也是最终成果中保留的部分。但是最终成果更改了二层的平台位置，以遮挡下面的建筑入口，解决雨天问题。

二分小宅——理想家宅设计　　作者：汪艺　　2019 级　　指导老师：沈伊瓦

一层平面 0 1 3m

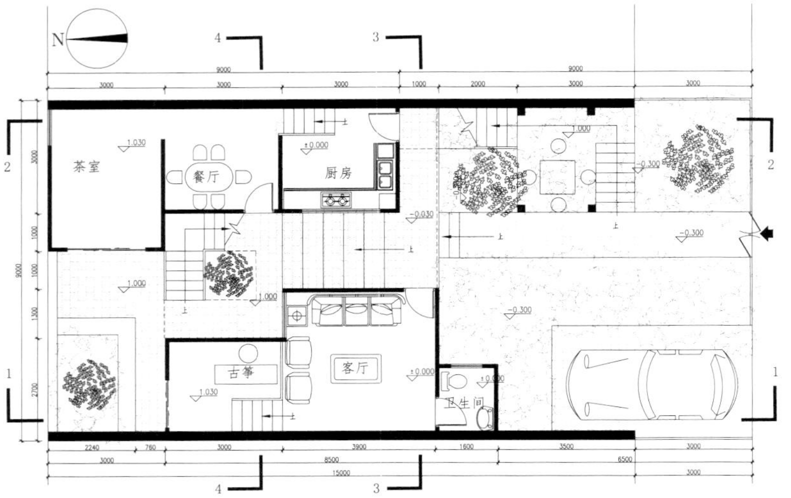

茶室 餐厅 厨房 古筝 客厅 卫生间

总平面图 0 5 15m

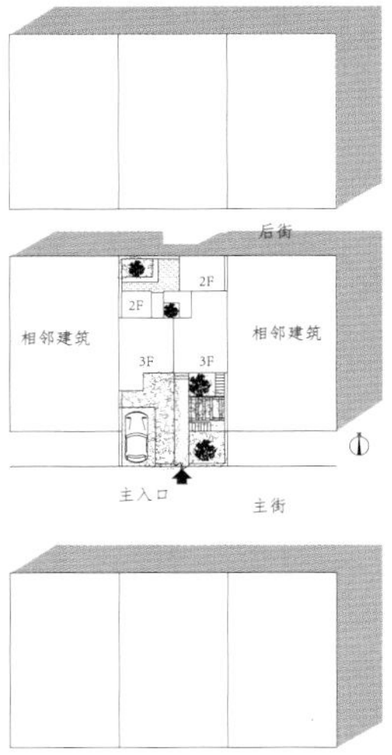

后街 相邻建筑 相邻建筑 主入口 主街

二层平面 0 1 3m

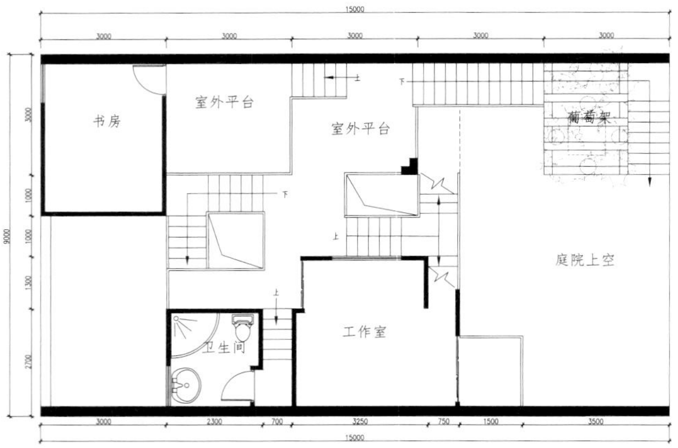

书房 室外平台 室外平台 葡萄架 庭院上空 卫生间 工作室

南立面图 0 1 3m

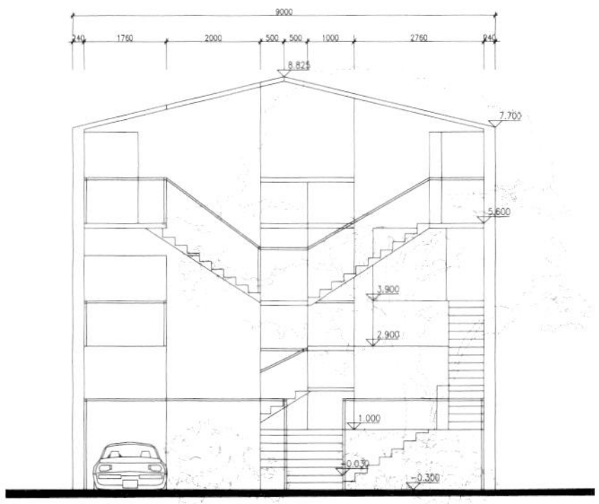

三层平面 0 1 3m

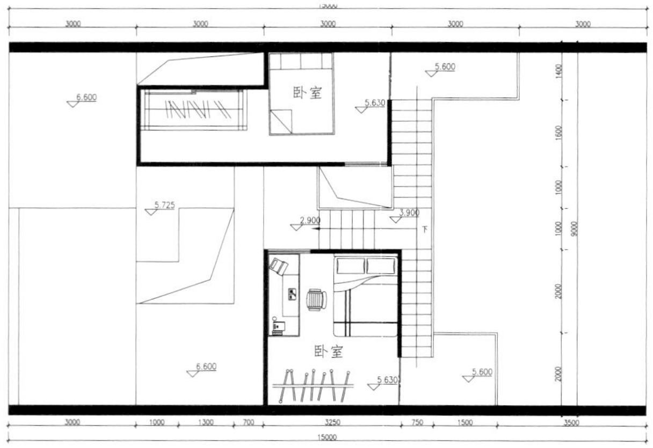

卧室 卧室

北立面图 0 1 3m

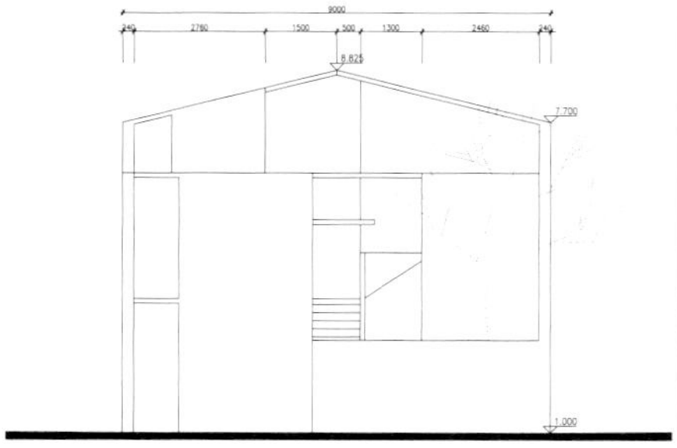

二分小宅——理想家宅设计 作者：汪艺 2019 级 指导老师：沈伊瓦

剖面图 1-1

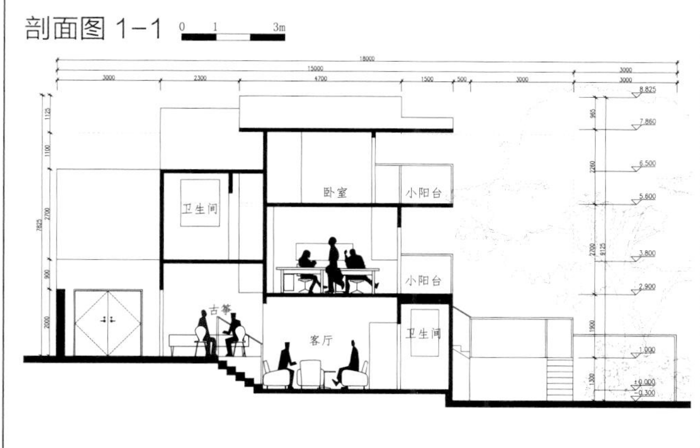

剖面图 2-2

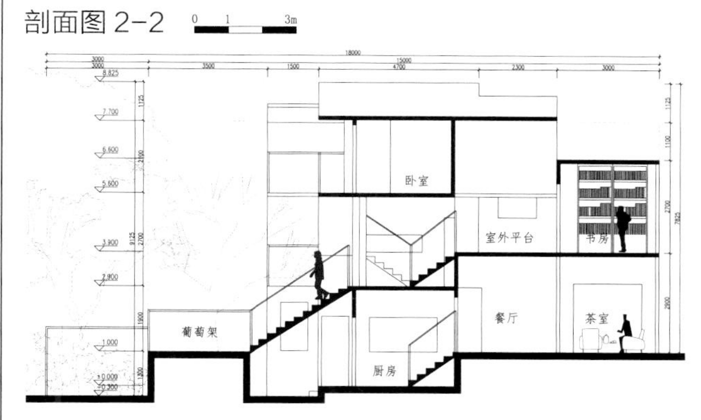

剖面图 3-3

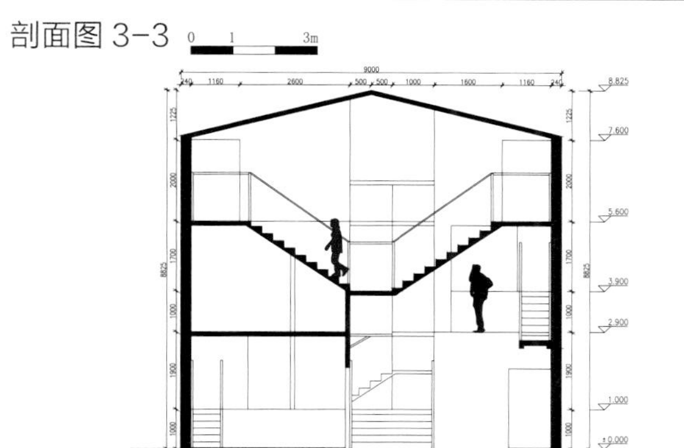

剖面图 4-4

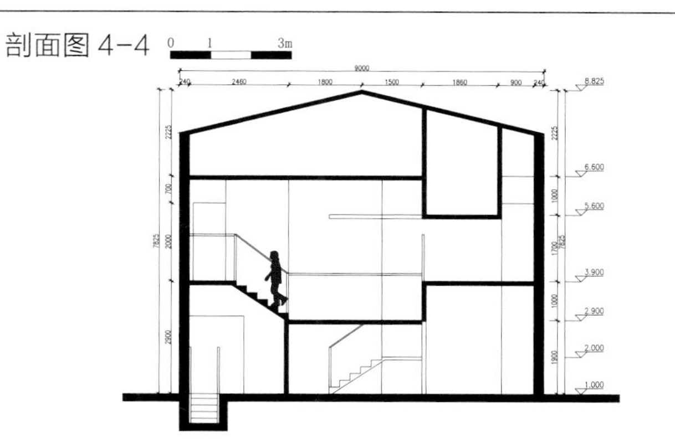

模型照片

设计感想

跟着任务书一步步走过来，过程比较顺利，只是在空间开门开窗和交通流线的设置时花费了很长的时间。通过整个设计，我最大的收获就是：建筑的使用对象是人，只有设计时深处其中，才能体会到空间的具体使用感受。同时，这次设计让我和家人有了进一步关于“家”的探讨，也让我更多地了解到父母对“家”的期盼和需求。

教师点评：

温馨相处的日常，在细腻安静的一家人心里凝练成一年四季的风花雪月共享，建筑边界内外的叮咛互动。汪艺以四季特色鲜明的开放庭院为家庭生活的中心，因而室外及半室外空间的“负形”成为空间操作入手点与核心对象。经过水平和垂直方向上反复推敲，“反向”的操作创造出独具一格的家庭空间类型。

二分小宅——理想家宅设计　　作者：汪艺　　2019 级　　指导老师：沈伊瓦

教师点评：

这份作业依据教案引导的设计步骤顺利推进，在“生活剧本”阶段即明确了家宅生活中“侍弄花草”这一特色与核心事件，并通过图解手段理清事件关系，结合剖面草图与手工草模的推敲，顺利转化为家宅空间。最终的空间设计很好地保留了草图阶段灵动飘逸的剖面空间关系。总体来看，很好地体现了教案设置环节的训练效果，可作为教学范例。

家庭成员简介

爸爸
46岁 公务员
严肃认真、脾气温和、**喜静**
看书、养花
工作再忙也会抽时间陪家人

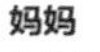

妈妈
43岁 公务员
急性子、刀子嘴豆腐心
最近喜欢**种多肉**

我
18岁 学生
懒且**宅**、有点强迫症
看书、电影、手工
更喜欢**一个人**呆着

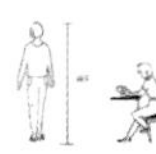

妹妹
1岁 婴儿
不会走路，需要大人**照顾**
晚上如果妈妈不在身边会哭

生活剧本

私人事件一 · 妹妹的一天

喂养
妹妹吃饭时要有东西**吸引**注意力才肯好好吃。

吃饭的地方可以**看到外面**

探索
喜欢**捉迷藏**和到处**爬**。

延展水平爬行空间，要有**一定遮挡**

玩耍
一个人坐着玩积木。

玩耍的地方在**大人目光所及之处**

私人事件二 · 深夜加班

深夜加班

妹妹在房间里熟睡，妈妈偷偷起床**加班**，一盏**小灯**陪伴着她。她一边专心**改着材料**，一边**关注**着妹妹的动静。

互不打扰，**视线**联系

核心事件 · 侍弄花草

施肥： 爸爸在**水池旁**调配好肥料，拿一个**小舀子**细心的往花盆里倒，以防倒在叶片上。花盆摆放得**不高不低**，不**用弯腰**就可以侍弄。他沿路一边走，一边观察着花朵的状态。肥施完后，他回到水池旁，**打水**开始浇花。

浇水： 爸爸浇水时总是要**浇透**，从花盆底**渗出来的水**顺着**坡度**向下流淌，让人十分惬意。相较之下，妈妈养的**多肉不能多浇水**，侍弄起来就轻松得多。

分株 / 换盆： 分株、换盆都是养花必经之路。这种时候爸妈就要把需要处理的盆栽**单独**拿出来，在**空地**进行处理。长时间的**弯腰**使得身体发麻，他们便**坐在台阶上休息**，看看**周围的花朵**，一下子又充满了干劲。

室外　热闹　公共

核心事件 · 在花丛中

清晨浇水： 爸妈在清晨给各自的花草**浇水**，不时溅起的水珠在**晨光照射**下分外好看。妹妹咿咿呀呀**地指着水桶**，我把她抱到旁边，她就迫不及待地把两只小手都往水里伸，然后乱搅一通。

傍晚用餐： 天气好时，爸妈就把**桌子**搬到花丛里。虽然**盆栽**都不大，但胜在**数量多**，仍然给人置身花海的感觉。每次在这里吃饭，妹妹总是格外听话，无疑是花丛吸引了她。**夕阳**也格外美丽，饭菜似乎变得更加可口了。一家人在餐桌上聊着一天的趣事，其乐融融。

玩耍： 花丛就像**层层叠叠**的迷宫，透过枝叶和花架的间隙，我和妹妹玩起了捉迷藏的游戏。有时妹妹会**偷偷溜走**，害我一直在花丛里打转；有时候她又不知从哪里冒出来吓我一跳。

室外　热闹　公共

空间需求

- 相关设施（水池和摆放园艺工具的空间）
- 花丛存在高差，便于排水以及浇水
- 不同花种需要隔离不一样的空间
- 便于劳作时休息

空间需求

- 与自然的融合（晨光、夕阳…）
- 可以容纳家人用餐
- 层层叠叠，有趣味性

生活剧本

日常事件一 · 晨起

起床

当清晨的**阳光**轻轻洒在床上的时候，妹妹首先睁开了眼睛，然后就不安分**地**到处摸索。爸妈也不得已起床，而我仍在呼呼大睡。妈妈准备早餐的声音从**不远处**传来，像是催促着我起床。

天已经很亮了，柔和温暖的**日光**随着**微风**吹了进来。我慢慢地**走下楼**去，看见爸爸带着妹妹正在外面玩耍，等我再下几阶，就与妈妈的目光交汇了。

吃早餐

“吃早饭啦。”妈妈看了看我，又对外面玩的正欢的爸爸和妹妹说道。于是一家人**很快**就围坐在餐桌旁，吃起早餐来。

室内　热闹　公共

空间需求

- 很好地与外界环境交汇（阳光、微风）
- 我的空间可以听到备餐空间的声音，便于我起床
- 有很多视线交汇之处，楼梯带来视线的变化
- 户外到就餐区很近

日常事件二 · 阅读

共同阅读

我将书本摊开在**桌面**上，手边一杯清茶，品味着书中的世界。偶尔读**得**累了，就拿起茶杯慢慢喝一口，目光从书本移到**窗外**，看看**远处的风景**，休息一下眼睛。

爸爸靠在**藤椅**上，也拿着一本书细细翻阅。因为颈椎不太好，他不时**会站起来走动**，放松自己因久坐而僵硬的身体。

我们**静静地**看着书，只有翻页和窗外**树叶摇动**的声音。

室内　安静　私密

空间需求

- 阅读的设施（桌椅…）
- 可以眺望远处的风景，户外不远有树木
- 较宽敞，可以活动身体（踱步、泡茶）
- 安静的氛围

日常事件三 · 午餐

准备午餐

妈妈正在炒菜，而我在一旁帮忙洗菜切菜。

妹妹被爸爸抱在腿上，**隔着操作台**，她看着水池里溅起的水花，又看看我和妈妈，咯咯地笑了起来。

在这个时间里，爸爸喂妹妹吃了**辅食**。

空间需求

- 备餐空间与其他空间通透的视线交流
- 喂辅食需要可以将妹妹“固定”的空间（餐椅和可以吸引她注意力的东西）

日常事件四 · 照顾妹妹

照顾妹妹

妹妹喜欢到处**爬来爬去**，好奇心很重。我和爸爸懒得管，随意地躺着休息。**光**从高处洒下，暖和但并**不刺眼**。墙那边**隐约的绿色**使人更加放松。

妈妈**倚坐**在离妹妹不远的位置，以防妹妹不小心**磕碰到墙**。

等妹妹玩累了睡熟了，妈妈就**轻轻**将她抱起来，放在**婴儿床**里。

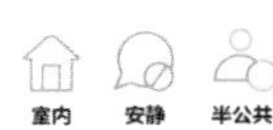

空间需求

- 水平延展的爬行空间，可以容纳成人站、躺、坐
- 温和的采光，否则会伤害婴儿
- 让人放松的氛围（植物的点缀…）
- 安全性较高，不能有尖锐的东西，尽可能避免磕碰
- 离妹妹睡眠空间要比较近，且保证妹妹睡眠空间的私密

透明之家——理想家宅设计　作者：夏熙梓　2019级　指导老师：周钰

场景还原

共同阅读 我和爸爸 / 半公共 / 室内

我将书本摊开在**桌面**上，手边一杯清茶，品味着书中的世界。偶尔读**得累**了，就拿起茶杯慢慢喝一口，目光从书本移到**窗外**，看看**远处的风景**，休息一下眼睛。

爸爸靠在**藤椅**上，也拿着一本书细细翻阅。因为颈椎不太好，他不时**会站起来走动**，放松自己因久坐而僵硬的身体。

我们**静静地**看着书，只有翻页和窗外**树叶摇动**的声音。

晨起 全家 / 公共 / 室内

天已经很亮了，柔和温暖的**日光**随着**微风**吹了进来。我慢慢地**走下楼**去，看见爸爸带着妹妹正在外面玩耍，等我再下几阶，就与妈妈的目光交汇了。

观影时光 全家 / 公共 / 室外

有了妹妹之后，一家人很少一起观影了，不久以后或许我们可以围坐在**高处**，吹着**风**，享受周围的**美景**，美美地看上一场。

图解生成

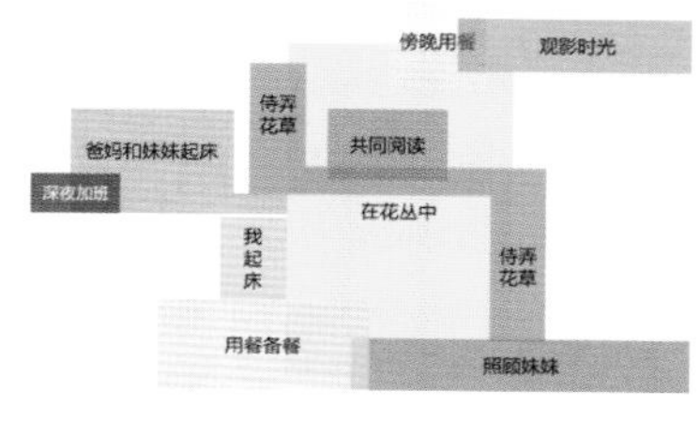

基于剧本生成图解

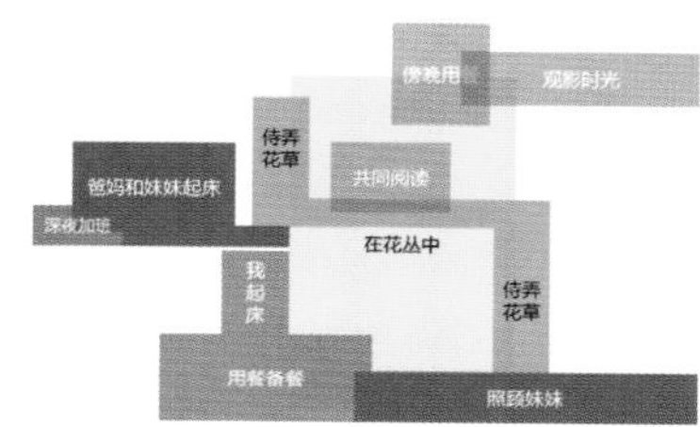

以养花作为家宅空间核心
花的不同习性对应不同的
侍弄空间

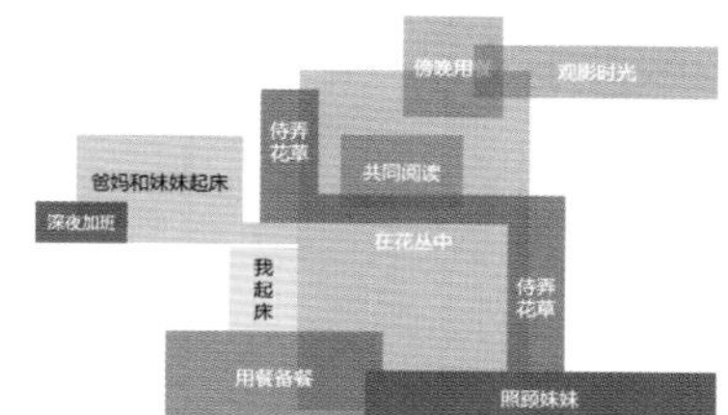

私密空间独立于公共空间
与养花空间相隔但保留视线
交流

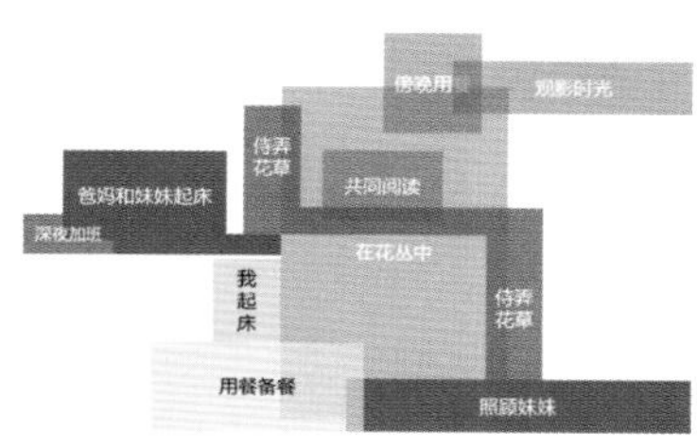

二者之间存在声音交流
用餐备餐空间与养花空间
交互
用餐备餐空间与养花空间
交互

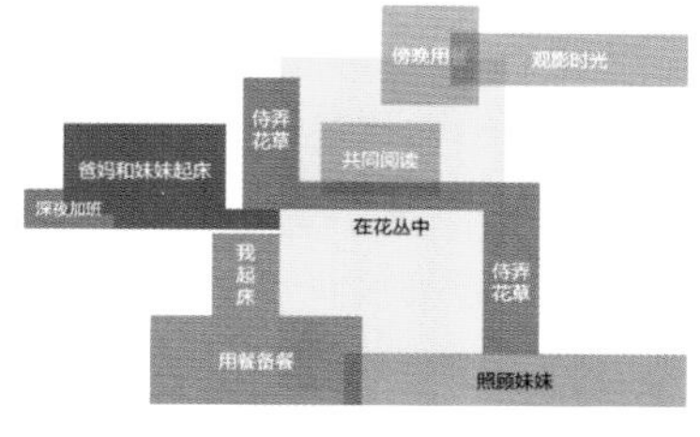

照顾妹妹所需水平延展空间
与养花空间有一定交互

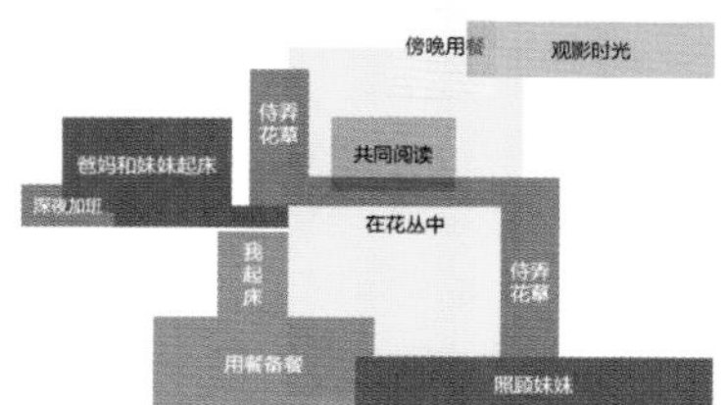

阅读空间嵌入养花空间
休闲空间位于高层
与养花空间融合

梳理总结

1 丰富的视线交流
The Communication of Sight

2 安全、可探索性
Safe and Explorable

3 亲近自然的生活
A Life Close to Nature

与自然共同成长的和谐之家

透明之家——理想家宅设计　　作者：夏熙梓　　2019 级　　指导老师：周钰

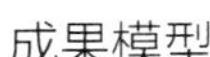

草图尝试

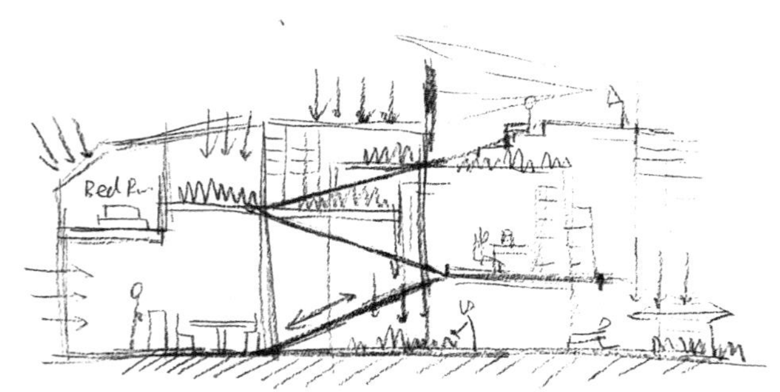

楼梯作为一种预设限制了随后的思路

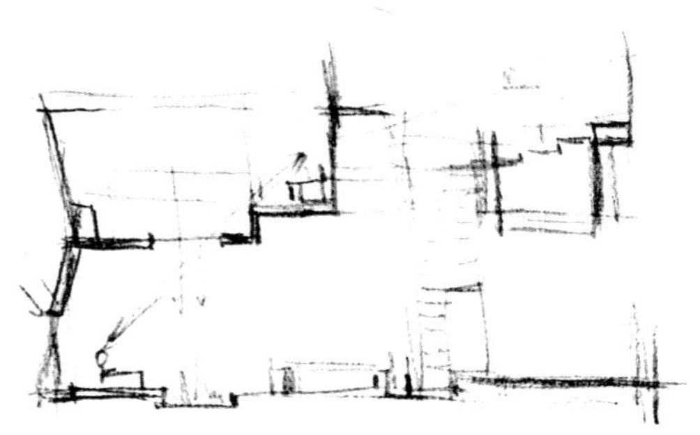

关于采光和视线交流的细节构思

悬浮在空中的楼板，与下方的植物形成交流

主要植物	大小	适宜温度	光照需求	湿度	侍弄难易	特殊
君子兰	中号盆栽	18-28℃	半阴半阳	喜湿	难养	喜肥
多肉	小号盆栽	15-28℃	喜光	畏湿	易养	避免淋雨

对于家宅中主要植物的习性分析

成果模型

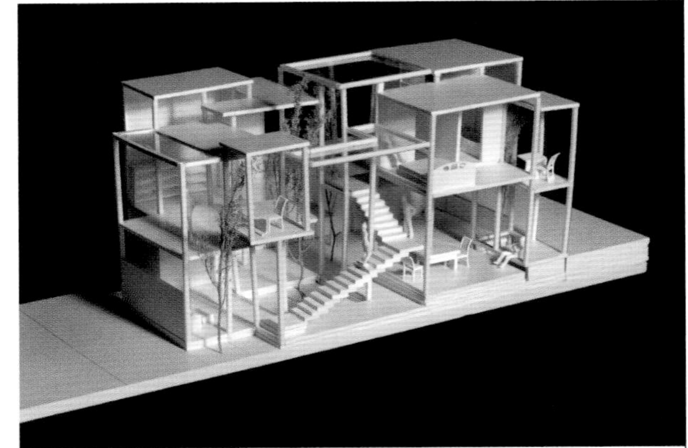

鸟瞰

东立面

北立面

场景透视

透明之家——理想家宅设计　　作者：夏熙梓　　2019 级　　指导老师：周钰

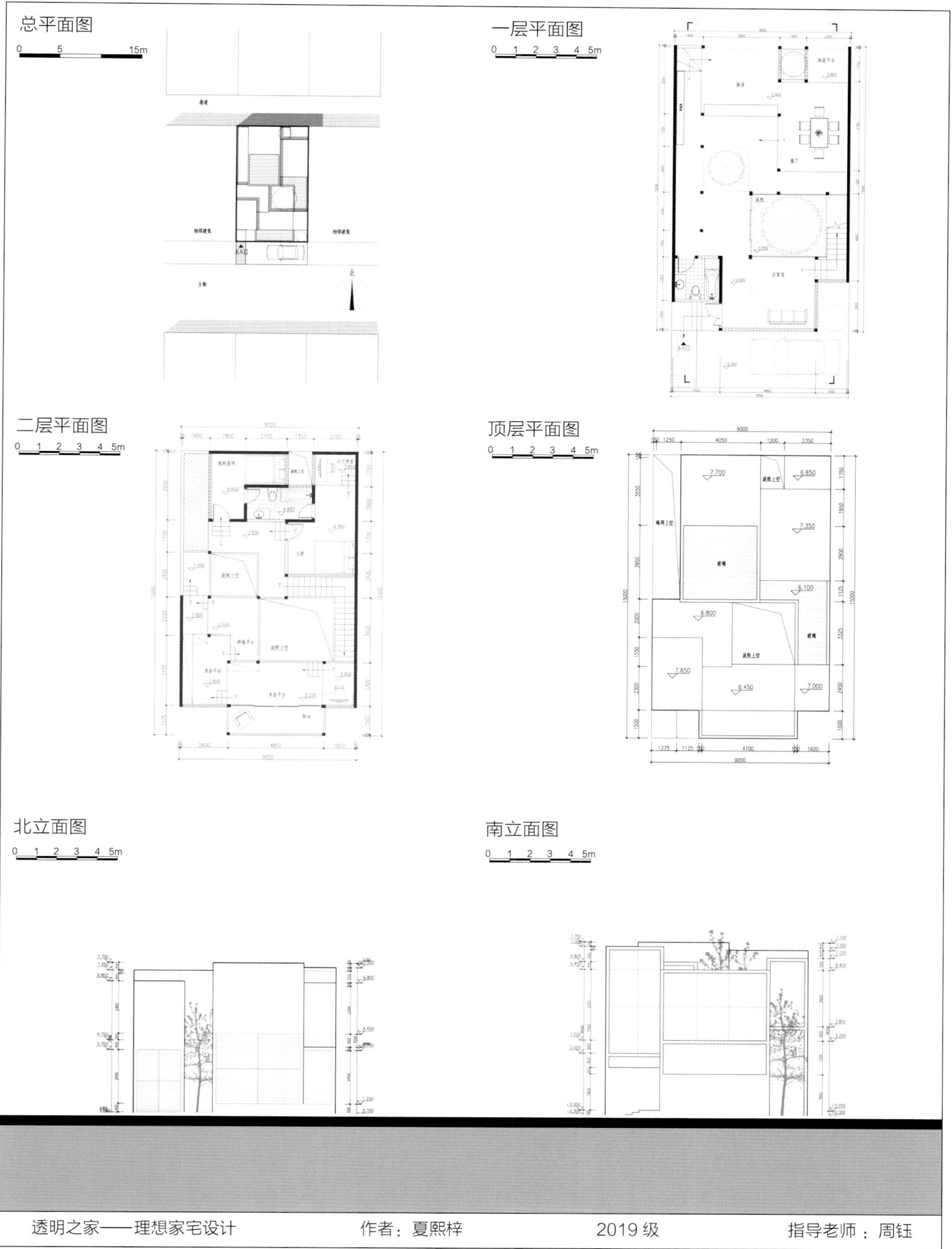

透明之家——理想家宅设计　　作者：夏熙梓　　2019 级　　指导老师：周钰

1-1 剖面图

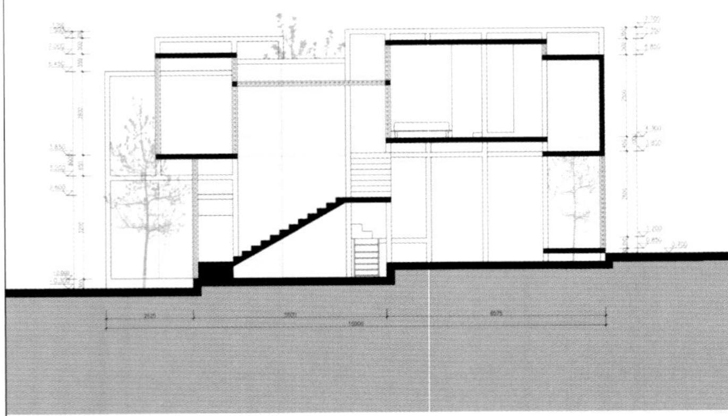

0 1 2 3 4 5m

2-2 剖面图

0 1 2 3 4 5m

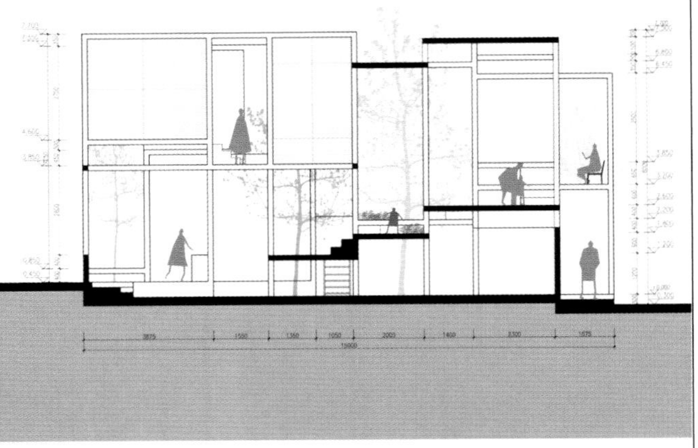

剖轴测图

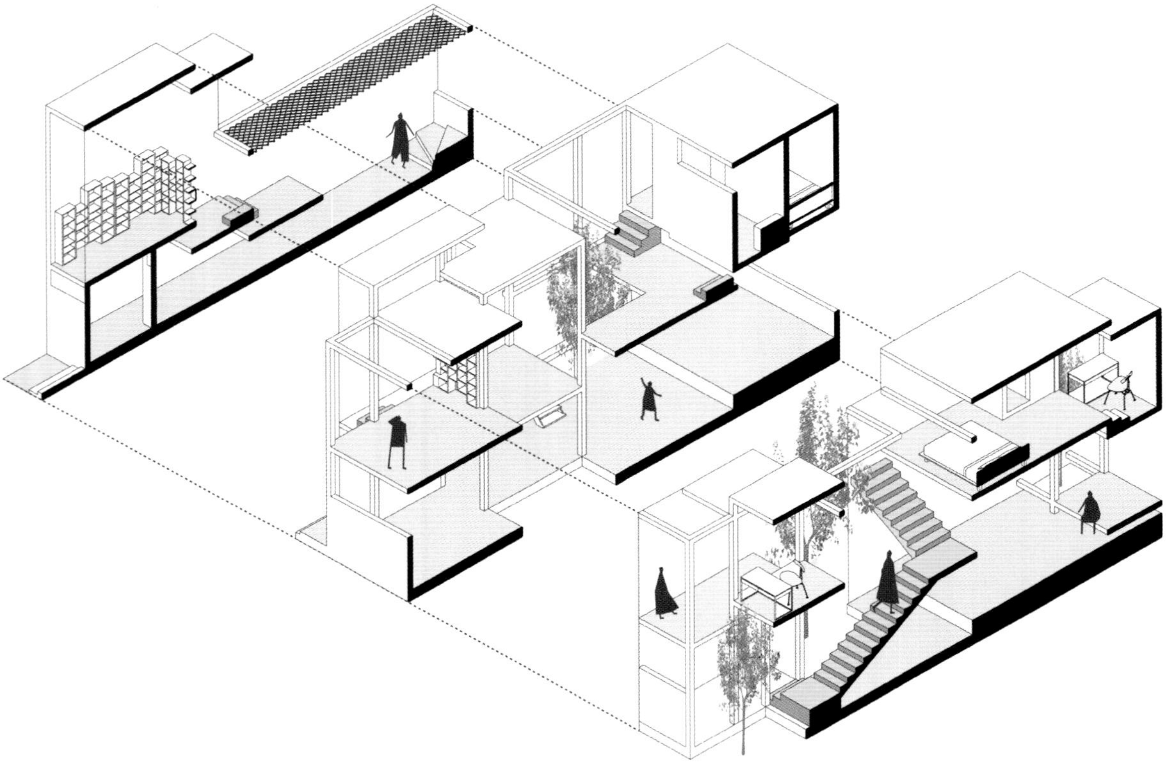

透明之家——理想家宅设计　作者：夏熙梓　2019 级　指导老师：周钰

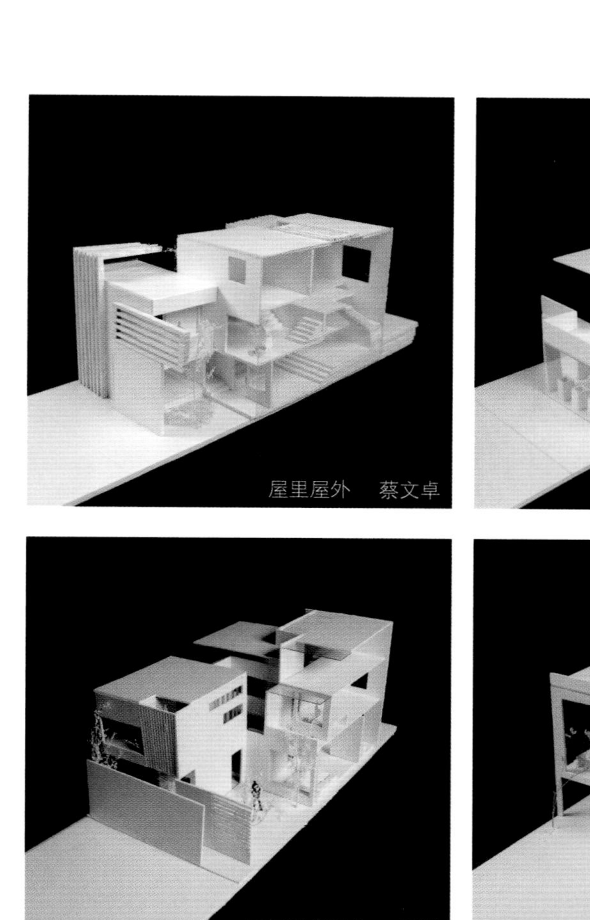
屋里屋外　蔡文卓

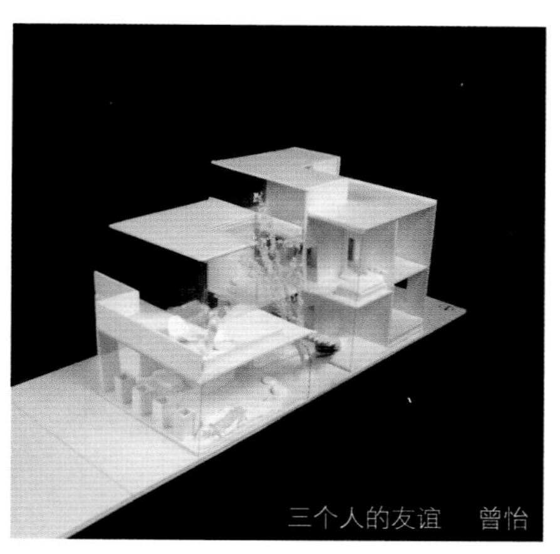
三个人的友谊　曾怡

精神之柱　程昱浩

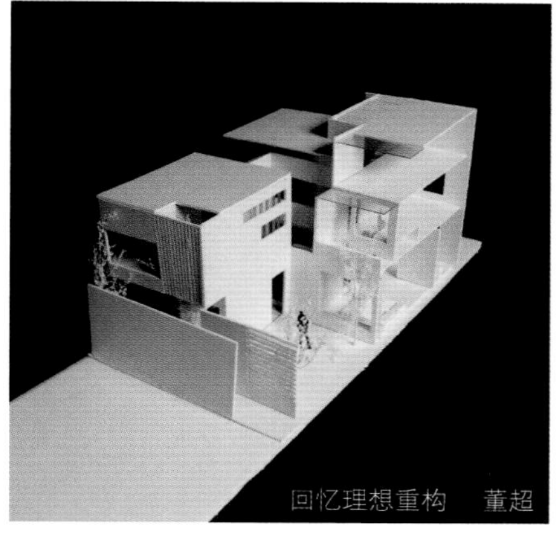
回忆理想重构　董超

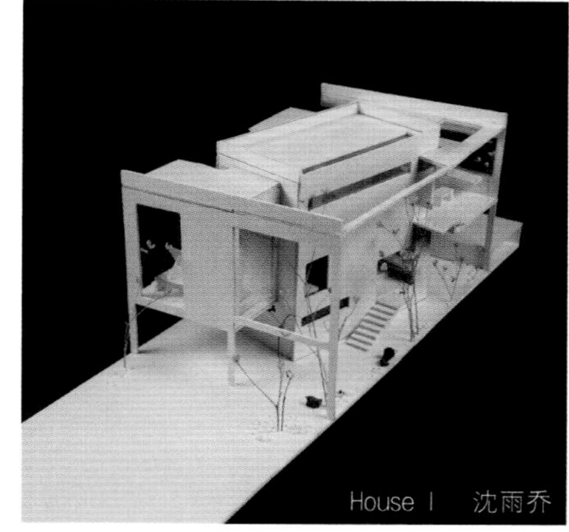
House I　沈雨乔

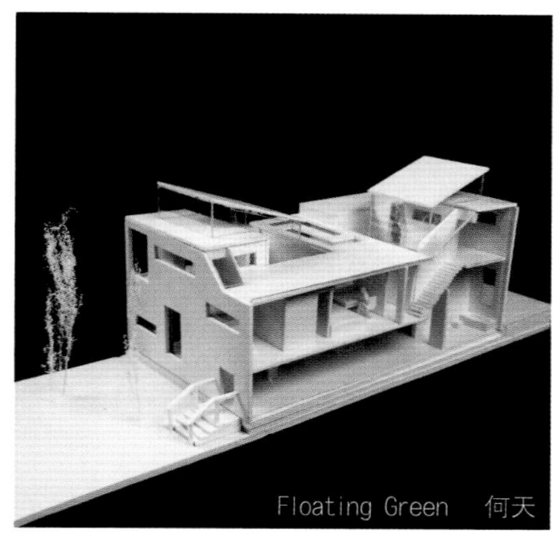
Floating Green　何天

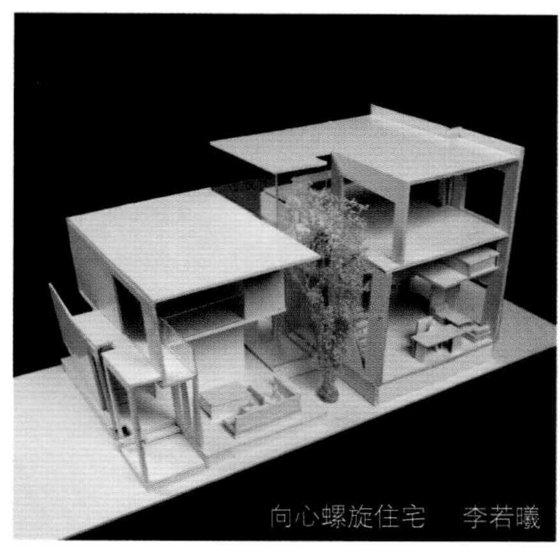
向心螺旋住宅　李若曦

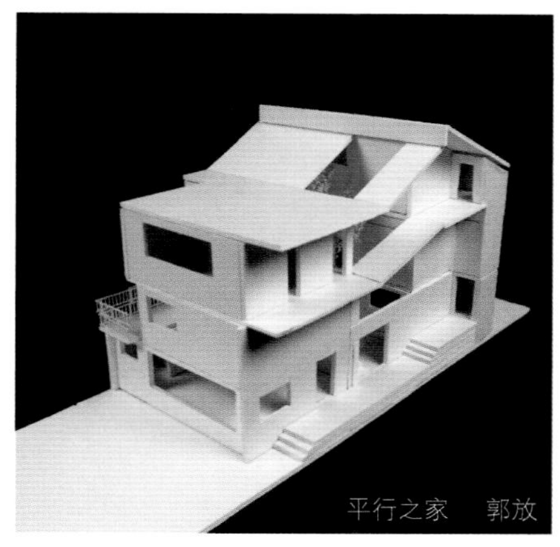
平行之家　郭放

非典型四口之家　王昶厶

阳光下酣睡的房子　刘致远

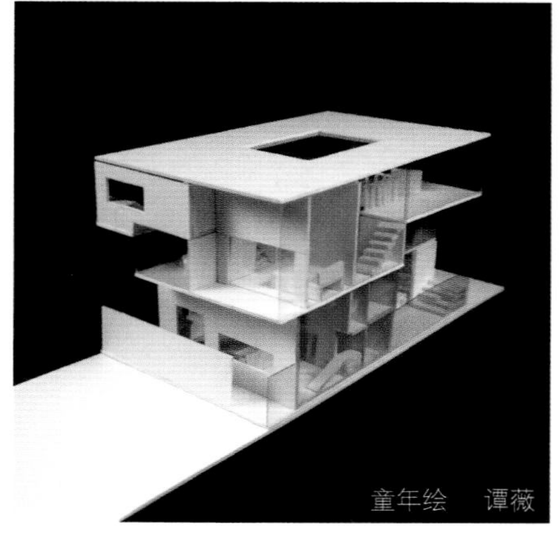
童年绘　谭薇

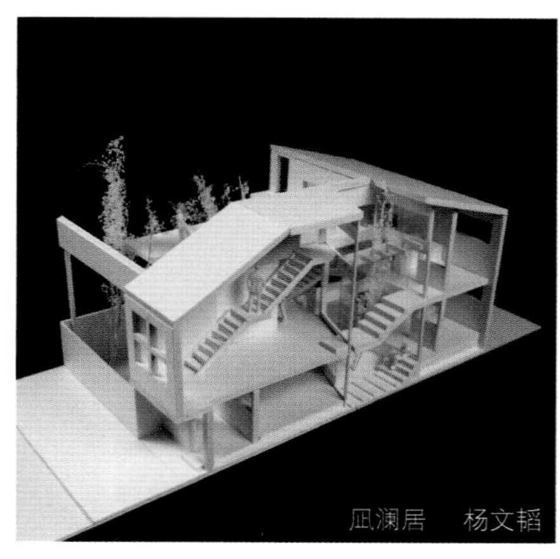
凪澜居　杨文韬

三分宅　金秋

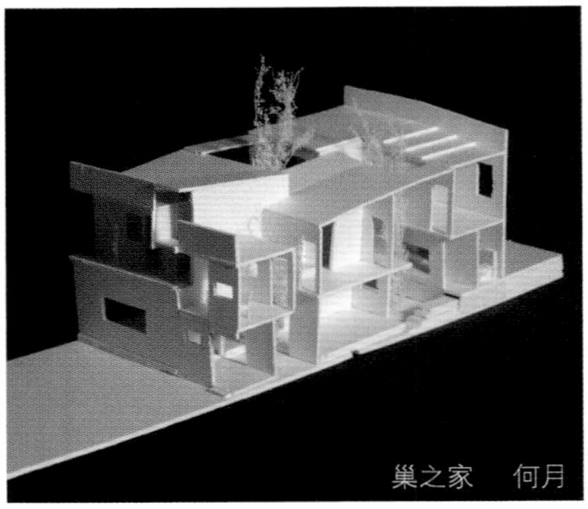

巢之家　何月

林屿中　汪子悦

透明之家　夏熙梓

相伴之舟　刘昱

二分小宅　汪艺

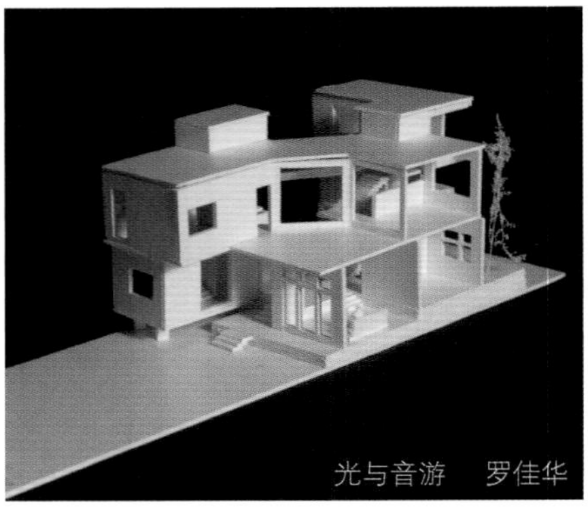

光与音游　罗佳华

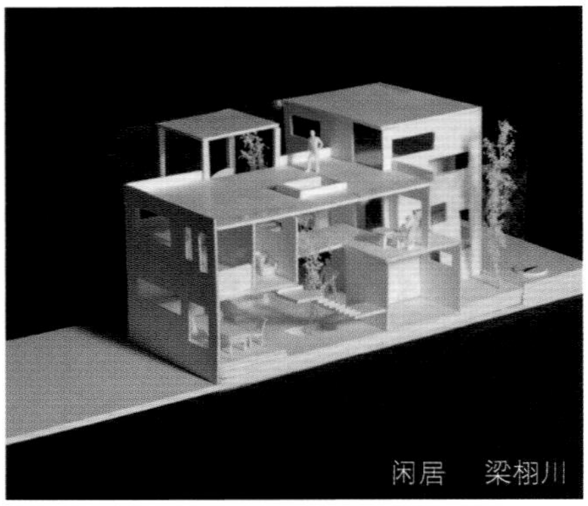

闲居　梁栩川

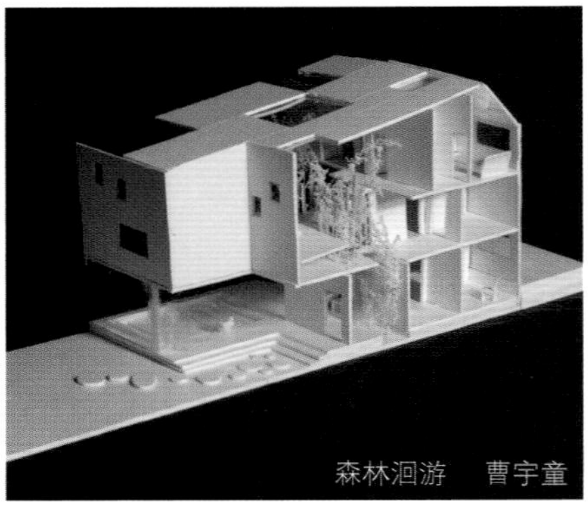

森林洄游　曹宇童

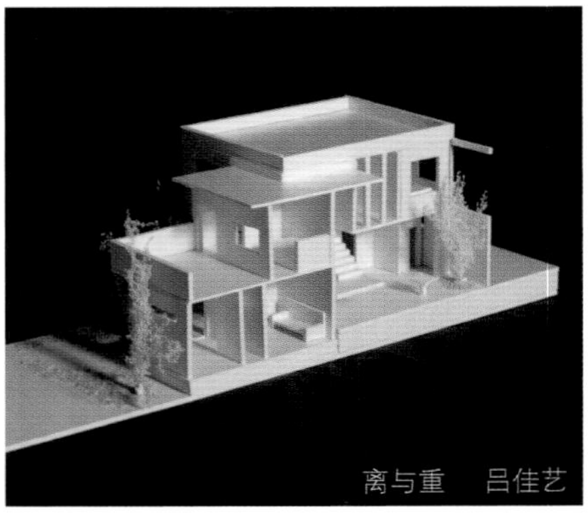

离与重　吕佳艺

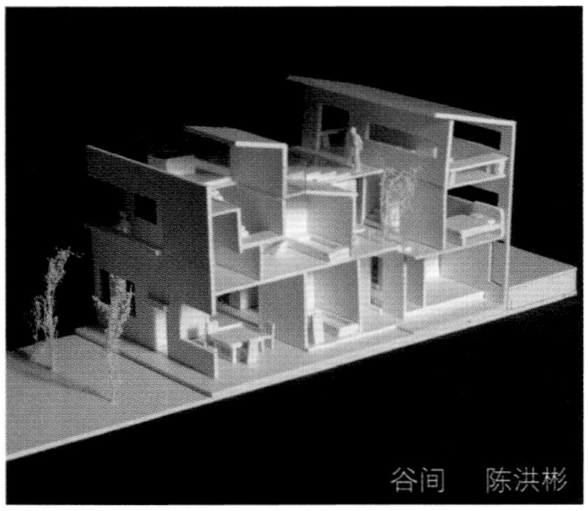

谷间　陈洪彬

流忆庭　陈诺

第3篇

专题二　基于自然环境场地的空间设计
——东湖书吧设计

专题二

基于自然环境场地的空间设计——东湖书吧设计

本专题是建筑学二年级的第二个设计课题，教学时间为 7 周。

这一课题旨在引导学生关注建筑与环境的相互关系，通过对真实自然环境场地的观察与体验，理解环境对建筑的影响，训练基于自然环境场地的空间设计方法。

该课题以“东湖绿道书吧”为具体设计内容，初次尝试在真实的环境与场地中设计小型公共建筑。二年级的第一个设计课题“理想家宅——基于身体与行为的空间设计”主要关注“空间使用”这一设计主题，即人与建筑空间的关系，相对弱化环境的影响和制约，属于“由内而外”的设计方法。而本专题设计主要关注建筑与自然环境的关系，重点训练“基于自然环境场地的空间设计方法”，属于“由外而内”的设计方法。

在该课题的训练中，不强调独特的个体化使用者，以便聚焦于训练主题。但是通用的人体尺度，以及人对室内外空间尺度的感知依然重要。形式秩序的起源即在于基本的身体尺度和心理需求。如：水平元素带来的稳定与舒展，空间下沉带来的隐秘，等等。个人化的身体在调研及设计操作过程中的“隐身”并不意味着放弃，而是推而广之探求一般性的作用方式。

第6章 训练目标、任务设定与过程概述

6.1 训练目标

① 了解自然环境场地条件的特点及其对建筑设计的制约与影响。

② 初步建立建筑、场地与人三者辩证关系的概念。

③ 初步掌握基于自然环境场地条件的空间设计方法。

6.2 任务设定

6.2.1 设计内容

在东湖绿道旁以自然环境要素为主的基地内(图6-1及图6-2)设计一处书吧,为过往行人及游客提供一个阅读及休憩的场所。

【功能指标要求】

阅读空间:100~150m²;图书陈列空间:40~50m²(可与阅读空间合并布置)。餐饮空间:30~50m²。小卖部:20~30m²。厕所:20~30m²。办公空间:15~20m²。另可在场地调研的基础上,加入某一特色功能模块(如赏月、听雨、赏雪、垂钓、聚会等),面积自定。

管理用房、室内交通及其他室内外休息场所面积自定。

总建筑面积须控制在450m²左右,上下浮动不超过10%,绿地率须控制在75%以上。

建筑层数限定为局部两层。

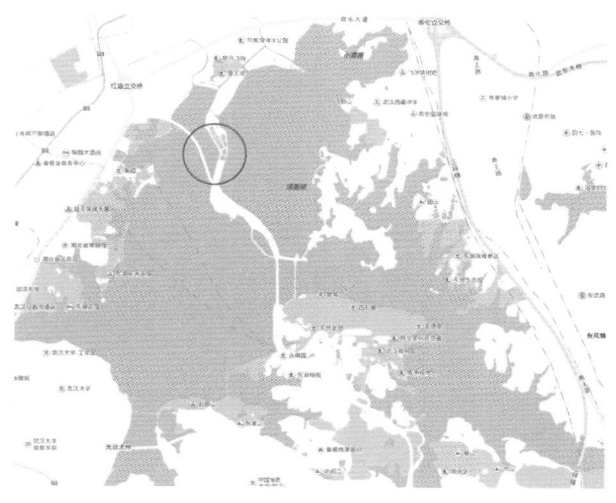

图6-1 设计基地所在区位(图片来源:百度地图)

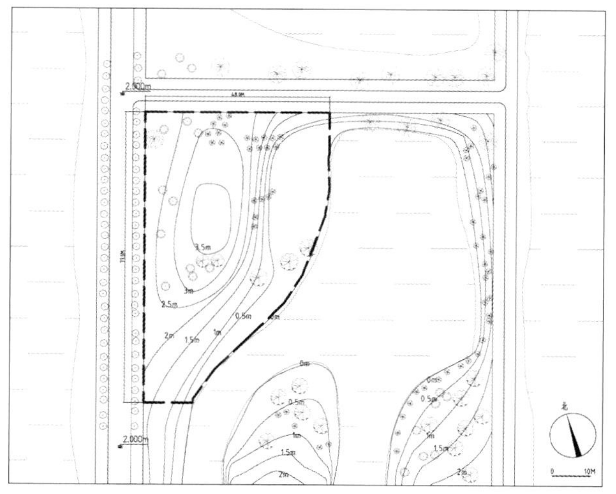

图6-2 设计用地红线图(图片来源:作者自绘)

6.2.2 成果要求

【中期成果】手工工作模型与草图。

【最终成果】手工成果模型（1 ： 100）与计算机图纸（A1 大小图纸 2 张），为公开评图制作的 PPT 文件。

图纸内容及比例要求：总平面图（1 ： 500~1 ： 300）、各层平面图（1 ： 100）、立面图 2 个（1 ： 100）、剖面图 2 个（1 ： 100）、模型照片、分析图及设计说明等。

6.3 过程概述

教学周期为 7 周，中期评图及终期公开评图占用 1 周时间。主要过程环节包括场地调研（1 周）、设计研究（1 周）、形式生成（2 周）、深化设计与成果表达（2 周）。

6.3.1 场地调研

训练环节为期 1 周，含开题讲座：环境与场地。

【训练目标】

体验自然环境场地的特点，学习观察自然要素的方法，掌握基本的场地调研方法。

【教学内容】

前往东湖绿道所选基地进行场地调研。在对用地环境拥有切身感受与体验的基础上，分宏观、中观、微观三个层面描述场地环境状况，并进行场地评价。

1. 宏观层面

基地地块与东湖总体环境在交通流线、功能分布、活动人群、景观格局等方面的关系。

※ **提示问题：**地块位于东湖的哪个区域？周边车行人行交通情况如何？

周边有哪些建筑？这些建筑的功能是什么？

周边及地块内有哪些活动人群？他们是如何到达地块内的？

周边及地块内的景观如何？地块景观的可视范围多大？

2. 中观层面

用地环境要素分析：如边界形态、植被分布、坡度高差、路径流线、景观视线、日照采光、季节变化等。

※ **提示问题：**用地的边界是如何呈现的（如围墙、土坡、路径、沟渠、水岸）？

用地内的植被种类有哪些？各有何特点？对地块有何影响？

用地内有无坡度高差？其对视线及活动流线有何影响？

用地周边及内部的路径有哪些？它们对用地内的活动有何影响？

用地内可欣赏到哪些景观？周围哪些位置可欣赏到用地内景观？

3. 微观层面

基地环境要素的微观变化分析：如植被微观尺度、土壤质地、昼夜变化、天气变化、环境小气候等方面的分析。

※ **提示问题：**用地内各种植被的尺度是怎样的？对人们的逗留产生怎样的影响？

用地地面质地如何？土壤状况如何？

【成果要求】

以调研小组（3~5 人）为单位，提交调研 PPT 文件及调研报告（A3 文本）。教学组共同制作比例为 1 ：100 的场地模型。

6.3.2 设计研究

该训练环节为期 1 周，含中期讲座：基于自然环境场地的空间设计方法。

【训练目标】

学习案例分析的基本方法。

掌握不同形式要素的空间特点及意义。

掌握基于自然环境场地的“形式的场地介入”设计方法。

【教学内容】

针对场地的环境特点，以及具体的使用人群，对如何进行空间设计展开设计研究，生成建筑形式。

1. 案例分析

通过对经典案例的分析学习，理解自然环境中场所营造的设计目标和要求，学习其中的设计方法。

2. 形式要素分析

学习掌握运用不同形态（直线、折线、曲线）的空间限定要素（墙体、屋面、台阶）限定不同类型空间（开敞、半围合、围合、封闭）的方法，并理解其空间特点及意义。

※ **提示问题：**如何运用不同形态（直线、折线、曲线）的空间限定要素形成开敞、半围合、围合、封闭空间？

不同形态（直线、折线、曲线）空间限定要素形成的同类型空间，其不同特点是什么？

3. 场地要素分析

通过分析所选用地的各项场地要素（大地、围墙、沟渠、水岸、树木、草丛、石头、路径、阳光、树影、微风、落叶、鸟语、花香、蝉鸣、田野的味道……）的特点，提取对场地的空间营造起主导作用及次要作用的场地环境线索，并分析其形式特征。

※ **提示问题：**形成用地现状的边界要素是哪些？有何形式特征？

用地现有的空间特征是什么？形成这一空间特征的主导要素是什么？

用地现有的场所氛围怎么样？形成这一场所氛围的主导要素是什么？

4. 形式的场地介入

在深入的场地分析基础上，进一步明确设计意图。运用特定的空间限定要素结合场地环境主导要素介入场地，营造具有特定空间特点和氛围的书吧空间。

※ **提示问题：**经过场地调研，案例的分析学习，空间限定方法的学习以及场地要素的深入分析，你对用地形成了怎样的设计意图？

你认为此处适合于营造哪种氛围的场所？哪种类型的空间（开敞、半围合、围合、封闭）？

你意图营造的空间与氛围和用地现状是否一致？若不一致，将意图强化其哪方面的特征？弱化哪方面的特征？

哪种形态（直线、折线、曲线）的空间限定要素适合于此种空间营造？

空间限定要素介入之后，将对原有用地产生哪些影响（空间形态、场所氛围、路径流线、景观视线等）？

6.3.3 形式生成

训练环节为期 2 周。依据调研结论提出自拟设计任务书，基于自然环境场地的空间设计方法，结合案例研究，提出建筑形式生成策略。

6.3.4 深化设计与成果表达

训练周期为期 2 周。基于形式生成策略，结合空间使用需求完成建筑空间转化，再进一步完善设计，制作最终成果。

第 7 章　场地调研

建筑如何应对场地，是建筑学中的重要议题。

专题二中的场地概念并不覆盖建筑学场地问题的全部维度。

选用自然环境主导的风景区用地，设置与之配合的功能性较弱的建筑类型。让场地研究聚焦于自然环境因素及其引起的感性体验，以及场地的地形、地貌与植被的形式关系。

同时，通过本训练要明确：用地红线之内的每一寸土地都是建筑师的工作范围。例如，从场地外的道路进入场地的交通衔接系统、建筑的选址、植物配置、室外空间组织以及建筑师的工作中应该遵守的一些基本规则等。

7.1　分项目标

场地调研工作有两个进阶的目标。首先是初步了解建筑师工作的空间边界，深入了解自然环境作为建设基地因素的各种维度。其次是学习图解分析方式，将自然环境因素的技术维度和感官维度信息转化为建筑设计的条件与制约。在此过程中，需要提取任务书确定的潜在评价标准，其中又涉及场地的部分社会环境因素。

建筑设计过程及其媒介表达是抽象的，场地上的各种环境因素是具体的。我们需要通过资料搜集和现场的观察体验去经历从具体到抽象的转换。基于调研的图解分析是重要的转换助手。

7.2 基本知识与概念

我们首先简要介绍场地作为设计条件的整体知识框架，更为详尽的知识将在高年级的场地设计课程中进行系统介绍。

7.2.1 场地及其建筑的技术限定

专题二是学生第一次面对城市以及更为复杂的外部环境，有必要简单介绍相关的技术知识，让学生们在设计开始之前明确需要遵循的简单技术规则和设计限制。如果需要了解更为完整详细的规定，可以进一步参考有关场地设计的各种建设法规、规范和标准等。

1. 用地红线、道路红线和建筑红线

用地红线是指建设用地的产权边界，是建设项目的用地控制线，也就是建设项目中建筑师工作权限的边界。该红线确保了设计和建设的合法性。

道路红线是指城市道路系统规划中的道路用地控制线，即城市道路的宽度控制边界。其红线范围内包括机动车车道、非机动车车道、交通分隔带、道路绿化、人行道、地下管线、道路照明和交通标志等内容。道路红线与两侧用地红线的关系可能是相交、重合或者分离，还可能分隔场地为两个及以上的地块。

建筑红线是指按照相关法规和各地城市规划主管部门制定的控制性详细规划确定的建筑控制线，所有新建建筑物和构筑物的设计范围均不得超出此界线，包括建筑的台阶、基础、挑檐或阳台等。

在城市用地中，一般临道路的基地，为了保证临街建筑前的缓冲空间和城市界面的形象，城市道路也需要一定的开敞度，各地规划主管部门通常会在控制性详细规划中设定建筑红线的退距规定。通常越是重要的道路，其临街建筑红线退距越大。不同的道路，退距要求也会不同。这些都是场地设计的前提条件之一。具体退距要求可以通过建设项目所在区域的上位规划确定。

2. 基地高程与标高

基地高程是指基地所在地块的海拔高程，即该地块与某一海平面平均海水面（大地水准面）之间的高度差。通常我国采用的是黄海高程系。在具体工程中，可以用海拔高程（绝对高程）作为基准，也可以用相对高程（与海拔高程换算）作为基准来确定建筑和场地的设计标高。

基地标高即场地的设计标高，属相对高程，需要确定基地内一个基准点（通常选择 ±0.000）与绝对高程之间的换算关系。基地标高的确定原则是保证基地地坪不会渍水或被淹，然后通过竖向设计来解决场地高差的设计调整和雨水排放等问题。

基地高程是通过地形图上的等高线来表示的，其不同的地形符号反映了基地的地形地貌形态，如坡地、陡坎、农田、水体等。基地高程等高线的形态也反映出基地现状地形特征及地势走向，是后续建筑选址定位、场地标高和场地设计的基础条件，会对未来的场地环境，如采光、日照、通风、排水等，产生影响。

基地标高是在基地高程的基础上做出的符合项目要求的设计标高，其与基地中的建筑、广场、道路的标高紧密相连，是基地最终形成的高程形态，也是基地合理使用的基本保证。基地标高不仅是地面标高的确定，还与地下排水管网及汇水口、城市地下排水系统的标高相关联。

3. 建筑面积

建筑面积是建设工程领域一个重要的技术经济指标，是指建筑物外墙勒脚以上的结构外围水平面积之和，通常以平方米计，是反映房屋建筑建设规模的实物量指标。建设项目在场地中需要有一个合理的容量，即以建设强度控制指标来衡量，这就是容积率和建筑密度这两个与建筑面积紧密关联的主要指标。容积率是场地内建筑总面积与场地面积的比值，建筑密度则是场地内建筑基底总面积与场地面积的百分比。当容积率过高、建筑密度过大时，整个场地的建设强度就过高，由此带来建筑面积剧增、超高层建筑密布、大量人流集聚、城市空间压抑、交通拥堵、环境恶化等问题。而当容积率过低、建筑密度过小时，整个场地的建设强度就很低，就可能造成用地的浪费。因此，制定合理的容积率和建筑密度，即确定了合理的建筑面积规模，也就保证了场地的合理使用。其实，涉及场地建设控制的还有一些指标，如建筑总高度和平均高度控制、建筑平均层数控制、绿地率控制等，因为与建筑面积关联性不强，在此不提。

根据我国《建筑工程建筑面积计算规范》（GB/T　50353—2013）规定，建筑面积有严格的计算规则（这里只针对初学者做主要介绍）。一般而言，建筑面积是指建筑外围护结构以内若干层楼板（楼层层高不低于 2.20m）水平投影面积之和。若楼层层高低于 2.20m，则该层建筑面积按原面积的 1/2 计。坡屋顶中，空间高度在 2.10m 以上部位计算全面积，1.20 ~ 2.10m 的计算 1/2 面积，1.20m 以下不计算面积。建筑外挑廊（有顶棚，无支柱）计算一半面积。其他详细计算规则请详查《建筑工程建筑面积计算规范》（GB/T　50353—2013）。

7.2.2 场地的设计条件和制约因素

广义的场地（place/site）概念指场地内所有的要素，包括建构筑物、交通（广场）设施、室外活动设施、绿化景园设施和工程管线等。狭义的场地概念一般指除建筑物之外的场地要素，即建筑室外场地。我们课程涉及的场地是指广义层面的场地，也即场地中的所有要素都是我们研究的对象，而这些要素，也会成为场地设计的条件和制约。在具体的课题中，因为设计任务的不同，建筑对场地的要求和处理方式也不尽相同，反过来，场地也会对建筑的布局及设计产生相应的制约。因此，每个课题都必须全面而详细地针对场地的各项条件与制约因素进行考察分析，以保证课题设计的合理规范。

场地的物理环境通常可以划分为自然环境和人工环境，它们是由若干具体要素构成的（表 7-1）。自然环境主要有地形地貌、地质水文、气候气象、土壤植被等要素，人工环境主要包括建构筑物、道路广场停车场、工程

表 7-1 场地调研的维度 [1]

注：本专题调研的核心内容加粗提示。

				技术维度（表达）	感官维度（评价）
物理环境	自然环境	地形与地貌	地势 / 边界 / 植被	地形图 / 场地踏勘记录	视野 / 景观品质
		地质与水文	工程地质 / 水文条件 / 地震	工程地质勘探报告	空气污染 / 噪声
		气候与小气候	日照 / 风向 / 气温 / 降水		冷暖 / 干湿
	人工环境	建筑物 / 构筑物	分布 / 规模 / 建造使用情况	图纸 / 数据	繁华 / 萧瑟
		基础设施	道路交通 / 广场		拥挤 / 便利
			工程管线 / 水泵站变电站等		趣味
社会环境	现状	人口构成	年龄 / 种族 / 教育程度	文本 / 影像	氛围
		生活 / 行为方式	工作 / 出行 / 娱乐 / 偏好		……
	历史	行为	习俗 / 节庆 / 动线 / 分布		
		略			

[1] 场地调研的维度依据多方文献综合梳理而成，主要来源包括以下参考文献。
①爱德 •T. 怀特 . 建筑场地分析 [M]. 大连：大连理工大学出版社，2019.
②莱斯 • 沃里克 . 信息收集—形式背后的逻辑：设计前奏 [M]. 金雷，译 . 北京：中国建筑工业出版社，2016.
③张伶伶，孟浩 . 场地设计 [M].2 版 . 北京：中国建筑工业出版社，2011.
④ 2016 年谭刚毅教授为二年级学生所作的课程讲座 PPT《调查 • 研究 • 呈现》。

管线等要素。这些场地环境要素都会成为场地的条件和制约的因素，而调查和收集这些资料对于场地设计有着非常重要的意义和作用。一般这些要素可以通过现场勘查和查阅相关机构的资料数据得到。现场勘查可以利用测量、拍照、绘制草图、观察、统计等手段，相关机构的数据（如地形图、地质勘探报告、气象资料等）可以通过业主方提供、购买或免费查阅等方式取得。此外，场地设计条件和制约因素还可能涉及社会人口构成、生活方式和行为特征以及历史文化、地域特征、风俗习惯等社会环境因素（也称为人文要素），还会有当地规划管理部门制定的相应规划条件等，这些都是需要了解和掌握的内容，可以通过查阅、访谈、座谈等方式取得。

影响设计的场地因素不仅来源于场地内部，还来源于场地周边及更大范围的自然环境如区域气候和水文条件，人工环境如城市区位和道路系统等。例如，就建筑物环境而言，场地内部条件指原有建筑条件对新建建筑可能的制约。外部条件由多种因素构成，包括周边的道路交通、相邻地块的建设现状（自然场地中这种制约较弱）、周边环境的整体结构和形态、附近特殊的环境元素等。它们决定了场地内建筑适合的功能、规模或边界处理等多方面的策略。

7.3 操作控制

经过专题一的调研初步训练，同学们已经基本掌握了从宏观、中观到微观尺度的全面调研视野，了解了不同空间尺度上行为和感知特性的差异，也掌握了从投影到感知结合的行为场景的图解表达分析方法。但是对场地条件中的自然环境与社会环境的框架及其各自的内涵，还存在知识点的空白，资料收集的方法和外部环境感知的手段、技巧也需要进一步拓展。经过上述基础知识学习之后，现场调研的具体操作控制能保障其应用落到实处，在后期的设计中发挥作用。

7.3.1 层级与内容

场地调研仍然维持宏观、中观和微观的尺度层次划分，建立全局性的建筑观，把场地自身和作为背景信息的宏观因素同时纳入分析视野。

本专题的场地调研重点关注场地的自然环境和社会环境的一部分。对于目前二年级同学的综合知识和操作手段所不能及的领域，我们暂时搁置。如地貌中涉及生态和资源的分项因素以及地质与水文因素，在调研及设计中都暂不考虑，人工环境中的若干分项因素则通过教学任务书的场址选择及功能定向予以弱化。同时调研提示强化基于感官维度的场地认知，在宏观到微观的不同层次上介入。

1. 宏观尺度

宏观尺度的调研包括场地的区位、外部交通、人流状况及景观格局等。如场地相对所在城市风景区的定位，用地潜在人群从城市各个方向到达场地的可能性及途径。场地的气候与小气候也主要来源于宏观尺度上外部自然环境的作用。宏观尺度上的调研主要侧重于数据收集，并使其成为设计条件。

2. 中观尺度

中观尺度的调研包括场地地形结构、地貌特征、植被分布、日照条件等自然环境条件，以及周边地块交通、活动人群分布、景观视线、空间氛围等涉及社会环境与感官体验的维度。同时，也会提示同学们从设计者的角度去思考：室外自然场地的空间边界是如何利用材料或高差等设计元素来实现的？诸如草地、各种硬质铺装地面、灌木、乔木及水面之类的边界有哪些衔接方式？自然材料形成的室外空间边界与建筑材料划分的室内空间边界在操作和效果上有哪些差异？

作为本专题训练中场地调研的重点分析维度，自然景观及其视线、视野的调查也是中观尺度层级重要的调研对象。景观的搭配构成及氛围评价，场地从内向外看到的景观、场地从外看向场地内的景观以及穿过场地的景观如何实现？这些都是调研的具体内容。

3. 微观尺度

微观层级主要指接近人体尺度上的对各种自然环境要素的观察和体验。如：植物的尺度、形态及其与人之间可能发生的交互；地面铺装的材料、形态、高差对人的行走感受的影响；昼夜及气候变化在场地某个局部形成的特殊场景氛围和行为意愿；等等。更多地关注特殊的内部自然因素组合造就的感官体验效果，以及人们因此而希望展开的行为类型。

7.3.2 图解与分析

与专题一类似，场地调研从资料收集、现场观察测量和体验感知，到汇聚成为能对设计提供有力支撑的技术资料，都离不开图解和分析。

对初步的场地调研而言，图解即分析。各种技术资料以投影和规约的方式呈现在图纸上之后，进行适当的加工和简化，就可以让每张图的工作目标得以突出，同时减少误解。具体的方式和图解效果在《建筑场地分析》等文献中有详细介绍，本书不再展开。例如通过线型、粗细、色彩、箭头在平面图、剖面图中强化分析的对象，用标注和说明补充必要的不可见内容，并将分析予以抽象表达。进一步来说，还可以针对设计任务的逻辑，将相关问题以特定顺序组织成整体，呼应主题。

7.4 多尺度的图解分析

场地调研的成果主要来源于客观数据的收集、观测、访谈和整理，以及在此基础上的现场体验感知。当调研对象明确统一，方法、技术以及过程限定清楚时，成果的内容趋向一致。我们仍以优秀场地调研成果为例，按照宏观、中观和微观尺度的划分进行操作讲解。在此操作框架下，场地各种维度的条件因为尺度差异而重新组合，大多转化成可以通过图解操作的对象。

7.4.1 宏观

宏观层面的调研指向场地的背景条件（图 7-1、图 7-2 及图 7-3）。

首先是场地在所在城市的区位，包括空间方位、功能区位关系和在交通网络中的定位。这些因素会确定场地适合的功能定位、可能的使用人群及进入场地的方式。在本专题中，以不同比例的城市行政地图为蓝本，叠加调研获取的城市功能区块、交通路网信息，就可以得到较为清晰的场地背景因素图解。

结合地形条件、气候数据和地理学知识，场地的小气候可以通过图表的方式呈现。

针对设计任务选择性记录与分析场地周边的各种城市建筑或设施，这也将成为场地上建筑选址及路径规划的条件。

当我们选择的场地在景观上具有突出特征时，宏观层面的外部景观关系也会是调研的重点，各种方位的景观照片及其分析能够提供感性认知判断的依据。

【优秀宏观调研示例 1】（作者：季津羽、王艺颖、施淑艺，2019 级）

环境简介

基地位于武汉东湖生态旅游风景区。
景区面积73平方公里，湖面面积33平方公里，是中国第二大的城中湖。
东湖湖岸曲折，港汊交错，素有九十九湾之说。

东湖绿道全长101.98公里。
最“聪明”的绿道——方便游客骑车、还车；
最健康的绿道——专业级赛道、荧光夜道；
最有“爱心”的绿道——为野生动物预留通道；
最干净的绿道——路面干净，可净化水源。

基地概况

①地点：东湖风景区西北部。

②气候：亚热带季风气候，冬季寒冷，夏季炎热，降雨量较大，环境总体潮湿。
【如果做大面积开窗和玻璃幕墙，需要考虑保温和相应的能源消耗问题】

③交通流线：主要为基地西侧的湖中道。
【流线单一】

④活动人群：各个年龄段，青年人、老年人和儿童，其中青年人占多数。
【人流量总体较大。东湖绿道南北跨度长，人流集中分布在南、北两个区块，其中基地用地游客大多数来自北面】

⑤活动时间：下午和傍晚【饭后时间点人流量变大】

⑥活动目的：以游览观光、锻炼身体为主。

⑦交通方式：步行、骑行、游览车【分为人行道和非机动车道，较为安全】

基地环境不足

①自行车停放点设置不当与数量失衡，不足以完全满足游客的需求，导致游客不便；
②人车分流效果较差，难以完全落实，尤其儿童容易存在安全隐患；
③服务点数量较少，彼此相距较远，而且商品种类单一、价格昂贵；
④绿道功能较为单一，即主要承担观光景点功能，而非市民日常活动必经之路或常去之所。

基地周围建筑

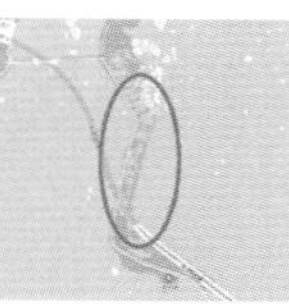

基地周围红框范围内没有大型建筑、高层建筑
【基地视野开阔，通风和日照条件良好】
【功能吸引力不高，游客停留时间短】

基地在东湖绿道中的地位定为观光通道，并无其他实际功能（默认欣悦亭已被拆除）。

实际除了有调研需求的学生之外，很少有其他人踏足基地范围内。
【故书吧建成之后，应该会成为该地段主停留点】

绿化和湖水面积占比极大，生态环境优良。

卫生间和便利店
①距离基地半米；
②极大方便了游客的出行需求

彩虹桥和彩虹长廊
①小型交通及游乐设施；
②吸引一定数量的游客停留，为基地周围增添色彩。

图 7-1 基地外部条件

【优秀宏观调研示例 2】（作者：徐尧、陈理睿、王冠澜、龚琪，2018 级）

区位分析

位于**城中湖**——东湖内，沿湖分布多个风景区，武汉大学城，光谷商贸中心，湖北省博物馆文化中心等。

有比较方便的**交通线路**（地铁梨园路站），工作日人流较少，天气良好和节假日时会聚集较多郊游的人群，是**武汉市民和外地旅客**会选择的游览地。

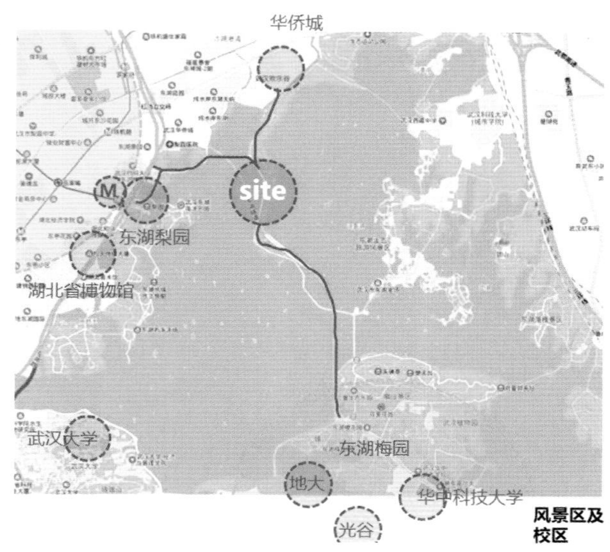

图 7-2 场地区位

区位特征

风景良好：
用地位于东湖绿道中偏北端现**欣悦亭**基址处，立于东湖中心，南北连贯为水杉绿道及沿绿道规律分布的陆间湖，东西面临湖，可遥望湖岸开阔景观，风景良好。

场地存在感低：
位于东湖绿道中段不太起眼处，并且周边大型娱乐休闲指向性活动场所非常之多，更降低了欣悦亭的存在感。

北向受众：
东湖绿道南北跨度长，少有游人会走完，人流集中分布在南、北两个区块，用地受众大多数是来自北面的人群。

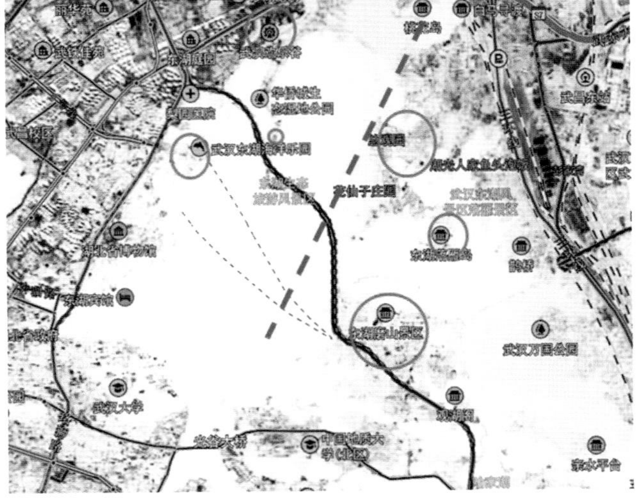

图 7-3 区位特征

7.4.2 中观

因为尺度减小，中观层面的调研进入更为合理的客观数据与主观的感官体验并重的模式，提供设计工作的主要限制条件。为了对场地有更长时段、更多条件变化下的深入了解，一般将设计课题选择在离学校不远的场地进行，方便同学们多次调研。在此条件下，大部分同学已经具有作为一般使用者的经验，有的甚至曾多次前往场地游玩。得到调研任务之后，则转换身份以建筑师的立场再次探访。延续专题一的教学思路，我们力图通过操作控制叠加不同社会角色的视角，以此碰撞促进思考，得到更多收获。

更为详细的周边交通及邻近场地状况需要通过选择适当的时间进行观察、记录和整理，区分工作日与休息日、各种典型气候条件的观察可能是必要的。此外，观察的对象还应包括各种基础设施的使用情况。

针对专题二的具体设计任务——城市风景区绿道上的公共建筑，场地周边及进入场地的人流需要落实到人员构成的类型、数量和时空分布。观察统计可以发现，在这块特定场地上，家庭亲子或是单位机构等不同社会关系的使用群体在工作日和休息日的数量比例呈现有规律的变化，他们在场地上的行为类型和用地选择也有明显差异，这些具体信息提供了策划使用的需求依据。对场地使用者展开访谈，也能帮助深入了解使用者对场地各种特性的主观评价。

中观尺度的气候调研有必要结合使用者对温度和气流的主观感受。不同天气条件下的场地踏勘能提供更充分的自然环境资料。中观层面的气候感知不可避免伴随着场地典型景观的感知和评价。针对场地不同位置的景观观察，同样也需要在客观的数据之外增添体验分析。从场地内特定地点向场地内某个方向的景观视野、从场地内特定地点到场地外的景观视野以及穿越场地的景观视野都有逐个分析的价值。地形与植被、水面和远景的搭配组织，一方面形成上述景观类型，另一方面引导或阻滞气流、视线或路径。在中观尺度上，对场地自然环境条件的多种效应的观察和评价事实上无法脱离使用者的综合感知。

此外，地形上不同自然或人工材料构成的地貌，因为其边界形态的差异带来视觉、触觉或动觉等感官上的丰富体验。普通使用者的体验形成复杂综合感知的诸因素，需要逐一进行拆解分析。整体空间秩序及其氛围如何由这些设计元素组建，在图解分析的过程中逐步被清晰地呈现（图 7–4 至图 7–21）。

【优秀中观调研示例 1】（作者：孟宪怡、陈洪彬、蒋雨宏、孙沛杰，2019 级）

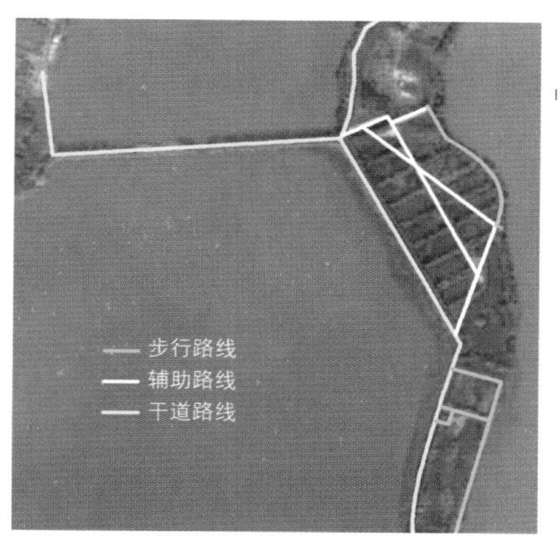

图 7–4 场地周边交通与设施

休息日午后时段 14:30-15:00
总人流量较多

	总人流量	预估每天人流量	经过方式	经过速度
主路	871	8000+	骑行（主要）	快
湖边小径	96	<1000	步行	慢

主路人流>>小径人流　停留时间　主路<<小径

休息日夜晚时段 20:30-21:00
总人流量非常少

通过方式	步行	跑步	观光车	骑行
人数	48	32	17	121

图 7–5 分时人流统计

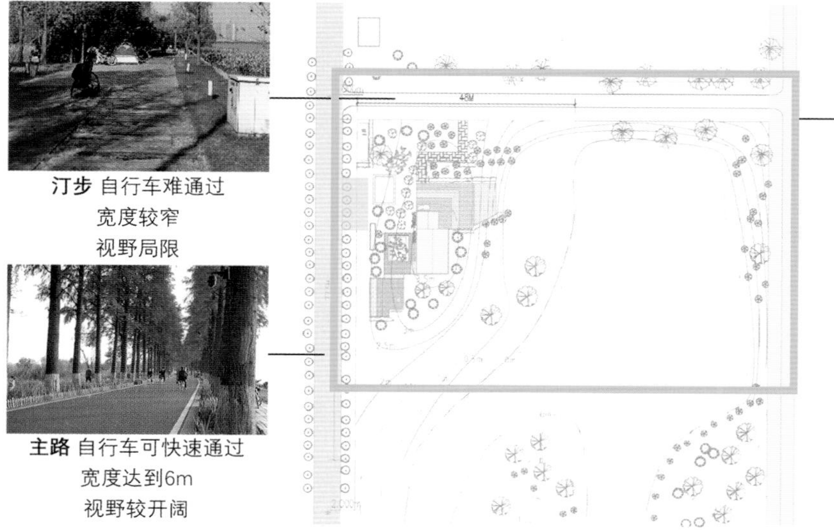

区域性空间操作：
植物遮挡视线
道路曲折
道路宽度减小

空间性质：内向型
存在感弱
与外界隔离 独立空间

人流密集
人流稀疏

图 7–6 人流空间分布分析

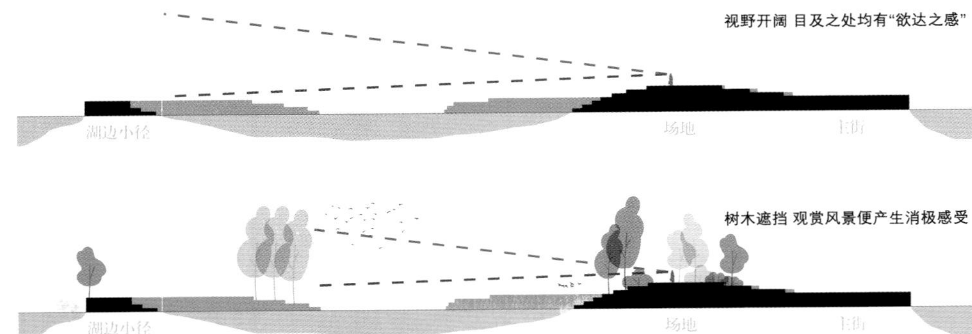

图 7-7 不同视线方向上的空间感受

【优秀中观调研示例 2】（作者：戴涤杨、黄磊、王文龙、范时俊，2019 级）

图 7-8 场地周边建筑环境

【优秀中观调研示例 3】（作者：李思齐、夏雨琦、姚佳岑、龚之宸，2016 级）

气候：

武汉位于江汉平原东部，长江中游与汉水交汇处。气候属北亚热带季风性湿润气候，雨量充沛，日照充足，四季分明。年降水量1 100 mm，年无霜期240天，年日照总时数2 000 h。由于武汉居于内陆，距海洋远，周围地形如盆地，集热容易散热难，河湖多，晚上水汽多，加上城市热岛效应和伏旱时受副热带高压控制，因而夏季长达135天，且十分闷热，最高气温可达42 ℃。

四季的昼夜

春季：客流量较大，场地内植物萌发新芽，温度适宜整体色调明亮。
昼夜温差初期比较大，使用时间多为白天视野较为开阔。

夏季：客流量仅次于春季，产地内乔木成荫，成体呈现多层次的绿色。
昼夜温差小，但整体环境闷热，使用时间以清晨和晚上居多。
近水多草，蚊虫甚多，室外场地少有人逗留。

秋季：初秋景色较好，颜色变化丰富，但虫子逐渐变多。
昼夜温差逐渐加大，温度适宜，使用时间为有太阳的日子。
深秋人群渐渐变少，游玩者基本消失。

天气变化

阴天
产地内绿色会显得压抑和沉闷，由于低气压，虫子进一步增多，更难受。

雨天
在场地里看雨听、雨是一种享受。但是对于主要是步行和自行车的绿道而言，出行不方便。

有风
有竹子和樟树，风能够带来很美好的听觉感受，落叶也能带来很不错的视觉冲击。

有雪
出现雪景的可能性并不大，湖面也不会结冰并且雪景难以维持，很容易变脏。

冬季：
一年之中最冷清的时候
天气寒冷，色调灰沉，
没有雪景可看。
不适宜游玩，适宜照相。

图 7-9 气候与小气候

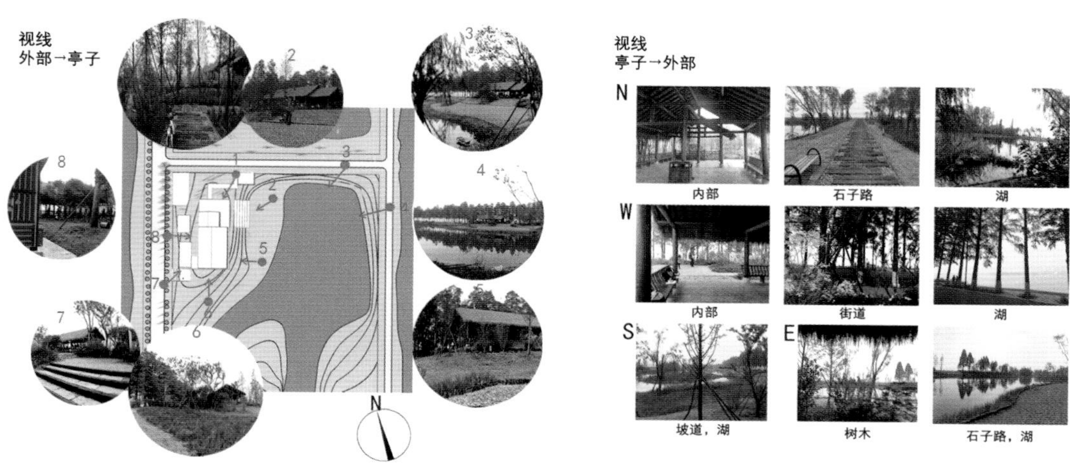

图 7-10 场地内向和外向的景观视野

日照采光分析–年太阳轨迹图

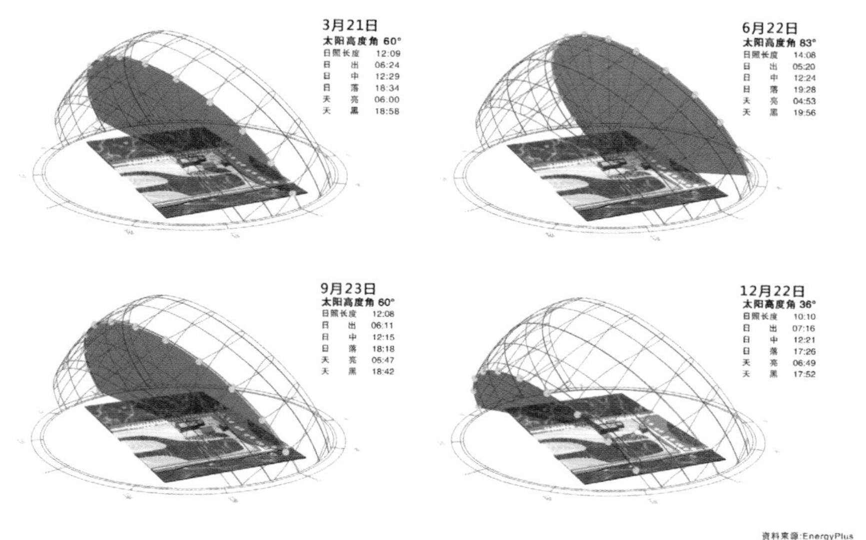

图 7-11 场地的日照采光分析

资料来源:EnergyPlus

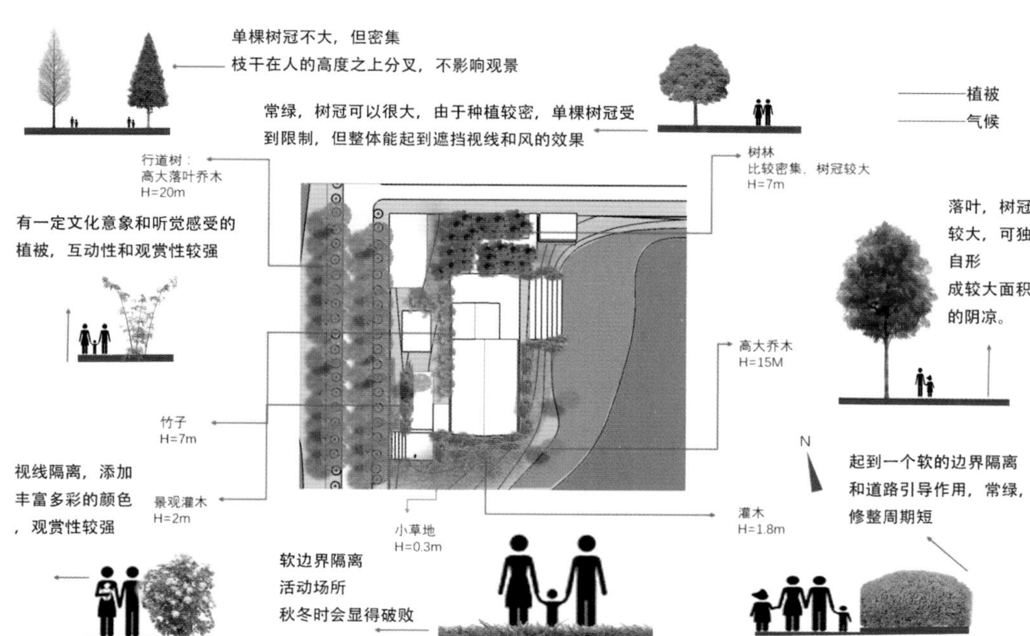

图 7-12 植物的分布、尺度、形态及其与行为的关系

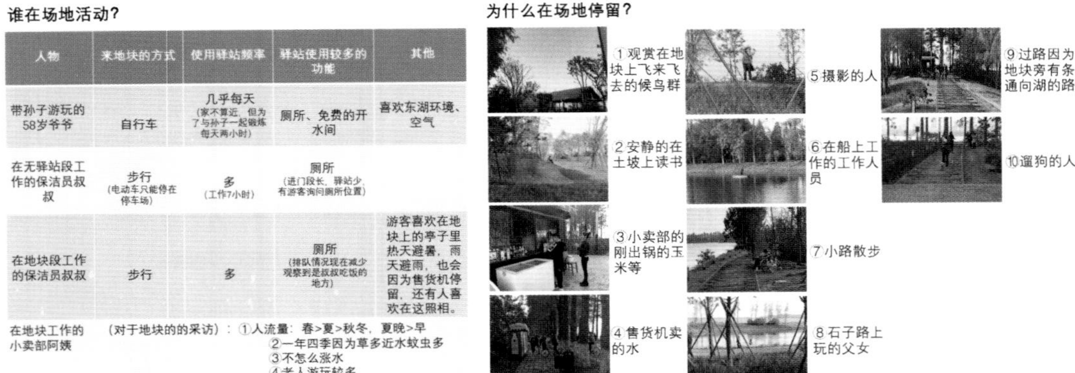

谁在场地活动?

人物	来地块的方式	使用驿站频率	驿站使用较多的功能	其他
带孙子游玩的58岁爷爷	自行车	几乎每天（家不算近，但为了与孙子一起锻炼每天两小时）	厕所、免费的开水间	喜欢东湖环境、空气
在无驿站段工作的保洁员叔叔	步行（电动车只能停在停车场）	多（工作7小时）	厕所（进门段长，驿站少，有游客询问厕所位置）	
在地块段工作的保洁员叔叔	步行	多	厕所（排队情况现在减少观察到是叔叔吃饭的地方）	游客喜欢在地块上的亭子里热天避暑，雨天避雨，也会因为售货机停留，还有人喜欢在这照相。
在地块工作的小卖部阿姨	（对于地块的的采访）：①人流量：春>夏>秋冬，夏晚>早 ②一年四季因为草多近水蚊虫多 ③不怎么涨水 ④老人游玩较多			

为什么在场地停留？

①观赏在地块上飞来飞去的候鸟群
②安静的在土坡上读书
③小卖部的刚出锅的玉米等
④售货机卖的水
⑤摄影的人
⑥在船上工作的工作人员
⑦小路散步
⑧石子路上玩的父女
⑨过路因为地块旁有条通向湖的路
⑩遛狗的人

图 7-13 场地中的行为观察与访谈

【优秀中观调研示例 4】（作者：戴月文、周庆施、杨莹璇、江俊杰，2017 级）

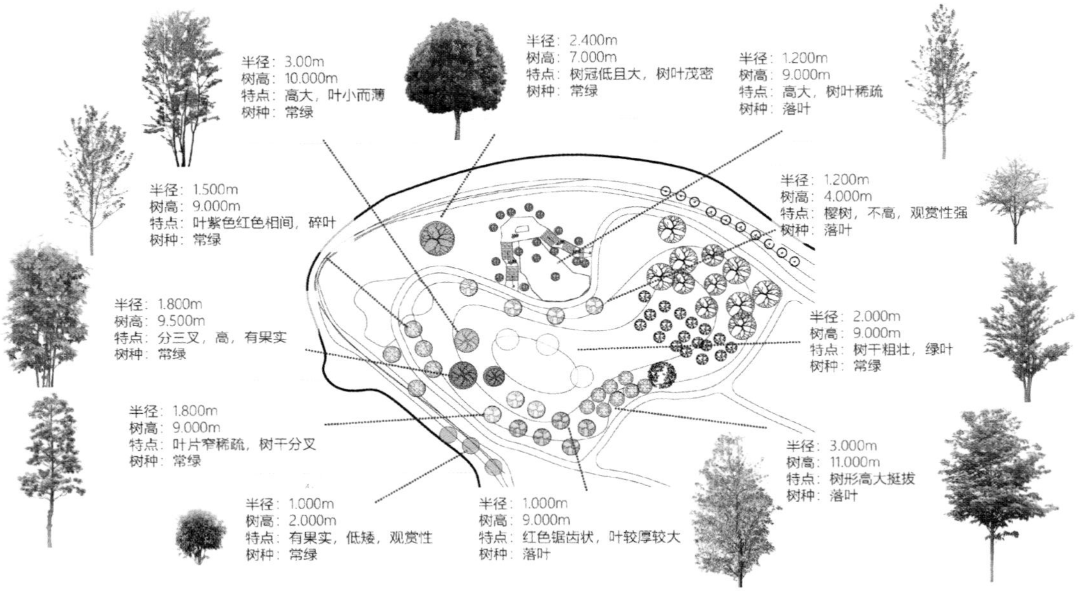

半径：3.00m
树高：10.000m
特点：高大，叶小而薄
树种：常绿
半径：2.400m
树高：7.000m
特点：树冠低且大，树叶茂密
树种：常绿
半径：1.200m
树高：9.000m
特点：高大，树叶稀疏
树种：落叶
半径：1.500m
树高：9.000m
特点：叶紫色红色相间，碎叶
树种：常绿
半径：1.200m
树高：4.000m
特点：樱树，不高，观赏性强
树种：落叶
半径：1.800m
树高：9.500m
特点：分三叉，高，有果实
树种：常绿
半径：2.000m
树高：9.000m
特点：树干粗壮，绿叶
树种：常绿
半径：1.800m
树高：9.000m
特点：叶片窄稀疏，树干分叉
树种：常绿
半径：3.000m
树高：11.000m
特点：树形高大挺拔
树种：落叶
半径：1.000m
树高：2.000m
特点：有果实，低矮，观赏性
树种：常绿
半径：1.000m
树高：9.000m
特点：红色锯齿状，叶较厚较大
树种：落叶

图 7-14 场地植物分布及其特征

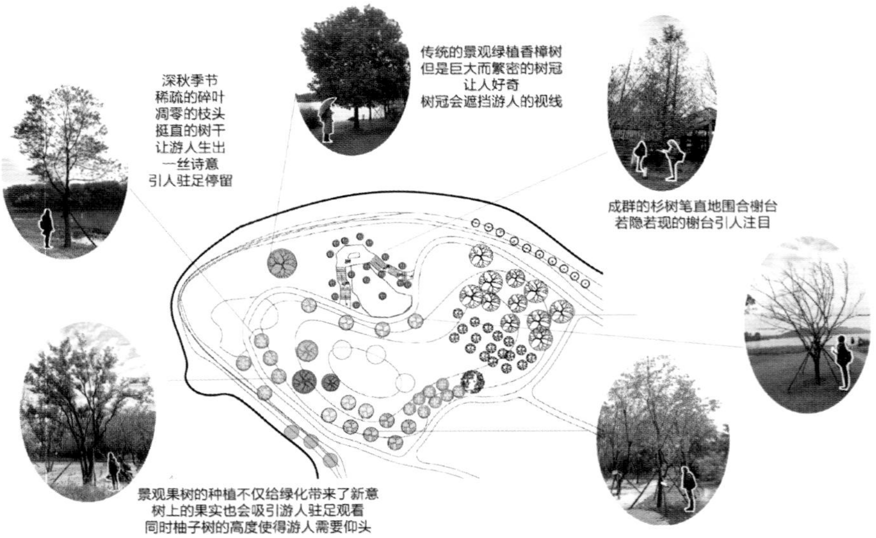

深秋季节
稀疏的碎叶
凋零的枝头
挺直的树干
让游人生出
一丝诗意
引人驻足停留
传统的景观绿植香樟树
但是巨大而繁密的树冠
让人好奇
树冠会遮挡游人的视线
成群的杉树笔直地围合榭台
若隐若现的榭台引人注目
景观果树的种植不仅给绿化带来了新意
树上的果实也会吸引游人驻足观看
同时柚子树的高度使得游人需要仰头

图 7-15 树木尺度、形态及其行为关系

近景

银杏树叶

银杏树叶的独特造型
成为不可多得的近景

远景

秋风瑟瑟中榉树摇曳生姿
远远望去令人流连忘返

榉树树形

“远近结合”的造景手法
给予游人不同的体验与感受

柚子果实成为
冬天景观的亮眼之处

柚子果实

榉树与湖面以及
远处的群山融为一体

榉树湖景

图 7-16 场地树木的景观特征

【优秀中观调研示例 5】 （作者：沈雨乔、朱子其、刘致远、刘舒瑶、曾令通，2018 级）

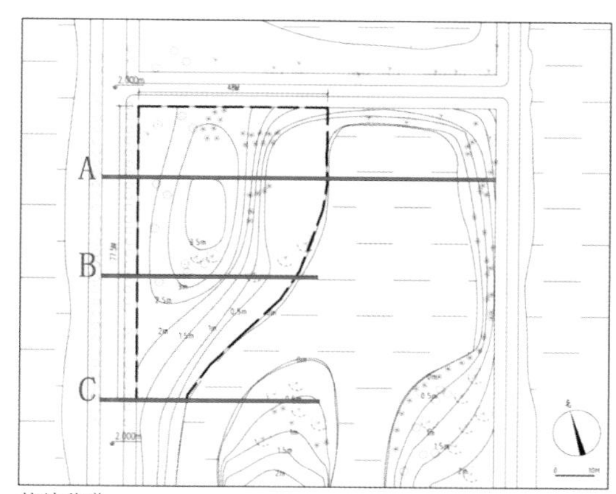

植被种类：

乔木：高度5~6m　直径2~3m　　灌木：高度0.5~1m　直径1~2m

草本：高度0.1~0.5m　　禾本：以一片为单位，不单独存在

图 7-17 地形背景下的植被分布（平面图）

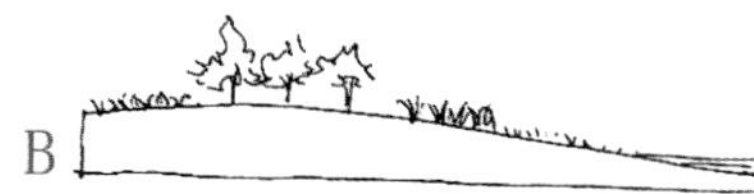

特点：

·用地边缘大多为草本植物，比较低矮，不会造成视线遮挡。其高度的变化可带来节奏感。

·人的视线可以直接看到对岸的乔木以及东湖东岸的天际线，对岸乔木对视线略有遮挡。地形起伏更明显，而在地势高的地方，有乔木会更强调这样的地形。

·由于海棠树树底没有其他的灌木，人的视线可以穿透。一般草本植物的分布也呈现出顺应地形的规律，即低处近岸处草本植物较低，高处远岸处草本植物较高。

图 7-18 地形背景下的植被分布（剖面图）

【优秀中观调研示例 6】（作者：季津羽、王艺颖、施淑艺，2019 级）

基地景观——西侧

①湖对面高楼林立，繁华街区。
②干净清澈、平静无波的湖面。

基地景观——东侧

①湖面干净清澈，没有垃圾漂浮，但莫名有一股恶臭味。湖中生长有众多杂树，如芦苇等。

③绿化为规划景观，种类一致，规律美观。

②动物种类和数量均较多，尤其鸟类，这体现了基地及周围良好的生态环境，让游客身处其中感受到自然的生机勃勃和美好。但同时鸟鸣也带来了噪音。
【设计时应根据需求考虑是否进行降噪隔音处理】

④间隔摆放有休憩的椅子，通过绿化带起到与道路的分隔作用，形成一定的私密感，游客可坐下聊聊天、欣赏风景。

③植物种类丰富，触目皆景观，虽然有体现野性和粗放的美，但搭配杂乱；长时间无人打理，湖中芦苇等生长过高阻碍人的观景视线。④植被分布杂乱随意，导致地块琐碎。

图 7-19 基地景观

【优秀中观调研示例 7】（作者：迟梦雪、汪子悦、陆雨萱、贾晶晶、罗佳华，2019 级）

图 7-20 场地典型地点景观可视范围

【优秀中观调研示例 8】（作者：王昶厶、张馨羽、张玉洁，2018 级）

1．流线的设定，以材质的改变为主要手段引导人的行进

2．设置独特的景观吸引人的注意，大多用于入口或者转角

3．活动范围的限定，以湖边为例，有植物自然限定的同时也有小木桩，小木桩的存在更给人安全感

图 7-21 路径上的空间边界限定

7.4.3 微观

微观尺度上的场地调研聚焦于接近人体尺度的设计元素调查，尤其关注它们与人的行为和感受的关系。在专题二所选定的场地上，相对突出的是植物、地面铺装以及由地形和植物组成的综合地貌。

不同类型的植物在尺度、形态及其四季风貌上都有显著差异（图 7-22 至图 7-24）。其中，植物基本的尺度和形态导致它们对场地局部环境有一定的改造作用，与场地使用者的行为和身体姿态具有特殊的对应关系，如植物可遮挡或引导光线、视线，提供人们倚靠、休憩或穿行的空间。四季的差异则需要与植物相关资料的补充才能整合凸显。地面铺装材料的触感及边界形式在视觉体验之外还提供了不同的行走触感，增强或减弱行进的意愿。由地形和植物、水面等组成的综合地貌造就了场地最终的高差，有不同疏密程度的高差。高差对视线和路径的引导只在现场有意识的考察中才能被发现（图 7-25 至图 7-36）。

微观尺度的调查一方面提供了可以借鉴的设计知识和手段，包括对室外环境中材料和尺度的应用。另一方面，微观尺度上的观察和体验使得更加个体化的环境感知和偏好凸显出来，对部分调查者而言也可能形成触发设计的线索。

【优秀微观调研示例 1】（作者：王昶厶、张馨羽、张玉洁，2018 级）

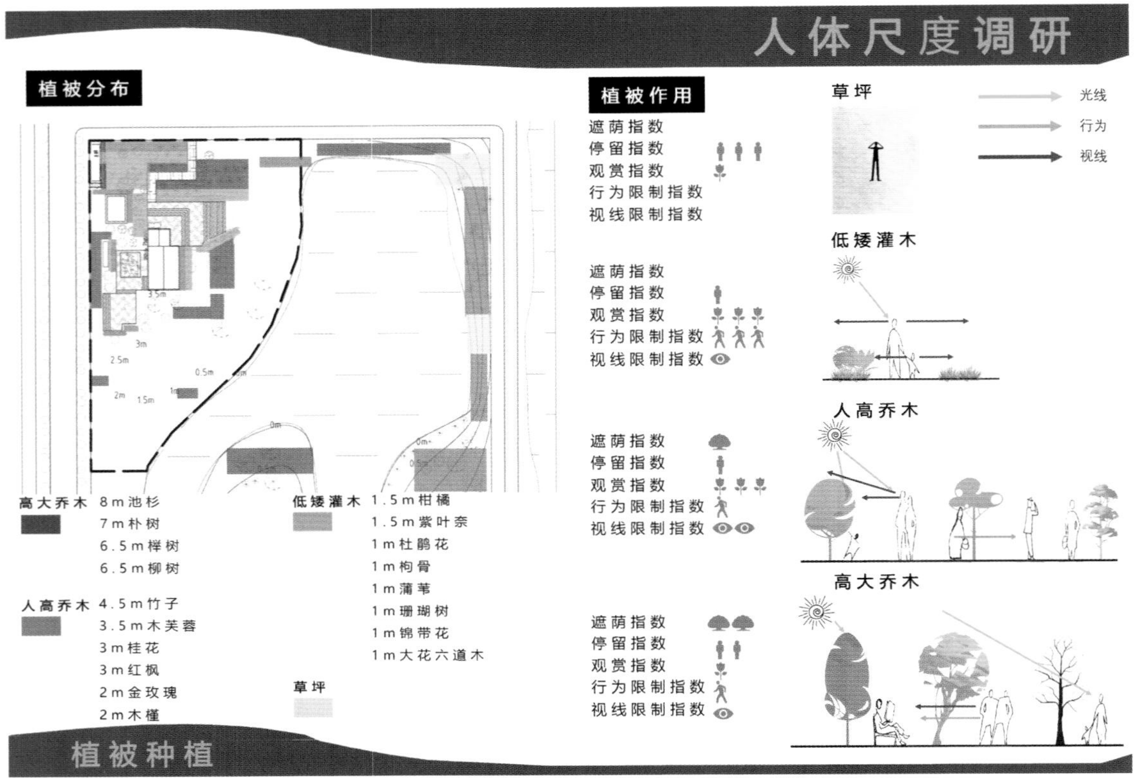

图 7-22 场地植被与光线、行为、视线分析

【优秀微观调研示例 2】（作者：孟宪怡、陈洪彬、蒋雨宏、孙沛杰，2019 级）

植物种类	高度(mm)	人的尺度	视线边界	空间边界	行为边界	空间感受
草本	50~350	脚背-小腿	×	中	中	开阔通透
低矮灌木	400~1500	膝盖-肩膀	弱	强	强	围合感
高大灌木	1500~3000	肩膀-身高以上	强	强	强	
低矮乔木	3000~6000	树冠位于头部及身高以上	强	强	弱	界定分隔
高大乔木	6000~12000	树冠位置远高于身高	×	强	弱	
水生	20~2000	——	高度决定	√	√	变化流动

图 7-23 植物尺度及其空间—行为效应

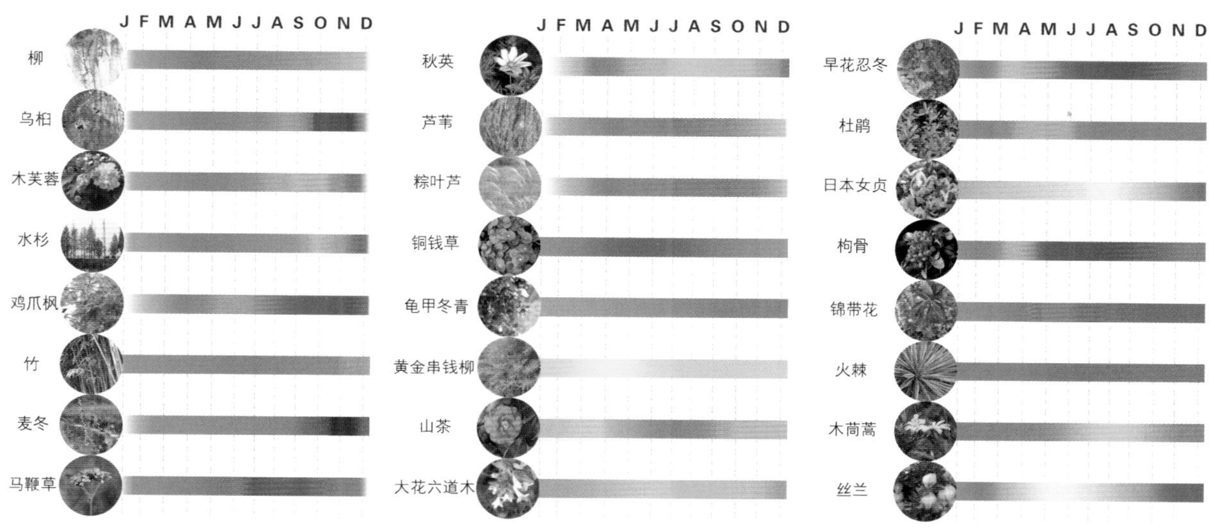

图 7-24 场地植物的各季节色彩及整体感受

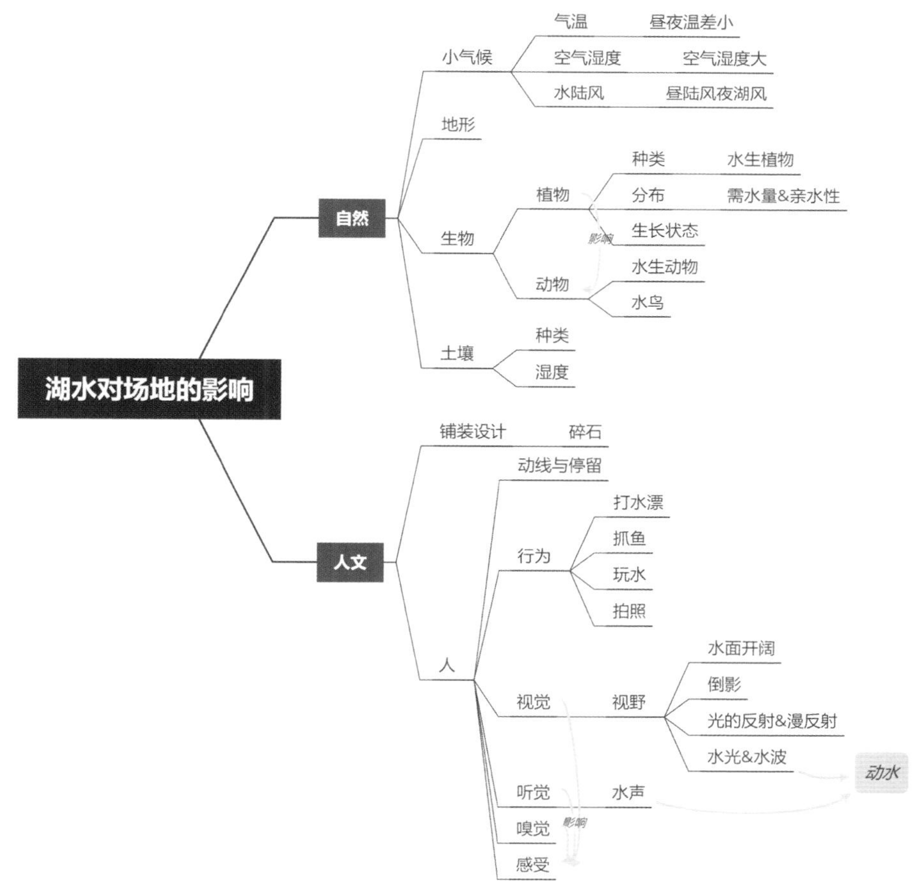

图 7-25 水面对场地的多维度影响

【优秀微观调研示例 3】（作者：黄磊、王文龙、戴涤杨、范时俊，2019 级）

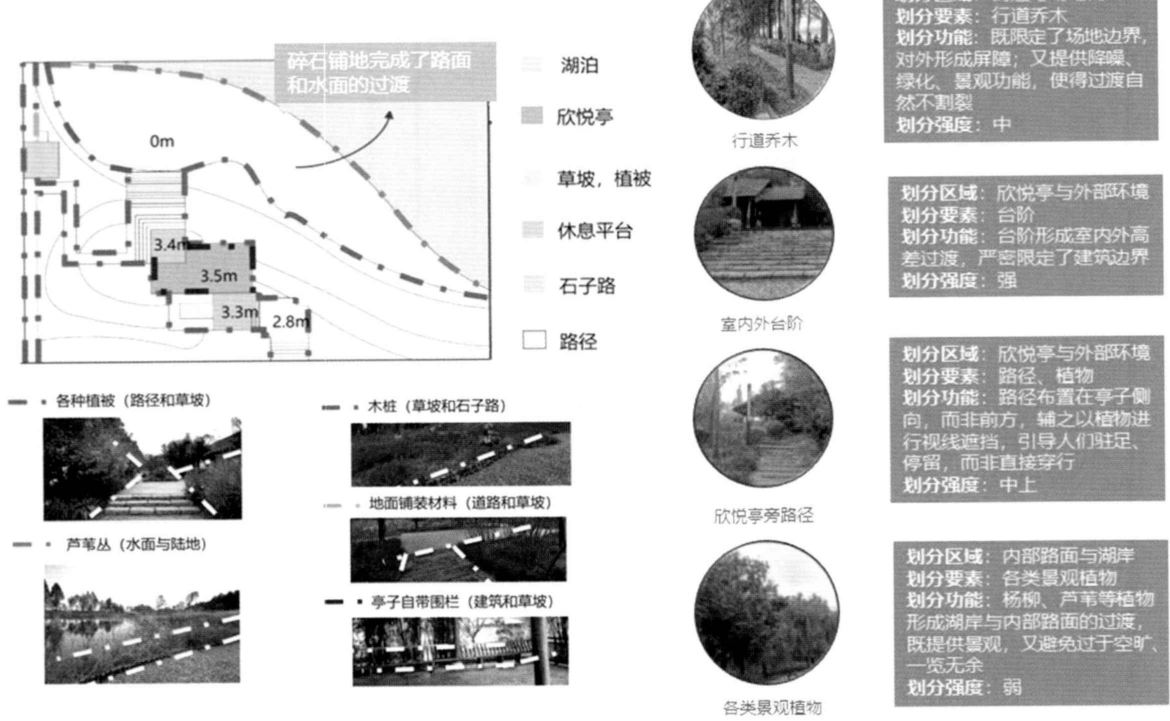

图 7-26 场地边界的材质、形态与感知

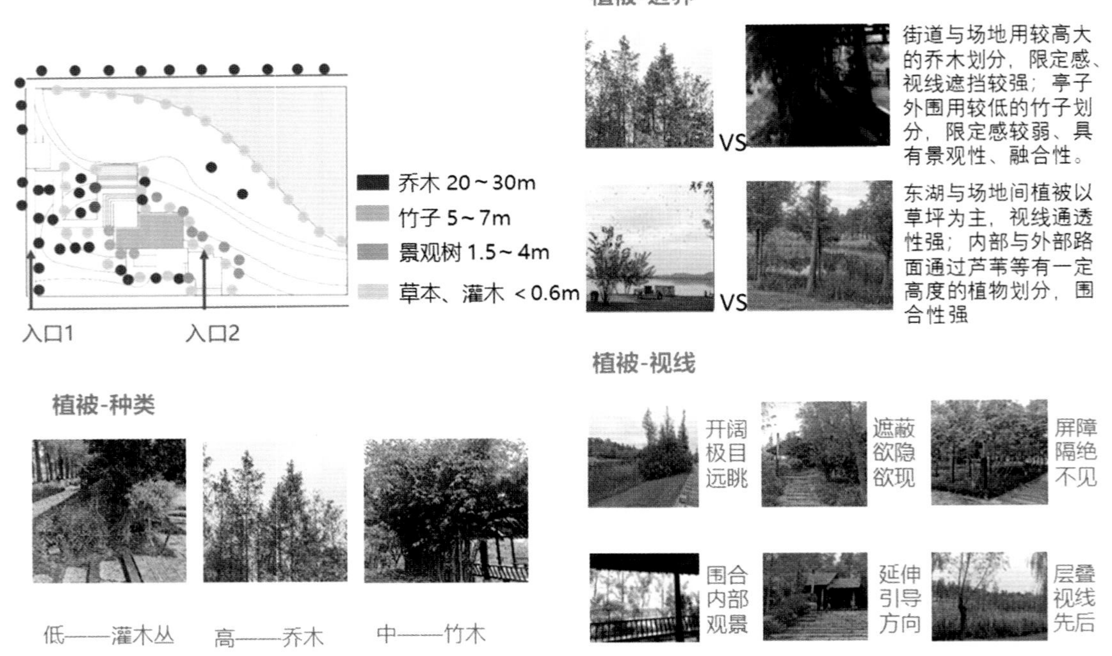

图 7-27 植被的种类、边界及其视线特性

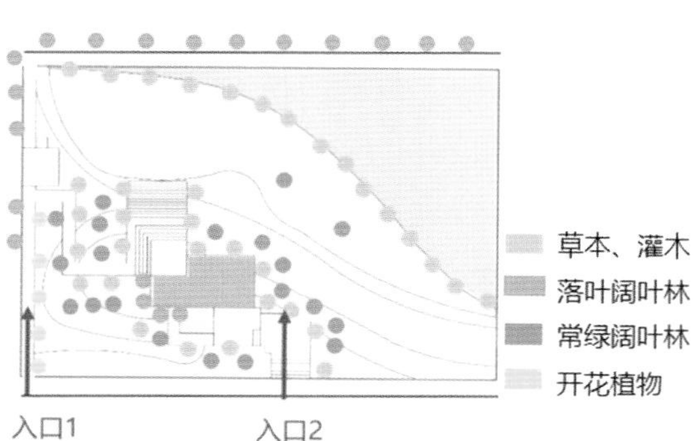

植被-流线

入口处以线性排布的柳树、芙蓉为引导，吸引视线

向下的台阶搭配绿植，使流线融于景致而不单调

地势高差搭配树木，使得视线受遮挡，引导人们入内，移步换景

植被-心理

绿竹 幽静雅致

芳草 旷远开阔

山林 静谧舒适

春 杨柳依依

夏 映日荷花

秋 落红缤纷

冬 松柏苍苍

花开 明媚怡人

红绿相间 色彩美

高低错落 流动美

图 7-28 植被的行为引导与心理效应

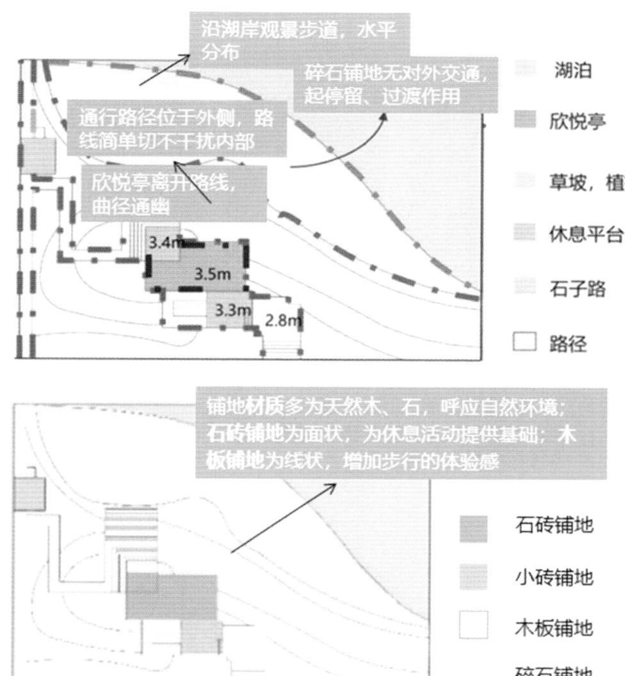

进入场地的主路弯折且有树木的格挡，有着一定的遮挡效果

场地中下到湖边的道路最为宽敞，提供了一个很好的视野

小道通往侧面的入口，增加行人的兴趣

图 7-29 路径、材质、形态与行为引导

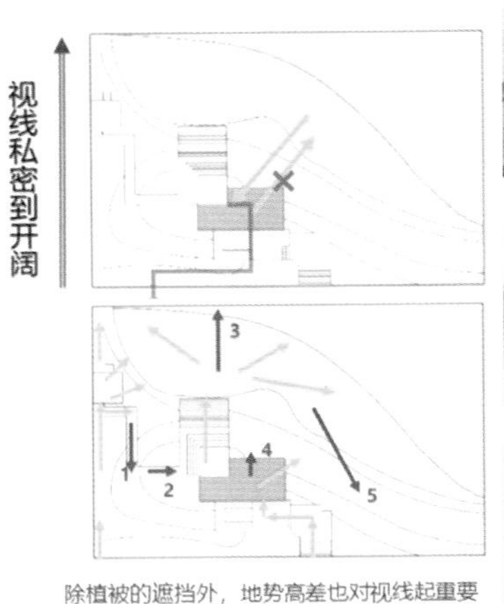

位于场地东边边缘，可以看到东湖湖景

位于场地中央看东边，可以一起看到岛中的小湖和远处的树与道路以及远处的东湖

位于场地的西边边缘，可以看到躲藏在树林中的湖景

图 7-30 场地内外视线及其影响因素

【优秀微观调研示例 4】（作者：李思齐、夏雨琦、姚佳岑、龚之宸，2016 级）

铺地类型	感受
	小心翼翼地走，慢走行道，不适合快走或者跑步
木板碎石	感觉相对而言比较细腻，有秩序感
竖向石砖	不适合发生活动范围大的快速行动，能开展的活动受限
碎石	平整，多用在大空间、开阔空间
石板	多靠近人行横道，下雨后颜色分布比较有趣
石砖	性能优化了，踢面比较柔和，踏面平整不易损坏
石砖加木材	天晴时可以走动，雨天时土地泥泞
草坪	

图 7-31 铺装类型与行走感受

【优秀微观调研示例 5】（作者：迟梦雪、汪子悦、陆雨萱、贾晶晶、罗佳华，2019 级）

图 7-32 地面材质

图 7-33 天光变化：阴与晴

图 7-34 天光变化：昼与夜

图 7-35 天光变化：晨与昏

【优秀微观调研示例 6】（作者：吕佳艺、戴赟尧、汪艺、郑萌萌，2019 级）

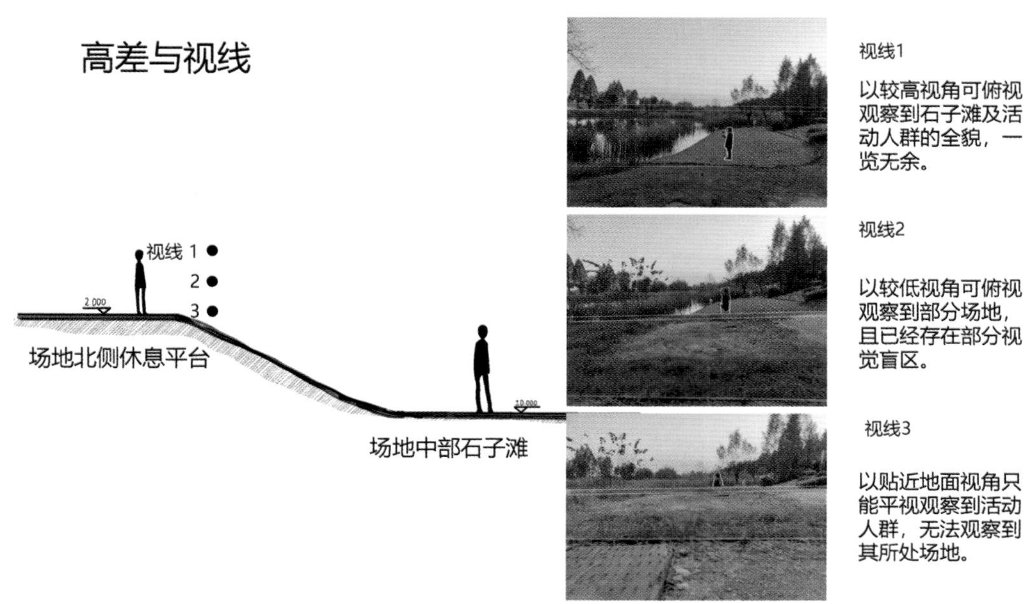

图 7-36 场地高差与视点变化引起的视野变化

第 8 章 设计方法讲解

完成场地调研环节的训练之后，从第二周开始进入方案设计环节。本专题在设计阶段重点训练的是“基于自然环境场地条件的空间设计方法”，依据自然环境场地中的“形式线索”，以基本形式要素介入场地进行空间设计，以此实现建筑与场地的联系。这一设计方法亦可概括为“形式的场地介入”。该方法在实现课题既定训练目标的同时也可使一年级的基础形式训练顺利融入真正的建筑设计之中，更好地打通一二年级设计主干课的联系。

8.1 经典案例分析

案例分析是学习建筑设计的重要手段。通过典型案例的分析学习，可以更好地理解自然环境中场所营造的设计目标和要求，并学习其中的设计方法。推荐如下 10 个在处理建筑与自然环境关系方面有独到之处的经典案例。

①阿尔瓦罗・西扎，勒萨德帕梅拉游泳池，葡萄牙波尔图。

②阿尔瓦罗・西扎，波诺瓦餐厅，葡萄牙波尔图。

③彼得・卒姆托，瓦尔斯温泉浴场，瑞士库尔。

④林璎，越战纪念碑，美国华盛顿。

⑤中村拓志，Roku 博物馆，日本枥木。

⑥刘家琨，鹿野苑石刻艺术博物馆，四川成都。

⑦张珂，南迦巴瓦雪山冥想台，西藏林芝。

⑧张珂，雅鲁藏布江小码头，西藏林芝。

⑨华黎，林建筑，北京通州。

⑩华黎，岩景茶室，山东威海。

8.2 形式要素分析

本环节重点讲述如何运用不同形态（直线、折线、曲线）的空间限定要素（墙体、屋面、台阶）限定不同类型空间（开敞、半围合、围合、封闭），并理解其空间特点及意义。

从物质性层面来看，形式（form）与空间（space）是对立统一的。如《老子》所述：“三十辐共一毂，当其无，有车之用。埏埴以为器，当其无，有器之用。凿户牖以为室，当其无，有室之用。故有之以为利，无之以为用。”

建筑学专业一般认为：“形式”限定“空间”。因而从这个意义上来说，前文所述的“空间限定要素”即指“形式要素”。

本环节将以程大锦的《建筑：形式、空间和秩序》[1] 为参考书，学习基本形式要素的特点，并结合经典案例讲述其空间意义。

[1] 程大锦 . 建筑：形式、空间和秩序 [M]. 刘丛红，译 . 天津：天津大学出版社，2005.

形式的含义是内部结构与外部轮廓以及整体结合在一起的原则。

——《建筑：形式、空间和秩序》

因而，形式（form）不仅仅指形状（shape），还包含位置关系和组织原则等多层含义。

8.2.1 基本要素

形式的基本要素：点、线、面、体。

点表示在空间中的一个位置。点沿着某个方向运动，其运动轨迹便成为一维的线；线运动而成为二维的面；面向空间中运动而成为三维的体（图 8-1）。以上生成过程蕴含了基本要素的重要特性。

点因运动方向的不同，可生成两种线性基本要素：直线、曲线。点受到外力，沿着某一特定的方向运动，则形成直线。因而，直线在视觉上表现出方向、运动和生长的感受，所生成的空间即具有同样的特性。如越战纪念碑一端指向华盛顿纪念碑，一端指向林肯纪念堂，以直线形式要素指引方向的特性建立起三者之间有机的视觉联系（图 8-2）。又如鹿野苑石刻艺术博物馆入口的廊桥形成方向明确的、向入口延展的流线路径（图 8-3）。

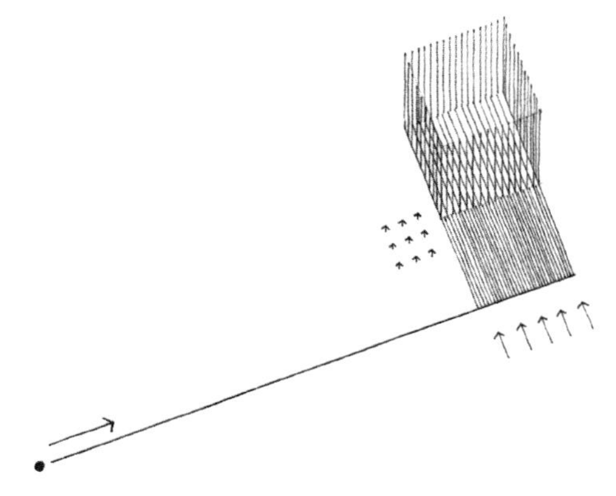

图 8-1 形式的基本要素：点、线、面、体（图片来源：《建筑：形式、空间和秩序》）

图 8-2 越战纪念碑（图片来源：董哲拍摄）

图 8-3 鹿野苑石刻艺术博物馆入口空间（图片来源：李义拍摄）

图 8-4 梵蒂冈圣彼得广场
（图片来源：周钰拍摄）

若点在运动过程中，其运动方向与受力方向不一致，则轨迹方向发生改变，形成曲线。曲线与直线的不同之处在于表现出方向偏离、旋转运动感。曲线的方向性不明确，若点在运动过程中受力方向指向某一明确的中心，则形成的曲线具有向心性。向心曲线具有对内聚合、对外排斥的特点。如梵蒂冈圣彼得广场由两侧巨大的弧形柱廊围合而成，形成面向教堂的聚合性广场空间，同时，弧形柱廊对外部的城市空间形成很强的排斥力（图 8-4）。又如位于罗马的斗兽场呈现出椭圆形的建筑体量，弧形观众席面向中心，形成聚合性的观演空间，而弧形体量的外部则形成强大的张力，使人不能舒适地停留，临近建筑也难以与其形成空间上的呼应（图 8-5）。

图 8-5 罗马斗兽场
（图片来源：周钰拍摄）

直线可形成两种不同的基本组合：正交组合、非正交组合（折线 / 斜线）。因为地球重力的存在，物体一般都呈现出水平与垂直的稳定状态。因而直线正交组合的形式具有方向明确、稳定的特性，所以，该形式组合常用于古代宫殿、办公大楼、医院等布局中。斜线可以看作是垂直线正在倾倒，或者水平线正在上升，所以斜线具有动态性，因为它处在不平衡状态。如越战纪念碑由斜线形式要素形成动态的引导路径（图 8-6）。又如王澍设计的宁波博物馆大量使用斜线形式要素，形成具有动感的建筑形象以及富有活力的内部空间（图 8-7）。

图 8-6 越战纪念碑
（图片来源：董哲拍摄）

曲线组合的方向感不明确，形成的空间具有柔和、流动的特性，使人放松。如有学者写道：现代建筑中的方体空间中界面的交界线向灭点处消失……大型购物中心最重要的空间，如线性动物（蛔虫等）的消化道。这条峡谷般的通高空间必须蜿蜒曲折以增加“消化道”的长度，同时这弯曲的空间让游走其中的人看不到两端，找不到灭点，从而更容易迷失[1]。这也是现代商业综合体多运用曲线组合形式的原因（图 8-8）。

图 8-7 宁波博物馆（图片来源：周钰拍摄）

[1] 冯果川．商业综合体的意识形态分析 [J]. 新建筑，2015(05):138-139.

图 8-8 商业综合体的室内空间（图片来源：周钰拍摄）

线性基本形式要素为直线、曲线两类，而直线又可形成直线正交组合、直线非正交组合（折线 / 斜线）两类，曲线亦可组合形成更丰富的形式变化（图 8-9）。以上各种形式要素具有其内在的特质，将其转化为具体的空间设计时，其形式特质便会转化为具体的空间特质。建立**“抽象的形式要素”**与**“具体的空间意义”**之间的**联系**对于建筑设计的学习具有重要意义。

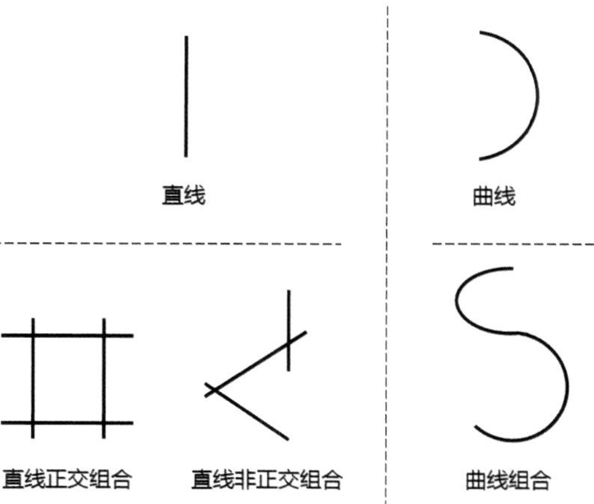

图 8-9 线性基本形式要素的类型（作者自绘）

8.2.2 空间限定方法

运用基本形式要素限定不同类型的空间是建筑设计的基础性练习。空间类型一般可分为“开敞、半围合、围合、封闭”等。《建筑：形式、空间和秩序》一书较为全面地介绍了“水平要素限定空间”“垂直要素限定空间”等不同方法。如图 8-10 展示了如何运用垂直要素限定从开敞到闭合的各种类型的空间。

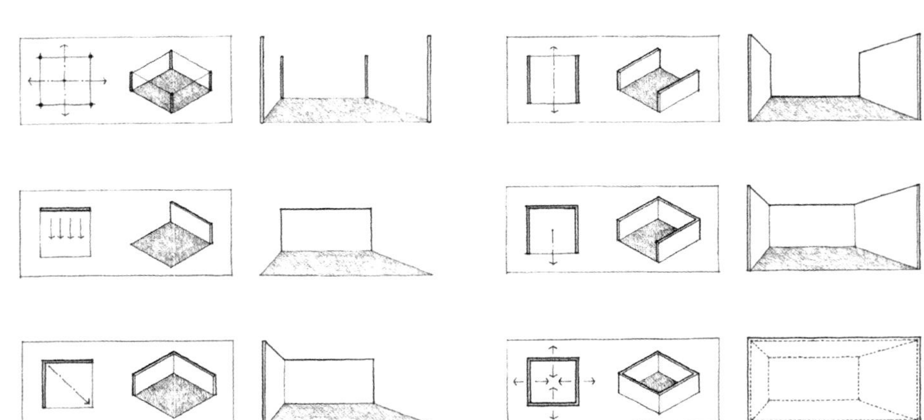

图 8-10 垂直要素限定空间
（图片来源：《建筑：形式、空间和秩序》）

图 8-11 巴塞罗那馆
（图片来源：武求实拍摄）

在空间限定的具体操作中，关键之处在于建立起抽象的形式与具体的空间意义之间的联系，如两面墙或三面墙垂直限定出的空间既可以是建筑空间，也可以是城市广场空间。例如密斯的巴塞罗那馆与威尼斯圣马可广场都可抽象为前述的空间限定类型（图 8-11 及图 8-12）。另外，空间与人体尺度之间的联系也非常重要。

图 8-12 威尼斯圣马可广场
（图片来源：周钰拍摄）

8.3 场地要素分析

经过深入的场地调研之后，通过分析所选用地的各项场地要素的特点，提取对于场地的空间营造起到主导作用或次要作用的场地环境线索，并分析其形式特征。

以华科校园中的某片树林为例（图 8-13），在这片自然场地中，可以观察到大地、树木、草丛、石桌、石凳、路径、阳光、树影等，若是身处其间，还可以感受到微风、落叶、鸟语、花香、蝉鸣等。而其中对于场地特质起到主导作用的要素为大地和树木，其形式特征分别为水平延展与垂直延展。起到次要作用的要素为曲线延展的路径以及随机分布的石桌、石凳等。而草丛、阳光、树影等对于场地氛围的形成亦起到重要作用。

回到本设计所选的位于武汉东湖风景区的基地来看（图 8-14），场地中的自然要素非常丰富，可观察到大地、水岸、树木、草丛、石头、路径、阳光、树影等，还可感受到微风、落叶、鸟语、花香、蝉鸣、田野的味道。而其中对于场地特质起到主导作用的要素为大地、水岸和树木，其形式特征相比前例而言更为丰富多样。场地中的大地呈现为坡度缓慢变化的曲面，而靠近水岸一侧较为平坦。水岸呈现出自然的曲线变化。树种多样，高低错落，树木的分布较为随机，其隐藏的形式线索具有多样的潜力（图 8-15）。

图 8-13 华科校园中的树林
（图片来源：周钰拍摄）

8.4 形式的场地介入

经过场地调研，对案例的分析学习，空间限定方法的学习以及场地要素的深入分析之后，可提出基于自身体验与理解的设计意图。在明确设计意图之后，下一步便可进入“场地介入”的环节，思考运用哪种形式要素介入场地，建构出具有何种氛围的书吧空间，这一介入行为又会对原有场地产生哪些影响。

图 8-14 设计基地场景
（图片来源：周钰拍摄）

在“形式的场地介入”这一环节，关键在于如何运用特定的形式要素结合环境主导要素介入场地，形成新的空间场所。这一过程类似于“完形填空”，但又与此有差异。类似的一面在于，“形式要素”填入“场地要素”中形成一个新的整体；差异的一面在于，“填入”的要素并不一定只能与场地要素保持一致，而存在多样的可能性，是融合、对比或是折中，取决于介入行为的设计意图与价值判断。同时，任何介入都意味着改变，也即，原有的自然场地在发生建筑形式的介入之后，其场地特质会产生新的变化。

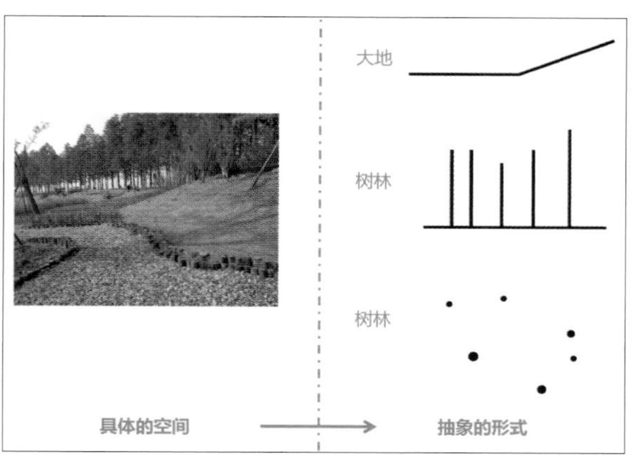

图 8-15 场地要素的形式分析示意图
（作者自绘）

8.4.1 建筑与大地

本设计所选场地的有形要素中，最基本的要素是大地和树木。所以本环节所引导的设计方法主要针对大地和树木来展开。首先来看建筑介入大地存在的多种形式关系（图 8-16）。

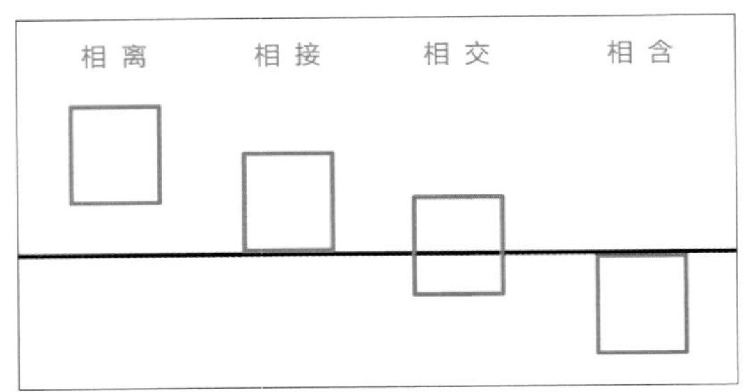

图 8-16 建筑与大地的关系
（作者自绘）

四种主要的形式拓扑关系分别呈现出不同的空间特点。

相离：轻盈飘浮、凸显自我。

相接：稳定庄重、最为常见。

相交：融合、生长。

相含：消隐、低调。

相接关系还存在一种特殊情况，即建筑坐落于台基之上与大地发生关系，如故宫太和殿，用台基强调出自身的重要性。

图 8-17 越战纪念碑
（图片来源：董哲拍摄）

形式的拓扑关系是形式关系的一个重要层面，进一步来看，这种拓扑关系还可以呈现为多样的“形（shape）”。如图 8-17 及图 8-18 所示，同为建筑“相含”于大地，越战纪念碑所用的是折线的形式组合，而黄土高原上的窑洞则是直线正交的形式组合，两处建筑呈现出不同的空间特质。一处为动态而延展，一处为静态而稳定。

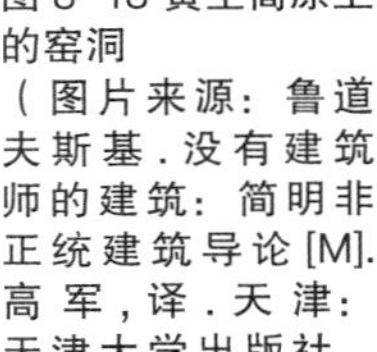

图 8-18 黄土高原上的窑洞
（图片来源：鲁道夫斯基.没有建筑师的建筑：简明非正统建筑导论[M].高军，译.天津：天津大学出版社，2011：16.）

大地一般可分为平地和坡地，直观呈现为水平线与斜线的形式线索。而坡地通常亦隐含着弧线的形式线索。这些形式线索如何与建筑的介入发生关系，将在后文的设计实例中进行更为直观的讲解。

8.4.2 建筑与树木

接着来看建筑介入场地可与树木产生怎样的形式关系。不同的树种具有不同的形态，如图 8-19 至图 8-21 所示，水杉具有高耸笔直的树干，枝叶稀疏；樟树多枝杈，树冠茂盛；桂花树相对低矮，树冠呈茂密的球状。

图 8-19 水杉
（图片来源：周钰拍摄）

图 8-20 樟树
（图片来源：周钰拍摄）

图 8-21 桂花树
（图片来源：周钰拍摄）

因而从剖面关系来看，树干与树冠的不同形态都会成为与介入形式要素发生关系的形式线索。从平面关系来看，树木的分布位置及树冠形态会成为与介入形式要素发生关系的形式线索。在一片自然场地中，树木通常呈现为自由随机分布的状态，因而其隐藏的形式线索丰富而多样（图 8-22）。

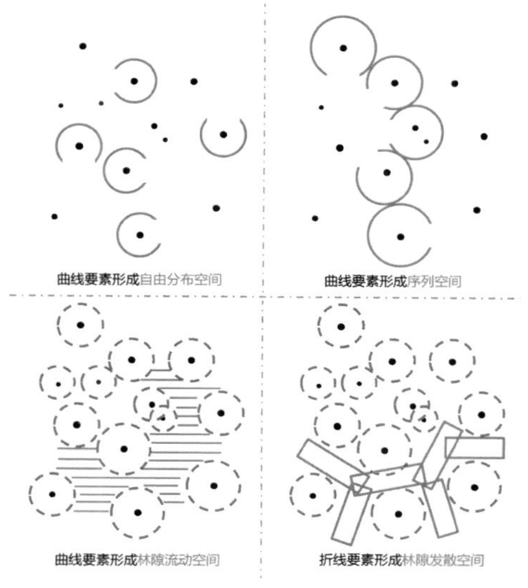

图 8-22 针对树木的形式介入（作者自绘）

8.4.3 设计实例

下面以学生作业的设计实例讲述不同的场地介入方式及其效果。

【关注人与自然关系的设计】

無·驿站（作者：丁千寻 ,2016 级）

该设计认为东湖秀美的自然景色不应过多地受到人为干预，因而提出“消融的驿站”的想法。**设计以山坡一侧的地形曲线为形式线索，将建筑体量融于场地景观之中，同时在体量两侧掀起两片“衣角”引导人们的视线。**该建筑试图为人们提供一个与自然亲近但又不失距离的场所，以达到建筑与人类活动的融合。同时它利用屋面到地坪的轻柔过渡来创造暧昧的室内外界限，达到空间与实体界限的消融。因而，这个在环境中完全消融的驿站可以被概括为“無·驿站”（图 8-23）。

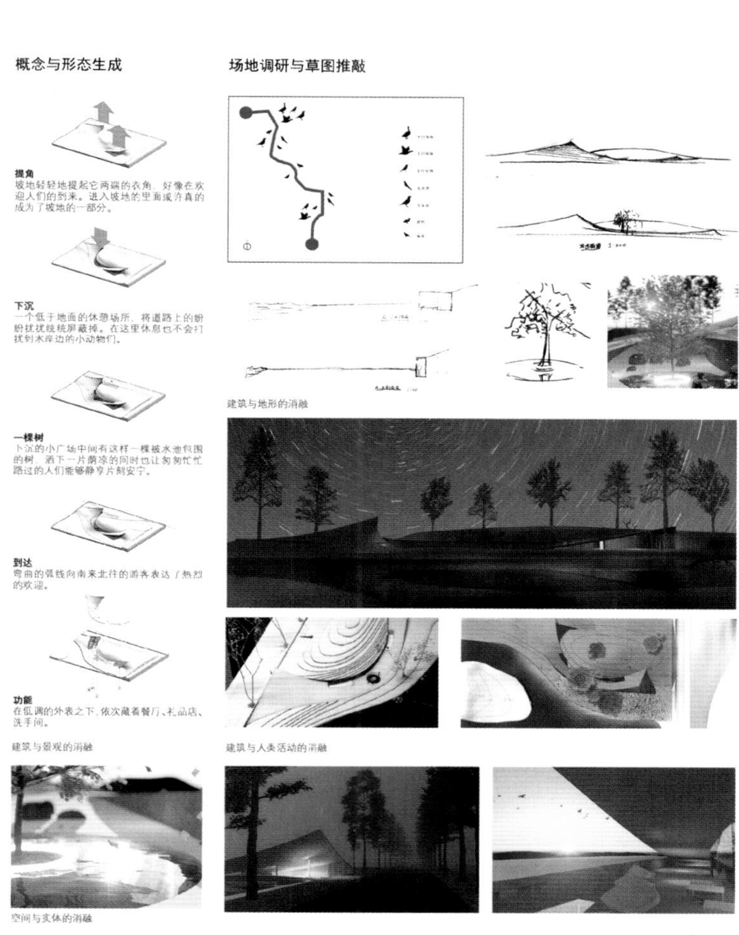

图 8-23 無·驿站

【关注场地景观的设计】森·驿站（作者：林暄颖，2016 级）

在前期调研中，该设计作者发现场地由于坡度变化而形成丰富多样的景观，因而希望建筑以一种谨慎的态度介入场地，力求在不破坏原有意境的同时，通过建筑实现人与自然环境最亲切的接触。如图 8-24 所示，**设计以环绕山坡的等高线为形式线索，以切合场地的曲线要素环形串联各个功能空间，在中央形成聚合的室外广场。**同时利用屋顶形成与树木相呼应的高低错落的观景平台，实现建筑与环境的巧妙融合。建筑在场地中既可看景，又是被看的景。

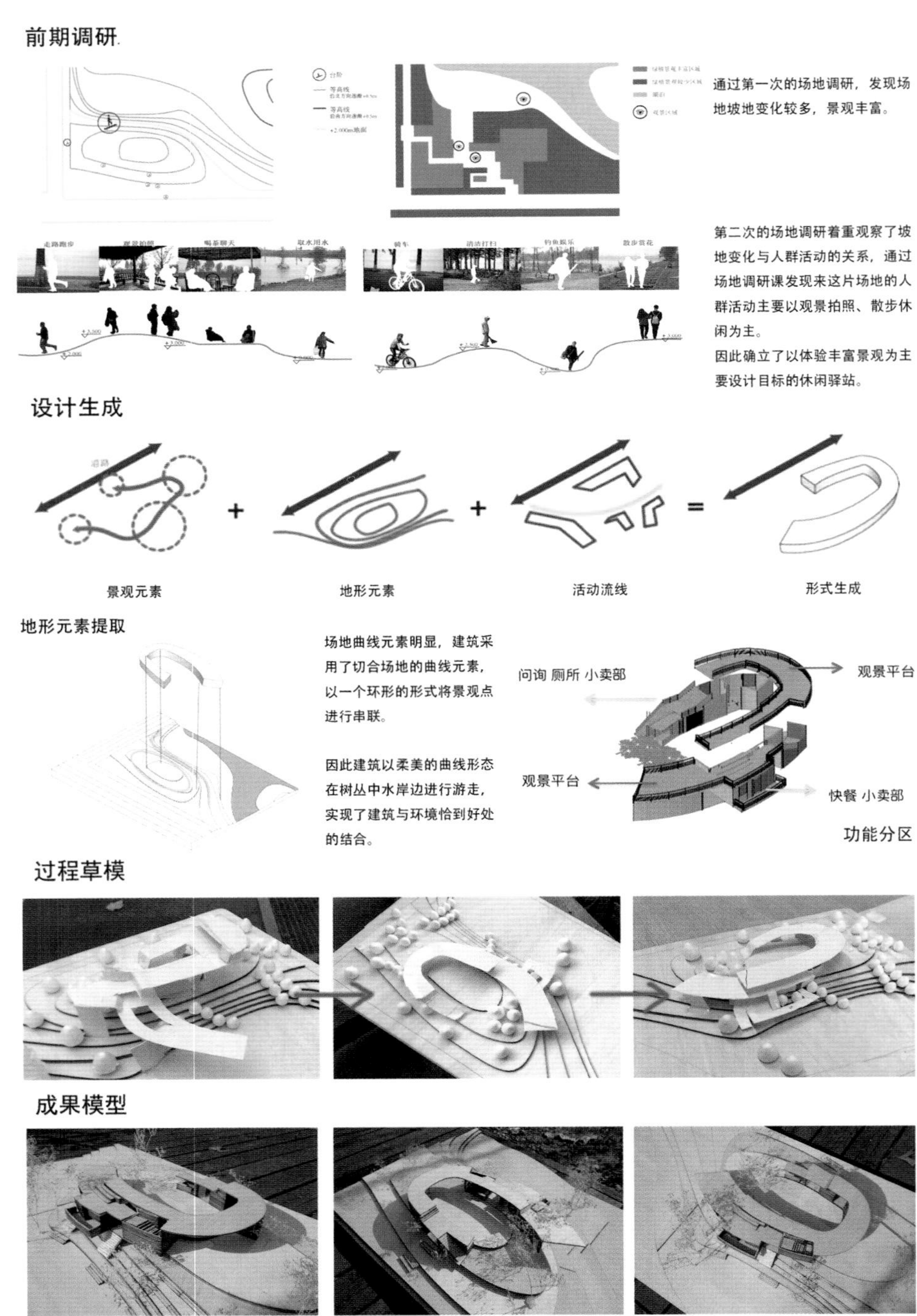

图 8-24 森·驿站

【关注坡地形态的设计】Stir the silence（作者：王昶厶，2018 级）

该设计以自然坡地本身的形式与内含的生命韵律作为建筑形式的生成依据，以折线作为形式操作元素，进行建筑形式空间的生成与塑造，用空间语言转译出“平时隐匿于自然，低调生长，在某一时刻突然迸发出来而后又渐归平静消隐”的生命态势。如图 8-25 所示，在处理建筑周边景观、周边负空间以及建筑内部空间设计时，也采取以折线要素形成的景观装置、空间装置等进行空间划分，在维持建筑整体动态、保持形式语言统一的同时，强化建筑与场地形式的联系。

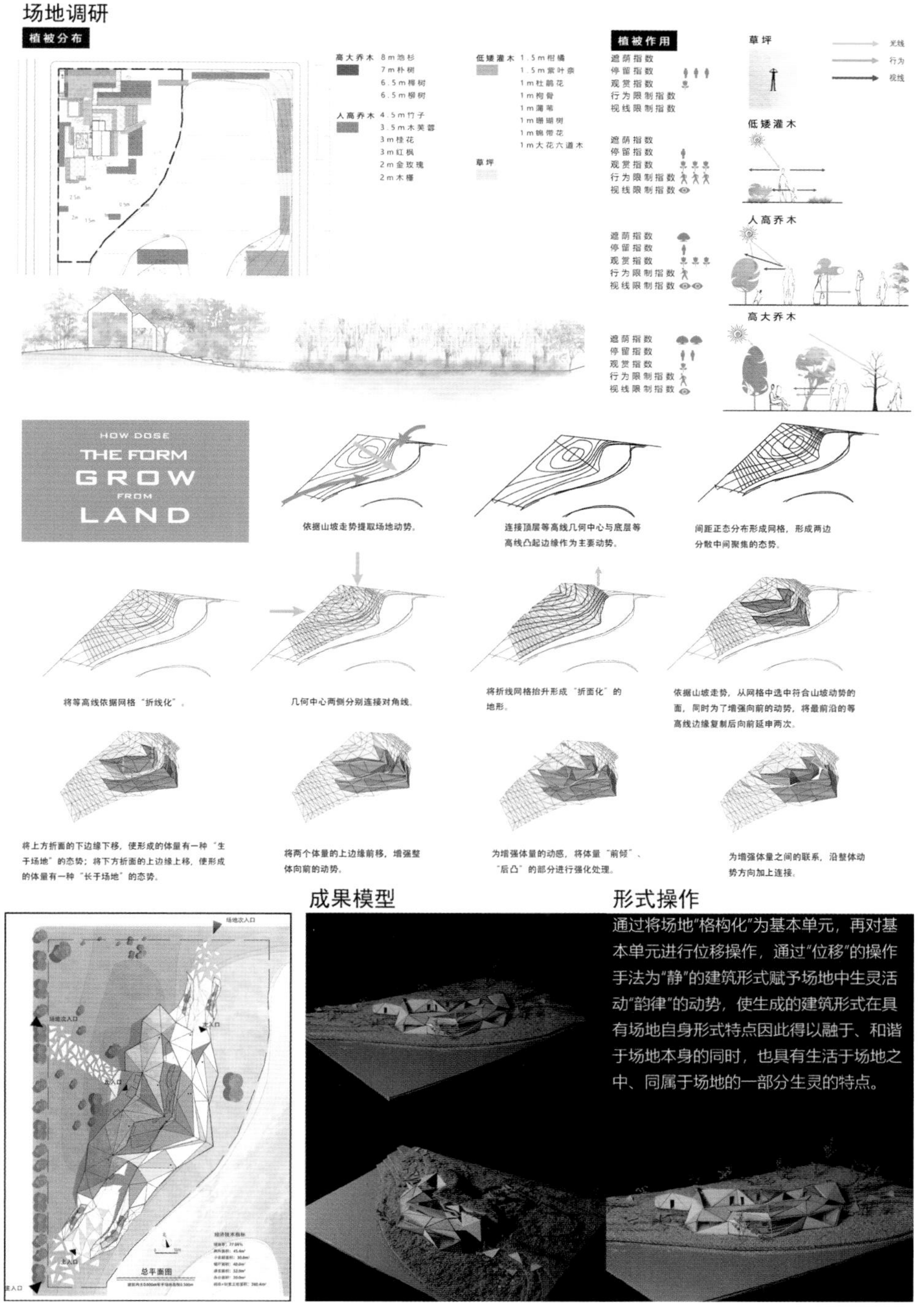

图 8-25
Stir the silence

【关注场地树影的设计】Flowing shadow（作者：曹乐宁，2018 级）

在前期调研中，该设计作者关注场地中的光影关系，并着重考虑了“影”在场地中的作用与感知，从而诞生出“树影”的设计概念。如图 8-26 所示，在设计中通过形式操作对“树影”进行建筑转化，使其拥有在地性。**设计以树影为形式线索，以切合树木位置的曲线要素包裹流动形成各个功能空间。**自由的弧形传达出建筑向外生长的张力，玻璃与格栅的引入使阳光与室内空间相交融，同时木格栅又模拟出树木向上生长的躯干，人在建筑中行走仿佛置身于无尽的树林当中。

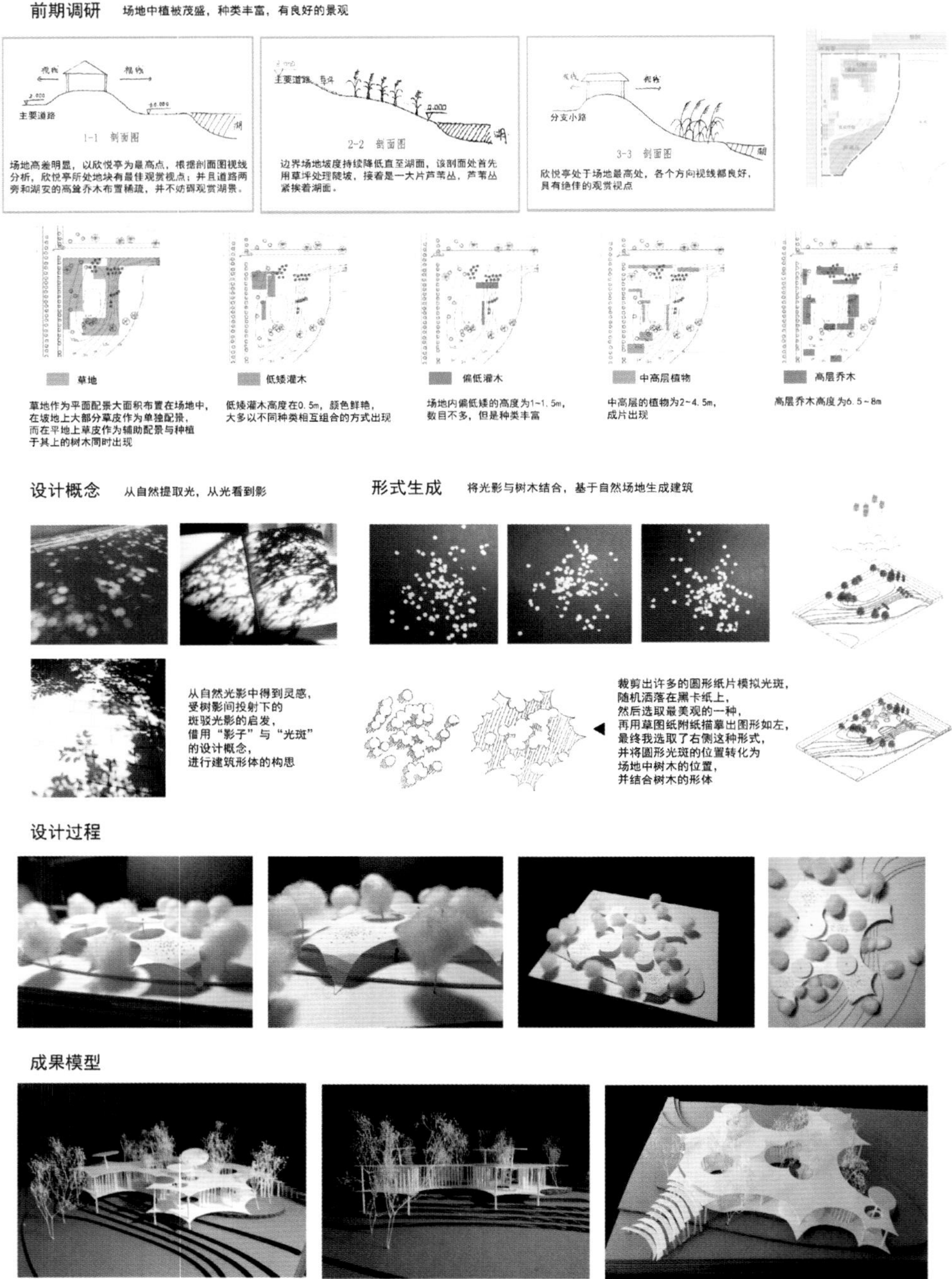

图 8-26
Flowing shadow

【关注场地声景的设计】呢喃（作者：曹宇童，2019 级）

在前期调研中，该设计作者发现场地中拥有丰富的、人与自然交互的声音，同时也发现当人们来到这片场地时，经常忽略耳边美妙的自然声景，所以产生了营造“希望人在其中能感受、聆听自然，与自然畅快对谈”的建筑的愿景。如图 8-27 所示，**设计的整体形式布局依据场地两侧呈现直线正交的道路为形式线索，形成正交控制网格，再依据自然坡地的变化，形成错落有致的建筑体量。**建筑屋面以曲面形成汇聚声景的“集音器”，在视觉上营造出“自然流露”的生长感。当人们看到这个建筑时，便如同看见了自然的诉说；当进入这个建筑时，更能身临其境地听到自然的呢喃细语。

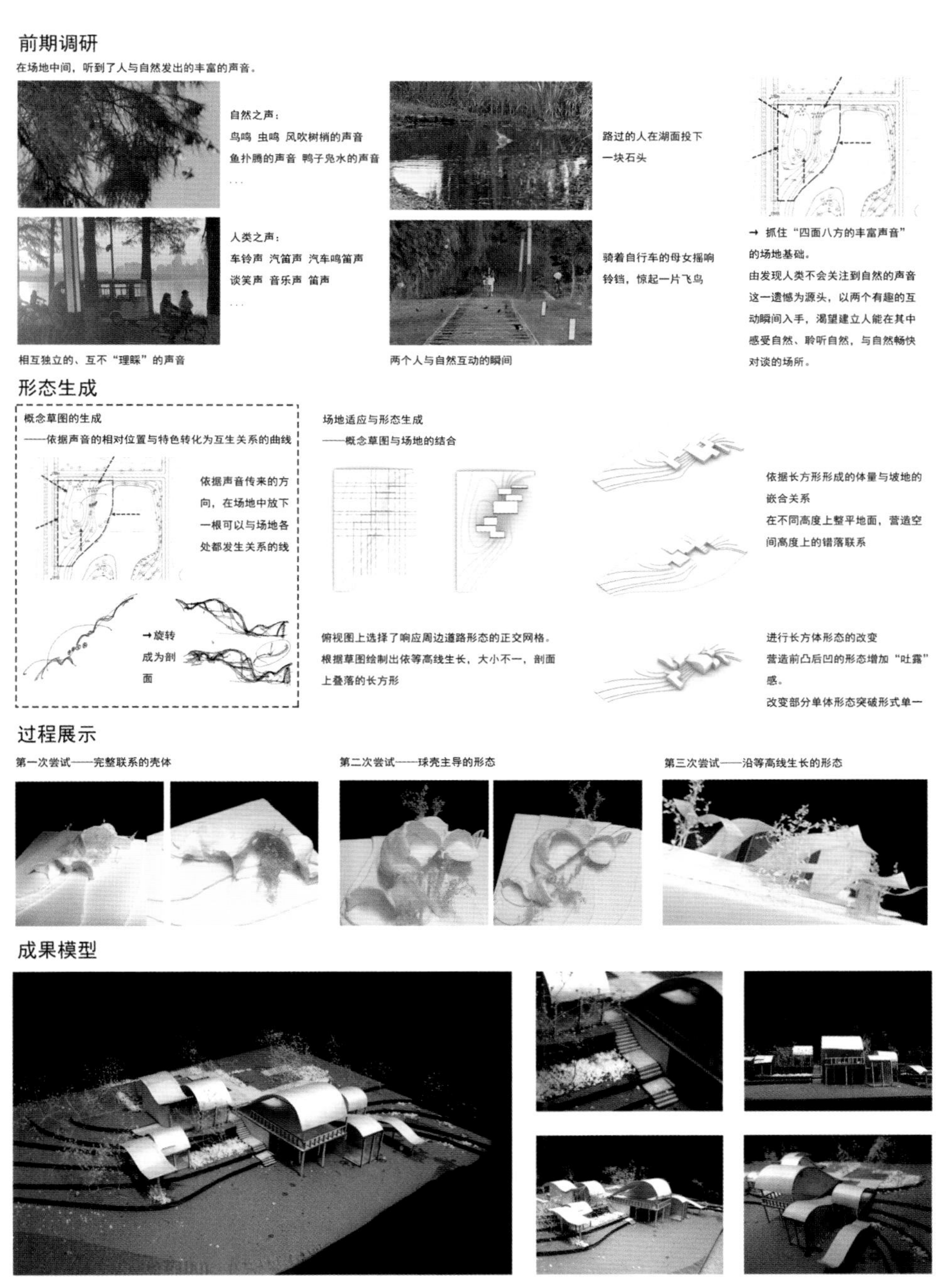

图 8-27 呢喃

第 9 章 形式构成训练与建筑转化

9.1 形式构成训练

在正式进入设计环节之前，先用一堂课的时间做“基于自然环境场地条件的形式构成练习”，以强化正式设计环节所需的形式处理的基本功。同学们在课后完成练习，课上再集中讲评。

9.1.1 训练目标

熟悉使用直线正交组合、直线非正交组合（斜线）、曲线组合三种基本形式要素限定开敞、半围合、围合、封闭等不同类型空间的方法。

9.1.2 任务设定

【材料准备】

三张白色 A4 复印纸或卡纸，工具刀或剪刀，胶水。

【设计内容】

用三张纸分别做三个独立的形式构成练习，每个练习分别在如下 A、B 条目中各选择一种类型进行组合，作为形式构成设计的起始条件。如“直线正交组合”+“曲面（山包）”。每个类型不得重复选择。

A. 形式要素类型：直线正交组合、直线非正交组合（斜线）、曲线组合。

B. 场地环境类型：平面（平地）、斜面（斜坡）、曲面（山包）。

要求每个形式构成练习中必须包括开敞、半围合、围合、封闭等四种不同类型的空间，并且在空间中放置比例人。每个练习需要确定一个主题，讲述一段空间故事。主题可自由选择，例如“爱丽丝梦游仙境”“威廉的古堡”“肖申克的救赎”“舞者”等。

【操作方式】

可用裁、切、剪、粘、弯折等方式对纸张进行操作，不能加入本纸张之外的材料。

9.1.3 训练过程

【优秀作业示例 1】（作者：洪方东，2018 级）

该练习灵感来源于伊塔洛 · 卡尔维诺的小说《看不见的城市》。这本书的每一个章节都介绍了一个不同的虚构的城市，作者的想象奇妙广阔，漫无边际。本练习根据书内的三篇短文形成空间形式（图 9-1 及图 9-2）。

伊萨乌拉 千井之城（直线正交 + 斜面）

原文内容：

伊萨乌拉，千井之城，据说建在一个很深的地下湖上。只要在城市范围之内，居民们随便在哪里挖一个垂直

的地洞就能打出水来：城市的绿色周边正是看不见的地下湖的湖岸线，看不见的风景决定着可视的风景，阳光之下活动着的一切，都是受地下封闭着的白垩纪岩石下的水波拍击推动的。

结果，伊萨乌拉就有了两种宗教形式。一些人相信，城市的神灵栖息在给地下溪流供水的黑色湖泊深处。另一些居民则认为，神灵就住在系在绳索上升出井口的水桶里，在转动着的辘轳上，在水车的绞盘上，在压水泵的手柄上，在把水井管里的水提上来的风车支架上，在打井钻机的塔架上，在屋顶的高脚水池里，在高架渠的拱架上，在所有的水柱、水管、提水器、蓄水池，乃至伊萨乌拉空中高架上的风向标上。这是个一切都向上运动着的城市。

操作手法：

弯折整张白纸，形成两个斜面。在斜面上切取长方形的三条边及第四条边的一部分，向下弯折形成井，弯折下去的长方形再次弯折，可以形成围合程度不同的空间。同样的操作手法也可弯折至水平面，形成供人行走的平台。另外为了和斜面相适应，也在斜面上按照斜度切取了斜线，弯折之后变成了竖直线。整个体量按主次、虚实、对比重复操作，最终形成的空间处于场地的下方。该练习作品整体及局部如图 9-1 及图 9-2 所示。

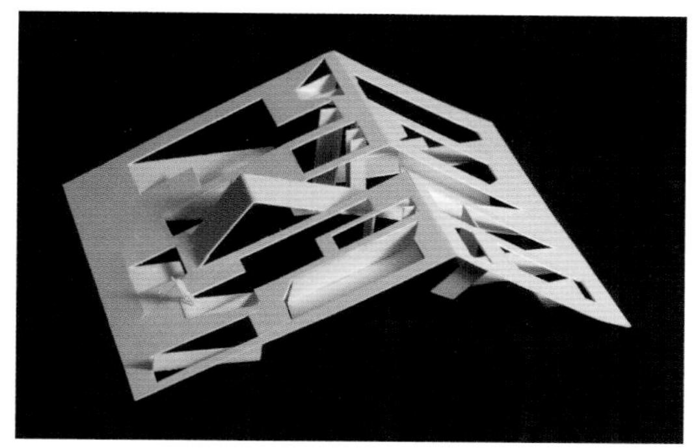

图 9-1
千井之城——整体

图 9-2
千井之城——局部

菲利德 桥梁与视线（曲线 + 曲面）

原文内容：

来到菲利德，你会十分欣赏架在运河上的各式各样的桥梁：驴背式罗锅桥，有顶篷的桥，有柱脚的桥，驳船托着的桥，悬空桥，带雕花栏杆的桥。还有临街的各种式样的窗子：双扇窗、摩尔式窗、哥特式窗、镶着半月形或圆花饰彩色玻璃的窗。道路由各种材料铺砌：鹅卵石、青石板、碎石子，还有蓝色与白色的瓷砖。城市的每个地方都向游人展示着她令人惊奇的景色：城堡墙头上伸出来的一丛刺山柑，梁柱上端的三个女王雕像，洋葱式圆屋顶上串着三个小洋葱加一个尖顶。你会赞叹："能够每天都看到菲利德所包含的看不完的景致的人，他们是多么幸福啊！" 而当你在仅仅看上一眼便不得不离开这座城市时，你会惋惜。

操作手法：

先在纸上划出两道顶点相对的抛物线，不切断，将它们抛物线底端相连的直线切断，同时向下弯折这两段直线，曲率就被投射到竖直方向，于是整个场地定型，形成曲面。在曲面上划出不同长度、不同断点位置的条带，它们的曲率会呈现出不一样的形态，形成错开的一个个曲面。不同的操作手法留出不同的空洞，使桥梁的样式多样化。该练习作品整体及局部如图 9-3 及图 9-4 所示。

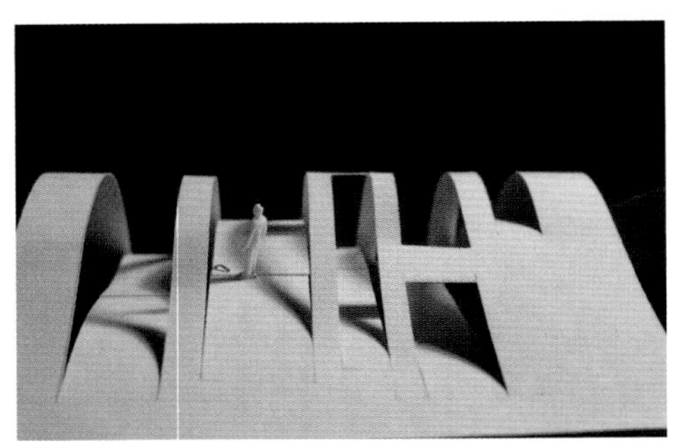

图 9-3
桥梁与视线——整体

图 9-4
桥梁与视线——局部

潘特熙莱雅 稀释的城市（斜线 + 平面）

原文内容：

要跟你讲潘特熙莱雅，就得从描述城市的入口开始。你一定会想象，在尘土飞扬的平原上会看见远处一堵城墙拔地而起，你一步步走近城门，守在门边的收税官已经在斜眼观察你的行囊。在你走进城门之前，你还是在城外；穿过拱形门洞，你便发觉自己已经在城里了。城墙的厚度包围着你，城墙的石头上有刻痕，只要你跟踪它那粗糙的线条，就能看出某种图形来。

你若如此以为，那就错了。潘特熙莱雅与众不同。你走了好几个小时，却弄不清你究竟是在城里还是在城外。就像一个个几乎没有堤岸的湖泊，淹没在沼泽地里，潘特熙莱雅是一座像汤汁般稀释在平原上的城市。色调暗淡的建筑，背靠背站在荒芜的草原上，其间混杂着木板钉的围墙和铁皮小屋。在道路两边不时见到一丛丛高高低低的立面简单的建筑，就像一把缺齿的梳子，让人觉得再往前就该是市中心了。可是你继续前进，看到的还是说不清的地方，然后是片工场和仓库、一片墓地、有摩天轮的游艺场、屠宰场。你走进一条挤满小店铺的巷子，尽头是一片片不毛的荒野。

……

这个四周裂着口子的口袋阵或褶皱区里，是否隐藏着一座能让人辨认并且让人记住的潘特熙莱雅？或者，潘特熙莱雅是否仅仅是自己的郊区，她的中心分散在各个地方？你放弃了对她的理解。

操作手法：

场地所有的元素都由三角形构成。在平面上画出边长重叠的三角形组合，挖取形成限定流线的板，再根据三角形之间的弯折围合出闭合程度不同且高低错落的空间。斜线元素本身具有很强的引导性，引导人们进入场地，之后出现多个方向的直线引导人们前进，形成一个没有中心的布局。在没有围合边界的情况下，人们总会在直线的引导中走出。该练习作品整体及局部如图 9-5 及图 9-6 所示。

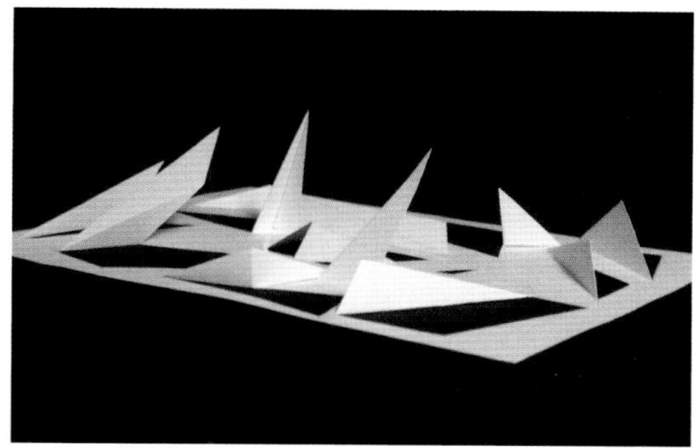

图 9-5
稀释的城市——整体

图 9-6
稀释的城市——局部

【优秀作业示例 2】（作者：徐耀新，2018 级）

西西弗斯之谷（曲线 + 曲面）

故事情节：

西西弗斯是希腊神话中的人物，与更加悲剧的俄狄浦斯王类似，西西弗斯是科林斯的建立者和国王。他甚至一度绑架了死神，让世间没有了死亡。最后，西西弗斯触犯了众神，诸神为了惩罚西西弗斯，便要求他把一块巨石推上山顶，而由于那巨石太重了，每每未上山顶就又滚下山去，前功尽弃，于是他就不断重复、永无止境地做着这件事——诸神认为再也没有比进行这种无效及无望的劳动更为严厉的惩罚了。西西弗斯的生命就在这样一件无效又无望的劳作当中慢慢消耗殆尽。

操作手法：

通过曲线 + 曲面的形式，完成一个中心对称式的形体。这个设计中并不存在某一个基准平面，而是通过在不同维度上刻画山谷以表示出西西弗斯推石这个循环往复、无穷无尽的过程。该练习作品整体及局部如图 9-7 及图 9-8 所示。

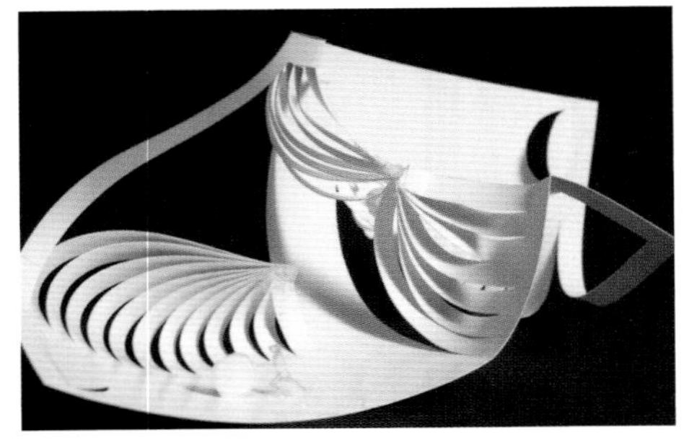

图 9-7
西西弗斯之谷—— 整体

图 9-8
西西弗斯之谷——局部

理想家宅设计回忆（直线正交 + 斜面）

故事情节：

通过空间构成练习的机会，对理想家宅做一个设计总结。如果要用一句话来总结，那就是总体上升且曲折前进。在设计的过程中有过高峰也有过低谷，有过快速的进步得到老师的赞扬，也有过钻图解的牛角尖而导致被逼仄的空间顶到头。但回首来时的路，觉得一切的折腾都很值得。模型的最后一段为下坡路，寓示新的设计开始，又要重复经历一段曲折的过程。

操作手法：

在斜面 + 直线正交的整体形式下，利用弯折、剪除等操作手法，创造出不同的空间形态，每一种空间形态会对应着不同的设计旅途与不同的情绪，无论引导、迷失抑或是挫折混乱，都可以在这里找到对应的空间。该练习作品整体及局部如图 9-9 及图 9-10 所示。

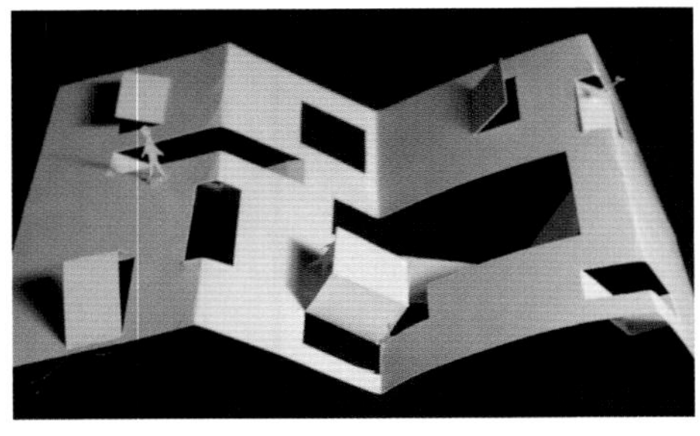
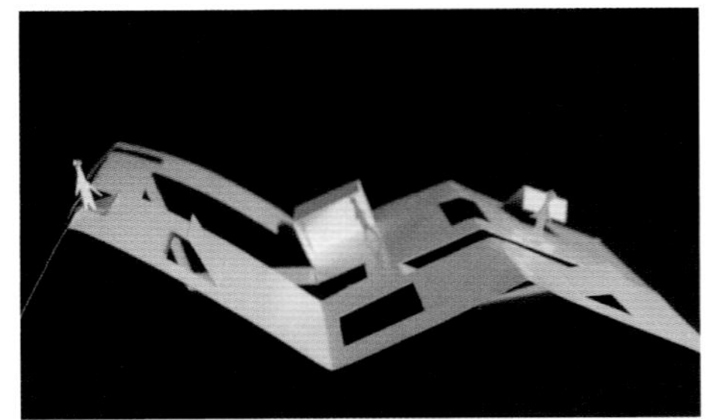

图 9-9
理想家宅设计回忆
——整体

图 9-10
理想家宅设计回忆
——局部

【优秀作业示例 3】(作者:夏熙梓,2019 级)

人生轨迹(直线正交 + 斜面)

故事情节:

人生就像是在爬山,每条直线代表各人不同却又相似的人生轨迹。

生命从白纸开始,也从白纸结束。

从平坦的空间开始人生的旅途。

每个人起点不同,未来的路也不一样。

在人生的旅途中,境遇时好时坏。时而顺利,时而低谷。时而光明,时而黑暗。

有时选择了错误的路,误入绝境,再无回头可能。

旅途的终点,是一片平坦的空间。

无论每个人的人生是何种轨迹,都终将归于平静和虚无。

操作手法:

在卡纸上划出长度宽度各异的平行直线,通过弯折不同的角度形成不同的坡地和平台,以表现人生路上的坎坷起伏。该练习作品整体及局部如图 9-11 及图 9-12 所示。

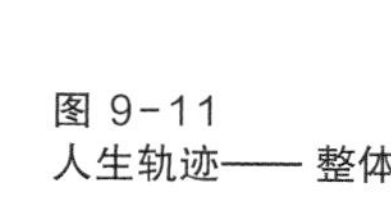

图 9-11
人生轨迹——整体

图 9-12
人生轨迹——局部

人和人之间（曲线 + 曲面）

故事情节：

将每个人看作是一颗小小的星球，平时一直都只是遥遥相望。

当两颗星球发生碰撞，交流和沟通随之产生。

围合空间——自我。

将内心的自己藏在行星带的包围之中以求保护，排斥外界，同外界隔离开。

向下走向封闭空间，是一片绝对孤独的领域。

半围合空间—— 遥望。

偶然发现了与其他星球的共同点，于是想要走出星球去探索。

半围合空间—— 过渡。

尝试走出舒适圈，去探索外面的世界，寻求新的共鸣。

开敞空间——相遇。

走出封闭自己的星球，在广阔的宇宙中相会。

操作手法：

在卡纸上划出多个同心圆的圆弧，弯折纸片使圆弧从内到外有高差层次变化，构成“星球”本体和“行星带”等空间。该练习作品整体及局部如图 9-13 及图 9-14 所示。

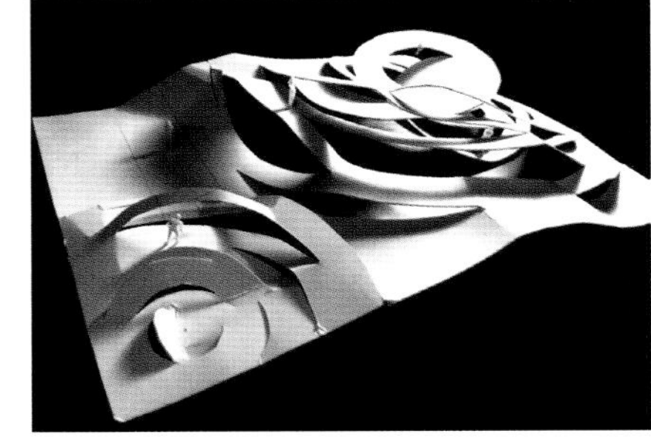

图 9-13 人和人之间——整体

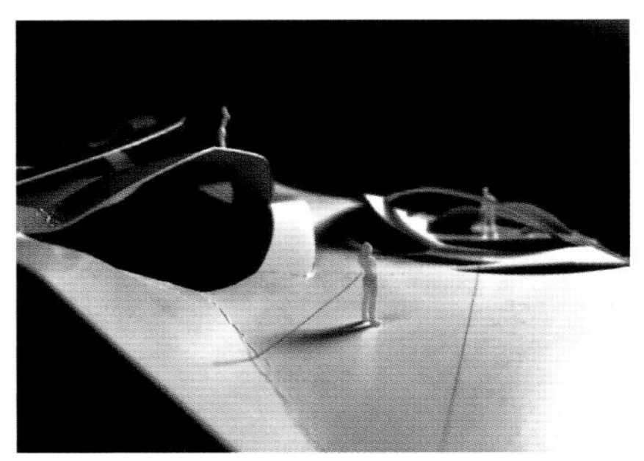

图 9-14 人和人之间——局部

烦躁的时候（斜线 + 平面）

故事情节：

一条条斜线交叉缠绕在一起，象征着内心的烦躁，本显得平静的平面也有了微小起伏。烦躁堆积形成尖刺，向外扎人，向内将自己禁锢在烦躁中。斜线向外发散，暗示着情绪的难以控制。

围合空间——封锁。

烦躁的情绪难以疏通，结果把自己也封锁在尖刺内。

狭小的围合空间无比阴暗，催化坏情绪继续滋生。

半开敞空间——斗争。

尝试自己摆脱情绪的支配，向开阔的外面走去。

开敞空间——远离。

终于放下心中的不快，收起尖锐的棱角。走到开阔空间，心情也明朗起来。

操作手法：

裁剪卡纸，得到许多纸条后，通过编织的手法重新生成平面，弯折纸条形成参差不齐的尖锐空间，也让地形起伏开来。纸条末端向外延展生长，预示着“烦燥”的不断扩散。该练习作品整体及局部如图 9-15 及图 9-16 所示。

图 9-15 烦躁的时候—— 整体

图 9-16 烦躁的时候——局部

【优秀作业示例 4】（作者：侯俊杰，2019 级）

该练习灵感来源于日本民间关于妖怪的传说。日本怪谈有着奇诡瑰丽的色彩，给人以丰富的想象空间。

蜃気楼（直线正交 + 曲面）

故事情节：

传说，海妖会幻化成岛屿和其上华丽雄伟的楼阁，将过往的航船吸引到暗礁，使其触礁沉没。被海妖吞食的人类的灵魂会受奴役，在蜃気楼上继续修筑楼阁，于是海妖背上的楼阁越来越华丽。蜃気楼在海面上游动，寻找人类的船只。其幻化的幻境往往像仙气缭绕的宝地。壮美的楼阁吸引着贪婪的人们去海上搜寻，但是往往触到礁石，有去无回。在宫殿的围合空间中，被吞食的灵魂被囚禁在蜃気楼中，为妖怪建造更美的蜃楼幻象。

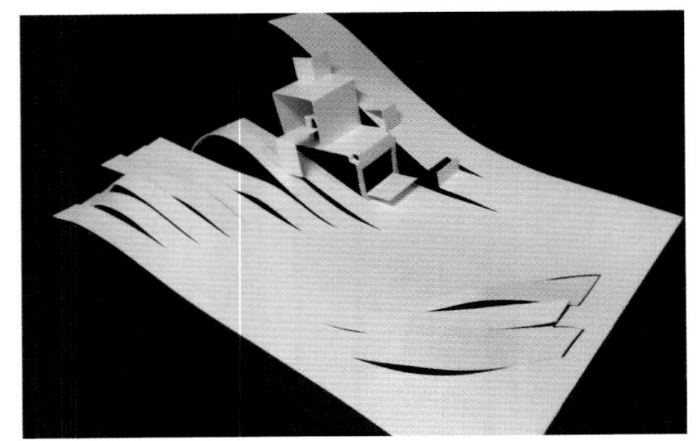

图 9-17
蜃気楼——整体

操作手法：

通过直线正交 + 曲面的方式，用条状起伏的曲面来模拟波涛汹涌的海域，而用规则的直线正交代表突兀出现在海面的壮美楼阁。二者看似冲突和矛盾，却也正好暗合怪诞故事瑰丽奇诡的风格。该练习作品整体及局部如图 9-17 及图 9-18 所示。

图 9-18
蜃気楼——局部

土蜘蛛（斜线 + 平面）

故事情节：

在日本的平安时期，京都附近的青之森中盘踞着妖怪“土蜘蛛”，作恶多端，袭扰百姓。京都源氏源赖光派武士携名刀“膝丸”，单刀赴会，将土蜘蛛斩杀。因此膝丸也改名为“蜘蛛切”。蜘蛛洞内结构复杂，怪石嶙峋，诡异的蛛网粘黏着洞顶，蛛网构成的半围合空间中依稀可见被吃掉的人的尸骨。土蜘蛛的巢穴位于山洞最深处围合空间，武士一路不断击退土蜘蛛的手下，最终到达它的老巢。

操作手法：

通过直线非正交 + 平面的手法，折起的尖锐三角制造出洞穴中怪石嶙峋的景象，空间的开放程度由外层的较为开敞逐渐走向深处的幽暗狭窄，营造出蜘蛛冢危机四伏和骇人恐怖的氛围。该练习作品整体及局部如图 9-19 及图 9-20 所示。

【优秀作业示例 5】（作者：曹宇童，2019 级）

该练习灵感来源于文德琳·范·德拉安南撰写的小说《怦然心动》拍摄的同名电影，讲述了一对青春期的男孩和女孩从有趣的追逐与战争，到最后彼此心意相通的故事。本练习作品以两位主角的心路历程为灵感，通过空间体验的变化描述他们心中想法的整体走向。

一见钟情——Juli Baker（斜线 + 平面）

故事情节：

在电影中，Juli 是一个特立独行、非常有个性的女孩。在第一次见到 Bryce 的时候，她便为他的蓝色眼睛而深深沦陷，从此无法自拔地追逐着他。但她的热烈追求一开始并没有获得 Bryce 的好脸色。她被冷落，被别人嘲弄，被 Bryce 多次践踏心意。这一次次的挫折让她也开始自省，同时也开始愈发理智地看待 Bryce。而这时她发现，Bryce 的内涵其实如他的蓝色眼睛一般的空洞，是个不值得被这样喜欢的人，这让她感到十分失望。

操作手法：

由于 Juli 的个性特点，折线更好地体现出她的棱角分明与颇具特点的性格。该空间构成以非正交直线和平面组合而成，通过白纸的折叠与拼贴搭建空间。整体空间呈现出时而开阔、时而压抑的丰富体验，正如同 Juli 的感情经历。开放空间象征着 Juli 感情迷茫、不知所措的心理状态。半围合空间，通过视线时而被阻挡、时而开阔的空间特点，体现出 Juli 在单方面追逐中时而碰壁时，而一转身又发现新的“出口”的曲折经历。时围合空间象征着在追逐过程中 Juli 几次较大的挫折，让她感到的压抑与为难。该练习作品整体及局部如图 9-21 及图 9-22 所示。

图 9-19
土蜘蛛——整体

图 9-20
土蜘蛛——局部

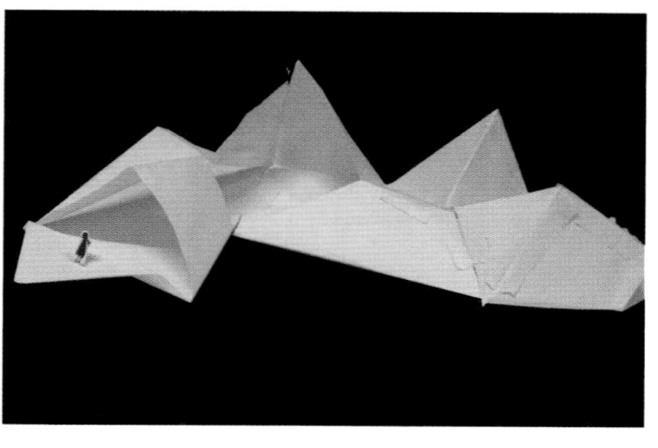

图 9-21
一见钟情——整体

图 9-22
一见钟情——局部

升温——Bryce Loski（直线正交 + 斜面）

故事情节：

对 Bryce 来说，整个故事既是他慢慢爱上 Juli 的过程，也是他走出自我，学会向他人学习的一个过程。第一次见到 Juli，他认为她“不懂得看人眼色”“是个很大的麻烦”，而父亲自负的教导方式也使他的性格非常懦弱与好面子——因为过于在意他人的眼色，他拒绝了和 Juli 一起保护老树，偷偷将 Juli 送的鸡蛋丢掉，一次又一次深深伤害了她。但好在有外公的教导，让他发现自己的内心其实在一次又一次的事件中渐渐被 Juli 的光芒吸引。于是他选择走出自己的内心，学会去接纳、发现 Juli 的闪光点，并毫无疑问地为之深深沉迷。而此时，Juli 已经选择不再单方面追逐于他，于是他开始尝试着走进 Juli 的世界。

操作手法：

该练习作品使用斜面与直线正交元素构成空间，通过在斜面上开洞，而正交通道在其中穿行的方式实现内外空间的交互体验。斜面将空间划分为内外两个部分，象征 Bryce 闭塞懦弱的内心和与之相反的丰富多元的外界。同时，正交通道整体呈现爬升趋势，营造“不知不觉上升”的体验，正如 Bryce 对 Juli 的感情，经过多次曲折与纠结，最终还是“达到了顶峰”。该练习作品整体及局部如图 9-23 及图 9-24 所示。

图 9-23
升温——整体

该练习环节训练了运用基本形式要素介入自然地貌构建空间的设计能力，并鼓励同学们充分发挥想象力进行联想，自由选择一个主题或故事，将形式空间赋予意义。在达成训练目标的同时充分发挥学习的趣味性。这一练习与本专题所提供的设计方法在本质上是相通的，其中，“得到形式”与“赋予功能与意义”这两个环节也是建筑设计中最为关键的步骤。

图 9-24
升温——局部

在野　沈雨乔

曲境　林宇暄

Stir the Silence　王昶厶

归源　徐逸璠

9.2 优秀成果展示

2016 级　东湖绿道驿站设计

无驿站	丁千寻
虚　岭	姚佳岑

2017 级　东湖绿道书吧设计

融糅于彼岸	李　卓
风居住的水面	陈柳颖
寻的书吧	赵釜剑

2018 级　东湖绿道书吧设计

在　　野	沈雨乔
Stir the Silence	王昶厶
曲　　境	林宇暄

2019 级　东湖绿道书吧设计

归　　源	徐逸璠
浮　　木	孟宪怡
呢　　喃	曹宇童
Flowing Box	林丽丽
池荷跳雨	刘　昱

优秀作品集锦

"东湖绿道书吧"
设计回顾：成果篇

无驿站——东湖绿道驿站设计
2016级
丁千寻
指导教师：周钰
無 驿 站
Courier Station Zero
教师点评：
“无驿站”设计立意特别，构思巧妙，是一个真正与场地共生的建筑。建筑形象犹如大地掀开衣角，引导游人进入，弧形体量与自然坡地融于一体，达到使建筑“隐匿与忘却”于场地的精妙构思。同时，室内外空间序列变化丰富。总体而言，是学生作业中的上佳之作。
無驿站如是说
Thus Sopke Courier Station Zero
场地调研 | 概念目标
场地调研
东湖是中国最大的城中湖，于上世纪修筑的堤岸连接了南北两岸，市民得以以更快的速度到达武昌城。而本世纪愈来愈大的环境和人口压力使东湖的水体保护工程不得不提上日程。
如果你问驿站：你想成为什么？成为一个凉亭？成为一个商店？然而这些都不是东湖绿道上的驿站想成为的，它想成为的比这更多。
驿站环顾四周：什么在消失？由于人类过于频繁的活动的侵扰，湿地内的候鸟数量和种类锐减，由于垃圾进入水体内，水生动物不得不面临误食垃圾而死去的危险。
概念目标
驿站因此不愿意在大自然母亲的面前展露自己。
有时候当你爱着某人，
你就得成为他/她/它的陌生人。
驿站它想将人类的活动从大自然母亲面前隐藏起来，这样才能给人类朋友提供一个观察自然、亲近自然的最佳角度。就像当夜晚降临的时候驿站它熄灭了房间里的灯，这样才能领略到星空的深邃。
驿站想完全和地形、和人类、和湿地中的水鸟、和水下栖息的鱼融合起来，到达万物融合之后极简的丰富。
驿站管这种融合叫做
驿站它如是对我说。
無
小白额雁
大白额雁
乌灰鸫
北红尾鸲
野鸭
灰喜鹊
麻雀
N

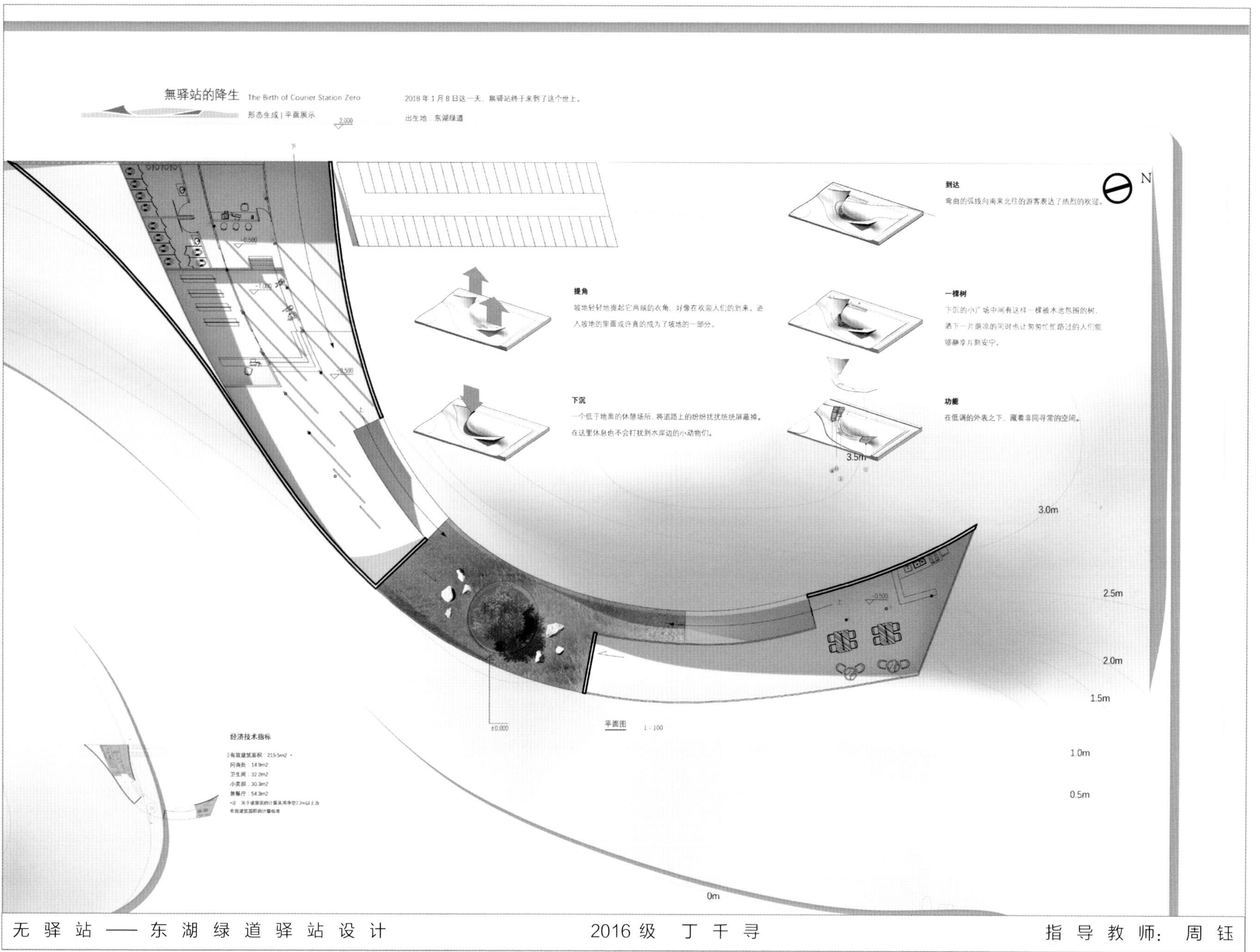
無驿站的降生 The Birth of Courier Station Zero
形态生成 | 平面展示
2018 年 1 月 8 日这一天，無驿站终于来到了这个世上。
出生地：东湖绿道
到达
弯曲的弧线向南来北往的游客表达了热烈的欢迎。
提角
坡地轻轻地掀起它尚稚的衣角，好像在欢迎人们的到来。进入坡地的里面或许真的成为了坡地的一部分。
一棵树
下沉的小广场中间有这样一棵被水池包围的树，洒下一片荫凉的同时也让匆匆忙忙路过的人们能够静享片刻安宁。
下沉
一个低于地面的休憩场所，将道路上的纷纷扰扰统统屏蔽掉。在这里休息也不会打扰到水岸边的小动物们。
功能
在低调的外表之下，藏着非同寻常的空间。
平面图 1：100
经济技术指标
3.5m
3.0m
2.5m
2.0m
1.5m
1.0m
0.5m
0m
无驿站 —— 东湖绿道驿站设计
2016 级 丁千寻
指导教师：周钰

无驿站——东湖绿道驿站设计　　2016级　丁千寻　　指导教师：周钰

The Spirited Philosophy of Courier Station Zero 無驿站的消融哲学

环境｜空间

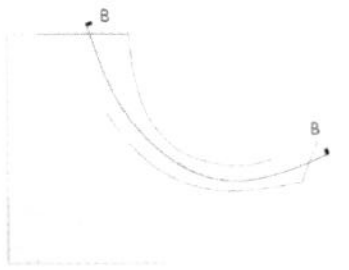

屋顶一会飞起，站在街边向游人问好，一会钻入地下，成为地坪和水池。室内外的界限因此变得暧昧，消隐。世界上几乎所有的学者都曾经提出过自己对"無"的见解，但大家始终众说纷纭。在老子那里是"道"，在柏拉图那那里是"理念"，在海德格尔那里是"虚无"。但伟大的哲学家们从来没有接近过真实的答案。

無驿站有自己的想法，"無"，就是一片落叶落在水面上泛起一圈涟漪，就是在夕阳中用西他送别今天的秋意，就是在不知不觉中不小心来到了室外，又不小心走上了屋顶，清晨的浓雾中无人的街头，情人在树下的拥抱，餐厅中观察迁徙的候鸟。

"無"就是建筑体量轻柔地消融在大地中，严肃的思考诗意地消融在直觉和情感之中，社会中的人重新消融在万物变迁之中。

"無"并不是什么都没有，無驿站看似简单的外表下隐藏着与周围万事万物千丝万缕的联系。

B-B 剖面图　1：100

注：弧线剖 B-B 的形状及位置在右上示意图中展示

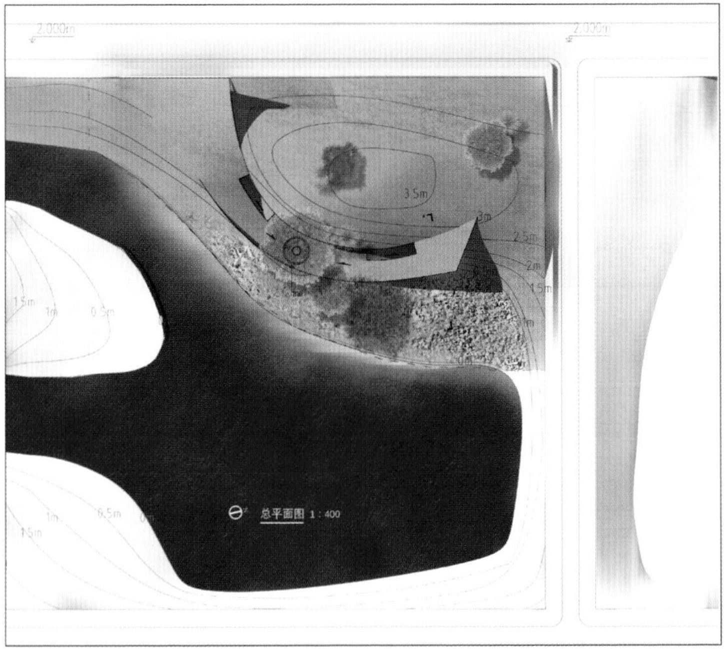

总平面图　1：400

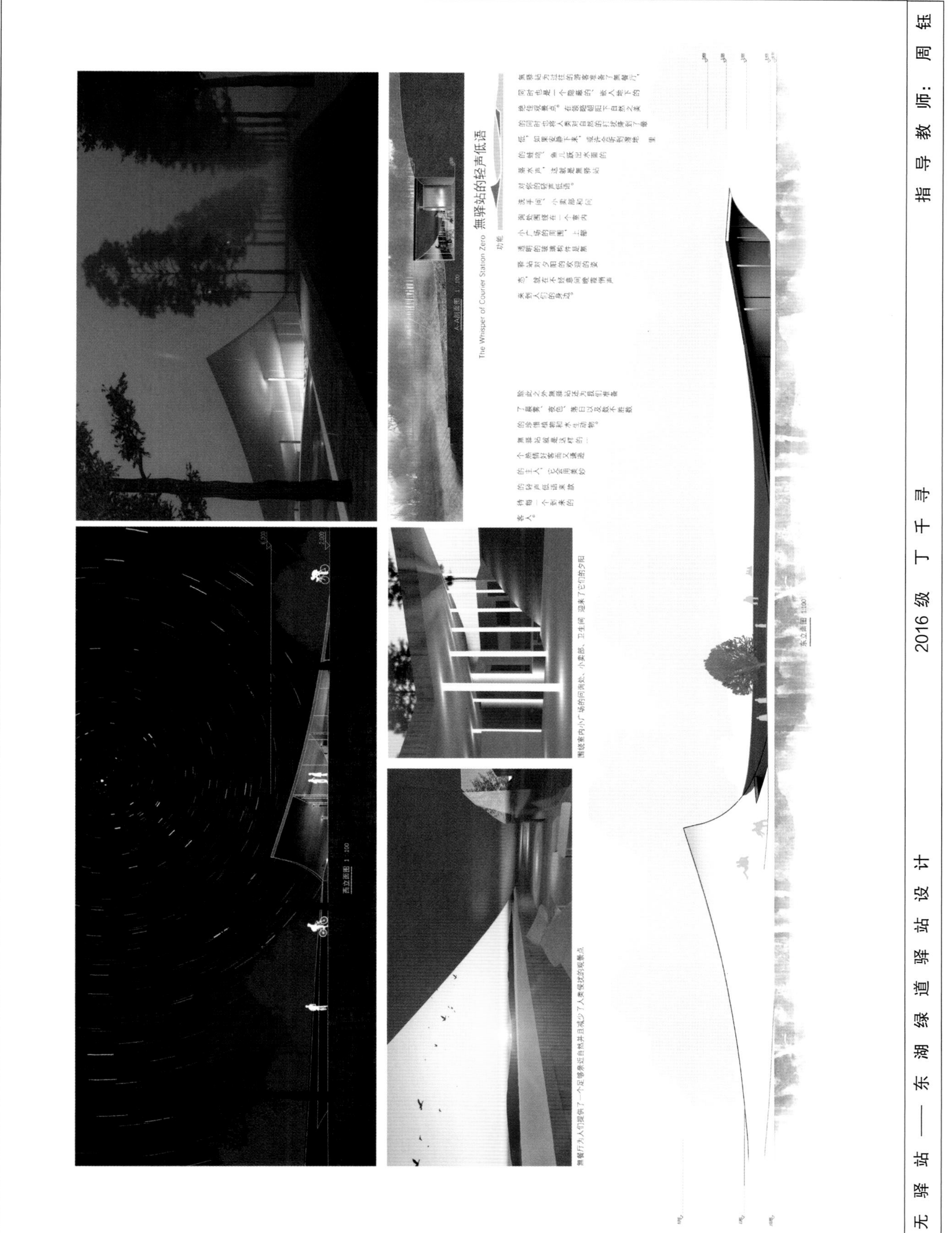
无 驿 站 — 东 湖 绿 道 驿 站 设 计
2016 级 丁 千 寻
指 导 教 师：周 钰
無驿站的轻声低语
The Whisper of Courier Station Zero

虚岭——东湖绿道驿站设计　2016级　姚佳岑　指导教师：沈伊瓦

虚岭

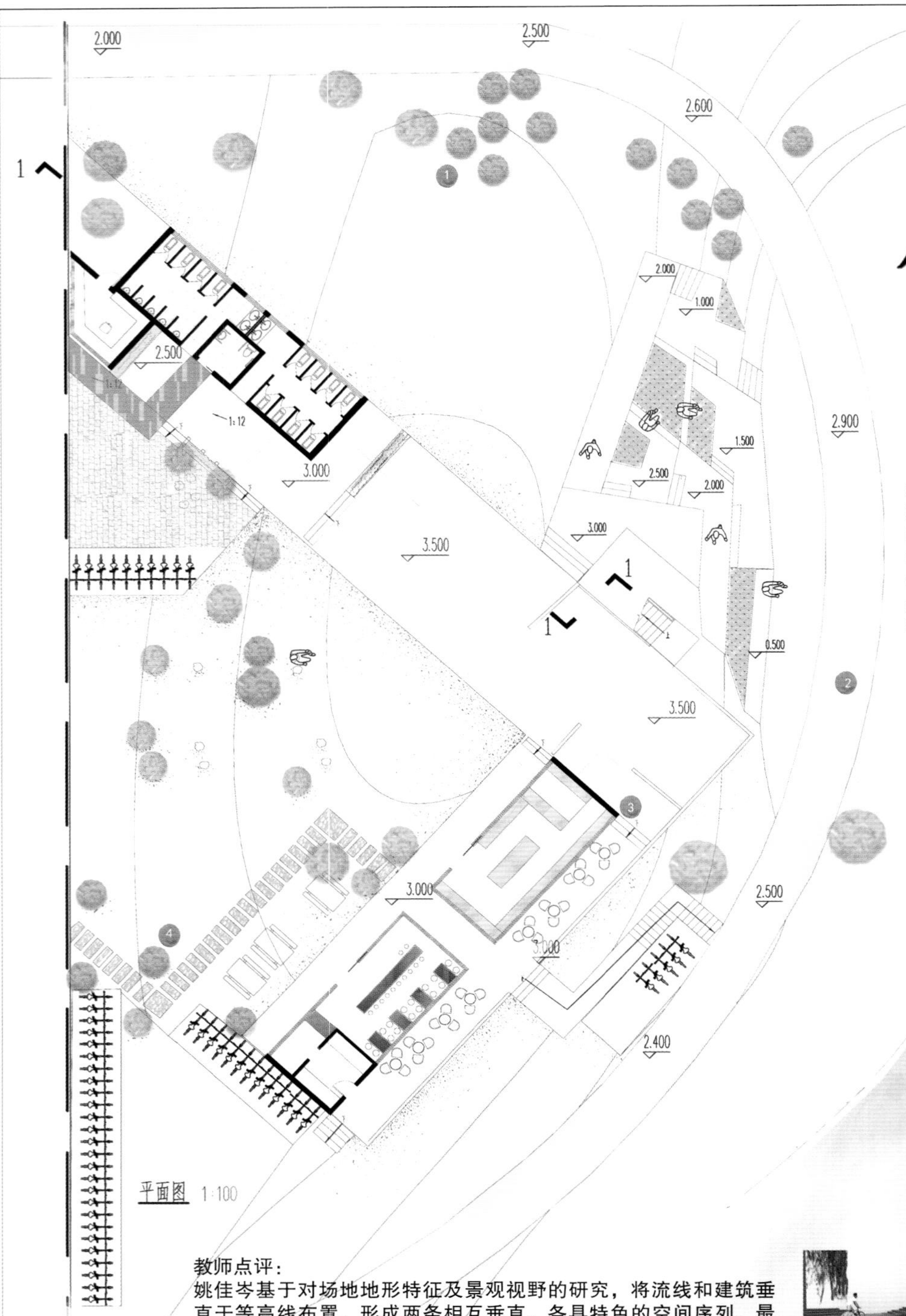

设计思路：建筑作为场地要素引导视线但不影响视线，通过建筑创造及分隔不同氛围的空间。希望引导行人使用建筑但同时关注不使用建筑的人。
学生：姚佳岑

平面图 1:100

活动行为构想

1 平坦草地上的休息活动

2 建筑交点出的观景平台及跌落踏步

3 室外就餐与自行车道

4 屋顶观景与内花园休息

教师点评：
姚佳岑基于对场地地形特征及景观视野的研究，将流线和建筑垂直于等高线布置，形成两条相互垂直、各具特色的空间序列，最终汇聚在场地最佳视野处。方案还利用自然高差创造了动静立体区分的策略，将自行车道引入场地。很好地满足了绿道驿站公共性与开放性主导的功能需求，兼顾游客的个性化使用。

西立面图 1:100

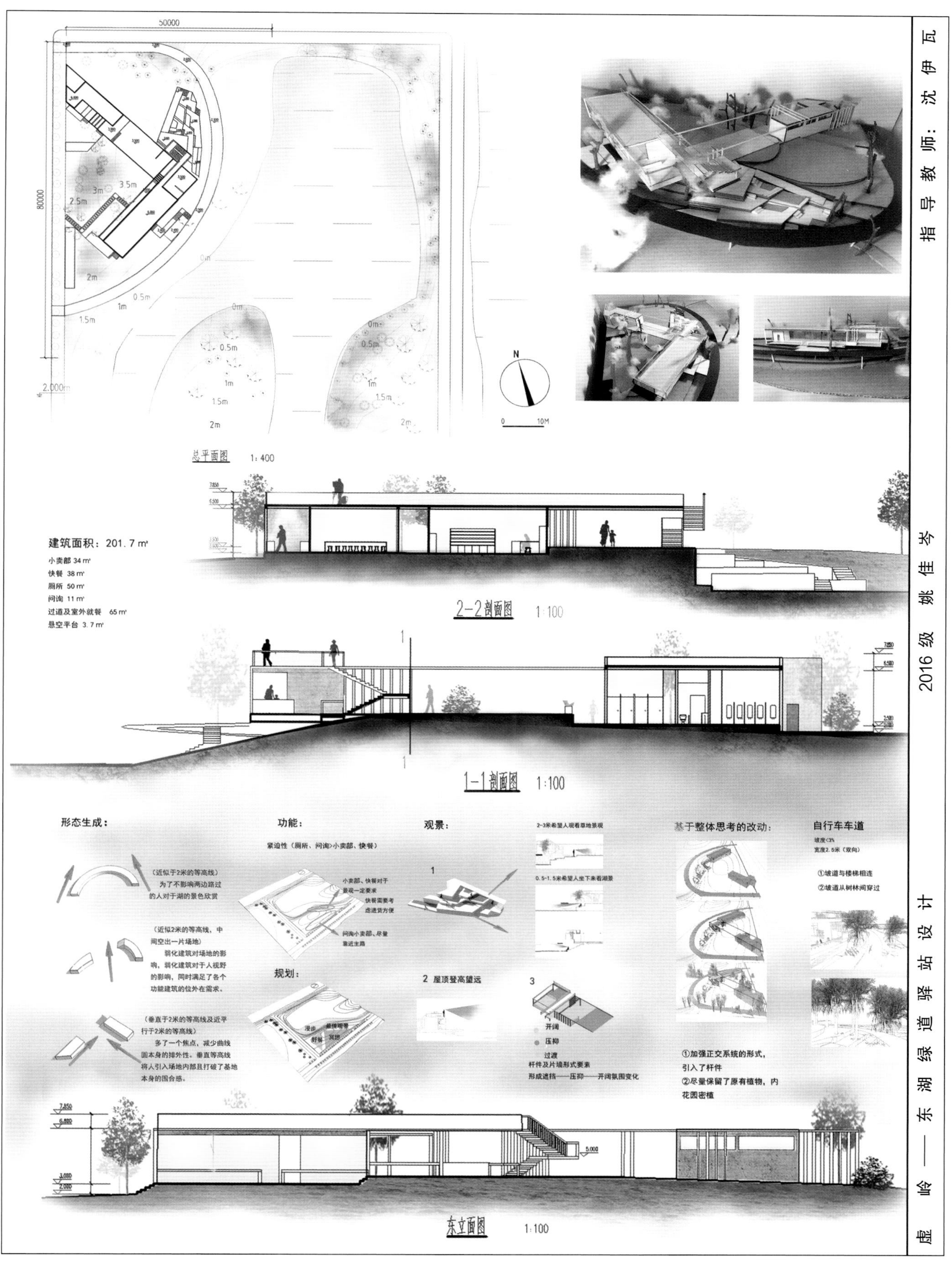
指导教师：沈伊瓦
2016级 姚佳岑
虚岭——东湖绿道驿站设计
总平面图 1:400
建筑面积：201.7 m²
小卖部 34 m²
快餐 38 m²
厕所 50 m²
问询 11 m²
过道及室外就餐 65 m²
悬空平台 3.7 m²
2-2剖面图 1:100
1-1剖面图 1:100
形态生成：
（近似于2米的等高线）
为了不影响两边路过的人对于湖的景色欣赏
（近似2米的等高线，中间空出一片场地）
弱化建筑对场地的影响，弱化建筑对于人视野的影响，同时满足了各个功能建筑的位外在需求。
（垂直于2米的等高线及近平行于2米的等高线）
多了一个焦点，减少曲线圆本身的排外性。垂直等高线将人引入场地内部且打破了基地本身的围合感。
功能：
紧迫性（厕所、问询>小卖部、快餐）
规划：
观景：
2 屋顶登高望远
开阔
压抑
过渡
杆件及片墙形式要素
形成遮挡——压抑——开阔氛围变化
基于整体思考的改动：
①加强正交系统的形式，引入了杆件
②尽量保留了原有植物，内花园密植
自行车车道
①坡道与楼梯相连
②坡道从树林间穿过
东立面图 1:100

融糅于彼岸——东湖绿道书吧设计　　2017级　李卓　　指导教师：郝少波

融糅于彼岸

大二东湖绿道书吧设计

一、设计说明

通过场地流线及景观分析，得到对内汇聚公共活动、对外包容东湖万象的双圆心弧线场地构成。以实现强有力融糅建筑体量十倍的建筑场地，并将场地各个元素有效组织、联系紧密。最终达到建筑内外一体、功能完备、移步易景的景观书吧设计目标。

二、经济技术指标

用地红线面积：3860㎡
建筑基底面积：172.22㎡
建筑总面积：235.36㎡
建筑高度：9.25m
建筑密度：4.5%
容积率：0.06
绿地率：95.2%

管理用房 8.6㎡
卫生间28.6㎡
餐厅57.7㎡
小卖9.0㎡
文创空间45.3㎡
阅读空间67.8㎡
辅助空间18.36㎡

三、场地及人群

年龄：青年、中年人群为主
场地活动：骑行、风景打卡等途经性活动
故场地服务人群偏向于青壮年游玩者

教师点评：
作者以"融糅于彼岸"为题，展开针对东湖绿道节点上的书吧设计。方案通过对基地环境的全面考察和认真思考，采用了两个交叉布置的半圆环造型，形成了两个不同方向的开口以响应设计主题。建筑以扇形加虚实构架组成，长短不一的构架和道路将基地周边环境紧紧地纳入设计中，成为该方案的亮点之一。方案制图严谨、规范，模型制作精致。

总平面图 1：250

四、建筑布局推敲

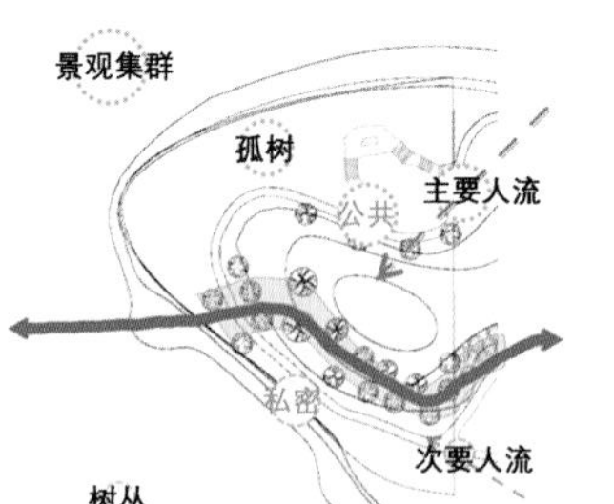

01.场地主要环境要素

02.环境要素与场内建筑布局

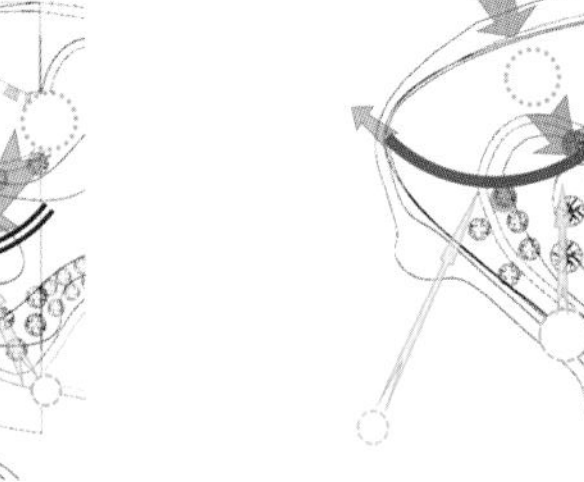

03.环境要素与湖滨建筑布局

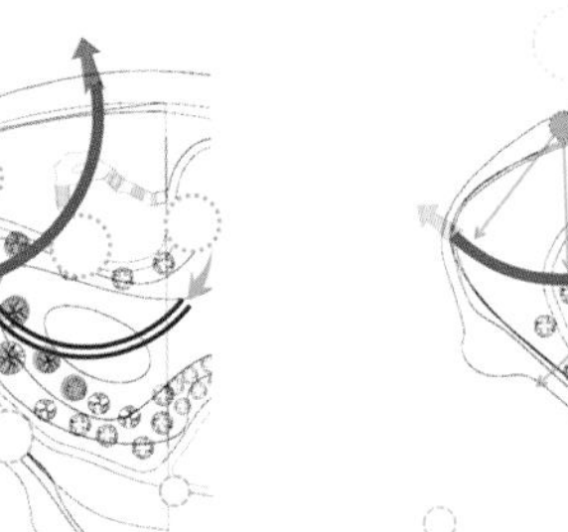

04.建筑整体调整

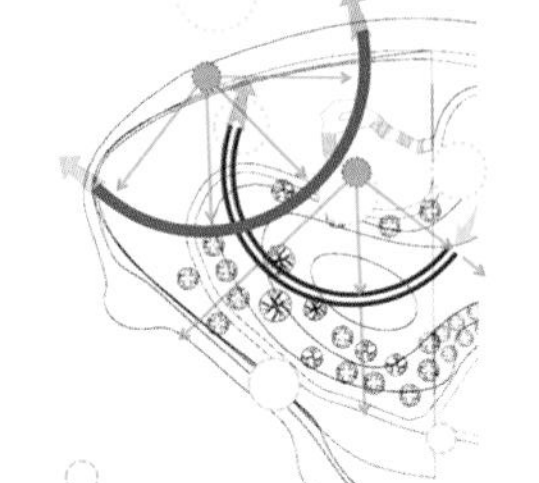

05.内外视觉中心反作用

建筑学1702 李卓 指导教师：郝少波

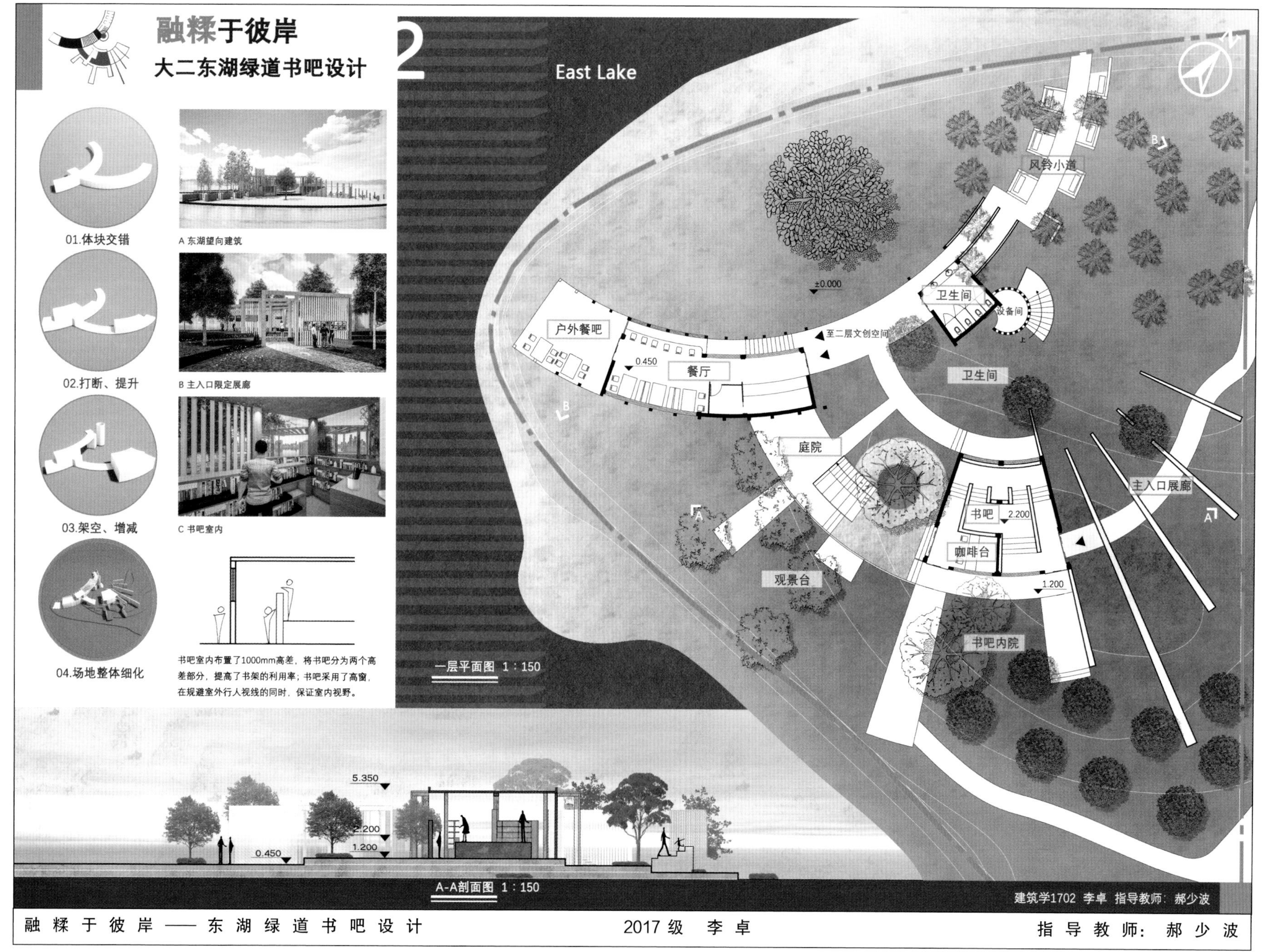
融糅于彼岸
大二东湖绿道书吧设计
2
East Lake
01.体块交错
A 东湖望向建筑
02.打断、提升
B 主入口限定展廊
03.架空、增减
C 书吧室内
04.场地整体细化
书吧室内布置了1000mm高差，将书吧分为两个高差部分，提高了书架的利用率；书吧采用了高窗，在规避室外行人视线的同时，保证室内视野。
风铃小道
±0.000
卫生间
设备间
至二层文创空间
户外餐吧
0.450
餐厅
卫生间
庭院
书吧
2.200
咖啡台
主入口展廊
观景台
1.200
书吧内院
一层平面图 1：150
5.350
2.200
1.200
0.450
A-A剖面图 1：150
建筑学1702 李卓 指导教师：郝少波
融 糅 于 彼 岸 —— 东 湖 绿 道 书 吧 设 计
2017 级 李 卓
指 导 教 师：郝 少 波

融糅于彼岸——东湖绿道书吧设计
2017级 李卓
指导教师：郝少波
融糅于彼岸
大二东湖绿道书吧设计
一层露天餐吧
卫生间
二层观景平台
East Lake
观景平台
冥想空间
屋顶露台
文创空间
大阶梯空间
二层平面图 1：150
B-B剖面图 1：150
建筑学1702 李卓 指导教师：郝少波

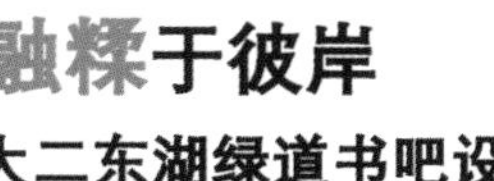

融粿于彼岸

大二东湖绿道书吧设计

4

建筑学1702 李卓 指导教师：郝少波

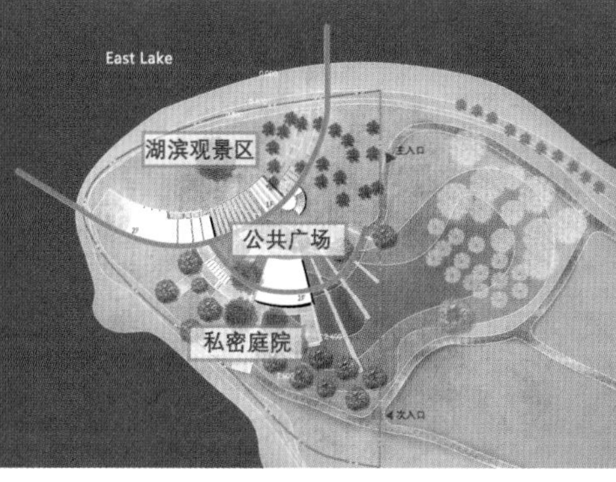

场地分区设计

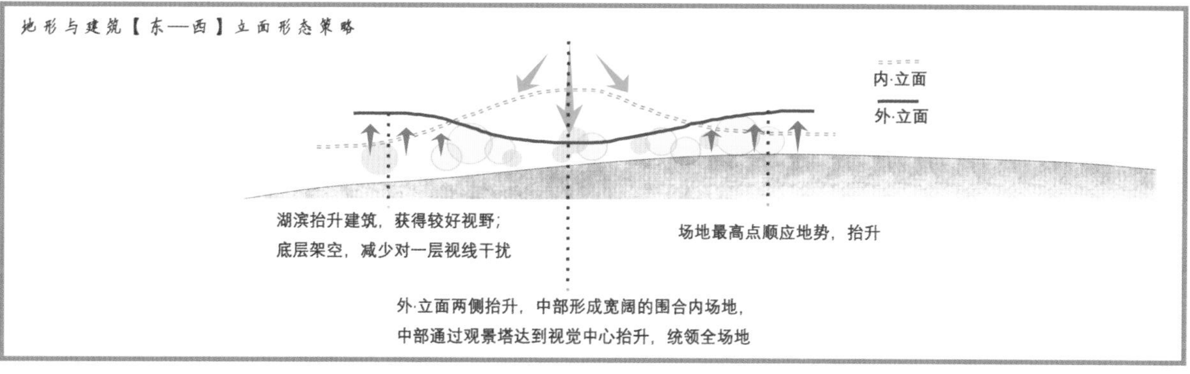

书吧一层效果图

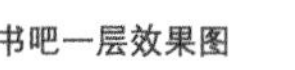

模型照片

南立面图 1：150

西立面图 1：150

融 粿 于 彼 岸 —— 东 湖 绿 道 书 吧 设 计　　2017 级　李 卓　　指 导 教 师：郝 少 波

风居住的水面——东湖绿道书吧设计　　2017级　陈柳颖　　指导教师：周钰

场地环境

东湖
落雁景区

原场地上游览者主要聚集、停留处
原场地上游览者主要游览路径

穿梭停留

风居住在一望无垠的湖面上，把波浪层层推到眼前

风居住在有落日余晖的湖面上，水面碎波荡荡，波光粼粼

风居住在绿植环绕的湖面上，净水流深，倒映着万紫千红

風居住的水面

東湖綠道書吧設計

姓名：陈柳颖
指导老师：周钰

水无形亦有有形，安静亦灵动，传递着来自自然的纯粹又原始的力量，使我们忘却忧思，拥抱心灵的宁静与澄澈。在此建筑仿佛也成为了水的一部分，居住在岸边。

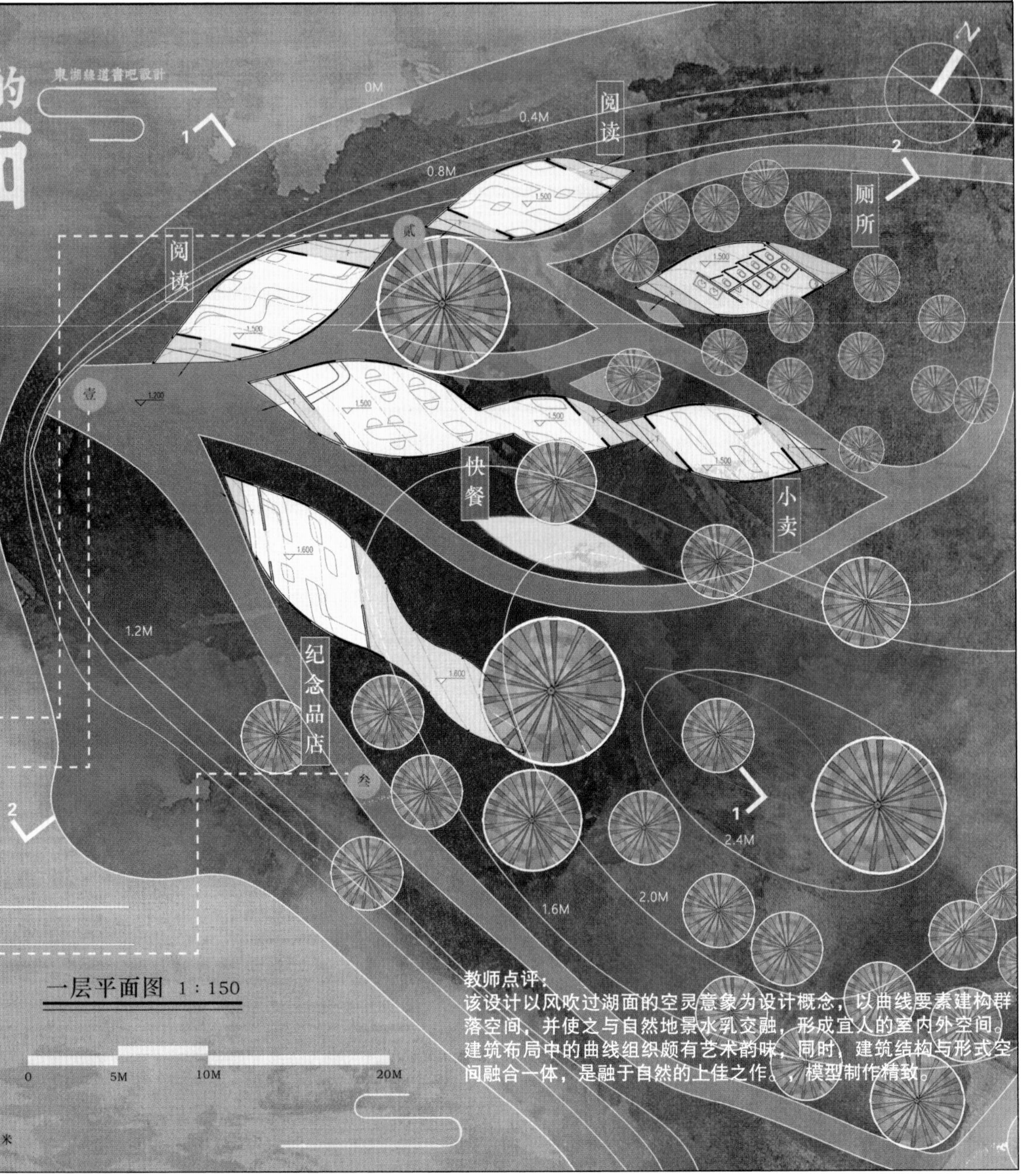

阅读　阅读　厕所　快餐　小卖　纪念品店

壹　贰　叁

0M　0.4M　0.8M　1.2M　1.6M　2.0M　2.4M

一层平面图　1∶150

0　5M　10M　20M

建筑面积：
总面积：220.3平方米
阅读：76.1平方米
快餐：48.3平方米
小卖：28.8平方米
厕所：28.8平方米
东湖纪念品店：38.3平方米

教师点评：
该设计以风吹过湖面的空灵意象为设计概念，以曲线要素建构群落空间，并使之与自然地景水乳交融，形成宜人的室内外空间。建筑布局中的曲线组织颇有艺术韵味，同时，建筑结构与形式空间融合一体，是融于自然的上佳之作。，模型制作精致。

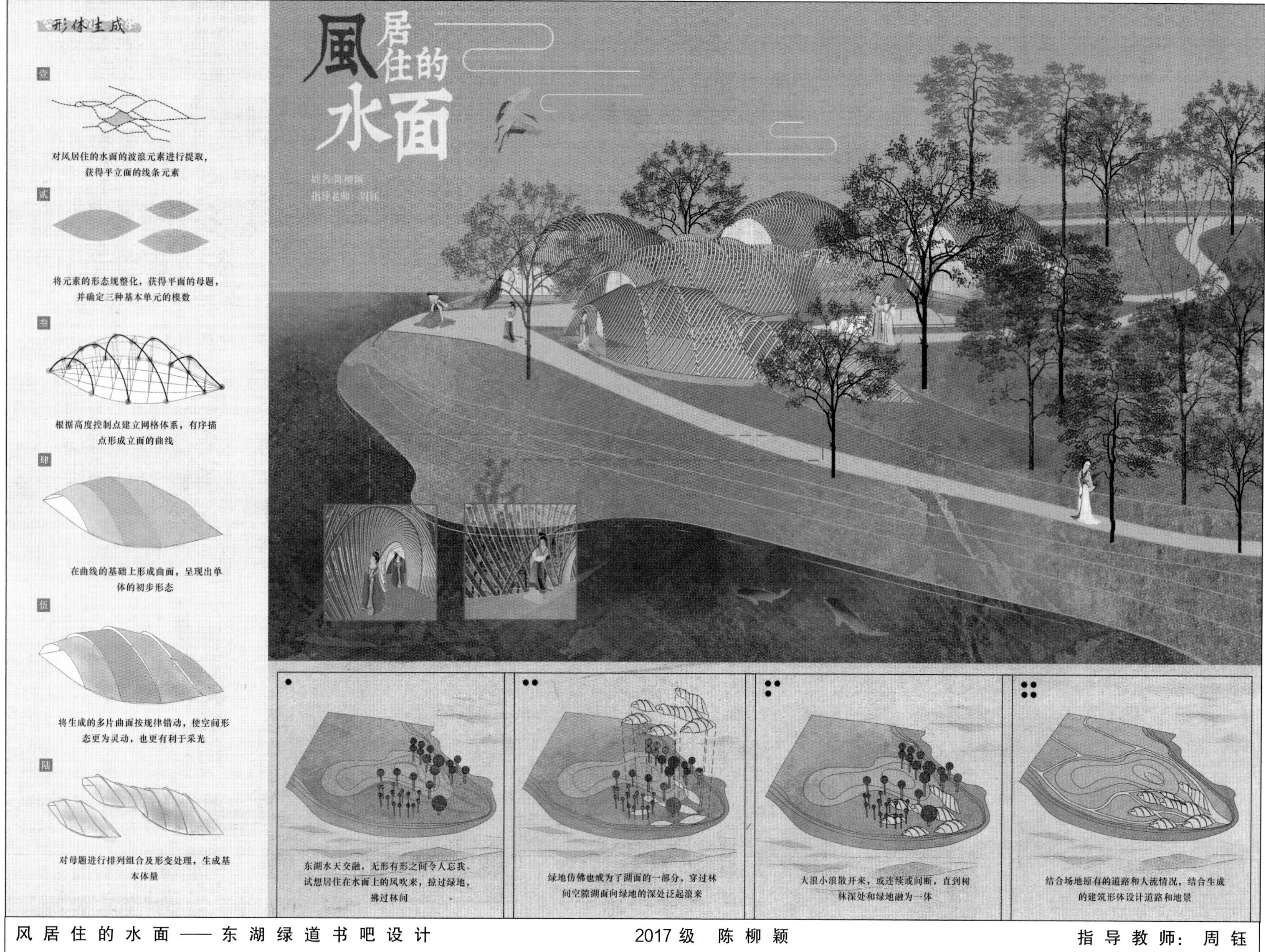
形体生成
壹
对风居住的水面的波浪元素进行提取，获得平立面的线条元素
贰
将元素的形态规整化，获得平面的母题，并确定三种基本单元的模数
叁
根据高度控制点建立网格体系，有序描点形成立面的曲线
肆
在曲线的基础上形成曲面，呈现出单体的初步形态
伍
将生成的多片曲面按规律错动，使空间形态更为灵动，也更有利于采光
陆
对母题进行排列组合及形变处理，生成基本体量
風居住的水面
姓名：陈柳颖
指导老师：周钰
东湖水天交融，无形有形之间令人忘我。试想居住在水面上的风吹来，掠过绿地，拂过林间
绿地仿佛也成为了湖面的一部分，穿过林间空隙湖面向绿地的深处泛起浪来
大浪小浪散开来，或连续或间断，直到树林深处和绿地融为一体
结合场地原有的道路和人流情况，结合生成的建筑形体设计道路和地景
风居住的水面——东湖绿道书吧设计
2017级 陈柳颖
指导教师：周钰

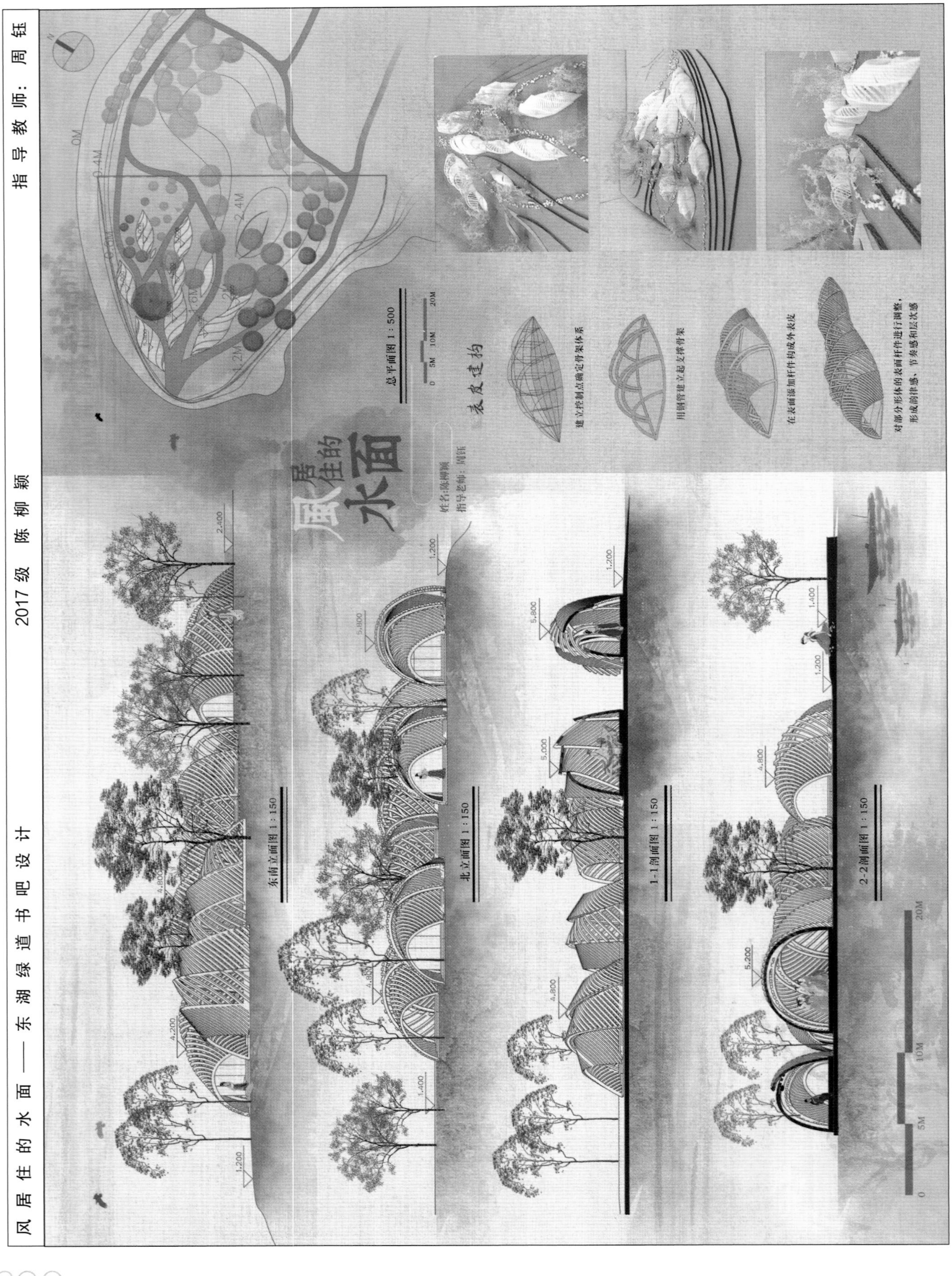
风居住的水面——东湖绿道书吧设计
2017级 陈柳颖
指导教师：周钰
总平面图 1:500
表皮建构
建立控制点确定骨架体系
用钢管建立起支撑骨架
在表面添加杆件构成外表皮
对部分形体的表面杆件进行调整，形成韵律感、节奏感和层次感
风居住的水面
姓名：陈柳颖
指导老师：周钰
东南立面图 1:150
北立面图 1:150
1-1剖面图 1:150
2-2剖面图 1:150

寻
の书吧
2018 Donghu Bookstore Design
赵釜剑 建筑1701班 指导老师：周钰
指导教师：周钰
2017级 赵釜剑
寻的书吧——东湖绿道书吧设计
1
2
3
4
5
6
7
N
1.无边
2.绿意
3.榭台
4.转折
5.冥想
6.之初
7.宁静

一层平面图 1：150

指导教师：周钰

2017级 赵釜剑

寻的书吧——东湖绿道书吧设计

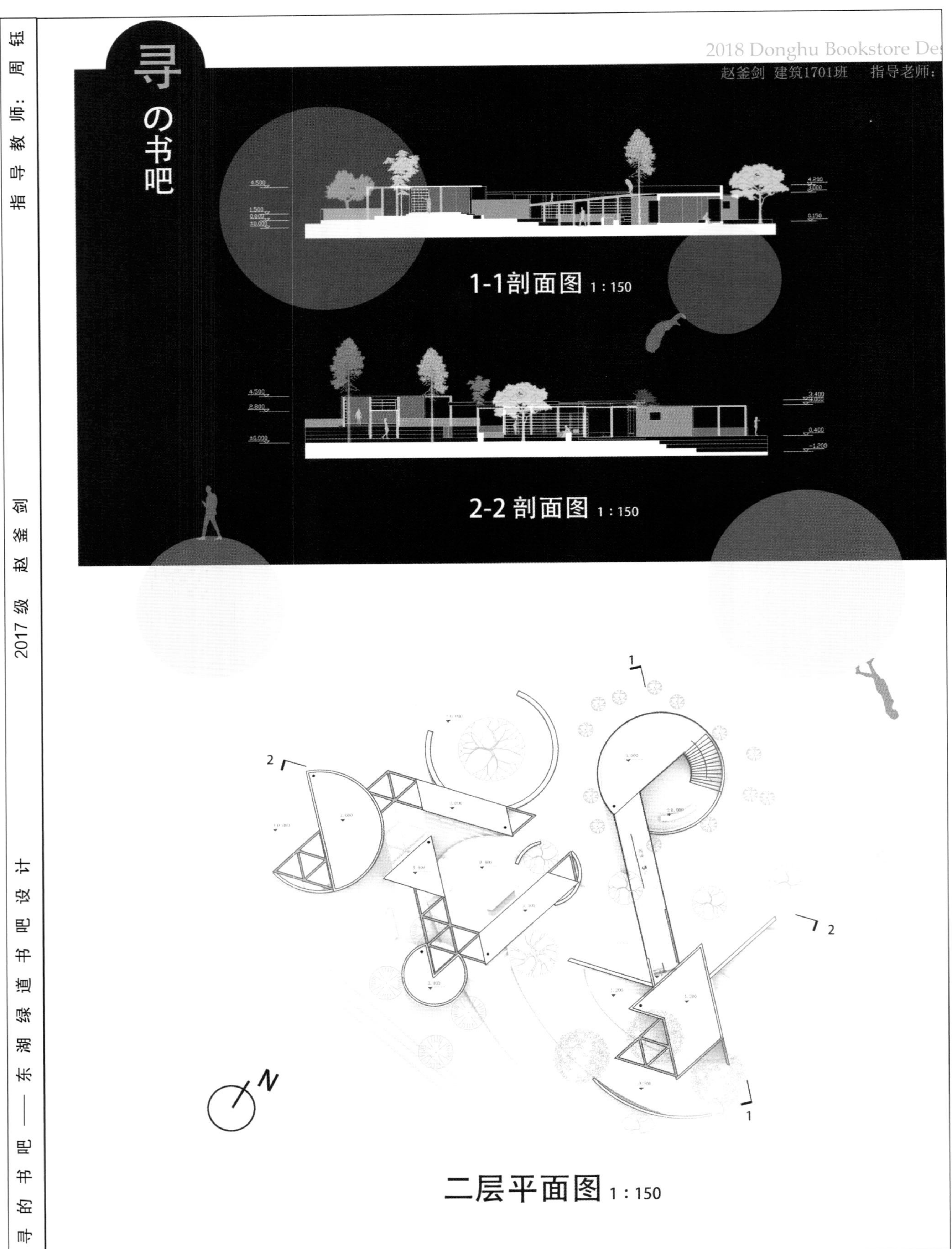

指导教师：周钰

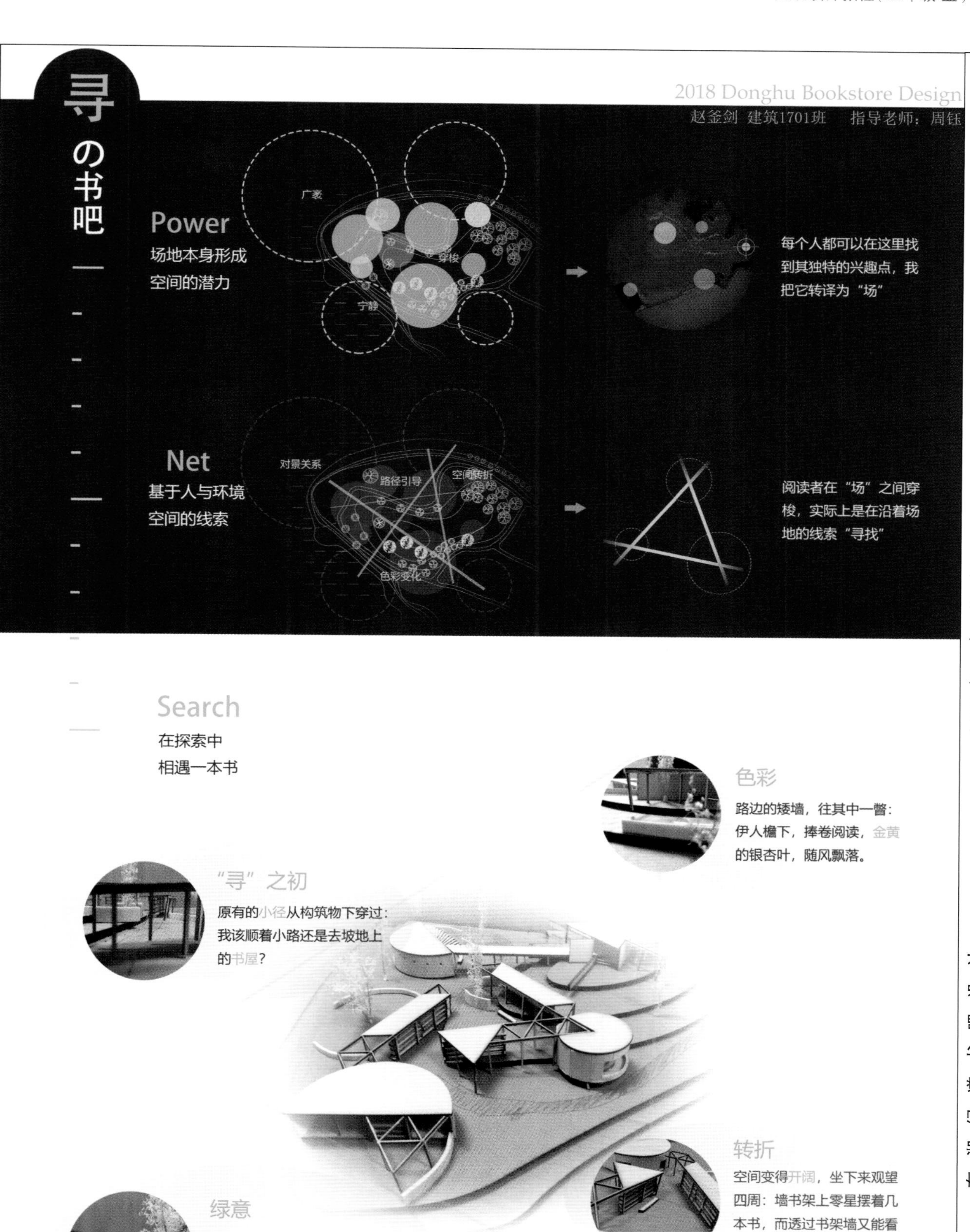

教师点评：
该设计依据场地中主要树木的位置关系，挖掘出场地内在的几何秩序，由此生成三角形网格，再运用三角形与圆形等基本几何要素建构整体布局，并置入相应的功能模块，形成虚实变化、室内外相交融的丰富空间。建筑的形式生成过程逻辑清晰，虽以人工化的几何秩序介入场地，但亦与自然地景共生一体，是一份个性鲜明的设计。

2017级 赵釜剑

寻的书吧——东湖绿道书吧设计

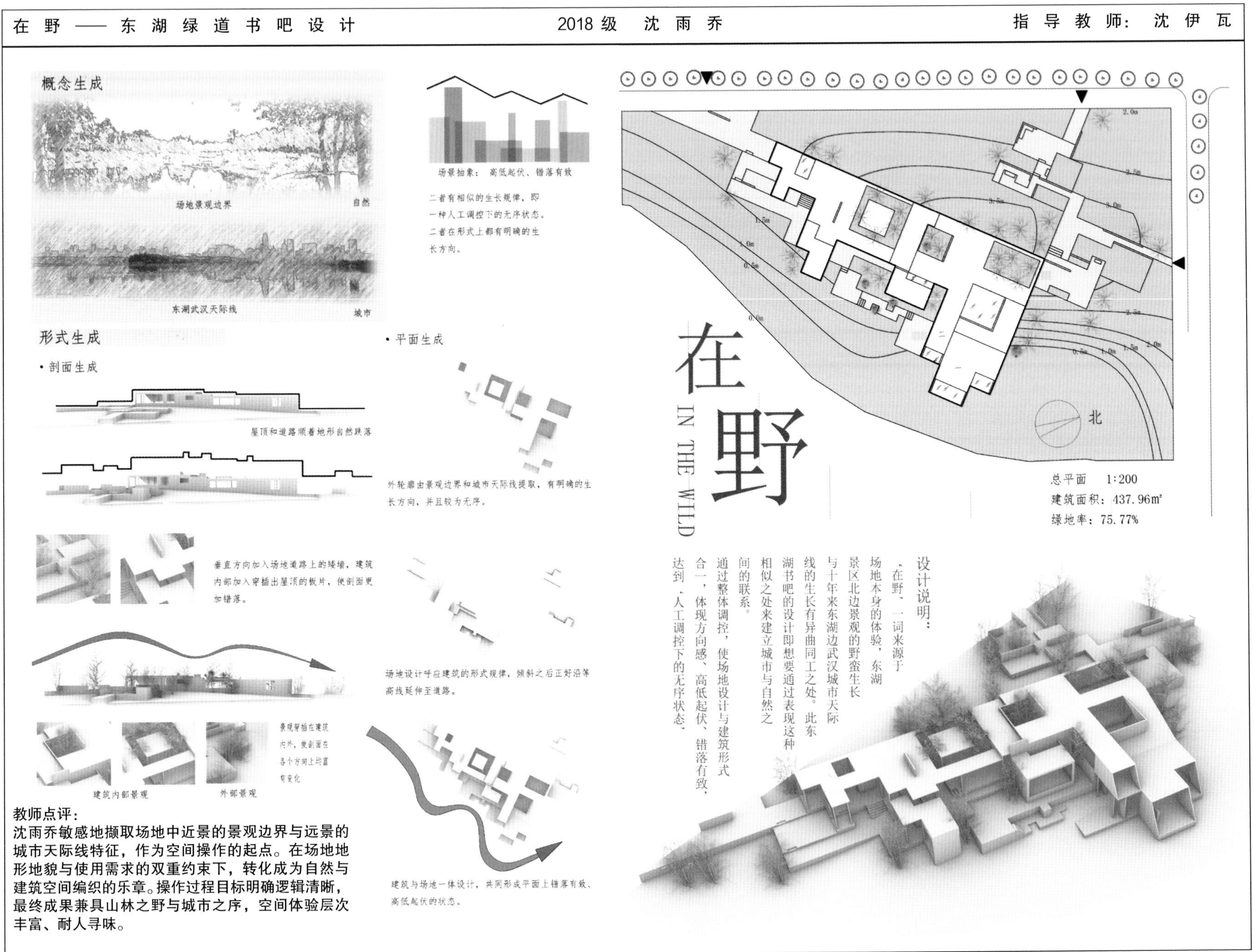
在野——东湖绿道书吧设计
2018级 沈雨乔
指导教师：沈伊瓦
概念生成
场地景观边界
自然
东湖武汉天际线
城市
场景抽象：高低起伏、错落有致
二者有相似的生长规律，即一种人工调控下的无序状态。二者在形式上都有明确的生长方向。
形式生成
·剖面生成
屋顶和道路顺着地形自然跌落
·平面生成
外轮廓由景观边界和城市天际线提取，有明确的生长方向，并且较为无序。
垂直方向加入场地道路上的矮墙，建筑内部加入穿插出屋顶的板片，使剖面更加错落。
场地设计呼应建筑的形式规律，倾斜之后正好沿等高线延伸至道路。
景观穿插在建筑内外，使剖面在各个方向上均富有变化
建筑内部景观
外部景观
建筑与场地一体设计，共同形成平面上错落有致、高低起伏的状态。
在野
IN THE WILD
北
总平面 1:200
建筑面积：437.96㎡
绿地率：75.77%
设计说明：
“在野”一词来源于场地本身的体验，东湖景区北边景观的野蛮生长与十年来东湖边武汉城市天际线的生长有异曲同工之处。此东湖书吧的设计即想要通过表现这种相似之处来建立城市与自然之间的联系。
通过整体调控，使场地设计与建筑形式合一，体现方向感、高低起伏、错落有致，达到“人工调控下的无序状态”。
教师点评：
沈雨乔敏感地撷取场地中近景的景观边界与远景的城市天际线特征，作为空间操作的起点。在场地地形地貌与使用需求的双重约束下，转化成为自然与建筑空间编织的乐章。操作过程目标明确逻辑清晰，最终成果兼具山林之野与城市之序，空间体验层次丰富、耐人寻味。

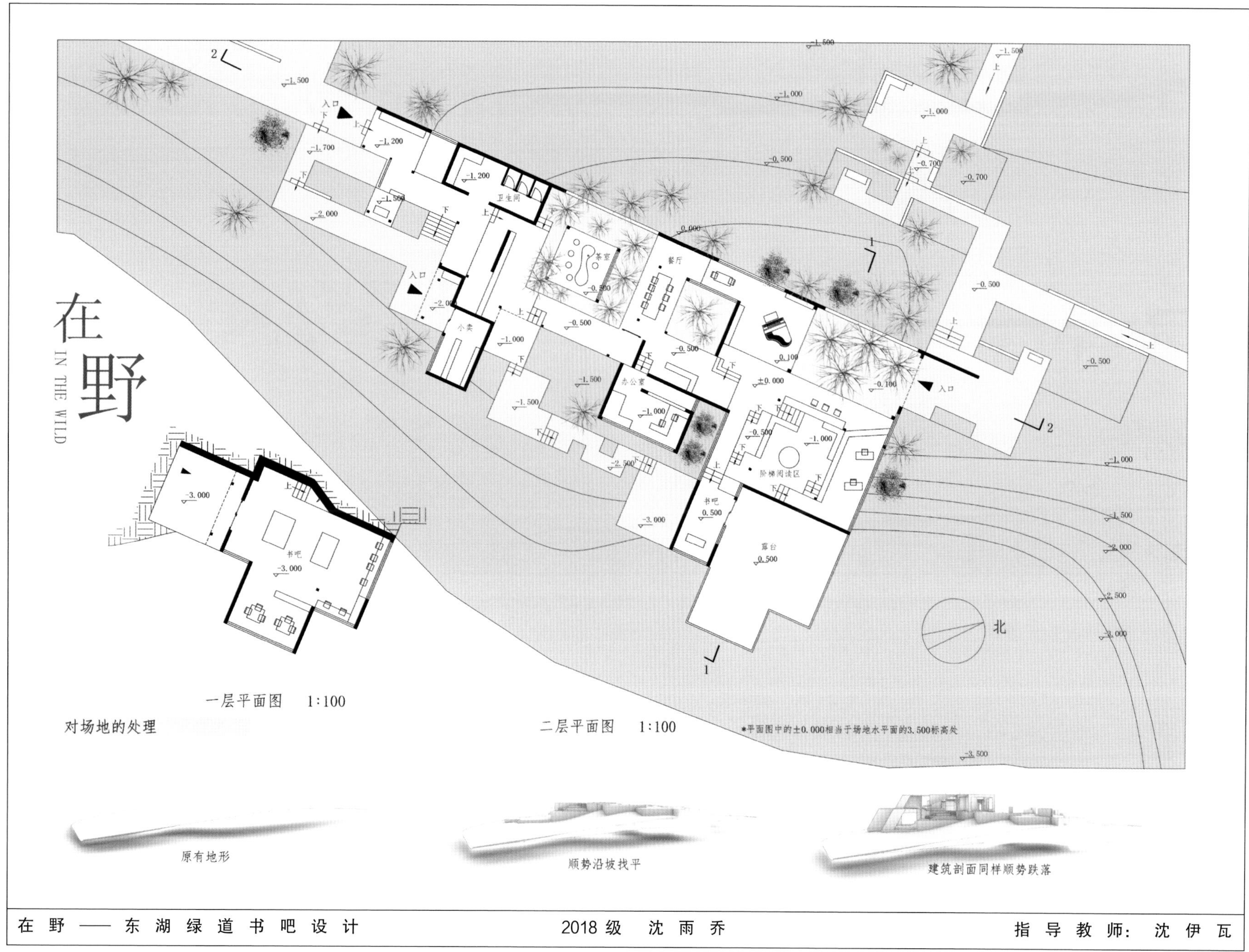
在野
IN THE WILD
入口
卫生间
小卖
茶室
餐厅
办公室
阶梯阅读区
书吧
露台
北
一层平面图 1:100
对场地的处理
二层平面图 1:100
*平面图中的±0.000相当于场地水平面的3.500标高处
原有地形
顺势沿坡找平
建筑剖面同样顺势跌落
在野 —— 东湖绿道书吧设计
2018级 沈雨乔
指导教师：沈伊瓦

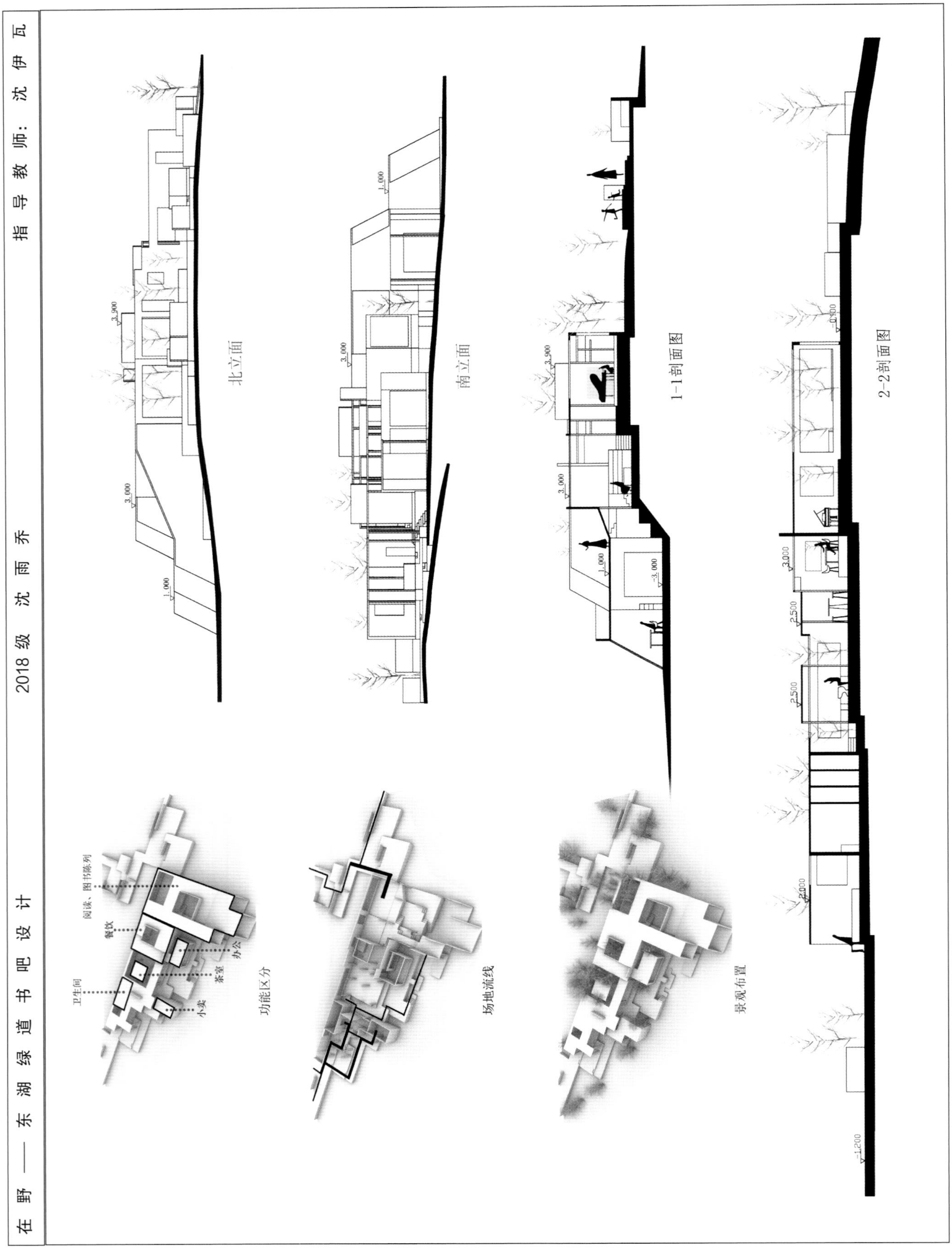

在野——东湖绿道书吧设计　　2018级　沈雨乔　　指导教师：沈伊瓦

卫生间
阅读、图书陈列
餐饮
小卖
茶室
办公

功能区分

场地流线

景观布置

1.000
3.000
3.900

北立面

3.000
1.000

南立面

3.000
3.900
1.000
-3.000

1-1剖面图

-1.200
2.000
2.500
2.500
3.000
0.100

2-2剖面图

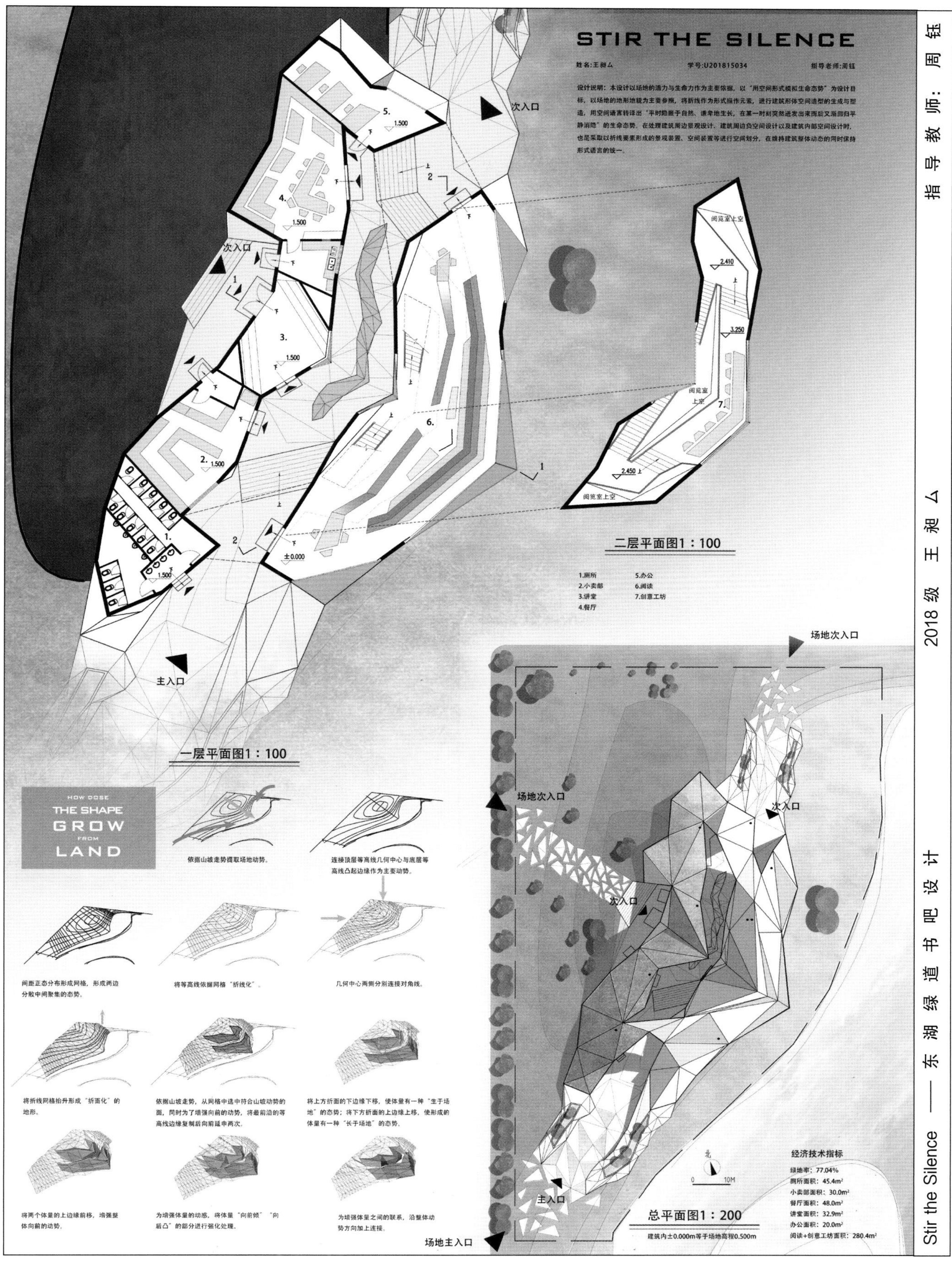
STIR THE SILENCE
姓名:王昶厶
学号:U201815034
指导老师:周钰
设计说明：本设计以场地的活力与生命力作为主要依据，以“用空间形式模拟生命态势”为设计目标，以场地的地形地貌为主要参照，将折线作为形式操作元素，进行建筑形体空间造型的生成与塑造，用空间语言转译出“平时隐匿于自然、谦卑地生长，在某一时刻突然迸发出来而后又渐回归平静消隐”的生命态势。在处理建筑周边景观设计、建筑周边负空间设计以及建筑内部空间设计时，也是采取以折线要素形成的景观装置、空间装置等进行空间划分，在维持建筑整体动态的同时保持形式语言的统一。
次入口
主入口
阅览室上空
二层平面图1：100
1.厕所
2.小卖部
3.讲堂
4.餐厅
5.办公
6.阅读
7.创意工坊
一层平面图1：100
HOW DOSE
THE SHAPE
GROW
FROM
LAND
依据山坡走势提取场地动势。
连接顶层等高线几何中心与底层等高线凸起边缘作为主要动势。
间距正态分布形成网格，形成两边分散中间聚集的态势。
将等高线依据网格“折线化”。
几何中心两侧分别连接对角线。
将折线网格抬升形成“折面化”的地形。
依据山坡走势，从网格中选中符合山坡动势的面，同时为了增强向前的动势，将最前沿的等高线边缘复制后向前延申两次。
将上方折面的下边缘下移，使体量有一种“生于场地”的态势；将下方折面的上边缘上移，使形成的体量有一种“长于场地”的态势。
将两个体量的上边缘前移，增强整体向前的动势。
为增强体量的动感，将体量“向前倾”“向后凸”的部分进行强化处理。
为增强体量之间的联系，沿整体动势方向加上连接。
场地次入口
场地主入口
北
0
10M
总平面图1：200
建筑内±0.000m等于场地高程0.500m
经济技术指标
绿地率：77.04%
厕所面积：45.4m²
小卖部面积：30.0m²
餐厅面积：48.0m²
讲堂面积：32.9m²
办公面积：20.0m²
阅读+创意工坊面积：280.4m²
Stir the Silence —— 东湖绿道书吧设计
2018级 王昶厶
指导教师：周钰

Stir the Silence —— 东湖绿道书吧设计

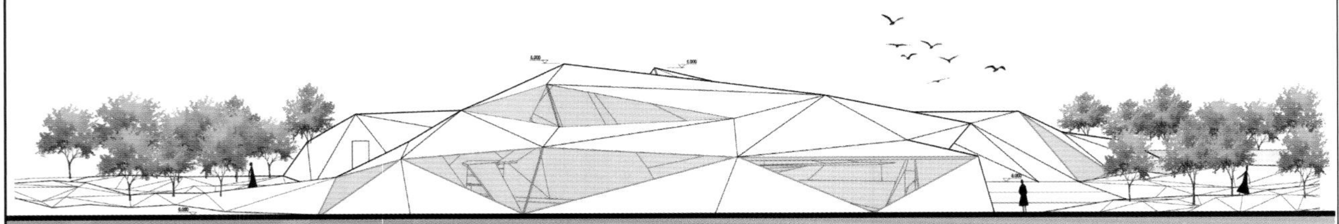

2018级 王昶厶

指导教师：周钰

东立面1：100

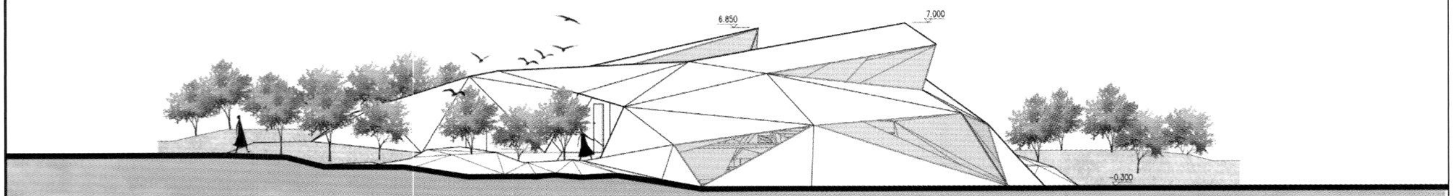

南立面1：100

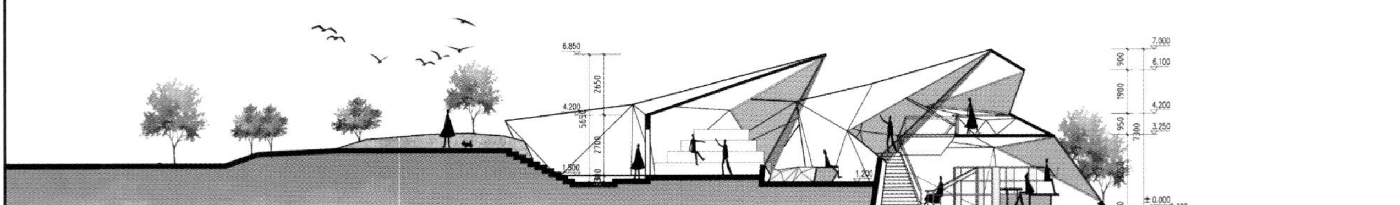

1-1剖面1：100

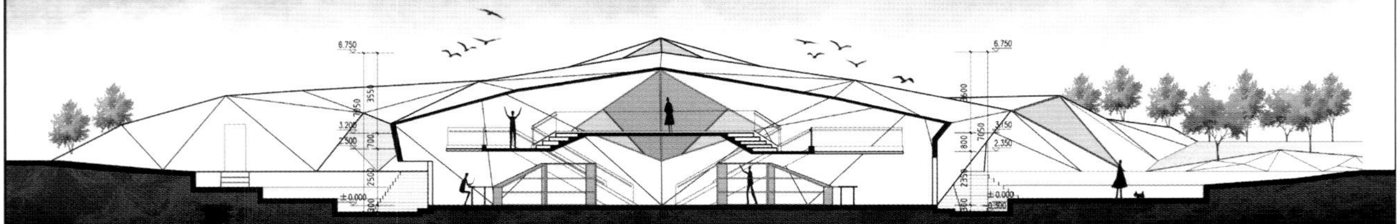

2-2剖面1：100

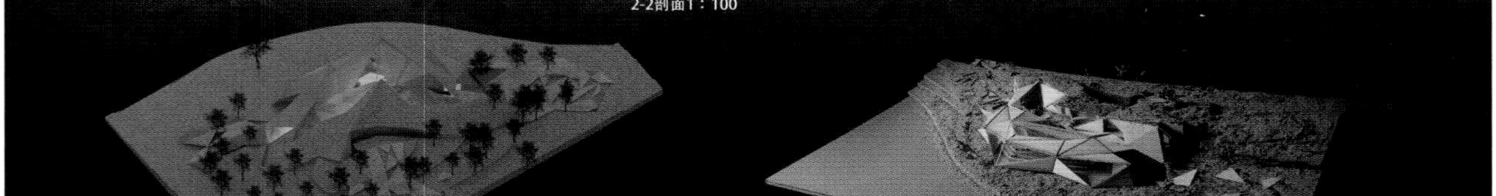

教师点评：

该设计以“打破沉默”为主题，大胆运用折线形式要素建构空间，力图激发出自然场地的活力。形式生成过程逻辑严谨，将自然地貌转化为折线的形式化表达，由此生成建筑形式。面向坡地一侧的建筑体量与自然地貌融于一体，面向湖面一侧的建筑形象彰显出富有激情的独特个性。总体而言，是一份个性十足、特点鲜明的设计。

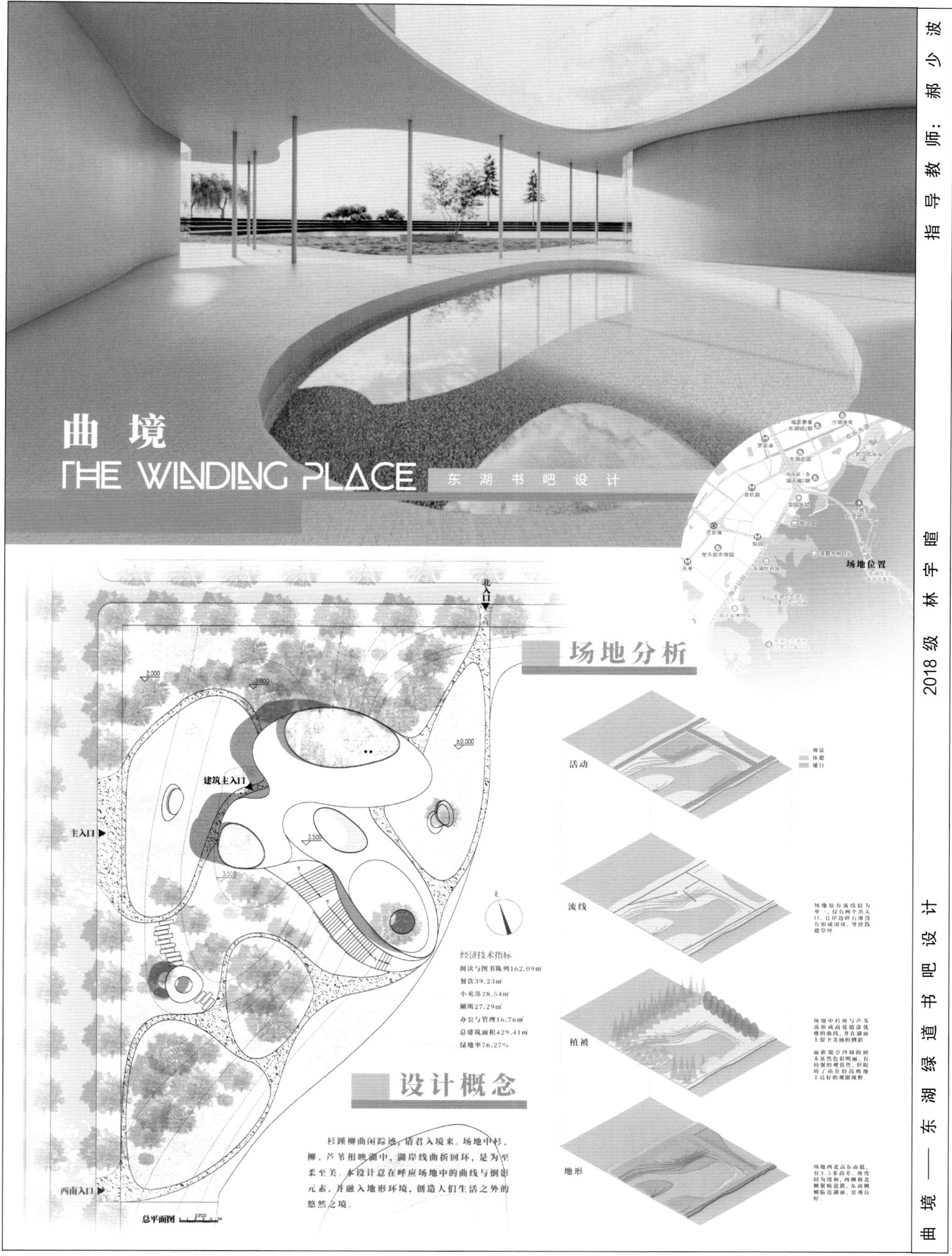
指导教师：郝少波
2018级 林宇暄
曲境 —— 东湖绿道书吧设计
曲境
THE WINDING PLACE
东湖书吧设计
场地位置
北入口
主入口
建筑主入口
西南入口
总平面图
场地分析
活动
流线
植被
地形
经济技术指标
阅读与图书陈列162.09㎡
餐饮39.23㎡
小卖部28.54㎡
厕所27.29㎡
办公与管理16.76㎡
总建筑面积429.41㎡
绿地率76.27%
设计概念
杉踪柳曲闲踪迹，请君入境来。场地中杉、柳、芦苇相映湖中，湖岸线曲折回环，是为至柔至美。本设计意在呼应场地中的曲线与倒影元素，并融入地形环境，创造人们生活之外的悠然之境。

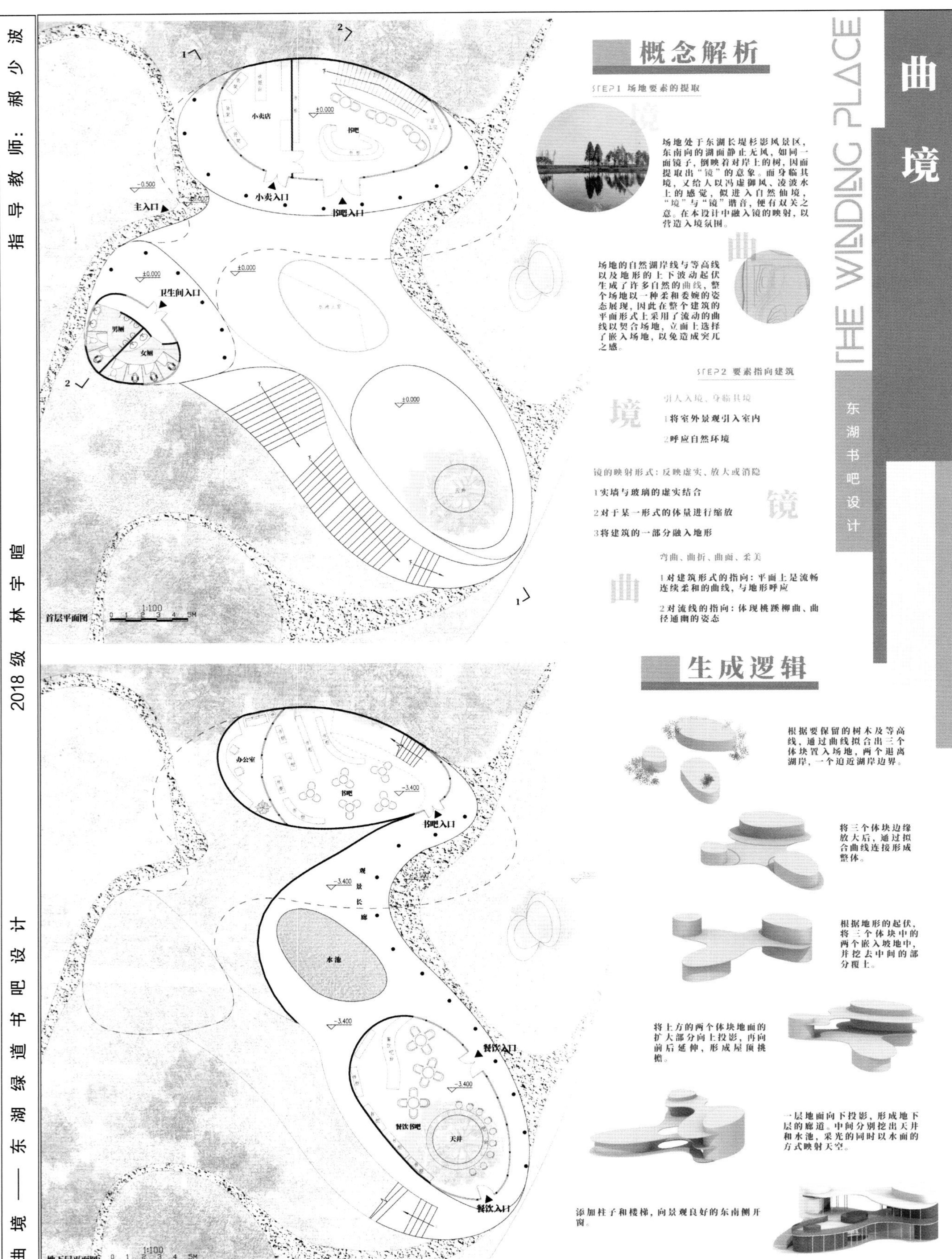
曲境——东湖绿道书吧设计
2018级 林宇暄
指导教师：郝少波
首层平面图 1:100
主入口
小卖入口
书吧入口
卫生间入口
小卖店
书吧
男厕
女厕
地下层平面图 1:100
办公室
书吧
书吧入口
观景长廊
水池
餐饮入口
餐饮书吧
天井
餐饮入口
曲
境
THE WINDING PLACE
东湖书吧设计
概念解析
STEP1 场地要素的提取
场地处于东湖长堤杉影风景区，东南向的湖面静止无风，如同一面镜子，倒映着对岸上的树，因而提取出“镜”的意象。而身临其境，又给人以冯虚御风、凌波水上的感觉，似进入自然仙境，“境”与“镜”谐音，便有双关之意。在本设计中融入镜的映射，以营造入境氛围。
场地的自然湖岸线与等高线以及地形的上下波动起伏生成了许多自然的曲线，整个场地以一种柔和委婉的姿态展现，因此在整个建筑的平面形式上采用了流动的曲线以契合场地，立面上选择了嵌入场地，以免造成突兀之感。
STEP2 要素指向建筑
境
引人入境、身临其境
1将室外景观引入室内
2呼应自然环境
镜
镜的映射形式：反映虚实、放大或消隐
1实墙与玻璃的虚实结合
2对于某一形式的体量进行缩放
3将建筑的一部分融入地形
曲
弯曲、曲折、曲面、柔美
1对建筑形式的指向：平面上是流畅连续柔和的曲线，与地形呼应
2对流线的指向：体现桃蹊柳曲、曲径通幽的姿态
生成逻辑
根据要保留的树木及等高线，通过曲线拟合出三个体块置入场地，两个退离湖岸，一个迫近湖岸边界。
将三个体块边缘放大后，通过拟合曲线连接形成整体。
根据地形的起伏，将三个体块中的两个嵌入坡地中，并挖去中间的部分覆土。
将上方的两个体块地面的扩大部分向上投影，再向前后延伸，形成屋顶挑檐。
一层地面向下投影，形成地下层的廊道。中间分别挖出天井和水池，采光的同时以水面的方式映射天空。
添加柱子和楼梯，向景观良好的东南侧开窗。

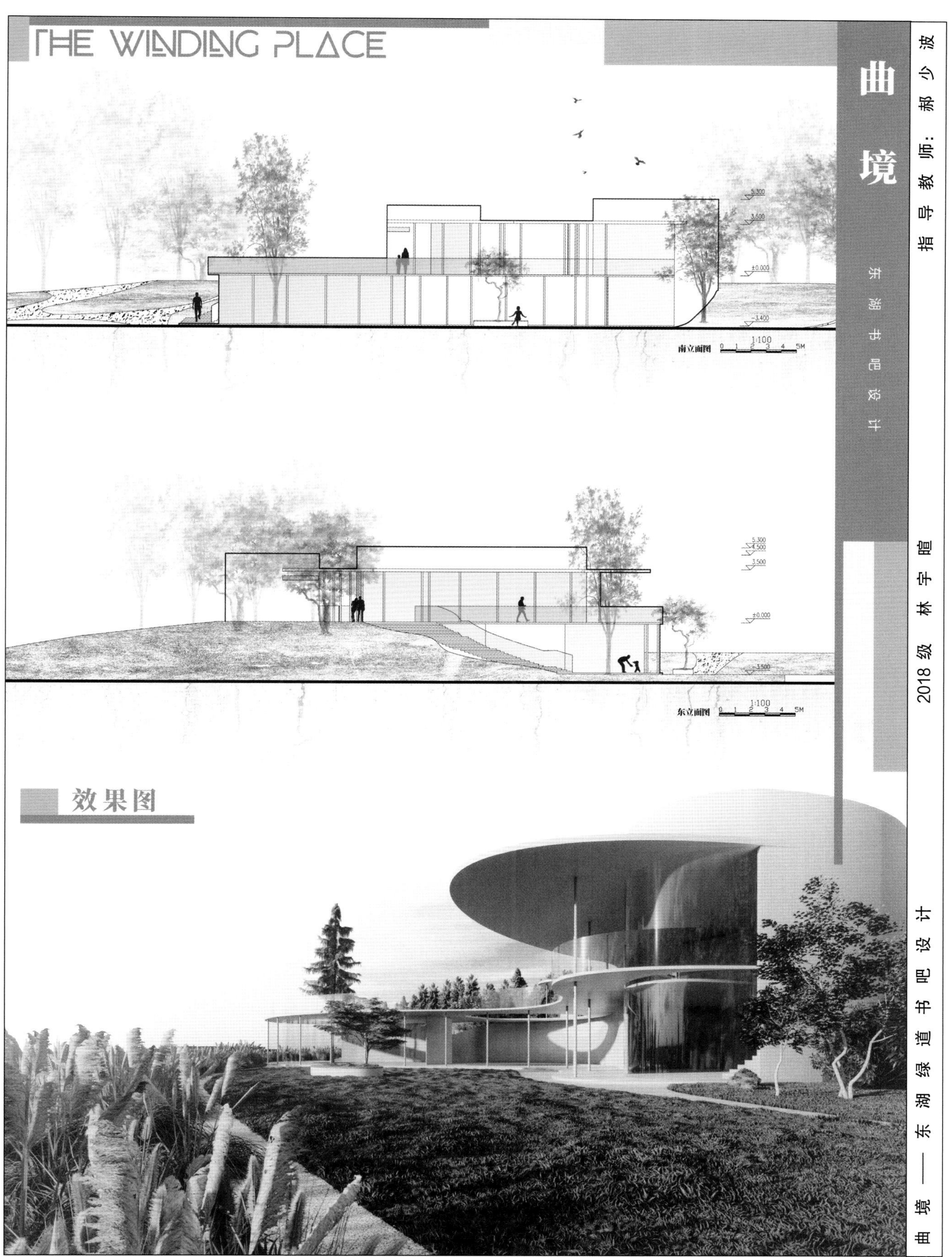
THE WINDING PLACE
曲境
东湖书吧设计
指导教师：郝少波
2018级 林宇暄
南立面图 1:100
东立面图 1:100
效果图
曲境——东湖绿道书吧设计

曲境——东湖绿道书吧设计 2018级 林宇暄 指导教师：郝少波

东湖书吧设计

THE WINDING PLACE

1

曲

2

境

3

场景分析

1“廊腰缦回，檐牙高啄，各抱地势……”芦苇在风中曼妙地摇曳着，晚风温柔，信步在廊道下，远离闹市喧嚣之地，进入静谧与自然。

2“初极狭，才通人。复行数十步，豁然开朗。”从室外台阶下逼仄的蜿蜒小路进入，便来到宽阔的水池处，那也是一片桃源，给人以曲径通幽、柳暗花明的感受。

3.地下层廊道的水池与柱子呼应场地中的湖面与杉树，宛如一面光洁的镜子，倒映着天空的云彩，空灵而平静，在这里一定能使浮躁的心灵沉淀下来。

5.300
3.500
±0.000
-3.400

1-1剖面图 1:100 0 1 2 3 4 5M

5.300
3.500
±0.000
-3.400

2-2剖面图 1:100 0 1 2 3 4 5M

教师点评：

作者针对这次基于自然环境而进行的空间设计课题，采用了“曲境”这样的主题，并借助流畅的曲线状造型，完美地结合了基地的高差和自然植被，形成了灵动又完整的书吧空间，特别是伸向水边的大平台，既大胆地分隔了基地南北两端的活动空间，又为游客创造出不一样的亲水视角，加之中心镂空的洞口和南侧的台阶，让整个书吧上下一体，整体联动，很好地响应了课题的要求。

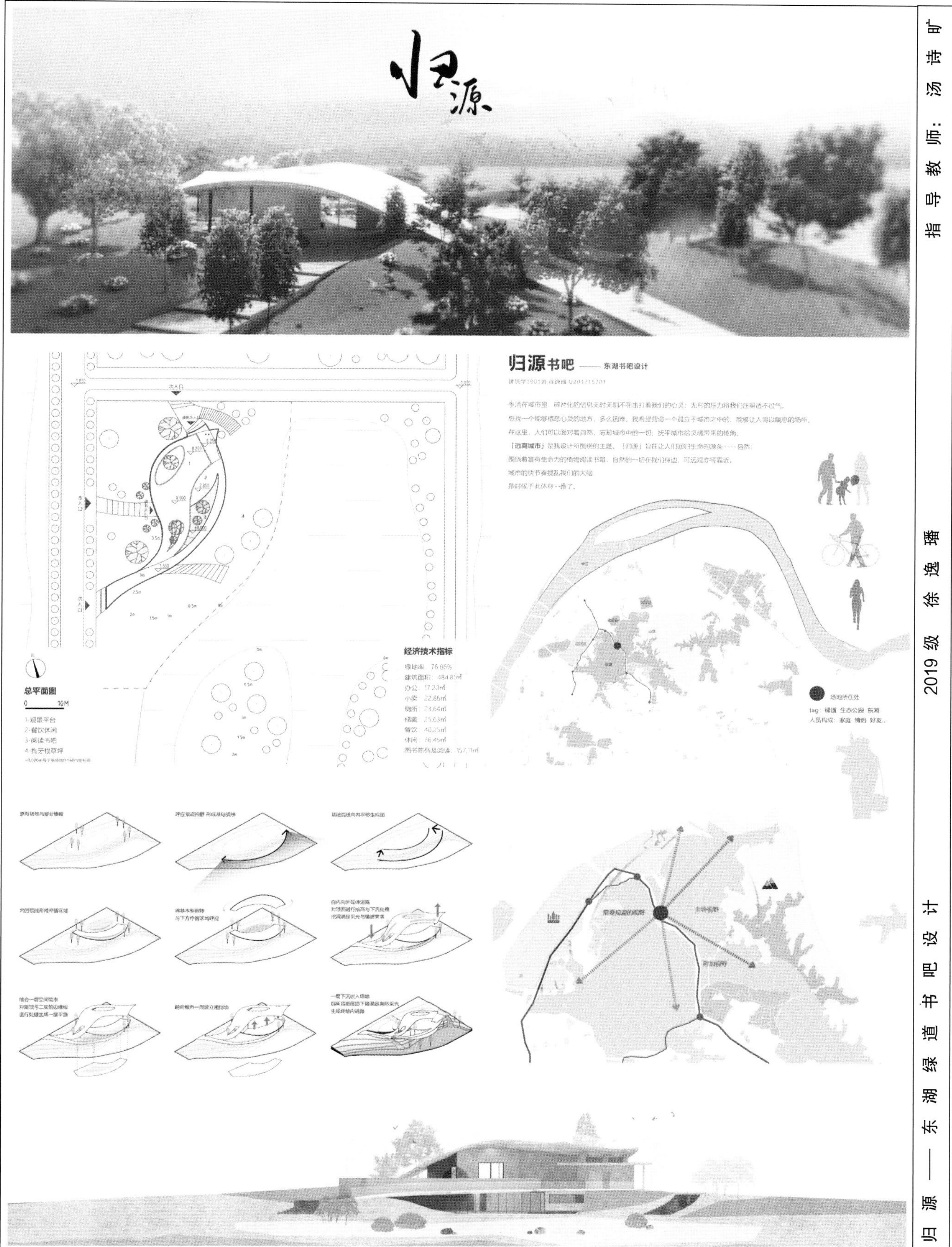
归源
归源书吧 —— 东湖书吧设计
生活在城市里，碎片化的信息无时无刻不在击打着我们的心灵；无形的压力将我们压得透不过气。
想找一个能够栖息心灵的地方，多么困难。我希望营造一个孤立于城市之中的、能够让人得以喘息的场所。
在这里，人们可以面对着自然，忘却城市中的一切，抚平城市给灵魂带来的棱角。
「逃离城市」是我设计所围绕的主题。「归源」旨在让人们回归生命的源头——自然；
城市的快节奏搅乱我们的大脑，
总平面图
0 10M
1-观景平台
2-餐饮休闲
3-阅读书吧
4-狗牙根草坪
经济技术指标
绿地率：76.86%
建筑面积：484.81㎡
办公：17.20㎡
小卖：22.86㎡
厕所：23.64㎡
储藏：25.63㎡
餐饮：40.25㎡
休闲：76.45㎡
图书陈列及阅读：157.11㎡
场地所在处
指导教师：汤诗旷
2019级 徐逸璠
归源——东湖绿道书吧设计

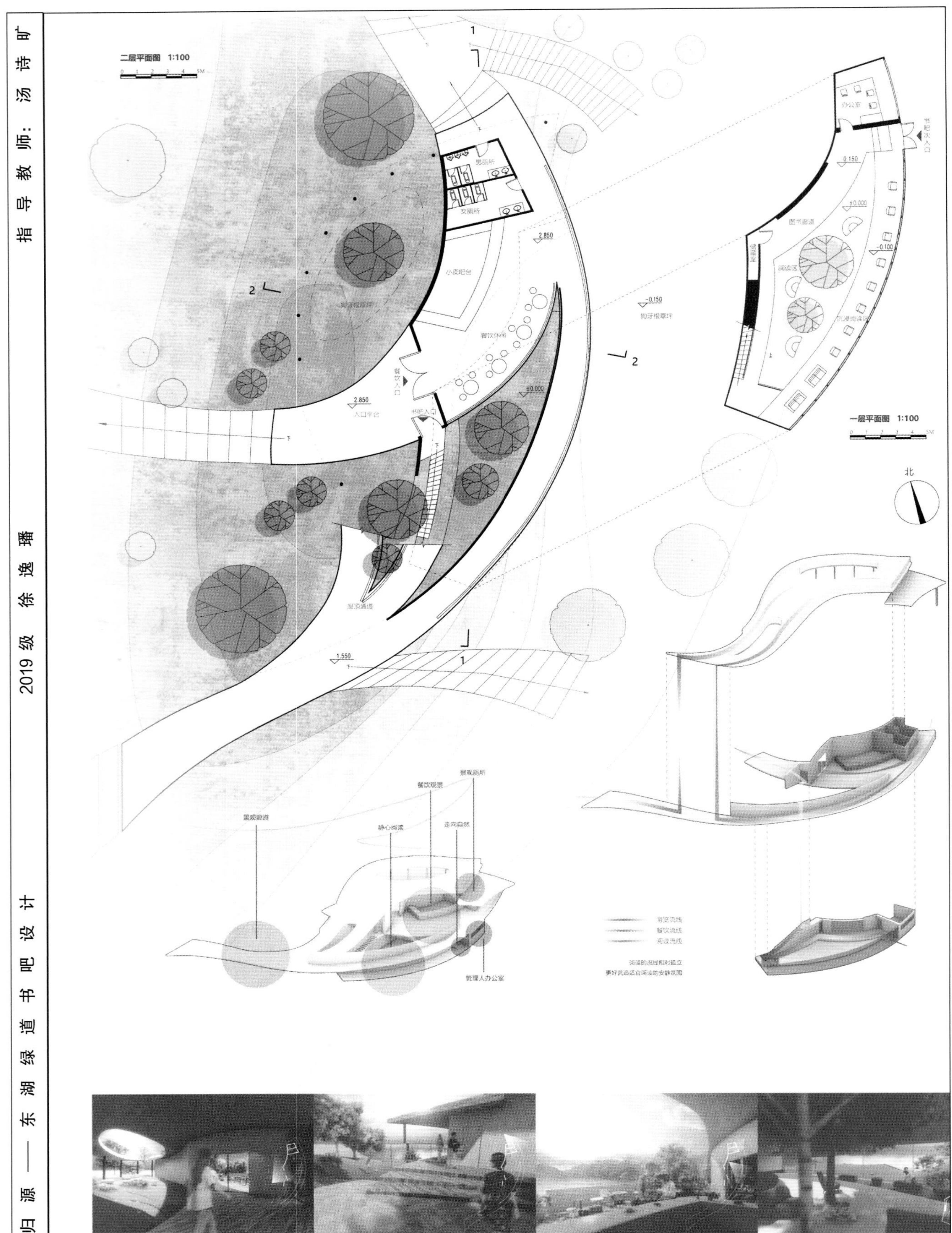
归源 — 东湖绿道书吧设计
2019级 徐逸璠
指导教师：汤诗旷
二层平面图 1:100
男厕所
女厕所
入口平台
一层平面图 1:100
办公室
阅读区
北
景观廊道
餐饮观景
景观厕所
静心阅读
走向自然
管理人办公室
游览流线
餐饮流线
阅读流线

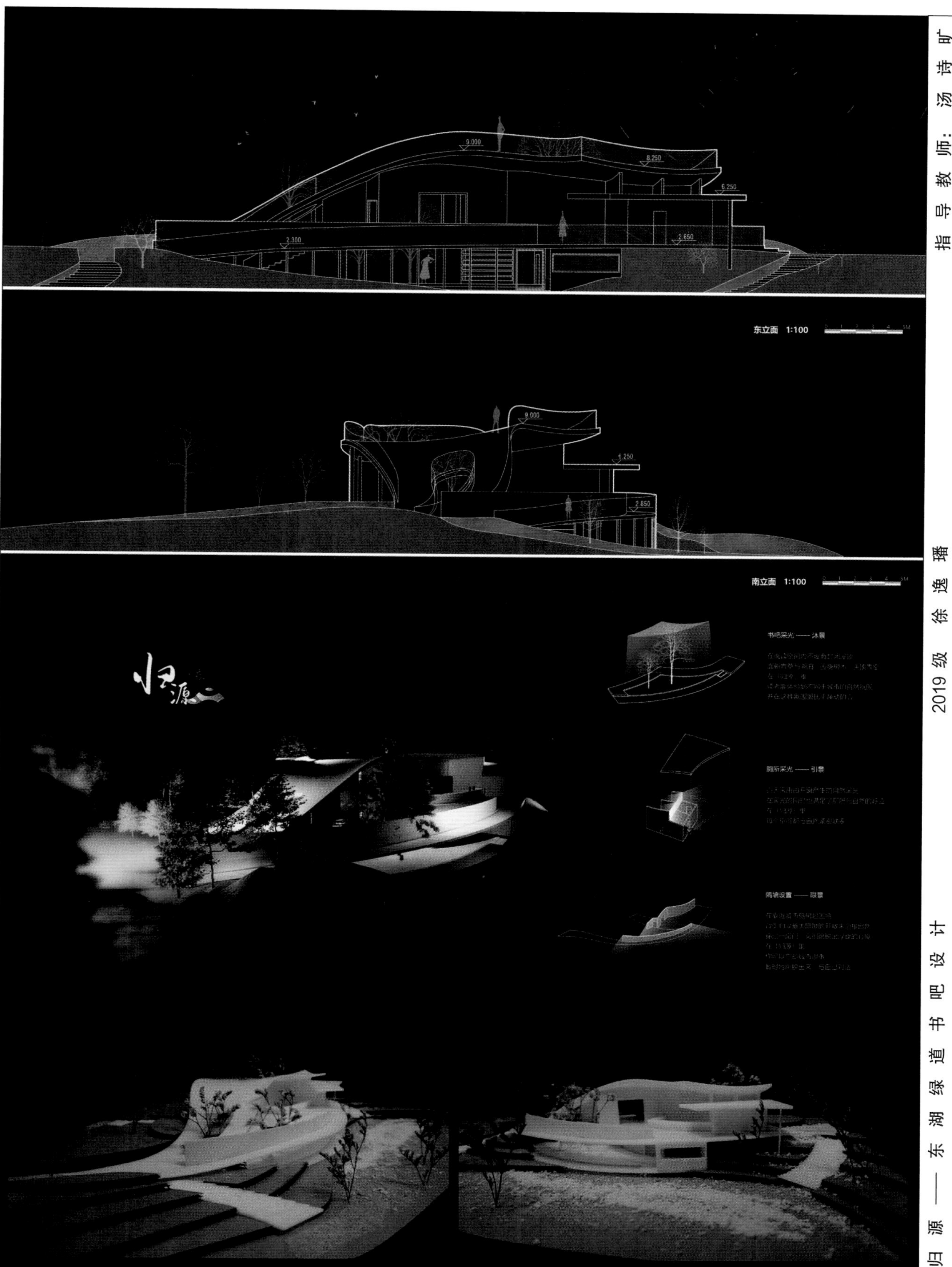
9.000
8.250
6.250
2.300
2.850
东立面 1:100
9.000
6.250
2.850
南立面 1:100
归源
书吧采光 —— 沐景
厕所采光 —— 引景
指导教师：汤诗旷
2019级 徐逸璠
归源——东湖绿道书吧设计

归源——东湖绿道书吧设计　2019级　徐逸璠　指导教师：汤诗旷

归源·晨

远景——自然天际线

近景——绿植与湖泊

微景——生命与细节

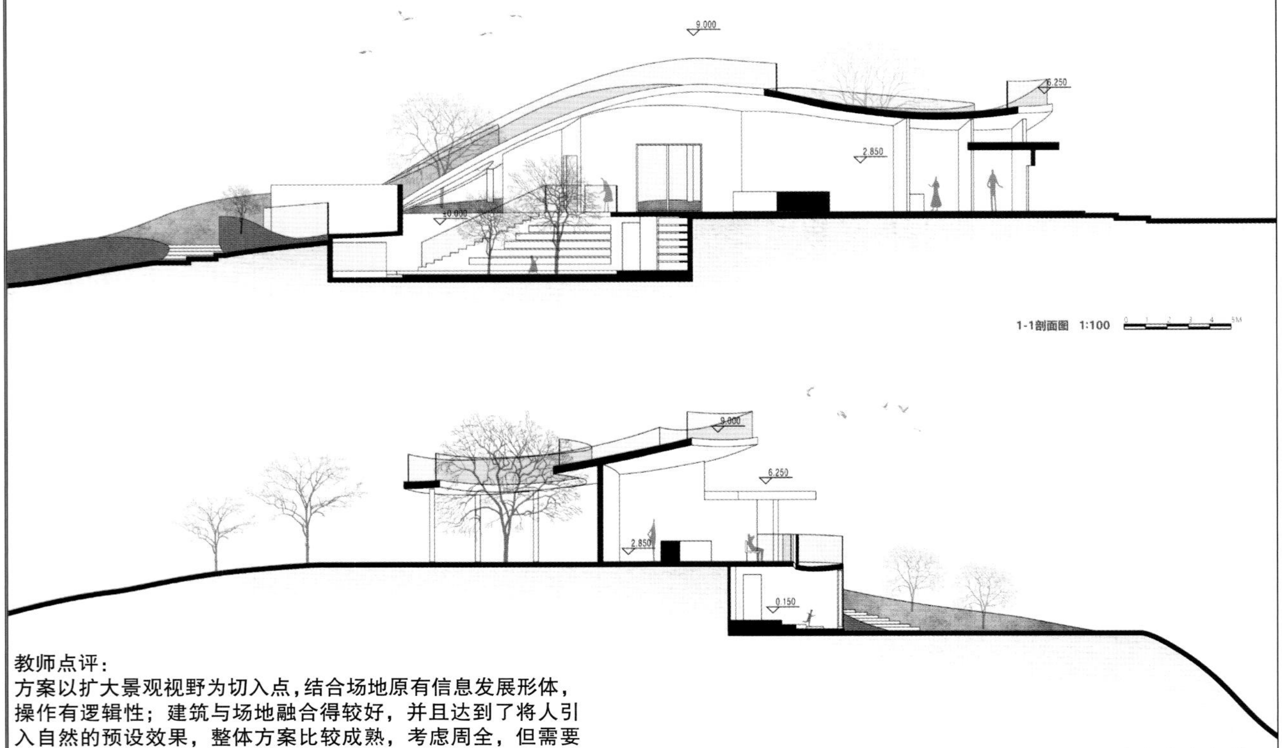

9.000

6.250

2.850

0.000

1-1剖面图 1:100

9.000

6.250

2.850

0.150

2-2剖面图 1:100

教师点评：

方案以扩大景观视野为切入点，结合场地原有信息发展形体，操作有逻辑性；建筑与场地融合得较好，并且达到了将人引入自然的预设效果，整体方案比较成熟，考虑周全，但需要更加注重细节的处理。

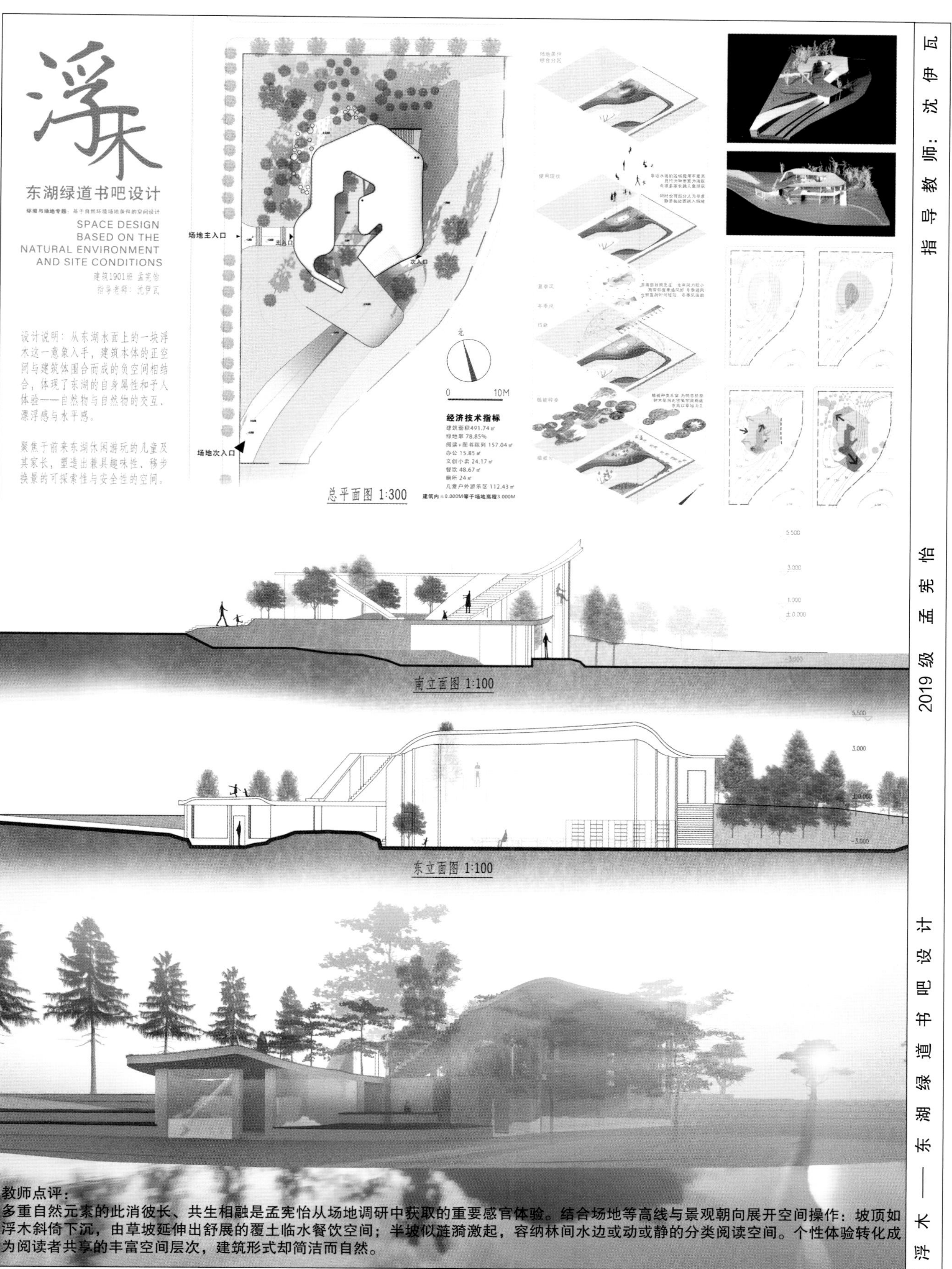
浮木
东湖绿道书吧设计
环境与场地专题：基于自然环境场地条件的空间设计
SPACE DESIGN
BASED ON THE
NATURAL ENVIRONMENT
AND SITE CONDITIONS
建筑1901班 孟宪怡
指导老师：沈伊瓦
设计说明：从东湖水面上的一块浮木这一意象入手，建筑本体的正空间与建筑体围合而成的负空间相结合，体现了东湖的自身属性和予人体验——自然物与自然物的交互、漂浮感与水平感。
聚焦于前来东湖休闲游玩的儿童及其家长，塑造出兼具趣味性、移步换景的可探索性与安全性的空间。
场地主入口
主入口
次入口
场地次入口
0
10M
经济技术指标
建筑面积491.74㎡
绿地率 78.85%
阅读+图书陈列 157.04㎡
办公 15.85㎡
文创小卖 24.17㎡
餐饮 48.67㎡
厕所 24㎡
儿童户外游乐区 112.43㎡
建筑内±0.000M等于场地高程3.000M
总平面图 1:300
南立面图 1:100
东立面图 1:100
5.500
3.000
±0.000
-3.000
教师点评：
多重自然元素的此消彼长、共生相融是孟宪怡从场地调研中获取的重要感官体验。结合场地等高线与景观朝向展开空间操作：坡顶如浮木斜倚下沉，由草坡延伸出舒展的覆土临水餐饮空间；半坡似涟漪激起，容纳林间水边或动或静的分类阅读空间。个性体验转化成为阅读者共享的丰富空间层次，建筑形式却简洁而自然。
指导教师：沈伊瓦
2019级 孟宪怡
浮木——东湖绿道书吧设计

指导教师：沈伊瓦

2019级 孟宪怡

浮木——东湖绿道书吧设计

浮木

东湖绿道书吧设计

SPACE DESIGN BASED ON THE NATURAL ENVIRONMENT AND SITE CONDITIONS

办公室

厕所

吧台

餐厅

1-1剖面图 1:100

2-2剖面图 1:100

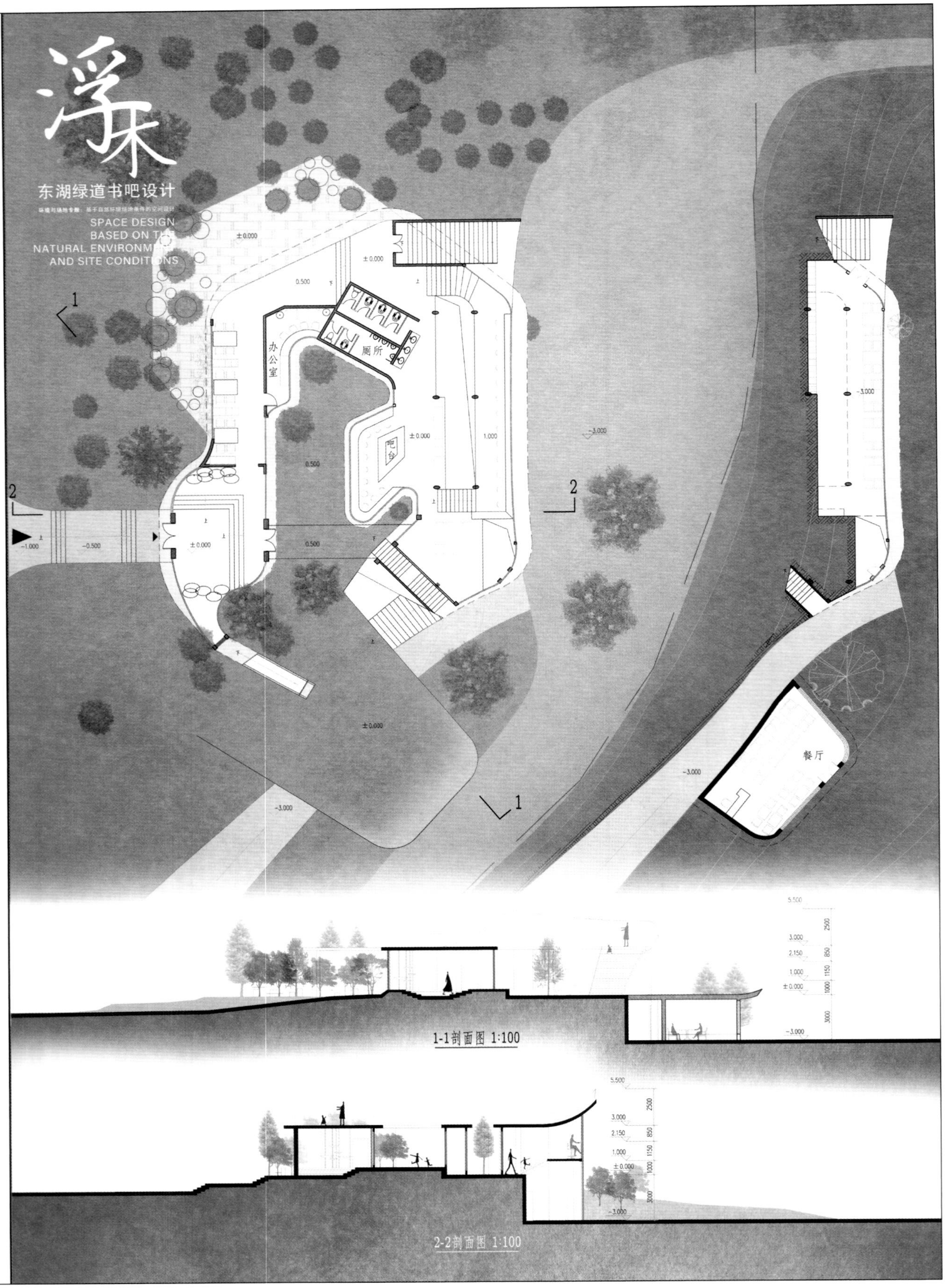

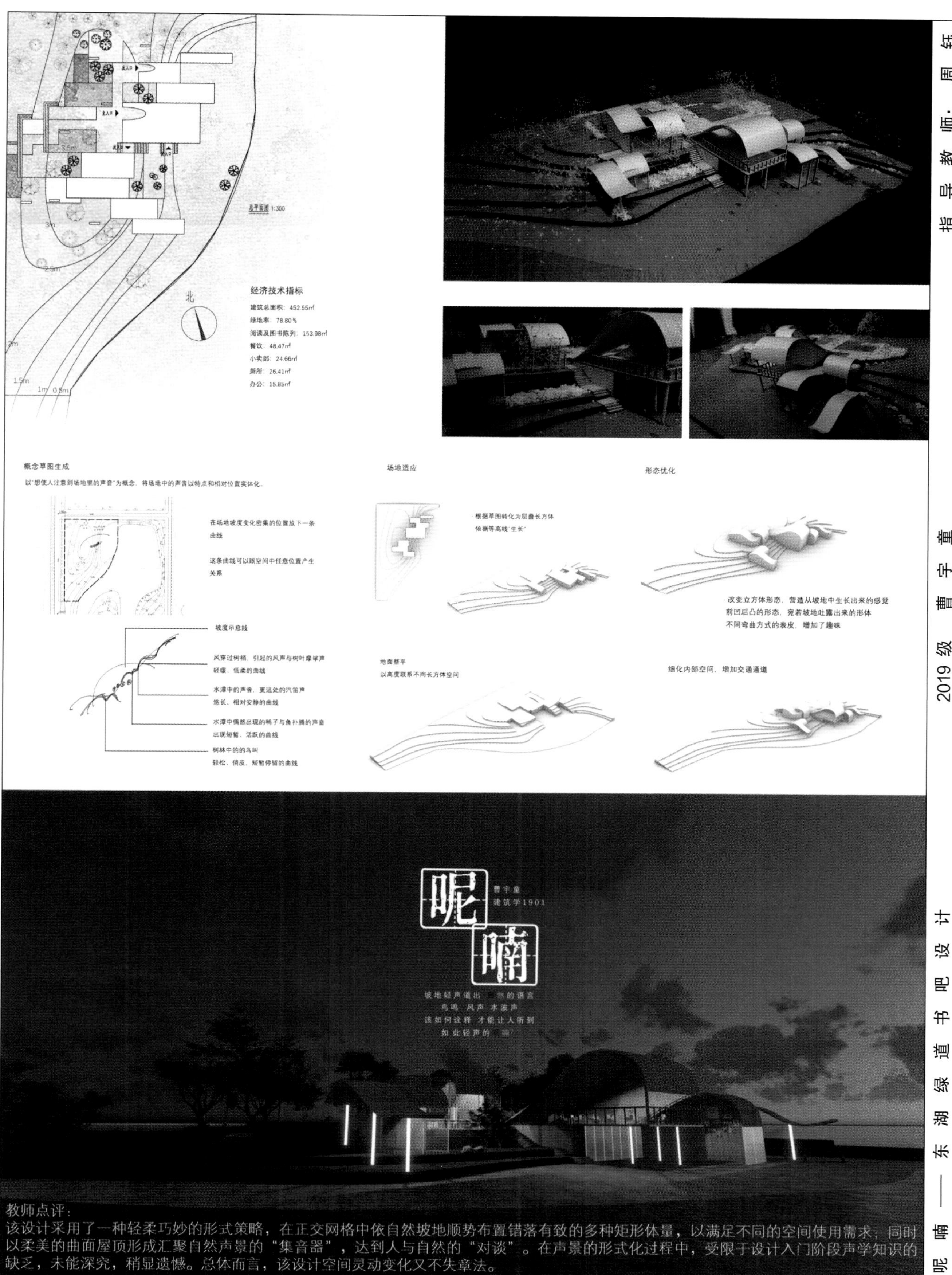

指导教师：周钰

2019级 曹宇童

呢喃——东湖绿道书吧设计

教师点评：

该设计采用了一种轻柔巧妙的形式策略，在正交网格中依自然坡地顺势布置错落有致的多种矩形体量，以满足不同的空间使用需求；同时以柔美的曲面屋顶形成汇聚自然声景的"集音器"，达到人与自然的"对谈"。在声景的形式化过程中，受限于设计入门阶段声学知识的缺乏，未能深究，稍显遗憾。总体而言，该设计空间灵动变化又不失章法。

指导教师：周钰

2019级 曹宇童

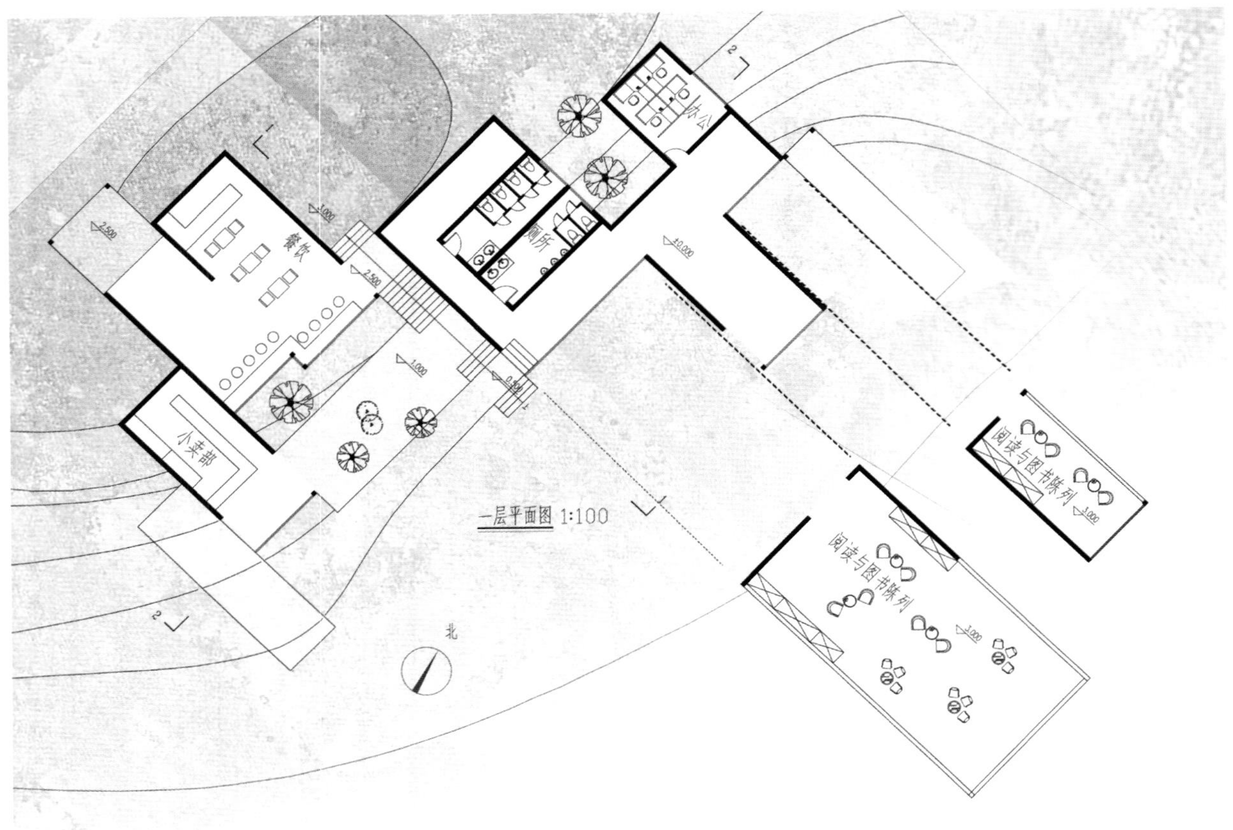

书吧主入口处通道

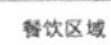
餐饮区域

阅读及图书陈列区域

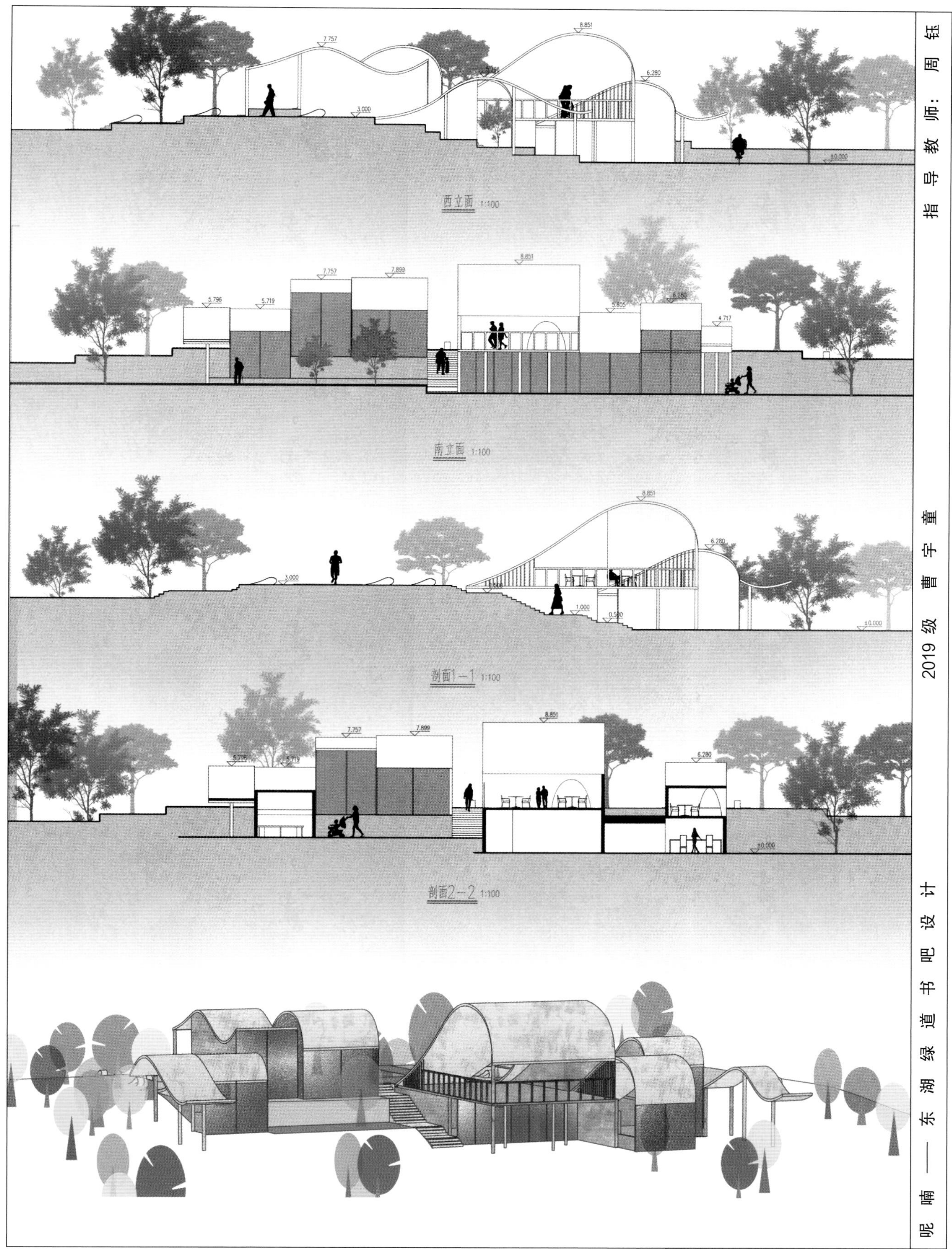
7.757
8.851
6.280
3.000
±0.000
西立面 1:100
7.757
7.899
8.851
5.796
5.719
5.805
6.280
4.717
南立面 1:100
8.851
6.280
3.000
1.000
0.500
±0.000
剖面1—1 1:100
7.757
7.899
8.851
5.796
5.719
6.280
±0.000
剖面2—2 1:100
指导教师：周钰
2019级 曹宇童
呢喃——东湖绿道书吧设计

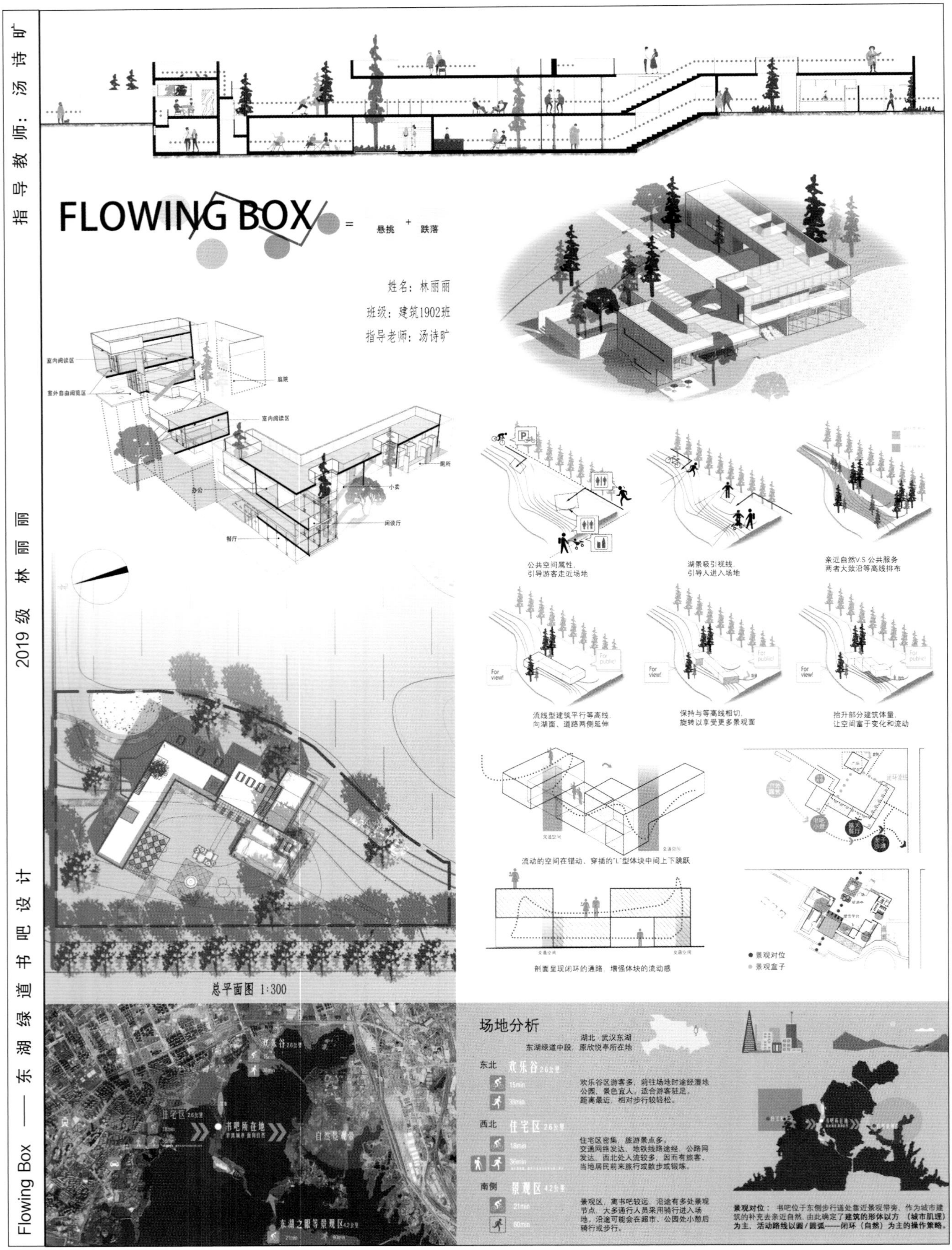

Flowing Box —— 东湖绿道书吧设计　2019级　林丽丽　指导教师：汤诗旷

FLOWING BOX = 悬挑 + 跌落

姓名：林丽丽

班级：建筑1902班

指导老师：汤诗旷

公共空间属性，引导游客走近场地

湖景吸引视线，引导人进入场地

亲近自然V.S公共服务 两者大致沿等高线排布

流线型建筑平行等高线，向湖面、道路两侧延伸

保持与等高线相切，旋转以享受更多景观面

抬升部分建筑体量，让空间富于变化和流动

流动的空间在错动，穿插的"L"型体块中间上下跳跃

剖面呈现闭环的通路，增强体块的流动感

总平面图 1:300

场地分析

湖北 · 武汉东湖

东湖绿道中段、原欣悦亭所在地

东北 欢乐谷 2.6公里

15min

38min

欢乐谷区游客多，前往场地时途经湿地公园，景色宜人，适合游客驻足。距离最近，相对步行较轻松。

西北 住宅区 2.6公里

18min

36min

住宅区密集，旅游景点多。交通网络发达，地铁线路途经，公路网发达，西北处人流较多，因而有旅客、当地居民前来旅行或散步或锻炼。

南侧 景观区 4.2公里

21min

60min

景观区，离书吧较远，沿途有多处景观节点，大多通行人员采用骑行进入场地。沿途可能会在超市、公园处小憩后骑行或步行。

景观对位： 书吧位于东侧步行道处靠近景观带旁，作为城市建筑的补充去亲近自然，由此确定了**建筑的形体以方（城市肌理）为主，活动路线以圆/圆弧——闭环（自然）为主的操作策略。**

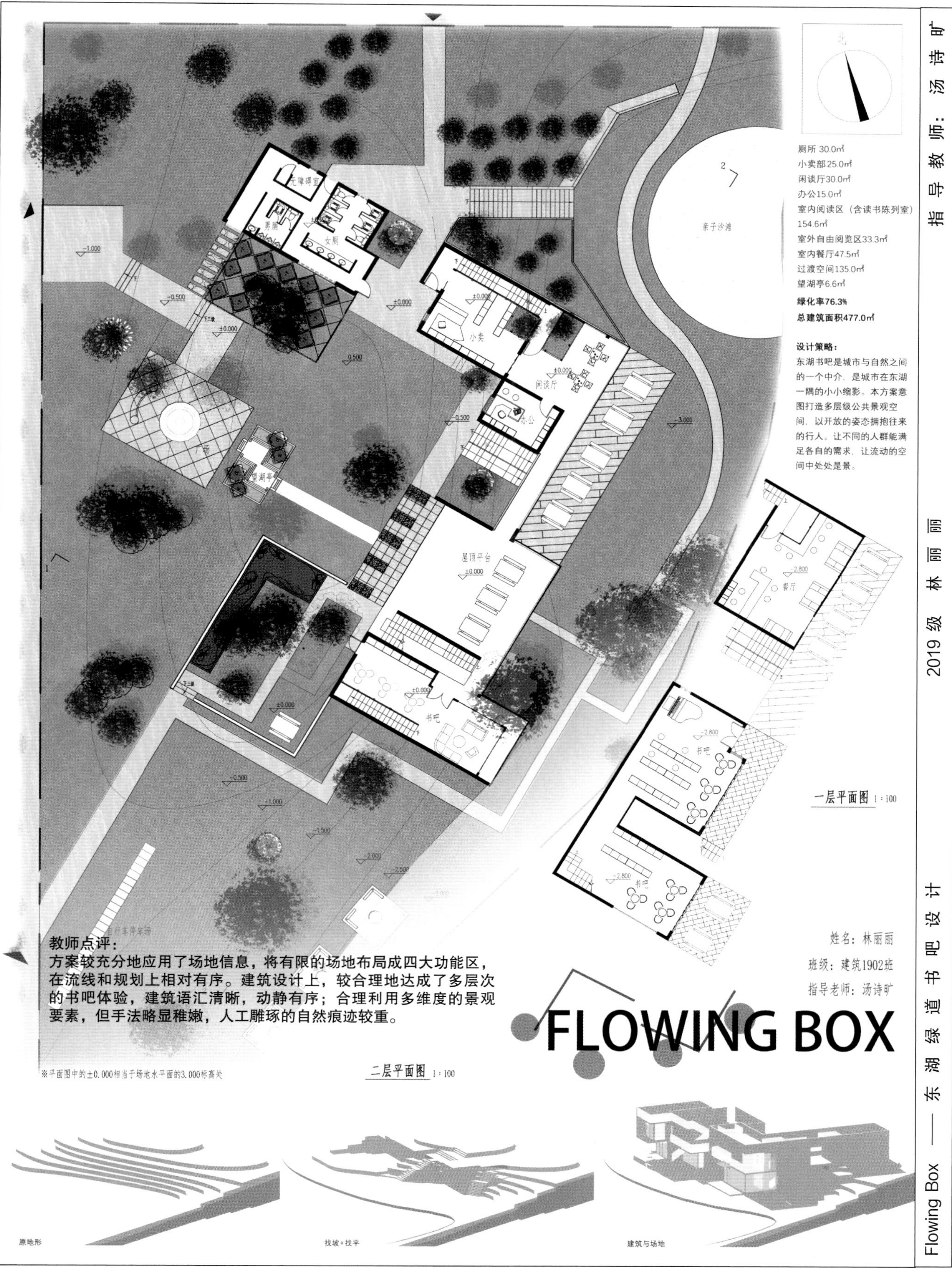
指导教师：汤诗旷
2019级 林丽丽
Flowing Box —— 东湖绿道书吧设计
北
厕所 30.0㎡
小卖部25.0㎡
闲谈厅30.0㎡
办公15.0㎡
室内阅读区（含读书陈列室）154.6㎡
室外自由阅览区33.3㎡
室内餐厅47.5㎡
过渡空间135.0㎡
望湖亭6.6㎡
绿化率76.3%
总建筑面积477.0㎡
设计策略：
东湖书吧是城市与自然之间的一个中介，是城市在东湖一隅的小小缩影。本方案意图打造多层级公共景观空间，以开放的姿态拥抱往来的行人。让不同的人群能满足各自的需求，让流动的空间中处处是景。
亲子沙滩
无障碍室
男厕
女厕
小卖
闲谈厅
办公
屋顶平台
餐厅
书吧
一层平面图 1:100
二层平面图 1:100
※平面图中的±0.000相当于场地水平面的3.000标高处
姓名：林丽丽
班级：建筑1902班
指导老师：汤诗旷
教师点评：
方案较充分地应用了场地信息，将有限的场地布局成四大功能区，在流线和规划上相对有序。建筑设计上，较合理地达成了多层次的书吧体验，建筑语汇清晰，动静有序；合理利用多维度的景观要素，但手法略显稚嫩，人工雕琢的自然痕迹较重。
FLOWING BOX
原地形
找坡+找平
建筑与场地

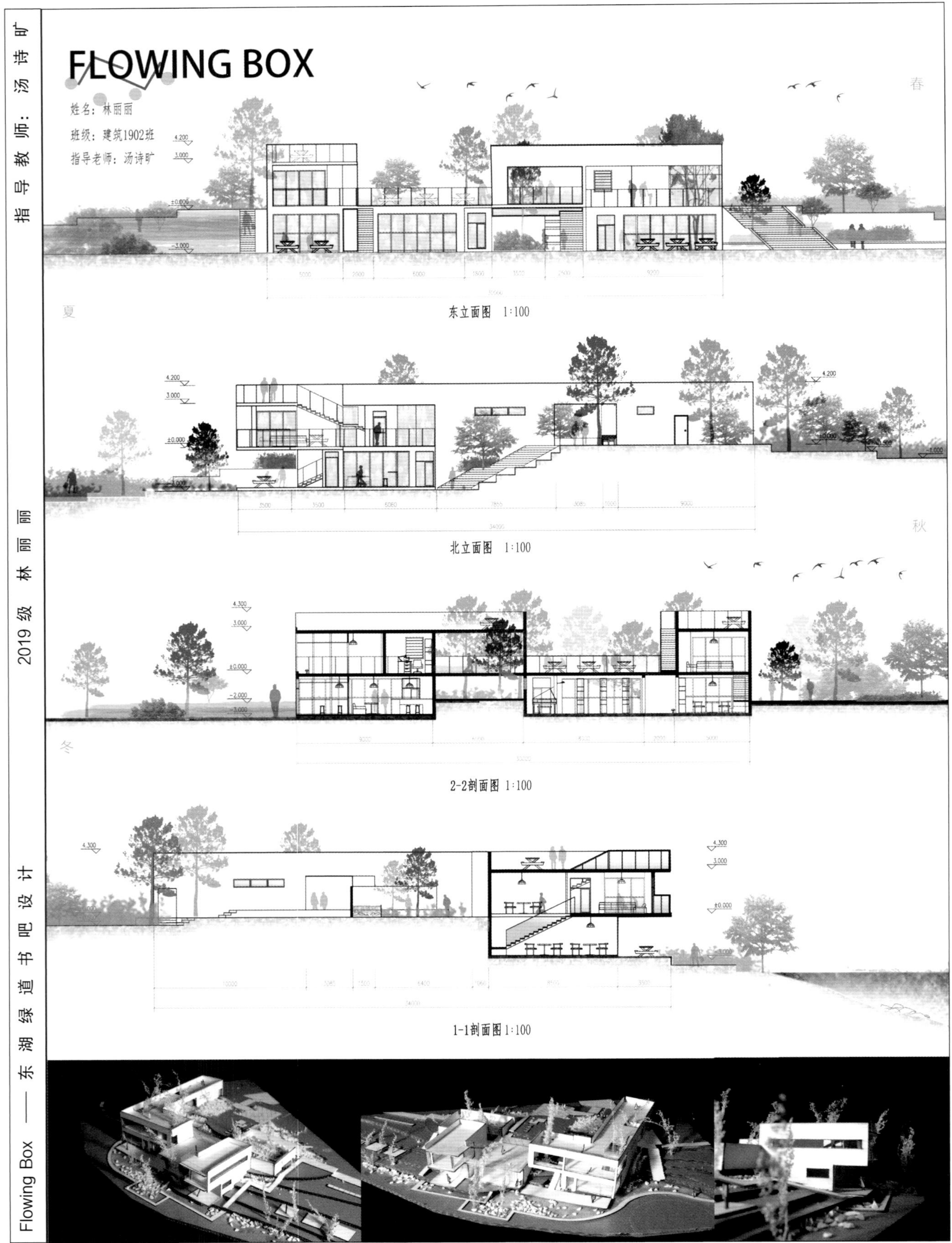
FLOWING BOX
姓名：林丽丽
班级：建筑1902班
指导老师：汤诗旷
春
夏
秋
冬
东立面图 1:100
北立面图 1:100
2-2剖面图 1:100
1-1剖面图 1:100
指导教师：汤诗旷
2019级 林丽丽
Flowing Box —— 东湖绿道书吧设计

指导教师：郝少波

池荷跳雨

——却是池荷跳雨，散了真珠還聚。
聚作水銀窩，瀉清波。

教师点评：
该方案在认真领会任务书要求和对现场仔细调查的基础上，确定了“池荷跳雨”的设计主题，并采用了自由曲线和部分伞状形态来模拟和象征东湖风景区的池荷，形成了高低起伏、线条流畅的空间形态，很好地融入了东湖绿道的环境景观中。若在雨天里，雨水汇聚落下，溅起的水花如同跳舞一般，更显灵动，而这正是该课题重要的设计要点。此外，方案还较好地解决了书吧及相关功能的设计问题。因此，这是一个特点鲜明的优秀设计方案。

姓名：刘昱
指导老师：郝少波

2019级 刘昱

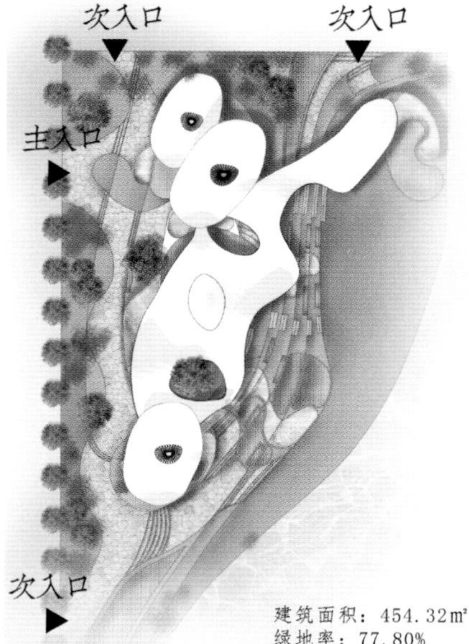

总平面图 1：300

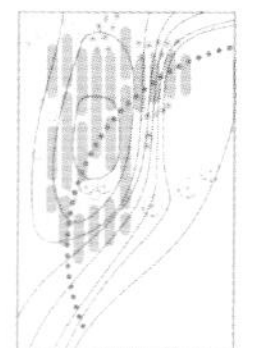

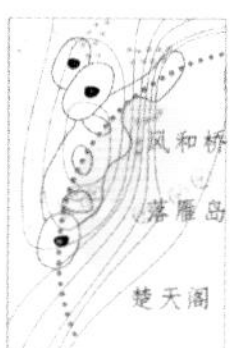

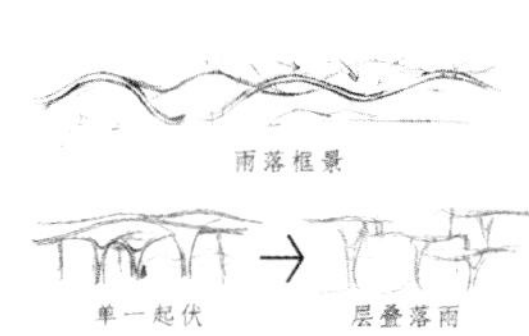

设计说明：场地位于湖中道，与环绕之的城市有一定距离。书吧以一种柔和之态，接纳偷得浮生半日闲的游人，使他们暂时避开城市的纷扰。考虑到武汉气候多雨，我希望书吧是一个晴天以光影为趣，雨天又别有韵味的存在。雨的柔和，恰恰能从其以优美的曲线滑落展示。那么建筑本身是否可以作为一种雨水的引导，就像雨水从荷叶上流过那样？于是我提取东湖荷花的意象，联系其多雨的气候，使建筑本身遵从起伏的地形，尊重场地原地型与树木，使建筑呈现“池荷跳雨”之意，灵动而流畅。

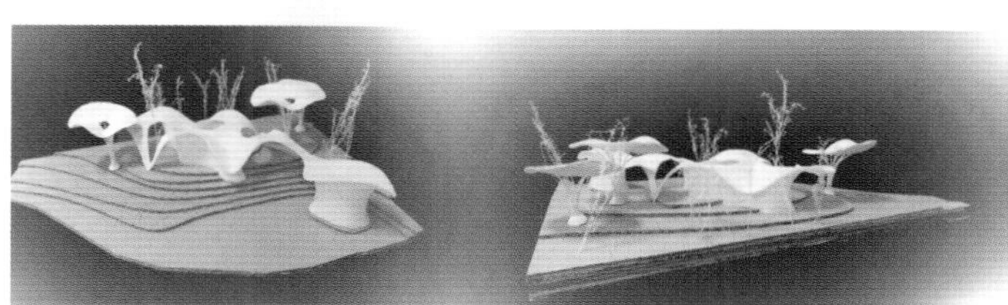

池荷跳雨——东湖绿道书吧设计

池荷跳雨——东湖绿道书吧设计　2019级　刘昱　指导教师：郝少波

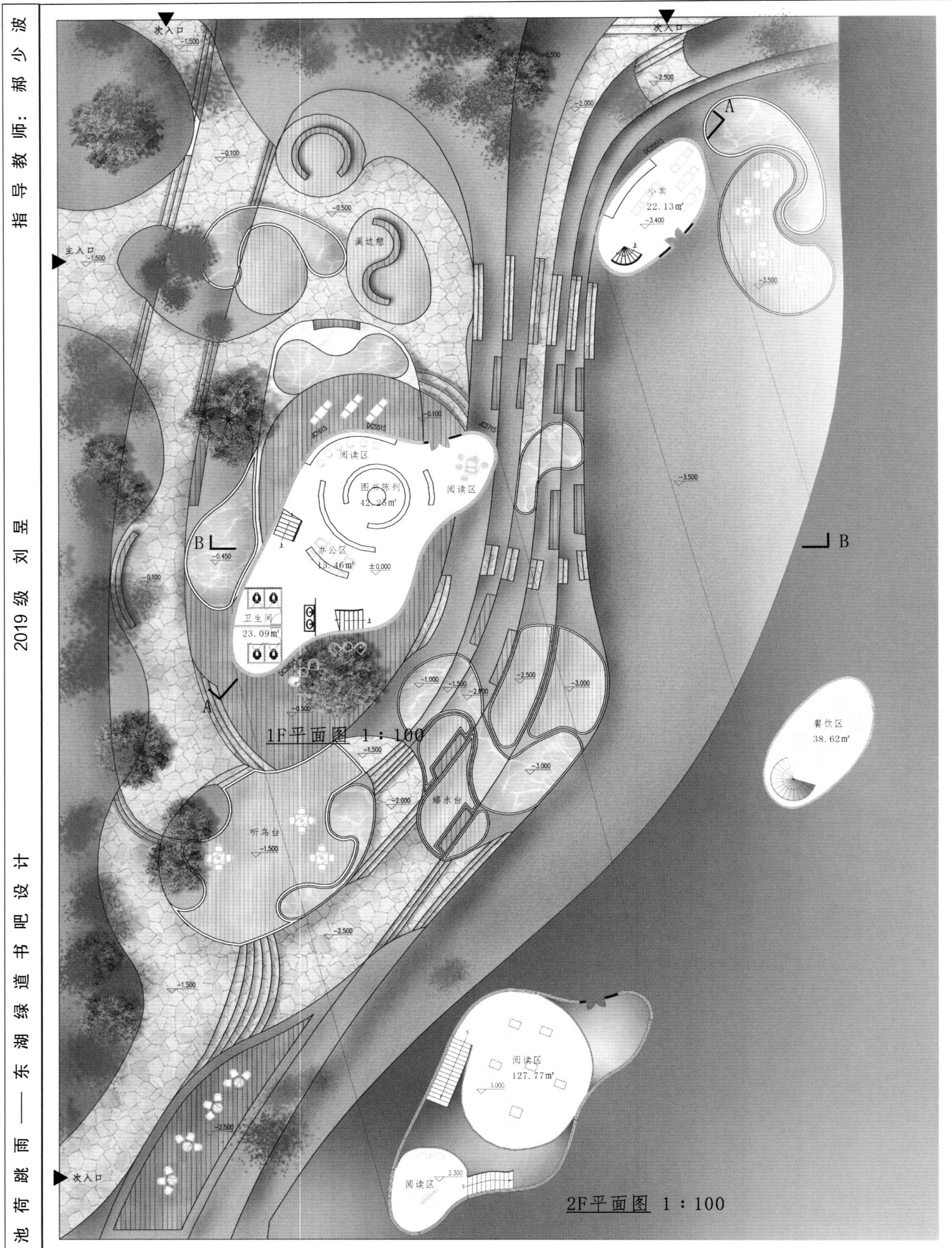

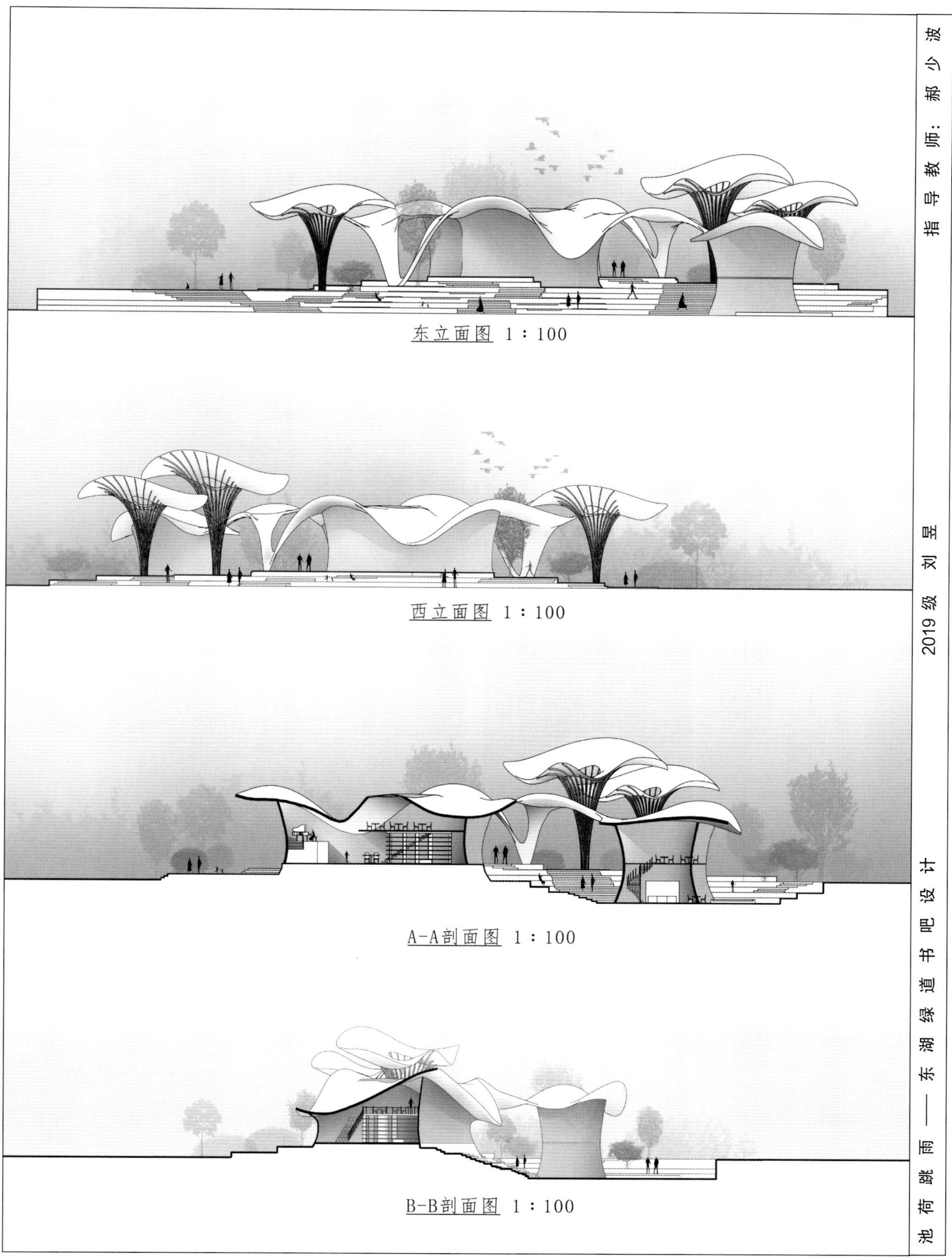
东立面图 1：100
西立面图 1：100
A-A剖面图 1：100
B-B剖面图 1：100
池荷跳雨 —— 东湖绿道书吧设计
2019级 刘昱
指导教师：郝少波

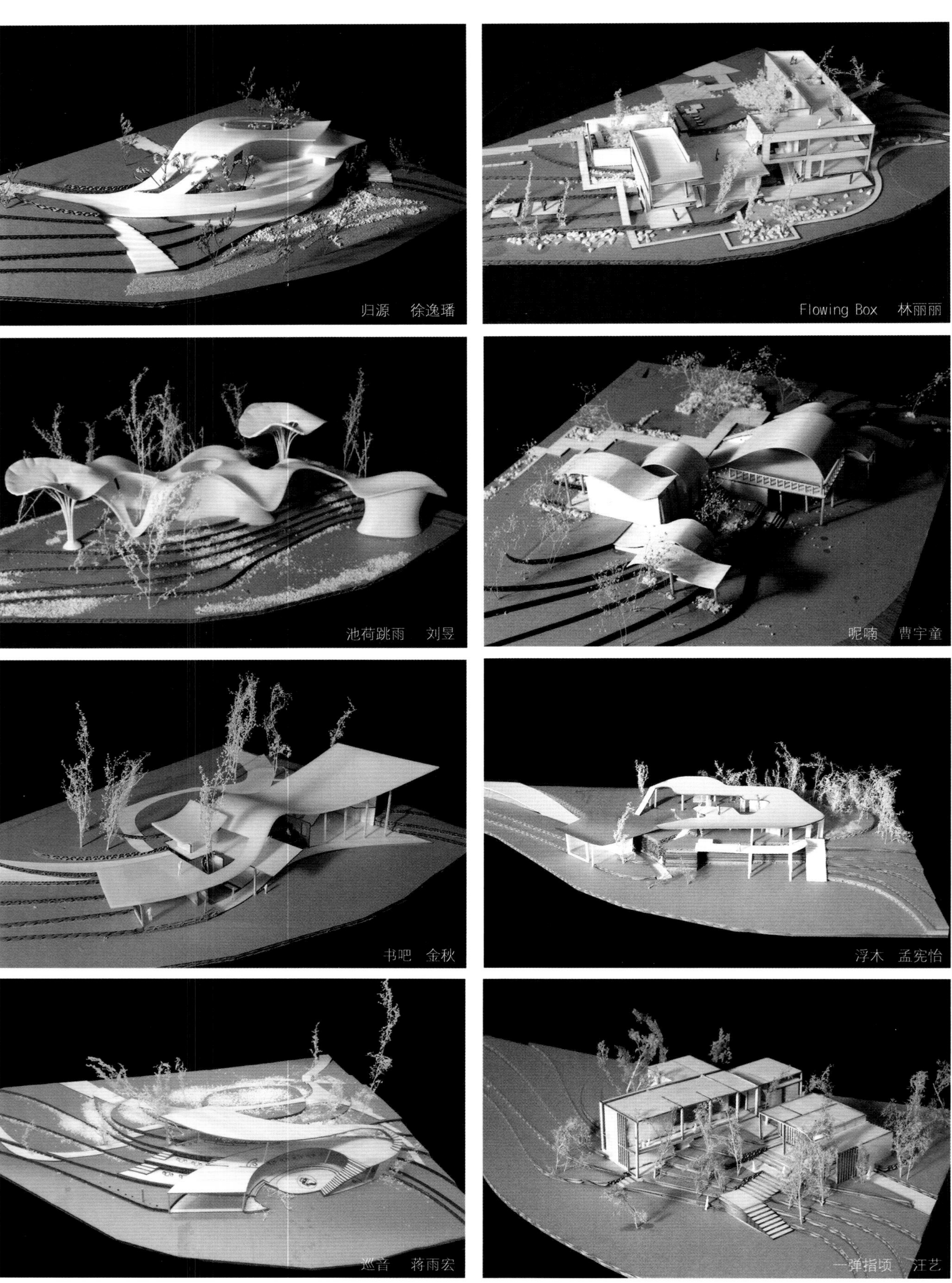

归源　徐逸璠

Flowing Box　林丽丽

池荷跳雨　刘昱

呢喃　曹宇童

书吧　金秋

浮木　孟宪怡

巡音　蒋雨宏

一弹指顷　汪艺

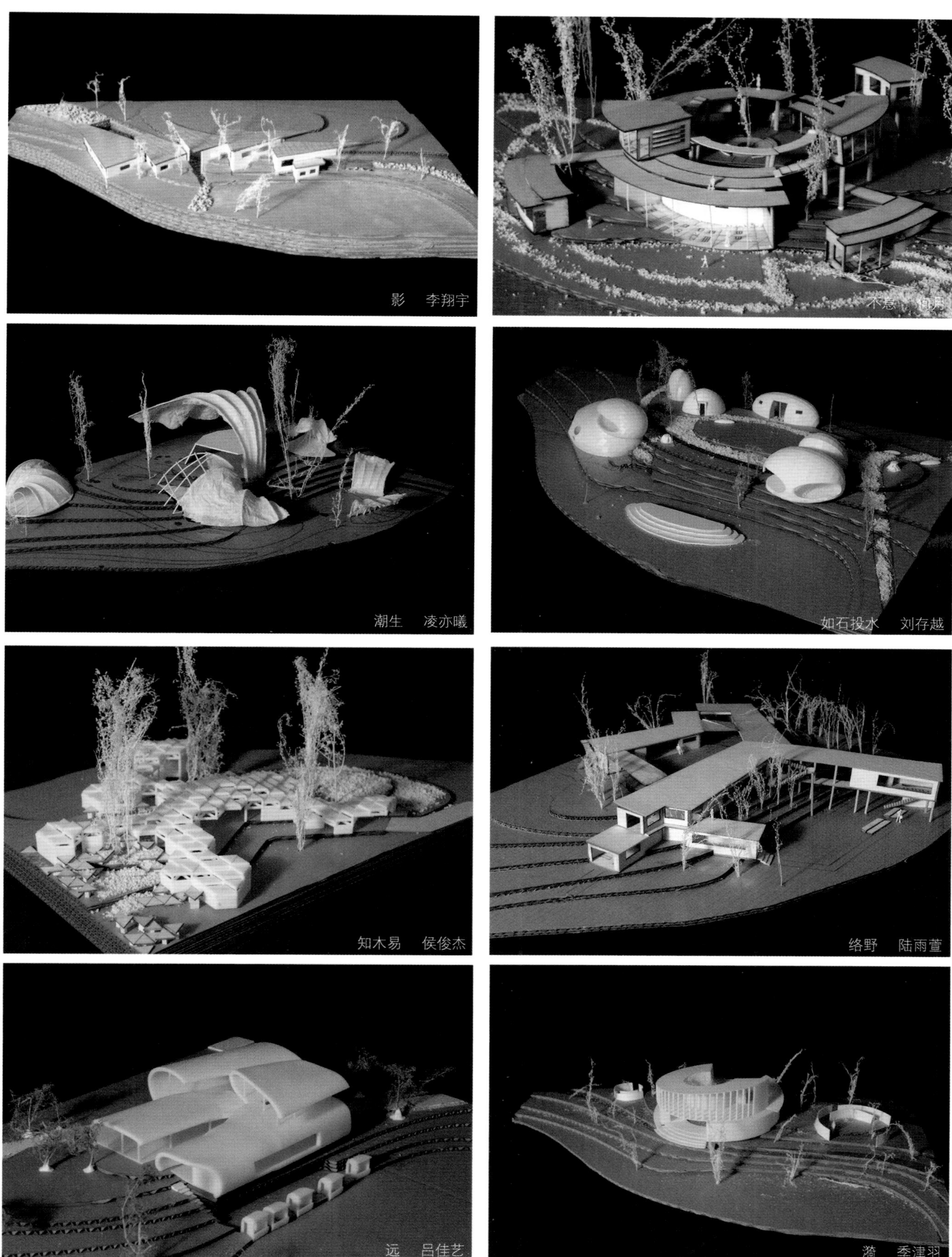

影　李翔宇

不息　何月

潮生　凌亦曦

如石投水　刘存越

知木易　侯俊杰

络野　陆雨萱

远　吕佳艺

漪　季津羽

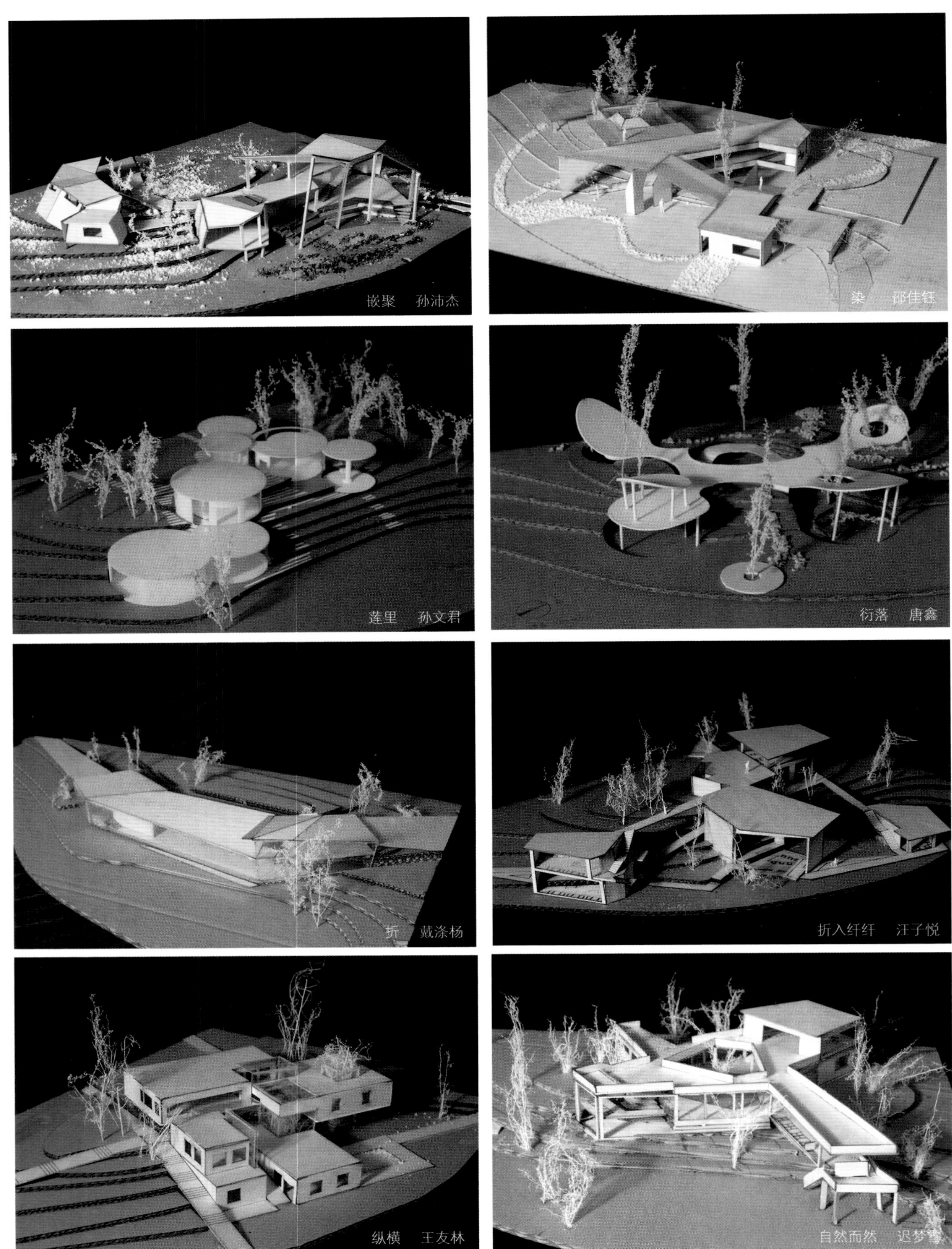
嵌聚　孙沛杰

染　邵佳钰

莲里　孙文君

衍落　唐鑫

折　戴涤杨

折入纤纤　汪子悦

纵横　王友林

自然而然　迟梦雪

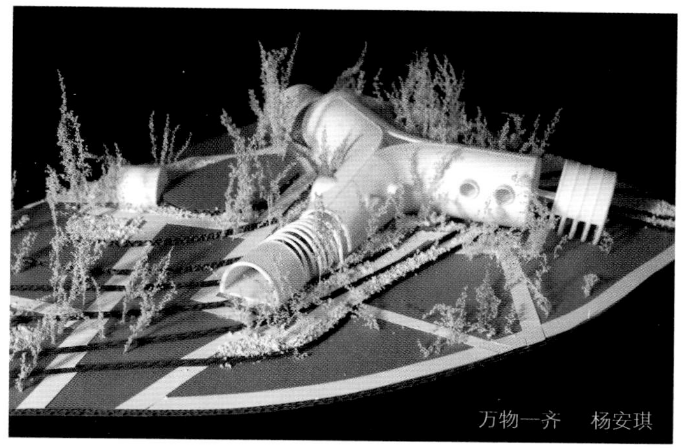
万物一齐　杨安琪

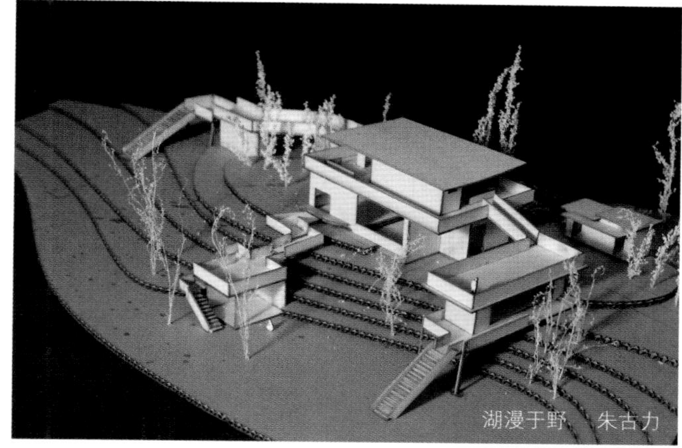
湖漫于野　朱古力

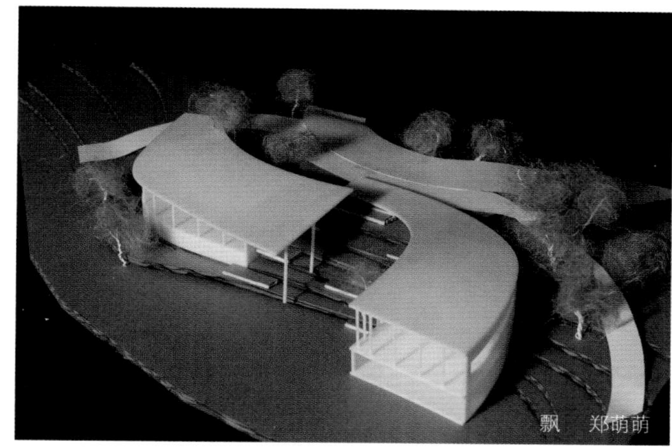
飘　郑萌萌

飞鸟书屋　张梦圆

主要参考文献：

[1] 爱德华•T. 怀特 . 建筑场地分析 [M]. 肖彦 , 姜珉 , 译 . 大连 : 大连理工大学出版社 ,2019.

[2] 程大锦 . 建筑：形式、空间和秩序 [M]. 刘丛红 , 译 . 天津：天津大学出版社，2005.

[3] 莱斯 • 沃里克 . 信息收集—形式背后的逻辑：设计前奏 [M]. 金雷，译 . 北京：中国建筑工业出版社，2016.

[4] 伯纳德 • 鲁道夫斯基 . 没有建筑师的建筑：简明非正统建筑导论 [M]. 高军，译 . 天津：天津大学出版社，2011.

[5]BALMER J,SWISHER M T.Diagraming the big idea:methods for architectural composition[M]. London：Routledge, 2012.

[6] 冯果川 . 商业综合体的意识形态分析 [J]. 新建筑，2015(05):138-139.

[7] 胡正凡，林玉莲 . 环境心理学 [M].4 版 . 北京：中国建筑工业出版社，2018.

[8] 张伶伶，孟浩 . 场地设计 [M].2 版 . 北京：中国建筑工业出版社，2011.

[9]2016 年谭刚毅教授为二年级学生所作的课程讲座 PPT《调查 • 研究 • 呈现》。

后记

2015年开始，我们尝试重建二年级建筑设计课程的教学框架，从改良版的类型教学模式转向目标精简的专项设计训练集群。由此将年级阶段的教学划分为四个专题，前三个专题分别针对三种基本的建筑学议题，将其作为设计训练的主控维度和入手点，第四个专题进行初级的综合设计训练，形成“建筑设计1.0版本”训练体系的闭环。

我们多方学习借鉴，也在教学中不断尝试调整，逐渐确定了每个专题的任务设定、环节分解、操作控制和成果限定。通过这种细分的教学手段，让建筑设计中理性的部分达到较高的可操控性，同时也给感性的部分留下充分的发展空间。

经过几年的建设和调整，我们的努力基本达到了预期的目标，教学反响良好。2016级丁千寻同学在2018年东南大学举行的“中国建筑新人赛”上获得新人奖，这是当年全国二年级组仅有的三个新人奖之一；二年级建筑设计课程教案及三份优秀作业在教育部高等学校建筑学专业指导委员会主办的“2019年全国高等学校建筑设计教案和教学成果评选”中高票获奖；任课教师就教学改革发表多篇教学论文。在此契机下，我们将教学手册及教学讨论成果进行整理和深化，既是对过往教学研究的总结，也希望能推动更加深入的教学思考。

在几年的教学过程中，二年级教研组经历了相当频繁的人员变动。在这样的背景下要目标明确地持续推进教学改革，有赖于参与老师的大力支持！我们曾唇枪舌剑、激烈讨论，大家都以全部身心投入教学中，提出了不少真知灼见。在此深深感谢2015年以来曾经先后在二年级教学组辛勤工作的各位老师：刘晖、汪原、赵逵、姜梅、左颂文、陈芊。尤其是汪原老师，作为二年级教学组的责任教授，深度参与教学研讨和组织，提出了纲领性的指导意见。教学组的现任成员周钰、沈伊瓦、郝少波、张婷、汤诗旷、雷晶晶、李新欣等各位老师，在每一次专题教学中不断思考、讨论和调整，最终促成了本书的诞生。

感谢2018级的两位同学沈雨乔和刘舒瑶，她们不仅自己有多份优秀作业入选教程，还不厌其烦帮助老师进行图纸版式和内容的调整。二年级阶段初学者们并非完美的成果，呈现的是他们完美的成长足迹。感谢2014级~2019级贡献优秀作业成果的各位同学！

本书编者：沈伊瓦、周钰、郝少波、张婷

2021年1月于喻家山